集成电路基础与实践技术丛书

集成电路安全

金意儿 屈 钢 编著

電子工業出版社
Publishing House of Electronics Industry
北京·BEIJING

内 容 简 介

随着人们对集成电路供应链的日益重视以及对软、硬件协同开发的日益深入,有关集成电路安全方面的研究工作越来越受到重视。本书首先简要介绍集成电路安全这一概念的提出以及集成电路安全与当前的软件安全、密码芯片等的区别,然后重点讲解硬件木马、旁路攻击、错误注入攻击、硬件安全性的形式化验证、分块制造及其在电路防护中的应用、通过逻辑混淆实现硬件 IP 保护和供应链安全、防止 IC 伪造的检测技术、集成电路网表级逆向工程、物联网(IOT)的硬件安全、基于硬件的软件安全、基于体系架构支持的系统及软件安全策略等。

本书既可作为集成电路安全领域科研人员的技术参考书,也可作为高等院校相关专业高年级本科生和研究生的教材。

未经许可,不得以任何方式复制或抄袭本书之部分或全部内容。
版权所有,侵权必究。

图书在版编目(CIP)数据

集成电路安全/金意儿,屈钢编著. —北京:电子工业出版社,2021.10
(集成电路基础与实践技术丛书)
ISBN 978-7-121-41906-5

Ⅰ. ①集… Ⅱ. ①金… ②屈… Ⅲ. ①集成电路-电路设计 Ⅳ. ①TN402

中国版本图书馆 CIP 数据核字(2021)第 178241 号

责任编辑:富　军
印　　刷:三河市鑫金马印装有限公司
装　　订:三河市鑫金马印装有限公司
出版发行:电子工业出版社
　　　　　北京市海淀区万寿路 173 信箱　邮编 100036
开　　本:787×1 092　1/16　印张:20.25　字数:518.4 千字
版　　次:2021 年 10 月第 1 版
印　　次:2021 年 10 月第 1 次印刷
定　　价:198.00 元

凡所购买电子工业出版社图书有缺损问题,请向购买书店调换。若书店售缺,请与本社发行部联系,联系及邮购电话:(010)88254888,88258888。
质量投诉请发邮件至 zlts@phei.com.cn,盗版侵权举报请发邮件至 dbqq@phei.com.cn。
本书咨询联系方式:(010)88254456。

前　言

集成电路，特别是片上系统（System-on-Chip，SoC）的复杂性日益增强，先进工艺下的芯片制造成本不断上升，直接促成了半导体行业由垂直商业模式转化为水平商业模式。在新的水平商业模式下，各项设计制造服务的外包以及第三方知识产权（Third Party Intellectual Property，3PIP）的广泛使用，显著缩短了产品的设计周期、降低了制造成本。具体而言，SoC 的设计者会首先获取 3PIP 的授权，然后把内部开发的模块和第三方 IP 进行整合从而得到 SoC 设计。这些设计随后会交给晶圆代工厂（Foundry）、封装厂和测试工厂进行加工、封装和测试。所有这些相关的行业，从设计、制造到分销，均分布在全球各地，各自遵循着当地的法律法规。

这一水平商业模式构造了全球化的集成电路产业链，允许企业将资源集中在他们擅长的专业领域，构成了成功的商业模式，极大地增加了集成电路的供应量和多样性，成为集成电路广泛应用的基石，但同时这一水平商业模式也带来了新的风险。因为每一个产业链的参与者都可能引入安全隐患，同时也可能是这些安全隐患的受害者。在这种全球化的设计环境下，无论前向信任还是后向信任都会有缺失，全球化的供应链布局也使信任链的建立变得非常困难。具体而言，IP 所有者无法在全球化的产业链中跟踪 IP 的使用情况，导致了包括 IP 窃取、芯片过量制造、芯片和 IP 的恶意克隆、IP 恶意篡改等问题。与之相对应，SoC 的集成厂商和终端用户也无法完全追踪所有第三方设计和服务的来源，从而为芯片层面的漏洞提供了可能。这些芯片层面的漏洞包括硬件木马、侧信道信息泄露、测试电路的后门、IP 模块隐藏功能等。

一旦集成电路部分乃至全部被认为是不可信的，那么现有的基于软件和网络安全的攻击模型就无法全面描述计算系统可能面临的风险。更有甚者，许多已有的安全防护方案都是基于硬件可信假设的，任何硬件或集成电路层面的安全威胁都需要研究人员重新考虑软件防护体系的有效性。当然，研究人员也从乐观角度去看待集成电路安全，尝试把硬件加入系统安全防护体系，提供硬件主动防御，弥补以往"用软件保护软件"的软肋。基于这一思路，研究人员开发了以硬件保护软件的新型安全防护方案，很快被应用到了市面上几乎所有的主流处理器中。

鉴于集成电路，特别是 SoC 产业链安全的重要性，集成电路安全这一新兴的研究课题正受到前所未有的关注，一个明显的趋势是越来越多的有着不同背景的研究人员正在加入这一领域。然而，对于集成电路安全的理解往往容易与传统的网络和系统安全以及密码学，特别是密码芯片的研究相混淆。因为这个原因，集成电路安全的研究领域一直缺乏一个明确的定义。为了帮助研究人员熟悉这个领域，特别是了解这个领域的各项任务和挑战，同时帮助学术界和工业界更好地研究集成电路安全的保护措施，笔者撰写了《集成电路安全》这本书。书中总结了三类集成电路安全的研究：①集成电路安全攻击方式的研究；②集成电路安全防御方式的研究；③集成电路安全的新应用和新挑战，特别是集成电路安全结合系统安全和计算机体系结构安全而产生的新兴交叉研究领域。

通过对这三个领域的深入阐述，笔者希望能够帮助读者理解集成电路安全的发展过程以及可能的安全隐患，特别是如何保护集成电路的热点研究问题。鉴于这一领域的快速发展，相信会有更多的研究领域被发现，也会有更多的安全防护方法被提出，最终帮助实现可信的集成电路和集成电路产业链，为整个计算系统的安全提供硬件和芯片基础。除了阅读本书，笔者也鼓励相关领域的研究人员多参与学术交流和讨论。为了促成这一目的，笔者于2016年创办了亚洲硬件安全年会（Asian Hardware Oriented Security and Trust Symposium，AsianHOST）。该年会成为亚太地区覆盖面最广的硬件安全学术会议。同时，笔者也联合中国计算机协会容错专委会，帮助创立了硬件安全论坛。希望这些会议、论坛，以及本书的出版，都能帮助集成电路安全领域的研究人员更好地展开研究和讨论。

另外，笔者还要感谢合作者和学生，包括 Xiaolong Guo、Raj Gautam Dutta、贺家骥、马浩诚、赵毅强、Max Panoff、杨亚军、周平强、Kaveh Shamsi、Travis Meade、Shaojie Zhang、陈柯君、邓庆续、Orlando Arias、Dean Sullivan 等。没有他们的辛勤研究和辛苦付出，本书介绍的大部分技术都不会存在。

从学术角度来看，本书既可以作为集成电路安全研究的教材，满足高年级本科生和研究生的学习需求，填补这一领域教材的匮乏，同时又可以作为相关领域科研人员的参考文献。

编著者

目 录

第1章	概述	1
1.1	硬件安全简介	1
1.2	硬件木马检测	2
	1.2.1 芯片部署前的硬件木马检测	2
	1.2.2 芯片部署后的硬件木马检测	3
1.3	形式化验证	4
	1.3.1 基于硬件 IP 核的携带证明硬件框架	5
	1.3.2 基于 SAT 求解器的形式化验证方法	6
1.4	芯片防伪与 IC 保护	7
1.5	物理不可克隆函数	8
1.6	基于新型器件的硬件安全	8
1.7	硬件辅助计算机安全	8
	1.7.1 ARM TrustZone	9
	1.7.2 英特尔 SGX	9
	1.7.3 CHERI 扩展	9
	1.7.4 开放硬件平台 lowRISC	10
1.8	结论	11
	参考文献	11

第2章	硬件木马	20
2.1	硬件木马攻击模型与硬件木马分类	20
	2.1.1 易受攻击的 IC 供应链	21
	2.1.2 攻击模型类别	21
	2.1.3 硬件木马分类	23
2.2	硬件木马设计	24
2.3	硬件木马防护对策	26
	2.3.1 木马检测	26
	2.3.2 可信设计	28
	2.3.3 可信分块制造	30
	2.3.4 运行时硬件木马检测方法	30

2.3.5 基于 EM 侧信道信息的分析方法 ··· 31
2.4 挑战 ··· 32
  2.4.1 木马防范 ··· 32
  2.4.2 利用模拟和混合信号实现的模拟硬件木马 ······································· 33
  2.4.3 黄金模型依赖 ··· 33
2.5 总结 ··· 34
参考文献 ·· 35

第3章 旁路攻击 ·· 42
3.1 旁路攻击基础 ·· 42
  3.1.1 旁路信息泄露的起源 ·· 42
  3.1.2 旁路信息泄露模型 ··· 45
  3.1.3 旁路攻击的原理 ·· 46
3.2 旁路分析模型 ·· 46
  3.2.1 简单功耗分析 ··· 46
  3.2.2 差分功耗分析 ··· 47
  3.2.3 相关功耗分析 ··· 50
3.3 现有旁路攻击 ·· 50
  3.3.1 时序旁路分析攻击 ··· 50
  3.3.2 功耗旁路攻击 ··· 51
  3.3.3 电磁旁路攻击 ··· 53
  3.3.4 声音旁路攻击 ··· 57
  3.3.5 可见光旁路攻击 ·· 58
  3.3.6 热量旁路攻击 ··· 59
  3.3.7 故障旁路攻击 ··· 60
  3.3.8 缓存旁路攻击 ··· 61
3.4 针对旁路攻击的策略 ··· 63
  3.4.1 隐藏策略 ··· 63
  3.4.2 掩码策略 ··· 65
  3.4.3 旁路漏洞评估 ··· 66
3.5 结论 ··· 68
参考文献 ·· 68

第4章 错误注入攻击 ·· 78
4.1 错误注入攻击模型 ·· 79
  4.1.1 错误注入攻击模型概述 ··· 79
  4.1.2 错误注入攻击的前提条件 ·· 80

目 录

- 4.2 基于功率的错误注入攻击 ······ 81
  - 4.2.1 过低功率输入 ······ 81
  - 4.2.2 功率毛刺 ······ 82
- 4.3 基于时钟信号的错误注入攻击 ······ 82
- 4.4 基于电磁信号的错误注入攻击 ······ 83
  - 4.4.1 电磁错误注入攻击 ······ 83
  - 4.4.2 电磁错误注入方式 ······ 85
- 4.5 其他错误注入攻击 ······ 85
  - 4.5.1 基于激光或强光的错误注入攻击 ······ 85
  - 4.5.2 基于聚焦离子束和基于物理探针进行的错误注入攻击 ······ 86
  - 4.5.3 基于热量的错误注入攻击 ······ 87
- 4.6 错误注入攻击的防范方法 ······ 87
- 4.7 总结 ······ 89
- 参考文献 ······ 89

第5章 硬件安全性的形式化验证 ······ 94
- 5.1 概述 ······ 94
- 5.2 形式化验证方法简介 ······ 96
  - 5.2.1 定理证明器 ······ 96
  - 5.2.2 模型检验器 ······ 96
  - 5.2.3 等价性检验 ······ 97
  - 5.2.4 符号执行 ······ 98
  - 5.2.5 信息流跟踪 ······ 98
- 5.3 携带证明硬件 ······ 101
  - 5.3.1 携带证明硬件（PCH）的背景 ······ 101
  - 5.3.2 携带证明硬件面临的挑战 ······ 102
  - 5.3.3 PCH 优化：跨越软、硬件边界 ······ 103
  - 5.3.4 PCH 优化：集成框架 ······ 105
- 5.4 基于硬件编程语言的安全解决方案 ······ 107
  - 5.4.1 SecVerilog、Caisson 和 Sapper ······ 107
  - 5.4.2 QIF-Verilog ······ 109
- 5.5 运行时验证 ······ 111
  - 5.5.1 可验证的运行时解决方案 ······ 111
  - 5.5.2 运行时携带证明硬件 ······ 112
- 5.6 结论 ······ 116
- 参考文献 ······ 116

第6章 分块制造及其在电路防护中的应用 122

- 6.1 引言 122
- 6.2 分块制造简介 123
- 6.3 分块制造中的木马威胁 125
- 6.4 威胁模型和问题形式化 126
  - 6.4.1 威胁模型 126
  - 6.4.2 问题形式化 126
- 6.5 攻击度量和流程 128
  - 6.5.1 度量标准 128
  - 6.5.2 攻击流程 129
  - 6.5.3 映射 130
  - 6.5.4 剪枝 134
- 6.6 防御方法 137
- 6.7 实验结果 139
  - 6.7.1 实验平台设置 139
  - 6.7.2 映射数目 N 的选取 140
  - 6.7.3 攻击效果分析和比较 140
  - 6.7.4 防御的有效性分析 146
- 6.8 结论 148
- 参考文献 148

第7章 通过逻辑混淆实现硬件 IP 保护和供应链安全 152

- 7.1 简介 152
- 7.2 逻辑混淆技术研究概览 154
- 7.3 关于各类攻击的介绍 156
  - 7.3.1 数学符号约定 156
  - 7.3.2 攻击模型 157
  - 7.3.3 oracle-guided 攻击 160
  - 7.3.4 oracle-less 攻击 166
  - 7.3.5 顺序 oracle-guided 攻击 166
- 7.4 关于防御的介绍 168
  - 7.4.1 伪装单元和元器件 168
  - 7.4.2 锁定单元和元器件 170
  - 7.4.3 网表级混淆方案 172
- 7.5 研究陷阱和未来方向 182
- 7.6 结论 185

参考文献 ··· 186

第8章 防止IC伪造的检测技术 ·· 194
8.1 伪造电子器件的问题 ·· 194
8.1.1 什么是伪造电子器件 ··· 194
8.1.2 伪造途径 ·· 195
8.2 电子器件伪造检测 ·· 197
8.2.1 被动检测措施 ··· 197
8.2.2 主动检测措施 ··· 199
8.3 讨论 ·· 201
8.3.1 被动伪造检测 ··· 201
8.3.2 主动防伪 ·· 201
8.4 结论 ·· 202
参考文献 ··· 203

第9章 集成电路网表级逆向工程 ··· 205
9.1 逆向工程与芯片安全 ·· 206
9.2 电路网表提取 ··· 207
9.3 网表级逆向工程概述 ·· 208
9.3.1 研究问题 ·· 208
9.3.2 逻辑划分及归类 ··· 209
9.3.3 网表划分和评估 ··· 210
9.3.4 高层网表表述提取 ··· 211
9.4 基于逆向工程的逻辑识别与分类 ··· 212
9.4.1 RELIC 方法 ·· 212
9.4.2 RELIC 结果演示 ··· 215
9.5 对有限状态机进行逆向分析 ·· 216
9.5.1 REFSM 的基本原理和方法 ··· 216
9.5.2 利用 REFSM 进行逻辑提取 ·· 220
9.6 基于网表逆向工具的集成电路安全分析 ··· 223
9.6.1 木马检测 ·· 223
9.6.2 解锁 FSM ·· 224
9.7 结论 ·· 226
参考文献 ··· 227

第10章 物联网（IoT）的硬件安全 ··· 230
10.1 感知层安全 ·· 231
10.1.1 RFID ·· 231

10.1.2　NFC ·· 232
10.2　网络层安全 ··· 233
10.3　中间件层安全 ··· 235
　　10.3.1　针对微体系架构的攻击 ·· 235
　　10.3.2　其他缓存旁路攻击 ·· 236
　　10.3.3　环境旁路攻击 ··· 236
10.4　应用层安全 ··· 237
　　10.4.1　针对智能设备的旁路攻击 ·· 237
　　10.4.2　针对智能设备的物理攻击 ·· 238
10.5　基于硬件的安全机制 ·· 242
　　10.5.1　本地保护 ··· 242
　　10.5.2　安全认证 ··· 244
10.6　结论 ·· 245
参考文献 ·· 245

第11章　基于硬件的软件安全

11.1　硬件原语 ·· 251
　　11.1.1　ARM TrustZone ··· 252
　　11.1.2　ARM TrustZone-M ··· 252
　　11.1.3　可信平台模块 ··· 253
11.2　基于硬件的物联网防御 ··· 253
　　11.2.1　控制流完整性 ··· 253
　　11.2.2　固件验证 ··· 255
11.3　基于硬件的控制流完整性 ·· 257
　　11.3.1　控制流完整性 ··· 257
　　11.3.2　HAFIX：硬件辅助控制流完整性扩展 ··························· 257
　　11.3.3　扩展 HAFIX：HAFIX++ ·· 259
　　11.3.4　各类控制流完整性方案的比较 ··································· 260
11.4　代码执行完整性 ·· 264
　　11.4.1　指令集随机化 ··· 264
　　11.4.2　地址空间布局随机化 ·· 265
　　11.4.3　SCYLLA 设计 ··· 266
　　11.4.4　实现 SCYLLA 架构 ·· 268
　　11.4.5　SCYLLA 评估 ··· 272
11.5　未来工作和结论 ·· 279
参考文献 ·· 280

第12章 基于体系架构支持的系统及软件安全策略 …… 285
12.1 处理器及体系架构安全简介 …… 285
12.1.1 微架构部件 …… 285
12.1.2 商业处理器中的安全架构 …… 287
12.1.3 学术界提出的安全架构 …… 291
12.2 处理器微架构漏洞 …… 295
12.2.1 处理器微架构中的信息泄露通道 …… 297
12.2.2 针对乱序执行部件的攻击 …… 299
12.2.3 针对推测执行部件的攻击 …… 301
12.3 针对处理器微架构漏洞的一些解决方案 …… 307
12.3.1 针对乱序执行攻击的解决方案 …… 307
12.3.2 针对推测执行攻击的解决方案 …… 308
12.4 结论 …… 310
参考文献 …… 310

第1章 概 述

集成电路安全是硬件安全的核心部分,对硬件安全起着决定性作用。本书讨论的硬件安全主要以集成电路(integrated circuits,IC)安全为主,涉及的技术内容是近年来的研究热点。然而,人们对硬件安全的理解常常与网络安全、密码系统(尤其是密码系统中的硬件部分)混为一谈,对硬件安全的研究范围一直缺乏明确的界定。为帮助研究者更好地了解硬件安全领域的挑战和任务,以便学术界和工业界研究解决硬件安全问题的对策和方案,本章将简要介绍硬件安全的主要概念及这些概念与相关研究课题之间的关系,阐述新兴的硬件安全主题,并通过这些主题探讨未来硬件安全领域的技术发展趋势。通过阅读本章,读者会初步了解硬件安全领域的概况,为学习本书其他章节打下基础。

1.1 硬件安全简介

长期以来,硬件一直被视为支持整个计算机系统的可信平台,是负责运行从软件层传递指令的抽象层。因此,与硬件相关的安全性研究通常涉及加密算法的硬件实现,硬件被用于提高加密应用程序计算的性能和效率[1]。硬件版权保护技术也被归入与硬件相关的安全领域。虽然水印技术已被广泛用于解决版权保护问题[2],但是安全领域的研究者并未考虑硬件本身的保护问题。安全领域的研究者往往认为集成电路供应链(以下简称IC供应链)本身既封闭又复杂,攻击者无法轻易攻击集成电路。随着尖端工艺的代工成本和现代片上系统(system-on-a-chip,SoC)平台设计复杂性的不断提高,曾经局限于一个国家甚至一家公司的IC供应链已经遍布全球。在这种形式下,硬件电路设计中的第三方资源(主要指用于外包芯片制造和SoC开发的第三方知识产权,即intellectual property,简称IP核,包括软核和硬核)在现代电路设计和制造中得到了广泛的应用。这类资源的利用虽然在很大程度上减少了设计工作量、降低了制造成本、缩短了产品上市时间(time to marketing,TTM),但是对第三方资源及服务的高度依赖也引发了安全问题,打破了"攻击者无法轻松访问封闭的IC供应链"的幻想。例如,恶意代工厂可能会将硬件木马程序插入所制造的芯片中,交付的IP核可能包含恶意逻辑和设计缺陷,这些缺陷在IP核集成到SoC平台后会被攻击者利用。

硬件安全的概念在硬件木马出现后被正式引入。学术界和工业界开始采取措施缓解或防止相关威胁。硬件安全最初指的是硬件木马的设计、分类、检测和隔离。硬件木马威胁与不受信任的代工厂密切相关。因此,研究者开发的硬件木马检测方法往往侧重于IC制造过程的流片后阶段,强调增强现有检测方法的安全性[3-18]。鉴于第三方 IP 核可能是恶意逻辑插入的另一个攻击向量,对综合前设计的保护也变得同样重要。据此,研究者还开发了流片前电路保护方法[19-24]。

除了硬件木马检测,硬件安全的概念还从测试解决方案延伸到形式化验证方法。形式化验证方法不仅在保证软件程序安全时得到广泛应用,还被证明在硬件代码的安全验证中颇为有效,因为硬件代码通常是使用硬件描述语言(hardware description language,HDL)编写的[25-28]。形式化验证方法的发展不仅有助于为硬件设计提供高水平的安全保证,即便在攻击者可能有权访问原始设计的情况下也是如此,也有助于克服黄金模型在许多硬件木马检测方法中的局限性。然而,在实现形式化验证方法时,安全属性的构建却成为硬件安全研究者尝试解决的一个开放性问题。

近年来,硬件安全研究的演进已经从硬件木马的检测转移至可信硬件的开发,即构建信任根。虽然硬件设备的一些固有特性对电路性能有负面影响,但是可以将这些特性用于安全保护。一个典型的例子是物理不可克隆函数(physical unclonable function,PUF)的开发,借助电路制作过程中的工艺偏差,以"激励—响应"对的格式生成特定芯片的指纹。除金属—氧化物半导体场效应晶体管(MOSFET)外,研究者正在研究新型的晶体管,如自旋转移矩(spin transfer torque,STT)器件、忆阻器和自旋畴壁器件等,利用器件性能的特殊性来实现新型的硬件安全应用。

硬件安全领域的另一个趋势是开发增强安全性的硬件基础设施来保护设备。换言之,就是要开发出能够将安全性、保护和身份验证集成到专用工具链的新型硬件基础设施。研究者正在开发各种增强安全性的架构[29-36]。本章将介绍硬件级别的增强功能。这些功能可提供高级安全性,并能把安全防护扩展到所有体系结构层。硬件安全领域的技术发展趋势是从增强安全性的角度重新评估硬件功能、性能、可靠性、设计及验证,开发出可操作的软、硬件平台,确保现代计算机系统的安全设计、制造和部署。本书将特别关注支持安全引导和访问控制的安全处理器及 SoC 设计,防范硬件和固件级别的攻击。

此外,在 IC 供应链全球化的背景下,硬件 IP 的保护也引起了关注。在各种硬件 IP 保护方案中,逻辑锁定(又称功能混淆)已成为一个热门领域,研究者正在开发各种混淆技术[37,38]。本节只简要介绍了硬件安全技术,后续章节将详细介绍各种技术及其相关解决方案的更多细节。

1.2 硬件木马检测

1.2.1 芯片部署前的硬件木马检测

与软件病毒、软件木马不同,硬件木马无法通过固件更新轻易消除。因此,硬件木马对计算机系统的危害更大。硬件木马由攻击者设计。攻击者往往采取在 IC 设计中添加不需要的功能的方法植入硬件木马。硬件木马的设计没有标准流程，所采取的方法取决于攻击者的目标及可用资源。尽管如此，硬件安全研究者还是对不同的硬件木马进行了分类。例如，在文献［7］中，研究者根据硬件木马程序触发时的活动将硬件木马程序分为隐式电路行为和显式电路行为；文献［39,40］对硬件木马进行了更为详细的分类。基于硬件木马的隐蔽性及其可能造成的影响，研究者还提出了多种硬件木马设计方案[41-44]。虽然硬件木马大多是在寄存器传输级（register transfer level，RTL）层面插入的，但有些是通过半导体掺杂操作插入的[45]。

由于传统的电路测试方法在检测恶意逻辑方面存在不足，因此近年来研究者专门开发了硬件木马检测方法和可信集成电路设计[46]。研究者已经提出了大量的硬件木马检测和防范方法。这些方法主要可以分为四大类：①增强功能测试[47]；②侧信道指纹识别[48]；③硬件木马防范；④电路强化[6]。

由于增强功能测试方法是基于"硬件木马通常由小概率事件触发"这一思想的，因此，研究者提出以下两种建议：①将这些小概率事件包含在测试模式中，以便在测试阶段触发木马程序[5]；②在门级网表中分析所有小概率事件，以识别可能充当触发器的可疑节点[19]。增强功能测试方法的局限性在于不存在对于小概率事件的标准定义，使得在标准测试模式和小概率事件模式之间留有巨大的缺口。

侧信道指纹识别是另一种流行的硬件木马检测方法。尽管在测试阶段硬件木马不易被触发，可能会逃避功能测试，但插入的硬件木马必然会改变被攻击电路的参数[21,39,49]。该方法的有效性取决于区分硬件木马入侵电路和无硬件木马电路的侧信道信号的能力。因此，利用先进的数据分析方法，通过消除不断增加的工艺误差和测量噪声，可以帮助生成侧信道指纹[14,48]。在指纹生成和硬件木马检测中，有些研究成果选择使用多种侧信道参数及其组合，包括全局功耗跟踪[48]、局部功耗跟踪[3,4]、路径延迟[7,50]等。基于侧信道指纹识别的硬件木马检测方法因具有非侵入性而得到了广泛的应用，由于是依据黄金模型可供比较的假设发展而来的，在很多情况下，黄金模型不容易获取，所以不容易实现。

硬件木马防范和电路强化技术方法试图利用附加逻辑修改电路结构，以消除小概率或可疑事件[6,22]，或者使目标电路对恶意修改更加敏感[48]。这类方法往往与其他硬件木马检测方法结合使用，可提高检测精度或降低检测成本。即使在目标设计中使用了电路协同设计技术来降低附加逻辑的影响，附加保护逻辑仍然会影响电路的性能。此外，强化结构本身也可能成为硬件木马攻击的目标[52]。

1.2.2 芯片部署后的硬件木马检测

尽管现有的检测方法已能成功检测到某些硬件木马，但检测范围仍十分有限，其原因在于依赖于过度简化甚至有时是错误的假设。这些假设往往包括以下方面：

（1）硬件木马设计者使用传统、简单的电路结构，会使硬件木马的功能受到限制；

（2）硬件木马设计者试图占用尽可能小的片上区域，在芯片侧信道信息中难以发现硬件木马产生的侧信道信息；

（3）被测电路存在黄金模型来检测侧信道信息的变化；

（4）攻击者只会攻击数字电路，因为模拟和射频电路对恶意篡改更为敏感。

这些假设很长时间内都被硬件安全研究者所接受，成为开发先进硬件木马检测和预防方法以及相关研究工作的主要指导原则。很可惜，这些假设并不完整，甚至带有误导性。笔者现在已经明显意识到，硬件安全和硬件木马检测的问题比之前设想的更加复杂、更加普遍，特别是：

（1）类似于现代电路设计中的进步，硬件木马可以利用先进的设计技术，在不牺牲功能的情况下增强隐蔽性[41,43]；

（2）增强的硬件木马程序设计可以使用大量的芯片空间，相对于整个侧信道信息仍保持隐藏状态[53]；

（3）包含第三方资源的集成系统不一定都存在黄金模型[42,54]；

（4）模拟和射频电路同样容易受到硬件木马攻击[21,55,56]。

上述情况推翻了许多先前提出的硬件木马检测和预防方法，导致无论在数字领域还是在模拟和射频领域，集成系统都容易受到硬件木马的攻击。

因此，研究者开始研究芯片部署后的检测方法，主要利用部署后侧信道指纹识别和片上等效性检查等技术。这里的关键思想是在测试阶段，隐藏的硬件木马可能很容易避开检测，如果被触发，将会对侧信道指纹识别或电路功能造成重大影响。在文献［55］中，研究者提出了第一个芯片部署后信任评估结构。这种信任评估结构存在局限性，即只能从外部触发，通过主输入源停止正常操作，会给攻击者留下足够的时间在测试间隔期间触发和关闭硬件木马电路。为克服这种方法的不足，研究者提出了一种实时的安全评估结构。该结构能够持续监测目标电路的工作状态，即时报告目标电路的异常情况[53]。针对运行时的硬件木马检测，研究者还开发了利用电阻式内存以并行方式进行片上奇偶校验的检测方法[57]。

1.3　形式化验证

除了电路级保护方法，形式化验证也被广泛应用于流片前的功能和安全性验证。在各种形式化验证中，定理证明是一种有代表性的解决方案，可以为底层设计提供高水平的保护。但这种解决方案计算复杂度高，证明过程繁琐，缺乏自动化工具。本节将介绍基于硬件IP核的携带证明硬件（proof carrying hardware，PCH）框架[58]、基于SAT求解器的形式化验证方法，并可用于IP可信性验证。

1.3.1 基于硬件 IP 核的携带证明硬件框架

基于硬件 IP 核的携带证明硬件（PCH）框架是确保硬件可靠性的一种方法[24,25,59,60]。PCH 方法的灵感来自 G. Necula[61] 提出的携带证明代码（proof-carrying code，PCC）。不可信的软件开发人员及供应商使用 PCC 机制为软件客户认证所开发的软件代码。在认证过程中，软件供应商向软件客户给出所提供的安全策略的安全证明和 PCC 二进制文件，包括对安全性质的形式化证明。通过在证明检查器中快速验证 PCC 二进制文件，软件客户可确保软件代码的安全性。由于该方法可有效缩短软件客户的验证时间，因此在不同场合得到了广泛使用。尽管拥有这些优点，PCC 方法仍需要一个庞大的可信计算基础（TCB）。FPCC（基础性 PCC）克服了 PCC 的局限性，使用基础逻辑表示不同汇编语言指令的操作语义，并在逻辑框架中实现逻辑[62,63,64]。然而，FPCC 方法增加了证明的开发工作量。随后，研究者开发了验证汇编程序（certified assembly programming，CAP）语言。该语言使用霍尔逻辑风格的推理构造证明[65,66]。

在文献［24,60］中，论文的作者根据 PCC 框架的概念，提出了一种用于动态可重构硬件平台的携带证明硬件 PCH。其实现方法的核心理念是在硬件运行时利用可重构平台在设计规范和设计实现之间进行组合等价性检查[60]。该方法虽然被命名为 PCH，但实际上是一种基于 SAT 求解器的组合等价性检查。在 PCH 框架中，应用的安全策略与安全属性并无关联。相反，FPGA 比特流（bitstream）提供商和 IP 用户一致同意的安全策略是确保双方遵循相同的比特流格式、表示组合函数的合取范式以及用于证明构造和验证的命题演算。随后在文献［67］中，研究者对硬件可编程平台上基于 SAT 求解器的验证携带框架进行了更详细的介绍。在文献［23］中，研究者阐述了硬件信任与威胁模型及实验设置。尽管这些研究者表示，基于其他安全特性，PCH 概念具有更多的潜在应用，但所提出的范例仍依赖于运行时组合等价性检查，以检查规范和实现之间的功能等价性。

除了保护综合后 FPGA 比特流，研究者也希望能用携带证明方法来保护综合前的 RTL 设计。在文献［25,59］中，研究者在 CAP 的构建和应用基础上，开发了一种新的 PCH 框架。与 FPCC 和 CAP 框架类似，这种新型 PCH 框架使用 Coq 函数语言进行验证构造，并利用 Coq 平台进行自动验证[68]。Coq 平台的使用确保了 IP 供应商和 IP 用户实现相同的演绎规则，有助于简化验证过程。然而，Coq 平台无法直接识别硬件描述语言。为解决这一问题，研究者提出了一种形式化的时序逻辑模型来表示 Coq 环境下的硬件电路。研究者还开发了转换规则，以帮助将商用 IP 核从 HDL 代码转换为基于 Coq 的形式逻辑，在此基础上构造安全性定理及其证明[25]。基于这种 PCH 框架，研究者提出了一种新的可信 IP 获取和传输协议[58]。从这一框架中，IP 用户先向 IP 供应商提供功能规范和安全属性集，然后 IP 供应商将根据功能规范准备 HDL 代码，再将 HDL 代码转换为形式化表示，以方便生成安全定理并构造证明。HDL 代码和形式化定理证明组成可信包。接收到可信包后，IP 用户将使用相同的转换规则生成形式化的电路表示。转换后的代码将与形式定理和证明一起加载到证明检查器中。通过一个自动的属性检查过程，IP 用户可以快速验证 IP 核的安全属性以确定其可信度。由于计算工作量从 IP 用户转移到 IP 供应商，因此 PCH 框架成为一种非常具有吸引力的可信 IP 验证方法。此外，由于自动验证检查过程迅速，IP 用户可以在每次使用设计时检查 IP 核的安全性。这样，即使是内部攻击者，也很难在设计中插入恶意逻辑。

在文献［25］定义的 PCH 框架中，安全属性集是最重要的组件。一组完整的安全属性将通过检测 IP 核是否存在恶意逻辑来增强 IP 核的可信度。然而，PCH 方法和文献［25］提出的可信 IP 交付过程没有为单个设计指定安全属性的详细信息。由于不同的硬件 IP 核通常共享相似的安全属性，因此为降低 PCH 框架的设计成本并重用先前开发的定理证明，以集中方式管理不同类型安全属性的属性库将是一种理想的解决方案。任何给定的硬件设计都可以从属性库中选择特定的安全属性集，无需从头开始开发所有属性。所选属性集可以加大许多攻击模式的实现难度，并确保交付 IP 核的可靠性。安全属性库可根据需要进行扩展，以保护 IP 核免受不同类型的硬件木马攻击。作为构建安全属性库的第一步，数据安全属性被选为大多数硬件 IP 核的主要属性[20,26]。数据安全属性的核心思想是跟踪内部信息流，并借助 PCH 框架，形式化证明没有敏感信息通过主输出或木马侧信道泄露。开发完整的安全属性库仍是一个正在研究的热门课题。

除 RTL 代码信任验证外，基于携带证明的信息保证方案也被用于支持门级电路网表，在很大程度上扩展了携带证明硬件在 IP 保护中的应用范围[69]。利用新的门级框架，文献［69］对可测试性设计（design for test，DFT）扫描链的安全性和制造芯片的工业标准测试方法进行了形式化分析，证明插入扫描链的电路会违反数据保密属性。随着各种攻击和防御方法的发展，数十年来，研究者一直研究由 DFT 扫描链引起的安全问题[70-78]，但文献［69］首次以形式化证明的方式论证由扫描链带来的安全漏洞（注意，RTL 验证方法很少能够触及扫描链，因为扫描链是在网表阶段才被插入的）。同样的框架也被应用于内建自测试（built-in-self-test，BIST）结构，证明 BIST 结构也可以泄露内部敏感信息。

1.3.2 基于 SAT 求解器的形式化验证方法

除了携带证明方法，SAT 求解器还用于 RTL 代码的安全验证。例如，文献［54］提出在第三方 IP 中过滤和定位可疑逻辑的四大步骤。第一步，使用由顺序自动测试模式生成（automatic test pattern generation，ATPG）的功能向量删除易检测信号。第二步，使用全扫描 N-检测 ATPG 识别难以激发或传播的信号，缩小可疑信号的范围，识别与硬件木马相关的逻辑电路。第三步，使用 SAT 求解器对含有极少触发信号的可疑网表与表现出正确行为的电路网表进行等价性检验。最后一步，使用可疑信号列表中的区域隔离方法来确定电路中一系列不可测试的门。文献［79］提出了一种多阶段的可疑信号识别方法，包括基于断言的验证、代码覆盖率分析、冗余电路去除、等价性分析和时序 ATPG 的使用。这种多阶段方法在较小规模的 RS232 电路中得到了验证，检测硬件木马信号的效率达 67.7% ~ 100%。

1.4 芯片防伪与 IC 保护

除了硬件木马，IC 供应链还受到其他安全威胁，如 IP 核盗版、IC 克隆、硬件后门及假冒芯片等。研究者已经提出了多种技术来阻止此类攻击，包括文献［3-7,14,19-22,25-27, 39,48-52,80］提出的各种技术。此外，鉴于关键系统中假冒芯片的严重性，硬件安全研究者开始对这一领域展开研究，以期在芯片部署前发现假冒或非法标记的芯片。数据分析和机器学习方法已运用于识别伪造的和翻新的芯片[81,82]。片上传感器用于检测芯片老化也是隔离假冒芯片的一种常用解决方案[83]。另一个新出现的问题是 IC 过量生产和 IP 核盗版[84-86]，主要是因为设计者将电路移交给代工厂后，缺乏监督，无法直接参与制造。实际上，并不存在可行的解决方案来确保代工厂完全按照用户订购的产品数量生产，也无法确定是否过量生产了芯片。为解决这一问题，研究者提出了分离制造的概念[87,88]，让 IP 供应商可以依靠海外制造服务，无需发送完整的设计信息。分离制造是将需要先进技术的前道工序（FEOL）安排在海外制造，而后道工序（BEOL）则在国内代工厂制造，这样海外代工厂便只能了解部分设计数据。然而，这种方法的有效性仍有待探讨[89,90]。

随着芯片设计逐渐成为 IC 设计流程中最有利可图的阶段之一，以及逆向工程工具的改进[91]，电路设计和 IP 核的保护成为 IC 供应链中越来越受重视的安全问题。事实上，IP 核盗版已经对 IC 产业造成严重威胁，可实现电路逆向工程和 IP 核复制的工具集正在日益普及[91]。为防止此类攻击，研究者开发了多种保护方法。其中一种 IP 保护方法是伪装[92-94]，依靠布局级的混淆，加大通过逆向工程恢复电路结构的难度[95]。但是，CMOS 伪装门的开销往往很大，随着保护级别的增加更是如此。与传统的 NAND 或 NOR 门相比，XOR+NAND+NOR 伪装门的功耗为传统门的 5.1~5.5 倍，延迟为传统门的 1.1~1.6 倍，面积为传统门的 4 倍[95]。其他的解决方案，如设计混淆和逻辑加密，可以防止攻击者在没有混淆密钥的情况下恢复或复制电路设计[85,86,96,97]。虽然这些解决方案已被证实能有效防范攻击（仅当攻击者同时具备网表和密钥时才会发生 IP 核盗版），但在性能开销和后端布局方面却存在诸多挑战。例如，基于故障分析的逻辑加密方法可以使 ISCAS 测试电路的功耗增加 188%，延迟增加 284%，面积增加 242%[86]。

侧信道分析和故障注入是对硬件安全的另一个主要威胁，特别是对于包含敏感信息的电路。在没有物理入侵的情况下，攻击者可以利用侧信道上的静态或差分分析来恢复内部信号。这些侧信道包括延时[98,99]、功耗[100]和电磁辐射[101,102]等。除了无源侧信道分析，加密电路也容易受基于电源故障的注入影响[103]。为对抗这类攻击，研究者开发了各种逻辑电路和片上传感器，以平衡侧信道信号并检测信号异常[104-107]。然而，即使借助于设计优化方法，现有的对策仍然会导致较高的性能开销[108]。

1.5 物理不可克隆函数

硬件安全领域对于安全问题的一种硬件解决方案是开发安全模块。与软件解决方案相比，安全模块具有效率高、成本低的特点。典型的例子是物理不可克隆函数（PUF），其利用工艺偏差为每个芯片生成唯一的标识[109]。PUF 设计的主要准则包括随机性、唯一性和安全性。近来，研究者开展了大量工作来改进技术指标，所使用的方法包括纠错算法[110]和非 MOSFET 技术[111,112]。由于有一些文献已全面涵盖了 PUF 的设计和评估，因此对 PUF 开发和实现感兴趣的读者可以参考文献［113-116]。

1.6 基于新型器件的硬件安全

虽然现有的硬件安全方法大多集中在芯片制造、电路设计和电路测试等领域，但未来的发展趋势将涵盖更广泛的领域，使硬件在系统级保护中发挥积极的作用。本节将简要介绍新型器件在安全领域的应用及技术发展趋势。

新兴技术的研究者目前正在研究新型器件在更广泛安全领域的应用。根据现有的石墨烯晶体管、原子开关、忆阻器、MOTT FET、自旋 FET、纳米磁和全自旋逻辑、自旋波器件、OST-RAM、磁阻随机存取存储器（MRAM）、自旋电子器件等大量新型器件[117]，研究者提出了与新型器件在硬件安全领域应用相关的两个基本问题：①在对抗硬件木马和 IP 核盗版方面，新兴技术能否提供比 CMOS 技术更有效的底层硬件；②基于新型器件的底层硬件应具备哪些特性才能更好地支持软件级保护方案。迄今为止，出于安全目的，新兴技术中的大多数研究均围绕 PUF[112]和密码模块展开。然而，PUF 本质上利用了设备到设备的工艺偏差。从某种意义上说，这表明噪声更大的设备更有用。与此不同的是，研究者试图利用的是新兴技术的独特属性，而非依赖于有噪声的设备来保护 IP、防止硬件攻击[118]。

1.7 硬件辅助计算机安全

除了电路级 IC 供应链保护方法，硬件安全还可以为软件安全研究者提供高层保护方法。换言之，软件安全研究者借助分层安全保护开发了各种方法，通过较低抽象层（如虚拟机监视器）的安全增强保护较高抽象层（如操作系统）[119-121]。通过这种链式保护，软件安全保护方案已经从虚拟机向下推至管理程序（hypervisor）。根据这一趋势，研究者正在开发新的方法，修改底层硬件以直接支持复杂的安全策略，使系统级运行的保护方案更加高效[122]。事实上，支持软件安全保护的安全硬件在学术研究和行业产品中已经变得相当普遍[29,30,123]。

1.7.1 ARM TrustZone

在众多支持软件保护的安全硬件中,最有名的例子是由 ARM 公司开发的 TrustZone。实现可信计算的 TrustZone 方法基于可信平台,其硬件架构支持并强化了整个系统的安全基础。换言之,TrustZone 架构并非保护特定的硬件模块,而是强制将系统范围的安全性扩展到系统的任意组件。TrustZone 架构旨在提供一个安全框架,以便能够构建一个可编程环境,使得应用程序资产的机密性和完整性免受各类软件攻击[29]。

TrustZone 的实现依赖于划分片上系统(SoC)的硬件和软件资源,让其存在于两个区域:安全区域和非安全区域。硬件支持访问控制和权限控制机制,以处理安全区域和非安全区域的应用程序及其之间的交互和通信。软件资源支持安全系统的调用和中断,使系统能在多任务环境下安全运行。TrustZone 从硬件和软件两方面确保除通过安全通道之外,非安全区域的组件无法访问任何安全区域资源,在安全区域和非安全区域之间建立有效的安全隔离。TrustZone 保护模式已扩展到通过启用 TrustZone 的 AMBA3 AXI 总线结构连接到系统总线的 I/O,可管理内存分区。

1.7.2 英特尔 SGX

英特尔 SGX(软件防护扩展)是为执行内存访问策略和权限而添加到英特尔架构中的安全扩展。这些安全扩展使应用程序在本机操作系统环境中执行时能够保持机密性和完整性,用户空间划分通过指令集架构(instruction set architecture,ISA)扩展得以实现。这些安全扩展可用于生成硬件可执行容器,其粒度由开发者确定,可选择细粒度和粗粒度。这些安全扩展允许应用程序实例化一种叫作 enclave 的受保护容器。envlave 定义了应用程序地址空间的受保护区域。envlave 虽对操作系统不透明,但仍由操作系统管理。非 enclave 中的软件尝试访问 enclave 内存区域会被阻止,即使是特权软件,如虚拟机监视器(VMMs)、BIOS 和 OS 也遵循这一原则。SGX 在 enclave 内存访问语义和地址映射保护方面提供了改进的架构支持[30,124]。

从上述介绍中可以分析出,enclave 是应用程序地址空间的一个保护区,即使在有特权软件的情况下,也能保证机密性和完整性。在构建 enclave 之前,可以自由对 enclave 代码和数据进行检查和分析。一旦受保护的部分被加载到 enclave 中,其代码和数据就会被监控,并拒绝所有外部软件访问。

1.7.3 CHERI 扩展

CHERI 扩展(硬件性能增强 RISC 指令)试图在保持软件兼容性的同时,在硬件中提供细粒度的内存分区。在 CHERI 扩展技术出现之前，有些安全保护技术因通过软件虚拟化提供细粒度分区导致了较高的性能开销，而通过硬件分区来减少开销却只提供了粗粒度的保护。内存管理单元（memery management unit，MMU）页面保护或堆栈框架是分区的两个例子。虽然它们在提高性能的同时还可提供虚拟化保护，但是仍然无法提供细粒度保护[125]。

CHERI 扩展通过基于性能的寻址方案和 MMU 虚拟内存支持，扩展了 64 位 MIPS-ISA（指令集架构）和字节粒度的内存保护。研究者已实现对 LLVM 编译器和 FreeBSD 操作系统的修改以支持 CHERI 扩展。CHERI 扩展涉及的主要技术热点是通过以下八个需求进行内存保护：非特权使用、细粒度、不可伪造性、访问控制、段及域可扩展性、增量部署和指针安全。一般在系统调用不频繁时，强制保护指的是非特权使用。细粒度的保护方式不仅要能够容纳压缩后的数据，并且还要能够处理奇数的字和字节。因为 CHERI 扩展的实现机制不涉及增加权限的操作，所以防范了通过增加权限来伪造软件的攻击方式。硬件应该监视并控制受保护的内存区域及其权限，以满足访问控制的要求。每个段和域的内存存储开销应分别随受保护区域的数量和使用频率进行适当调整。最后，即使共享库等受保护的组件利用细粒度的保护进行增量部署，也应该在不重新编译的情况下运行现有的用户层面的应用。通过将保护属性与类似于宽指针的对象引用相关联，可以加强指针的安全性。换言之，每个指针都对其所指向的地址、框架的边界进行编码控制。

1.7.4 开放硬件平台 lowRISC

开放硬件平台 lowRISC 由一个非营利的组织运营，与剑桥大学和开源社区紧密合作，旨在成为一个基于 64 位 RISC-V 指令集架构的完全开源 SoC[126,127]。其主要设计目标包括 40/28nm 技术节点、开放许可、新型安全特性、可编程 I/O、AMBA 总线和 Linux 支持。此外，SoC 将作为低成本运算平台的核心计算单元，以便于批量生产。剑桥大学的研发团队主要受开源社区和创新创业公司的激励，希望能够提供一个由学者、专家和爱好者共同支持的研究平台。

在早期的设计阶段，lowRISC 开发者已发布一些他们认为可以实现安全性和高性能的 SoC 细节：标记内存和 minion 内核。这些是已计划、尚未实现的设计目标，因此尚未提出评估和性能指标。实际上，minion 内核是简单的处理器，具有可预测的特性，可直接访问 I/O，用于筛选 I/O 及运行性能要求不高的任务。标记内存将数据与每个内存位置相关联，用于执行细粒度内存访问限制。

在 lowRISC 标记内存的实现中，每个内存地址都用标记位标记。这样，lowRISC 的实现可以支持基本的进程隔离。为防止内存破坏影响返回地址、vtable 指针和堆栈指针，可对编译器进行修改，使其生成的指令可以标记易受攻击的位置。对于返回地址或 vtable 指针，可以进行简单的只读保护，或通过锁定和解锁代码指针防范"释放后使用（use-after-free）"漏洞。此外，根据程序的控制流，可以应用控制流完整性检查跳转目标的有效性。lowRISC

提供的广泛安全策略实施的最低要求包括 ISA 扩展和对编译器、内存分配器与 libc 环境的修改，以及更新内核虚拟内存系统来处理标记位。

1.8 结论

本章简要介绍了硬件安全领域相关研究工作的发展历程，阐述了目前的研究工作以及这一新兴领域的未来研究趋势。本章为硬件安全研究者提供参考，以期为想加入这一领域、进一步推进这一领域发展的研究者提供指导。通过本章的介绍，笔者希望吸引更多的研究者加入这一领域，开发出更具创新性、基础支撑性的解决方案，以解决硬件层面的安全威胁问题，最终的目标是确保"信任根"的可信度。希望读者阅读本书的后续部分，深入了解最新的硬件安全领域的研究发展趋势。

参考文献

[1] PRENEEL B, TAKAGI T. 13th international workshop cryptographic hardware and embedded systems-ches 2011: volume 6917 [M]. Nara, Japan: Springer, 2011.

[2] COX I J, MILLER M L, BLOOM J A, et al. Digital watermarking: volume 53 [M]. Siena, Italy: Springer, 2002.

[3] RAD R M, WANG X, TEHRANIPOOR M, et al. Power supply signal calibration techniques for improving detection resolution to hardware Trojans [C]//IEEE/ACM International Conference on Computer-Aided Design. San Jose, CA, USA: IEEE, 2008: 632-639.

[4] RAD R, PLUSQUELLIC J, TEHRANIPOOR M. Sensitivity analysis to hardware Trojans using power supply transient signals [C]//Proceedings of the IEEE International Workshop on Hardware-Oriented Security and Trust. Anaheim, CA, USA: IEEE, 2008: 3-7.

[5] WOLFF F, PAPACHRISTOU C, BHUNIA S, et al. Towards Trojan-free trusted ICs: Problem analysis and detection scheme [C]//Proceedings of the IEEE Design Automation and Test in Europe. Munich, Germany: IEEE, 2008: 1362-1365.

[6] SALMANI H, TEHRANIPOOR M, PLUSQUELLIC J. New design strategy for improving hardware Trojan detection and reducing Trojan activation time [C]//Proceedings of the IEEE International Workshop on Hardware-Oriented Security and Trust. Francisco, CA, USA: IEEE, 2009: 66-73.

[7] JIN Y, MAKRIS Y. Hardware Trojan detection using path delay fingerprint [C]//Proceedings of the IEEE International Workshop on Hardware-Oriented Security and Trust (HOST). Anaheim, CA, USA: IEEE, 2008: 51-57.

[8] LIN L, KASPER M, GUNEYSU T, et al. Trojan side-channels: Lightweight hardware Trojans through side-channel engineering [C]//LNCS: volume 5747 Proceedings of the Cryptographic Hardware and Embedded Systems. Lausanne, Switzerland: Springer-Verlag Berlin, 2009: 382-395.

[9] LIN L, BURLESON W, PAAR C. MOLES: Malicious off-chip leakage enabled by side-channels [C]// Proceedings of the 2009 International Conference on Computer-Aided Design. ACM, 2009: 117-122.

[10] BANGA M, HSIAO M. VITAMIN: Voltage inversion technique to asertain malicious insertion in ICs [C]// Proceedings of the IEEE International Workshop on Hardware-Oriented Security and Trust. IEEE, 2009: 104-107.

[11] BLOOM G, SIMHA R, NARAHARI B. OS support for detecting Trojan circuit attacks [C]//Proceedings of the IEEE International Workshop on Hardware-Oriented Security and Trust. IEEE, 2009: 100-103.

[12] BANGA M, HSIAO M. A novel sustained vector technique for the detection of hardware Trojans [C]// Proceedings of the 22nd International Conference on VLSI Design. IEEE, 2009: 327-332.

[13] BANGA M, CHANDRASEKAR M, FANG L, et al. Guided test generation for isolation and detection of embedded Trojans in ICs [C]//Proceedings of the 18th ACM Great Lakes symposium on VLSI. ACM, 2008: 363-366.

[14] CHAKRABORTY R, WOLFF F, PAUL S, et al. MERO: A statistical approach for hardware Trojan detection [C]//Lecture Notes in Computer Science: volume 5747 Proceedings of the Cryptographic Hardware and Embedded Systems. Springer, 2009: 396-410.

[15] BLOOM G, NARAHARI B, SIMHA R, et al. Providing secure execution environments with a last line of defense against Trojan circuit attacks [J]. Computers & Security, 2009, 28 (7): 660-669.

[16] NELSON M, NAHAPETIAN A, KOUSHANFAR F, et al. SVD-based ghost circuitry detection [C]// Lecture Notes in Computer Science: volume 5806 Proceedings of the Information Hiding. Springer, 2009: 221-234.

[17] POTKONJAK M, NAHAPETIAN A, NELSON M, et al. Hardware Trojan horse detection using gate-level characterization [C]//Proceedings of the 46th Annual Design Automation Conference. San francisco, CA, USA: IEEE, 2009: 688-693.

[18] SINANOGLU O, KARIMI N, RAJENDRAN J, et al. Reconciling the IC test and security dichotomy [C]// Proceedings of the 18th IEEE European Test Symposium (ETS). Avignon, France: IEEE, 2013: 1-6.

[19] WAKSMANA, SUOZZO M, SETHUMADHAVAN S. FANCI: Identification of stealthy malicious logic using boolean functional analysis [C]//CCS'13: Proceedings of the ACM SIGSAC Conference on Computer & Communications Security. ACM, 2013: 697-708.

[20] JIN Y, MAKRIS Y. Proof carrying-based information flow tracking for data secrecy protection and hardware trust [C]//Proceedings of the IEEE 30th VLSI Test Symposium (VTS). Hyatt Maui, HI, USA: IEEE, 2012: 252-257.

[21] JIN Y, MAKRIS Y. Hardware Trojans in wireless cryptographic ICs [J]. IEEE Design and Test of Computers, 2010, 27 (1): 26-35.

[22] HICKS M, FINNICUM M, KING S T, et al. Overcoming an untrusted computing base: Detecting and removing malicious hardware automatically [C]//Proceedings of IEEE Symposium on Security and Privacy. IEEE, 2010: 159-172.

[23] DRZEVITZKY S, PLATZNER M. Achieving hardware security for reconfigurable systems on chip by a proof-carrying code approach [C]//Proceedings of the 6th International Workshop on Reconfigurable Communication-

centric Systems-on-Chip. Montpellier, France: IEEE, 2011: 1-8.

[24] DRZEVITZKY S, KASTENS U, PLATZNER M. Proof-carrying hardware: Towards runtime verification of reconfigurable modules [C]//Proceedings of the International Conference on Reconfigurable Computing and FPGAs. IEEE, 2009: 189-194.

[25] LOVE E, JIN Y, MAKRIS Y. Proof-carrying hardware intellectual property: A pathway to trusted module acquisition [J]. IEEE Transactions on Information Forensics and Security (TIFS), 2012, 7 (1): 25-40.

[26] JIN Y, YANG B, MAKRIS Y. Cycle-accurate information assurance by proof-carrying based signal sensitivity tracing [C]//Proceedings of the IEEE International Symposium on Hardware-Oriented Security and Trust (HOST). Austin, TX, USA: IEEE, 2013: 99-106.

[27] JIN Y, MAKRIS Y. A proof-carrying based framework for trusted microprocessor IP [C]//Proceedings of the 2013 IEEE/ACM International Conference on Computer-Aided Design (ICCAD). San Jose, CA, USA: IEEE, 2013: 824-829.

[28] GUO X, DUTTA R G, HE J, et al. Qif-verilog: Quantitative information-flow based hardware description languages for pre-silicon security assessment [C]//Proceedings of the IEEE Symposium on Hardware Oriented Security and Trust (HOST). McLean, VA, USA: IEEE, 2019: 91-100.

[29] ARM. Building a secure system using trustzone technology [R]. 2009.

[30] MCKEEN F, ALEXANDROVICH I, BERENZON A, et al. Innovative instructions and software model for isolated execution [R]. 2013.

[31] LIE D, THEKKATH C, MITCHELL M, et al. Architectural support for copy and tamper resistant software [J]. SIGPLAN Notices, 2000, 35 (11): 168-177.

[32] SUH G E, CLARKE D, GASSEND B, et al. Aegis: Architecture for tamper-evident and tamper-resistant processing [C]//ICS' 03: Proceedings of the 17th Annual International Conference on Supercomputing. ACM, 2003: 160-171.

[33] LEE R, KWAN P, MCGREGOR J, et al. Architecture for protecting critical secrets in microprocessors [C]// Proceedings of the 32nd International Symposium on Computer Architecture (ISCA). IEEE, 2005: 2-13.

[34] CHAMPAGNE D, LEE R. Scalable architectural support for trusted software [C]//IEEE 16th International Symposium on High Performance Computer Architecture (HPCA). IEEE, 2010: 1-12.

[35] SZEFER J, LEE R B. Architectural support for hypervisor-secure virtualization [J]. SIGPLAN Notice, 2012, 47 (4): 437-450.

[36] BRASSER F, EL MAHJOUB B, SADEGHI A R, et al. TyTAN: Tiny trust anchor for tiny devices [C]// DAC'15: Proceedings of the 52nd Annual Design Automation Conference. ACM, 2015: 34: 1-34: 6.

[37] SHAMSI K, LI M, PLAKS K, et al. Ip protection and supply chain security through logic obfuscation: A systematic overview [J]. ACM Transactions on Design Automation of Electronic Systems (TODAES), 2019, 24 (6): 65: 1-65: 36.

[38] SHAMSI K, PAN D Z, JIN Y. IcySAT: Improved sat-based attacks on cyclic locked circuits [C]//Proceedings of the International Conference On Computer Aided Design (ICCAD). Westminster, CO, USA: IEEE, 2019: 1-7.

[39] TEHRANIPOOR M, KOUSHANFAR F. A survey of hardware Trojan taxonomy and detection [J]. IEEE Design Test of Computers, 2010, 27: 10-25.

[40] Trust-Hub [EB].

[41] KING S, TUCEK J, COZZIE A, et al. Designing and implementing malicious hardware [C]//Proceedings of the 1st USENIX Workshop on Large-Scale Exploits and Emergent Threats (LEET). USENIX, 2008: 1-8.

[42] JIN Y, KUPP N, MAKRIS Y. Experiences in hardware Trojan design and implementation [C]//Proceedings of the IEEE International Workshop on Hardware-Oriented Security and Trust (HOST). Francisco, CA, USA: IEEE, 2009: 50-57.

[43] STURTON C, HICKS M, WAGNER D, et al. Defeating UCI: Building stealthy and malicious hardware [C]//Proceedings of the IEEE Symposium on Security and Privacy (SP). IEEE, 2011: 64-77.

[44] ZHANG J, XU Q. On hardware trojan design and implementation at register-transfer level [C]//Proceedings of the IEEE International Symposium on Hardware-Oriented Security and Trust (HOST). IEEE, 2013: 107-112.

[45] BECKER G, REGAZZONI F, PAAR C, et al. Stealthy dopant-level hardware trojans [C]//Lecture Notes in Computer Science: volume 8086 Proceedings of the Cryptographic Hardware and Embedded Systems (CHES). Springer, 2013: 197-214.

[46] KARRI R, RAJENDRAN J, ROSENFELD K, et al. Trustworthy hardware: Identifying and classifying hardware Trojans [J]. IEEE Computer, 2010, 43 (10): 39-46.

[47] RAJENDRAN J, JYOTHI V, KARRI R. Blue team red team approach to hardware trust assessment [C]//Proceedings of the 29th International Conference on Computer Design (ICCD). IEEE, 2011: 285-288.

[48] AGRAWAL D, BAKTIR S, KARAKOYUNLU D, et al. Trojan detection using IC fingerprinting [C]//Proceedings of the IEEE Symposium on Security and Privacy. IEEE, 2007: 296-310.

[49] LI M, DAVOODI A, TEHRANIPOOR M. A sensor-assisted self-authentication framework for hardware Trojan detection [C]//Proceedings of the Design, Automation Test in Europe Conference Exhibition (DATE). IEEE, 2012: 1331-1336.

[50] LAMECH C, RAD R, TEHRANIPOOR M, et al. An experimental analysis of power and delay signal-to-noise requirements for detecting Trojans and methods for achieving the required detection sensitivities [J]. IEEE Transactions on Information Forensics and Security, 2011, 6 (3): 1170-1179.

[51] JIN Y, KUPP N, MAKRIS Y. DFTT: Design for Trojan test [C]//Proceedings of the IEEE International Conference on Electronics Circuits and Systems. Athens, Greece: IEEE, 2010: 1175-1178.

[52] JIN Y, MAKRIS Y. Is single-scheme Trojan prevention sufficient? [C]//Proceedings of the IEEE International Conference on Computer Design (ICCD). Amherst, MA, USA: IEEE, 2011: 305-308.

[53] JIN Y, SULLIVAN D. Real-time trust evaluation in integrated circuits [C]//Proceedings of the Design, Automation and Test in Europe Conference and Exhibition (DATE), 2014. Dresden, Germany: IEEE, 2014: 1-6.

[54] BANGA M, HSIAO M. Trusted RTL: Trojan detection methodology in pre-silicon designs [C]//Proceedings of the IEEE International Symposium on Hardware-Oriented Security and Trust (HOST). IEEE, 2010:

56-59.

[55] JIN Y, MALIUK D, MAKRIS Y. Post-deployment trust evaluation in wireless cryptographic ICs [C]// Proceedings of the Design, Automation Test in Europe Conference Exhibition (DATE), 2012. Dresden, Germany: IEEE, 2012: 965-970.

[56] LIU Y, JIN Y, MAKRIS Y. Hardware trojans in wireless cryptographic ICs: Silicon demonstration & detection method evaluation [C]//Proceedings of the 2013 IEEE/ACM International Conference on Computer-Aided Design (ICCAD). San Jose, CA, USA: IEEE, 2013: 399-404.

[57] LIAUW Y Y, ZHANG Z, KIM W, et al. Nonvolatile 3d-fpga with monolithically stacked rram-based configuration memory [C]//Proceedigns of the IEEE International Solid-State Circuits Conference Digest of Technical Papers (ISSCC). IEEE, 2012: 406-408.

[58] GUO X, DUTTA R G, JIN Y, et al. Pre-silicon security verification and validation: A formal perspective [C]//DAC'15: Proceedings of the 52nd Annual Design Automation Conference. San Francisco, CA, USA: ACM, 2015: 145: 1-145: 6.

[59] LOVEE, JIN Y, MAKRIS Y. Enhancing security via provably trustworthy hardware intellectual property [C]// Proceedings of the 2011 IEEE International Symposium on Hardware-Oriented Security and Trust (HOST). San Diego, CA, USA: IEEE, 2011: 12-17.

[60] DRZEVITZKY S. Proof-carrying hardware: Runtime formal verification for secure dynamic reconfiguration [C]//Proceedings of the International Conference on Field Programmable Logic and Applications (FPL). IEEE, 2010: 255-258.

[61] NECULA G C. Proof-carrying code [C]//Proceedings of the 24th ACM SIGPLAN-SIGACT Symposium on Principles of Programming Languages. ACM, 1997: 106-119.

[62] APPELA W. Foundational proof-carrying code [C]//Proceedings 16th Annual IEEE Symposium on Logic in Computer Science. IEEE, 2001: 247-256.

[63] HAMID N A, SHAO Z, TRIFONOV V, et al. A syntactic approach to foundational proof-carrying code [J]. Journal of Automated Reasoning, 2003, 31: 191-229.

[64] APPEL A W, MCALLESTER D. An indexed model of recursive types for foundational proof-carrying code [J]. ACM Transactions on Programming Languages and Systems, 2001, 23 (5): 657-683.

[65] YUD, HAMID N A, SHAO Z. Building certified libraries for pcc: Dynamic storage allocation [C]// Proceedings of the Science of Computer Programming. Elsevier, 2003: 363-379.

[66] FENG X, SHAO Z, VAYNBERG A, et al. Modular verification of assembly code with stack-based control abstractions [J]. SIGPLAN Notes, 2006, 41 (6): 401-414.

[67] DRZEVITZKY S, KASTENS U, PLATZNER M. Proof-carrying hardware: Concept and prototype tool flow for online verification [J]. International Journal of Reconfigurable Computing, 2010: 1-11.

[68] INRIA. Thecoq proof assistant [EB]. 2010.

[69] JIN Y. Design-for-security vs. design-for-testability: A case study on dft chain in cryptographic circuits [C]// Proceedings of the IEEE Computer Society Annual Symposium on VLSI (ISVLSI). Tampa, FL, USA: IEEE, 2014: 19-24.

[70] YANG B, WU K, KARRI R. Scan based side channel attack on dedicated hardware implementations of data

encryption standard [C]//Proceedings of the International Test Conference (ITC). IEEE, 2004: 339-344.

[71] NARA R, TOGAWA N, YANAGISAWA M, et al. Scan-based attack against elliptic curve cryptosystems [C]//Proceedings of the Asia and South Pacific Design Automation Conference. IEEE, 2010: 407-412.

[72] YANG B, WU K, KARRI R. Secure scan: A design-for-test architecture for crypto chips [J]. IEEE Transactions on Computer-Aided Design of Integrated Circuits and Systems, 2006, 25 (10): 2287-2293.

[73] HE LY D, BANCEL F, FLOTTES M L, et al. A secure scan design methodology [C]//Proceedings of the conference on Design, automation and test in Europe. IEEE, 2006: 1177-1178.

[74] SENGAR G, MUKHOPADHYAY D, CHOWDHURY D. Secured flipped scan-chain model for crypto-architecture [J]. IEEE Transactions on Computer-Aided Design of Integrated Circuits and Systems, 2007, 26 (11): 2080-2084.

[75] LEE J, TEHRANIPOOR M, PATEL C, et al. Securing designs against scan-based side-channel attacks [J]. IEEE Transactions on Dependable and Secure Computing, 2007, 4 (4): 325-336.

[76] PAUL S, CHAKRABORTY R, BHUNIA S. Vim-scan: A low overhead scan design approach for protection of secret key in scan-based secure chips [C]//Proceedings of the VLSI Test Symposium. IEEE, 2007: 455-460.

[77] DA ROLT J, DI NATALE G, FLOTTES M L, et al. Are advanced DfT structures sufficient for preventing scan-attacks? [C]//Proceedings of the IEEE 30th VLSI Test Symposium (VTS). IEEE, 2012: 246-251.

[78] ROLT J, DAS A, NATALE G, et al. A new scan attack on rsa in presence of industrial countermeasures [C]// SCHINDLER W, HUSS S. Lecture Notes in Computer Science: volume 7275 Constructive Side-Channel Analysis and Secure Design. Springer Berlin Heidelberg, 2012: 89-104.

[79] ZHANG X, TEHRANIPOOR M. Case study: Detecting hardware trojans in third-party digital ip cores [C]// Proceedings of the IEEE International Symposium on Hardware-Oriented Security and Trust (HOST). IEEE, 2011: 67-70.

[80] SULLIVAN D, BIGGERS J, ZHU G, et al. FIGHT-metric: Functional identification of gate-level hardware trustworthiness [C]//Proceedings of the Design Automation Conference (DAC). San Francisco, CA, USA: ACM, 2014: 1-4.

[81] HUANG K, CARULLI J, MAKRIS Y. Parametric counterfeit IC detection via support vector machines [C]//Proceedings of the IEEE International Symposium on Defect and Fault Tolerance in VLSI and Nanotechnology Systems (DFT). IEEE, 2012: 7-12.

[82] ZHANG X, XIAO K, TEHRANIPOOR M. Path-delay fingerprinting for identification of recovered ICs [C]// Proceedings of the IEEE International Symposium on Defect and Fault Tolerance in VLSI and Nanotechnology Systems (DFT). IEEE, 2012: 13-18.

[83] WANG X, WINEMBERG L, SU D, et al. Aging adaption in integrated circuits using a novel built-in sensor [J]. IEEE Transactions on Computer-Aided Design of Integrated Circuits and Systems, 2015, 34 (1): 109-121.

[84] ROY J A, KOUSHANFAR F, MARKOV I L. Epic: Ending piracy of integrated circuits [C]//DATE'08: Proceedings of the Conference on Design, Automation and Test in Europe. IEEE, 2008: 1069-1074.

[85] RAJENDRAN J, PINO Y, SINANOGLU O, et al. Logic encryption: A fault analysis perspective [C]//

DATE'12: Proceedings of the Conference on Design, Automation and Test in Europe. IEEE, 2012: 953-958.

[86] RAJENDRAN J, ZHANG H, ZHANG C, et al. Fault analysis-based logic encryption [J]. IEEE Transactions on Computers, 2015, 64 (2): 410-424.

[87] IMESON F, EMTENAN A, GARG S, et al. Securing computer hardware using 3d integrated circuit (ic) technology and split manufacturing for obfuscation [C]//Proceedings of the 22nd USENIX Security Symposium (USENIX Security 13). Washington, D. C.: USENIX, 2013: 495-510.

[88] VAIDYANATHAN K, DAS B P, PILEGGI L. Detecting reliability attacks during split fabrication using test-only BEOL stack [C]//DAC'14: Proceedings of the The 51st Annual Design Automation Conference on Design Automation Conference. San Francisco, CA, USA: ACM, 2014: 156: 1-156: 6.

[89] RAJENDRAN J, SINANOGLU O, KARRI R. Is split manufacturing secure? [C]//Proceedings of the Design, Automation Test in Europe Conference Exhibition (DATE). IEEE, 2013: 1259-1264. DOI: 10.7873/DATE.2013.261.

[90] JAGASIVAMANI M, GADFORT P, SIKA M, et al. Split-fabrication obfuscation: Metrics and techniques [C]//Proceedings of the Hardware-Oriented Security and Trust (HOST). IEEE, 2014: 7-12.

[91] Tech insights [EB/OL]. [2020-08-10]. https://www.techinsights.com.

[92] CHOW L W, BAUKUS J, CLARK W. Integrated circuits protected against reverse engineering and method for fabricating the same using an apparent metal contact line terminating on field oxide: 20020096776 [P]. 2002-07-25.

[93] RONALD P, JAMES P, BRYAN J. Building block for a secure cmos logic cell library: 8111089 [P]. 2010-12-02.

[94] CHOW L W, BAUKUS J P, WANG B J, et al. Camouflaging a standard cell based integrated circuit: 8151235 [P]. 2012-04-03.

[95] RAJENDRAN J, SAM M, SINANOGLU O, et al. Security analysis of integrated circuit camouflaging [C]// CCS'13: Proceedings of the 2013 ACM SIGSAC Conference on Computer & Communications Security. ACM, 2013: 709-720.

[96] DESAI A R, HSIAO M S, WANG C, et al. Interlocking obfuscation for anti-tamper hardware [C]//CSI-IRW'13: Proceedings of the Eighth Annual Cyber Security and Information Intelligence Research Workshop. ACM, 2013: 8: 1-8: 4.

[97] WENDT J B, POTKONJAK M. Hardware obfuscation using puf-based logic [C]//ICCAD'14: Proceedings of the 2014 IEEE/ACM International Conference on Computer-Aided Design. IEEE, 2014: 270-277.

[98] KOCHER P. Timing attacks on implementations of diffie-hellman, rsa, dss, and other systems [C]// Lecture Notes in Computer Science: volume 1109 Proceedings of the Advances in Cryptology (CRYPTO'96). Springer, 1996: 104-113.

[99] BRUMLEY D, BONEH D. Remote timing attacks are practical [J]. Computer Networks, 2005, 48 (5): 701-716.

[100] KOCHER P, JAFFE J, JUN B. Differential power analysis [C]//Proceedings of the Advances in Cryptology-CRYPTO'99. Springer, 1999: 789-789.

[101] QUISQUATER J J, SAMYDE D. Electromagnetic analysis (EMA): Measures and counter-measures for smart cards [C]//Lecture Notes in Computer Science: volume 2140 Proceedings of the Smart Card Programming and Security. Springer, 2001: 200-210.

[102] GANDOLFI K, MOURTEL C, OLIVIER F. Electromagnetic analysis: Concrete results [C]//Lecture Notes in Computer Science: volume 2162Proceedings of the Cryptographic Hardware and Embedded Systems (CHES). Springer, 2001: 251-261.

[103] BARENGHI A, BERTONI G, BREVEGLIERI L, et al. Fault attack on aes with single-bit induced faults [C]//Proceedings of the Sixth International Conference on Information Assurance and Security (IAS). IEEE, 2010: 167-172.

[104] TAYLOR G, MOORE S, ANDERSON R, et al. Improving smart card security using self-timed circuits [C]// Proceedings of the 20th IEEE International Symposium on Asynchronous Circuits and Systems. IEEE, 2002: 211-218.

[105] MAMIYA H, MIYAJI A, MORIMOTO H. Efficient countermeasures against RPA, DPA, and SPA [C]// Lecture Notes in Computer Science: volume 3156 Proceedings of the Cryptographic Hardware and Embedded Systems-CHES. Springer, 2004: 343-356.

[106] MANGARD S. Hardware countermeasures against dpa-a statistical analysis of their effectiveness [C]// Lecture Notes in Computer Science: volume 2964 Proceedings of the Topics in Cryptology-CT-RSA. Springer, 2004: 222-235.

[107] SUZUKI D, SAEKI M. Security evaluation of dpa countermeasures using dual-rail pre-charge logic style [C]//Lecture Notes in Computer Science: volume 4249 Proceedings of the Cryptographic Hardware and Embedded Systems-CHES. Springer, 2006: 255-269.

[108] CEVRERO A, REGAZZONI F, SCHWANDER M, et al. Power-gated mos current mode logic (PG-MCML): A power aware dpa-resistant standard cell library [C]//DAC'11: Proceedings of the 48th Design Automation Conference. IEEE, 2011: 1014-1019.

[109] SUH G E, DEVADAS S. Physical unclonable functions for device authentication and secret key generation [C]//Proceedings of the 44th annual Design Automation Conference (DAC). IEEE, 2007: 9-14.

[110] HOFER M, BOEHM C. An alternative to error correction for sram-like PUFs [C]//Lecture Notes in Computer Science: volume 6225 Proceedings of the Cryptographic Hardware and Embedded Systems (CHES). Springer, 2010: 335-350.

[111] CHE W, PLUSQUELLIC J, BHUNIA S. A non-volatile memory based physically unclonable function without helper data [C]//ICCAD'14: Proceedings of the IEEE/ACM International Conference on Computer-Aided Design. IEEE, 2014: 148-153.

[112] IYENGAR A, RAMCLAM K, GHOSH S. DWM-PUF: A low-overhead, memory-based security primitive [C]//Proceedings of the IEEE International Symposium on Hardware-Oriented Security and Trust (HOST). IEEE, 2014: 154-159.

[113] RUHRMAIR U, DEVADAS S, KOUSHANFAR F. Security based on physical unclonability and disorder [M]//TEHRANIPOOR M, WANG C. Introduction to Hardware Security and Trust. New York: Springer, 2012: 65-102.

[114] RAJENDRAN J, ROSE G, KARRI R, et al. Nano-PPUF: A memristor-based security primitive [C]// Proceedings of the IEEE Computer Society Annual Symposium on VLSI (ISVLSI). IEEE, 2012: 84-87.

[115] DEVADAS S, YU M. Secure and robust error correction for physical unclonable functions [J]. IEEE Design & Test, 2013, 27 (1): 48-65.

[116] DAS J, SCOTT K, BURGETT D, et al. A novel geometry based MRAM PUF [C]//Proceedings of the IEEE 14th International Conference on Nanotechnology (IEEE-NANO). IEEE, 2014: 859-863.

[117] International technology roadmap for semiconductors-2013 edition. emerging research devices [R]. 2013.

[118] BI Y, GAILLARDON P E, HU X S, et al. Leveraging emerging technology for hardware security-case study on silicon nanowire fets and graphene symfets [C]//Proceedings of the Asia Test Symposium (ATS). Hangzhou, China: IEEE, 2014: 342-347.

[119] JIANG X, WANG X, XU D. Stealthy malware detection through vmm-based "out-of-the-box" semantic view reconstruction [C]//CCS'07: Proceedings of the 14th ACM Conference on Computer and Communications Security. ACM, 2007: 128-138.

[120] RILEY R, JIANG X, XU D. Guest-transparent prevention of kernel rootkits with vmm-based memory shadowing [C]//Lecture Notes in Computer Science: volume 5230 Proceedings of the Recent Advances in Intrusion Detection. Springer, 2008: 1-20.

[121] SESHADRI A, LUK M, QU N, et al. Secvisor: A tiny hypervisor to provide lifetime kernel code integrity for commodity oses [C]//SOSP'07: Proceedings of Twenty-first ACM SIGOPS Symposium on Operating Systems Principles. ACM, 2007: 335-350.

[122] OLIVEIRA D, WETZEL N, BUCCI M, et al. Hardware-software collaboration for secure coexistence with kernel extensions [J]. ACM SIGAPP Applied Computing Review, 2014, 14 (3): 22-35.

[123] LEE R, SETHUMADHAVAN S, SUH G E. Hardware enhanced security [C]//CCS'12: Proceedings of the 2012 ACM Conference on Computer and Communications Security. ACM, 2012: 1052-1052.

[124] ANATI I, GUERON S, JOHNSON S P, et al. Innovative technology for CPU based attestation and sealing [C]//Proceedings of the 2nd International Workshop on Hardware and Architectural Support for Security and Privacy (HASP). CiteSeer, 2013: 1-7.

[125] WOODRUFF J D. CHERI: A RISC capability machine for practical memory safety: UCAM-CL-TR-858 [R]. University of Cambridge, Computer Laboratory, 2014.

[126] WATERMAN A, LEE Y, PATTERSON D A, et al. The RISC-V instruction set manual, volume i: Base user-level ISA [R]. EECS Department, UC Berkeley, Technical Report UCB/EECS-2011-62, 2011.

[127] ASANOVIC K, PATTERSON D A. Instruction sets should be free: The case for risc-v [R]. EECS Department, UC Berkeley, Technical Report UCB/EECS-2014-146, 2014.

第 2 章 硬 件 木 马

随着信息技术的出现,网络已经深入到人们的日常生活并发挥着越来越重要的作用。在这种形势下,网络攻击风险也与日俱增。自 20 世纪 80 年代以来,软件开发人员和黑客之间展开了激烈的攻防对抗,虽然对抗的方式花样翻新,但是通常都不涉及底层硬件,因为人们往往认为底层硬件是安全的。然而,这种情况在近十年发生了变化,电子产品设计、制造和分销的复杂性导致整个电子行业转向全球商业模式,使得底层硬件也可能遭受攻击。

在新的攻击模型下,不可信的机构、个人直接或间接地参与了电子设备制造,尤其是其中集成电路生命周期的各个阶段。以往不曾有的由对硬件的访问权限可能带来的风险引起了研究人员的注意,甚至导致各种阴谋论的出现。比如在 2008 年,有报告称某国雷达的一个严重故障可能是由隐藏在商用产品(commercial off-the-shelf,COTS)微处理器中的后门而被故意触发的[1]。一位不愿透露姓名的承包商宣称,一家芯片制造商最近出于类似的目的制造了带有远程关闭功能的微处理器。鉴于这类漏洞可能引发的严重后果,硬件木马(hardware Trojan,HT)问题开始受到学术界、工业界和各国政府的极大关注。

近年来,对硬件木马的研究成为一个研究热点。预计在未来,有关硬件木马的研究将有更多的新发现。本章通过回顾硬件木马领域已有的研究成果,分析现有方法的局限性,讨论相关技术的发展趋势以及未来研究的重点方向。本章先介绍现代 IC 供应链,分析各种可能出现的硬件木马攻击模型,对硬件木马进行分类;然后讨论硬件木马的设计以及防范硬件木马的各类对策;最后,通过硬件木马防范、模拟和混合信号木马、黄金模型依赖等技术主题介绍硬件木马领域具有挑战性的问题。

2.1 硬件木马攻击模型与硬件木马分类

IC 供应链的全球化大大降低了集成电路的设计成本,缩短了集成电路的上市时间(time-to-market,TTM)。多年来,集成电路行业经历了多次兼并重组,对 IC 供应链做出了重大调整,以适应全球化趋势。然而,由于 IC 供应链的全球化,企业和政府对这一行业的控制被分散。因此,追踪第三方 IP 核的来源和监控代工厂的制造过程日益困难,使芯片可能产生特殊的安全隐患。IC 供应链中的漏洞可能导致芯片被插入木马电路,从而威胁整个硬件行业的安全。现代 IC 供应链如图 2.1 所示。

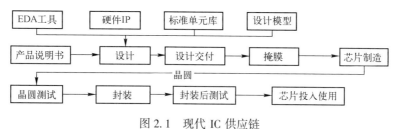

图 2.1 现代 IC 供应链

2.1.1 易受攻击的 IC 供应链

随着集成电路的制造工艺发展至深亚微米级和纳米级，集成电路设计和制造的复杂性急剧增加。专用集成电路（application-specific integrated circuit，ASIC）或片上系统（SoC）组件通常需经过复杂的工艺过程。该过程首先将规范转换为行为描述，通常使用硬件设计语言（hardware design language，HDL），如 Verilog 或 VHDL。接下来，执行合成，根据网表（逻辑门）将行为描述转换成设计实现。在完成设计实现后，数字 GDSII 文件被交给代工厂进行 IC 制造。一旦代工厂生产出实际的 IC，将通过测试过程确保其正确。那些通过测试的 IC 通过组装、重新测试后发送至市场，最终被部署到电子系统中。

先进的半导体制造技术在 IC 开发过程的每一个阶段都需要投入大量的资金。例如，2015 年拥有一家代工厂的成本约为 50 亿美元[2]。因此，大多数半导体公司无力维持从设计到包装的全部 IC 供应链。为了降低研发成本、缩短开发周期，半导体公司通常将部分工作外包给第三方代工厂，购买第三方 IP 核，使用第三方供应商的 EDA（electronic design automation，电子设计自动化）工具。显然，第三方可能不可信或具有潜在恶意，第三方的加入增加了系统的安全风险。有研究表明，IC 供应链容易受各种攻击，如硬件木马、逆向工程、IP 盗版、IC 篡改、IC 克隆、IC 生产过剩等。其中，硬件木马可以说是最大的威胁，引起了广泛关注。

2.1.2 攻击模型类别

开发和使用精确的攻击模型在安全领域的研究工作中起着关键作用。对攻击模型的研究在硬件木马的研究工作中至关重要。通过分析攻击模型，可以确定具体研究工作所覆盖的内容以及需要解决的问题。研究者不希望开发不具有实用性的不切实际的硬件木马或对策。因此，在开发新的硬件木马或对策之前，研究者应先考虑所需的攻击模型。对于攻击模型的研究可以作为硬件木马研究的起点。深入研究攻击模型对经验比较丰富的研究人员也有帮助。本节将全面介绍攻击模型。通过这些攻击模型可对当前硬件木马进行分类，确定硬件木马的研究趋势，思考新的研究方向。

硬件木马可以在设计或制造的任何阶段被不同的攻击者插入，导致攻击模型有多种不同的情况。通常，SoC 芯片的设计和制造过程主要分为三个阶段：IP 核开发、SoC 开发和制造。因此，第三方 IP 供应商、SoC 开发商和代工厂都有机会插入硬件木马。在 Rostami 等人[3]的论文中仅给出了两种硬件木马的攻击情况，没有包括所有情况。笔者分析了全部可能产生硬件木马的攻击情况。表 2.1 列出了硬件木马的七种攻击模型。

表 2.1 硬件木马的七种攻击模型

模 型	攻击的来源	第三方 IP 供应商	SoC 开发商	代 工 厂
A	不可信的第三方 IP 供应商	不可信	可信	可信
B	不可信的代工厂	可信	可信	不可信
C	不可信的 EDA 工具或设计师	可信	不可信	可信
D	不可信的商用电子组件	不可信	不可信	可信
E	不可信的设计公司	不可信	不可信	可信
F	无晶圆厂的 SoC 设计公司	不可信	不可信	不可信
G	不可信的系统集成商和代工厂（拥有可信 IP，但 SoC 设计公司不可信）	可信	不可信	不可信

1. 模型 A：来源于不可信的第三方 IP 供应商的攻击模型

随着集成电路制造工艺发展至深亚微米级，更多最初集成在电路板级的功能（包括数字、模拟、混合信号和射频）现在被置于单芯片衬底（片上系统，SoC）上。SoC 开发者几乎不可能自主开发所有必需的 IP，他们需要购买一些第三方 IP（3PIP）核。这些 IP 核可能会包含硬件木马。随着 SoC 芯片的广泛应用，这种攻击模型已非常普遍。

2. 模式 B：来源于不可信的代工厂（包括晶圆厂和无晶圆厂设计公司）的攻击模型

无晶圆厂设计公司将制造外包给拥有先进工艺技术的海外第三方代工厂。代工厂的攻击者可以通过操纵光刻掩膜将木马植入到设计中。这些木马以添加、删除或修改门的形式出现。由于代工厂可以访问设计的各层，因此它既可以插入非目标木马以引发随机故障，也可以在逆向工程后插入目标木马以引发预期故障。对于 IC 设计公司来说，这是一个两难的局面，他们不仅希望通过在海外代工厂使用最先进的技术来最大限度地提高性能，还希望保证关键应用的安全性。近年来，学术界对模型 B 进行了大量的讨论和研究。

3. 模型 C：来源于不可信的 EDA 工具或设计师的攻击模型

由于 SoC 设计的复杂性已经大大增加，因此在 SoC 设计过程中必须涉及更多的专业设计师和 EDA 工具。硬件木马的威胁可能来自不可信的第三方商业 EDA 工具或设计师（也称为内部威胁）。

4. 模型 D：来源于不可信的商用电子组件的攻击模型

越来越多的商用和军用产品使用商用电子组件（COTS）。COTS 指商用现成产品，在投入系统之前不需要定制开发。这些产品代表为特定用途定制并向公众出售的所有电子产品。一般来说，COTS 产品比定制设计的产品便宜，易于获取，且具有良好的性能。但是，不能保证 COTS 没有硬件木马。

5. 模型 E：来源于不可信的设计公司的攻击模型

该模型假设除了代工厂，整个供应链都不可信。客户所知道的是，某代工厂的信誉良好，生产工艺可靠，但客户不信任设计公司，也不确定设计是否包含硬件木马。例如，IC 产品可能是在不友好的外国开发的。请注意，此模型也可能适用于市场上的克隆 IC。在对良性（无木马）IC 进行逆向工程之后，伪造者可以在原始设计中插入木马。

6. 模型 F：来源于无晶圆厂的 SoC 设计公司的攻击模型

此模型包含模型 A 和 B 中的所有攻击。它可以应用于大多数无晶圆厂的 SoC 设计公司。这些公司将 3PIP 供应商的一些 IP 核集成到他们的 SoC 设计中，并在不可信的第三方代工厂制造这些芯片。

7. 模型 G：来源于不可信的系统集成商和代工厂（拥有可信 IP，但 SoC 设计公司不可信）的攻击模型

一些半导体公司提供 ASIC 设计和制造业务，以满足不同客户的需求。客户可以请求使用指定的 IP 核进行 SoC 设计。芯片在制造、测试和包装后，运回给客户。一些公司拥有自己的制造设施和设计团队，还为芯片设计和制造提供专业的代工服务。虽然拥有可信 IP，但 SoC 设计公司不可信，制造出的芯片也有被植入木马的风险。

2.1.3　硬件木马分类

硬件木马是指故意对电路设计进行恶意修改，导致电路在运行时产生意外行为。受硬件木马影响的 IC 可能会发生功能或规范被更改、泄露敏感信息、性能下降及系统不可靠等情况。目前有些文献已对硬件木马提出了详细的分类，涵盖广泛的具有潜在风险的硬件木马。比如，Karri 等人[4]和 Tehranipoor 及 Wang[5]根据插入阶段、抽象级别、激活机制、效果和位置这五个不同的属性将硬件木马进行分类。

硬件木马与制造缺陷完全不同。制造缺陷具有无意、随机的特点，数十年来已被广泛研究，其行为可以通过 Stuck-at 故障、延迟故障等模型来反映。但对于硬件木马，研究者却难以创建适合所有类型的模型。此外，缺陷只在制造过程中产生，而硬件木马可以在 IC 开发的任何阶段插入。因此，硬件木马问题比制造缺陷的表现更为复杂。

2.2　硬件木马设计

自第一篇关于硬件木马的论文发表以来[6]，硬件木马的研究领域取得了重大进展。为了挖掘硬件木马的潜在风险，人们开发了各种各样的硬件木马。对于设计良好的硬件木马，传统的功能测试方法很难检测[7]。通常，硬件木马包含两个基本部分：木马触发器（实施木马激活）和有害电路（实施有害功能）。硬件木马的抽象模型如图 2.2 所示。木马触发器是一个可选部件，用于监控电路中的各种信号或一系列事件。有害电路通常从原始（无木马）电路和木马触发器的输出中获取信号。一旦木马触发器检测到预先确定的事件或条件，就会激活有害电路执行恶意行为。通常情况下，木马触发器会在极为罕见的情况下被激活，因此有害电路大部分时间均保持非活动状态。当有害电路处于非活动状态时，IC 就像一个无木马的电路，很难将木马检测出来。

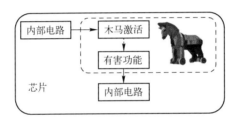

图 2.2　硬件木马的抽象模型

根据木马触发机制的不同，硬件木马可分为：组合木马和时序木马。一些木马触发机制采用组合和顺序混合机制设计。图 2.3 展示了组合硬件木马的抽象模型。恶意电路行为由同时发生的一组触发条件激活。组合硬件木马不使用触发器或锁存器来存储状态信息。图 2.4 展示了时序硬件木马的抽象模型。木马被一系列状态转换激活。文献 [8] 阐述了在寄存器传输级（register transfer level，RTL）设计和实现硬件木马的经验。阅读文献 [8] 可以进一步了解硬件木马的外观及其对 IC 的影响。

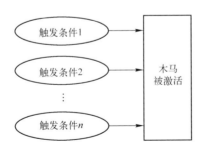

图 2.3　组合硬件木马的抽象模型

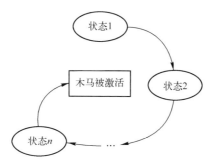

图 2.4　时序硬件木马的抽象模型

图 2.5 给出了硬件木马的触发机制和有害功能机制。现有的硬件木马设计可分为基于触发机制和基于有害功能机制两类。硬件木马的识别主要依赖于识别触发机制和有害功能机制。因此，硬件安全的研究者重点关注这两种机制，以这两种机制为突破口，探索和评估新的硬件木马。

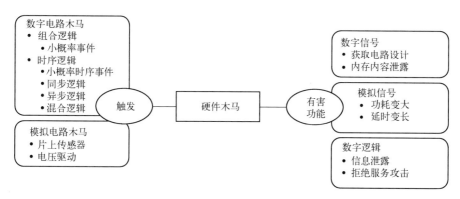

图 2.5　硬件木马的触发机制和有害功能机制[9]

1. 触发机制

对于模拟电路木马，触发的条件包括检测到物理环境发生变化，如通过片上传感器检测到过程变化、设备老化和温度变化等。例如，在文献[10]中，基于工艺可靠性的硬件木马被用来降低 IC 的可靠性，硬件木马由加速的 CMOS 晶体管的损耗机制激活。对于数字电路木马，触发机制可以是数字电路中的组合逻辑或时序逻辑。最新实例是文献[11]中提出的"Don't Care"状态，它将硬件木马插入设计中，且不会产生太多开销。最近，文献[12]中的 A2 木马采用开关电容结构来捕获寄存器的翻转，涉及数字和模拟功能。由于 A2 开销很小，在设计中部署灵活，因此给硬件木马检测带来了新的挑战。

2. 有害功能机制

硬件木马的有害功能机制可以修改电路中的功能或信号值，通过逻辑或侧信道泄露信息[13]，甚至影响设备老化。硬件中的附加区域、时序、功率或辐射等侧信道效应自然会导致信息泄露[14]。即使设计人员考虑了侧信道，嵌入式木马也会使其努力功亏一篑。在文献[15]中，由侧信道启用的恶意片外泄露（malicious off-chip leakage enabled by side-channels，MOLES）通过电源侧信道从高级加密标准（advanced encryption standard，AES）电路泄露机密。此外，文献[15]还利用了无线信道等其他特性。文献[16]中的硬件木马能够通过超宽带（ultra-wide-band，UWB）发射机泄露 AES 电路的敏感密钥。

硬件木马还有许多攻击方法，通过优化硬件木马设计，可以减少硬件木马对电路的影响。文献[17]中展示了零开销硬件木马，可在微处理器中产生权限升级。文献[17]介绍了一种木马增强方法。该方法隐藏了木马对无损检测的影响，提高了硬件木马的生存能力。为了抵御硬件木马攻击，研究者设计了标准测试基准，用于测试和评估硬件木马，以实现各种探测方法[18]，包含在 RTL、门级和布局级探测各种类型的硬件木马并设计防护对策和工具。

2.3 硬件木马防护对策

硬件木马防护对策的研究重点是研究能够解决或减轻 IC 供应链中潜在硬件木马威胁的对策。一般来说，硬件木马防护对策分为三大类。每个大类还可进一步分为几个子类。硬件木马防护对策的分类如图 2.6 所示。

图 2.6　硬件木马防护对策的分类

2.3.1 木马检测

木马检测是处理硬件木马最直接、最常用的方法。其目的是验证现有设计和制造的 IC，无需任何辅助电路。木马检测可在设计阶段（流片前）执行以验证 IC 设计，或在制造阶段（流片后）执行以验证制造的 IC。

流片后检测可分为有损方法和无损方法，参见图 2.6。有损方法中的反向工程通常使用有损逆向工程技术拆封 IC 并获取每一层的图像，以便重建最终产品的可信设计验证。有损逆向工程有可能提供 100% 的保证，可以检测 IC 中的任何恶意修改，成本高，对于相当复杂的 IC 来说，可能需要数周甚至数月的时间。此外，在拆封 IC 的侵入性过程结束时，IC 将无法使用，研究者只能获得单个 IC 样本的信息。因此，一般不认为有损方法是可行的木马检测方法。然而，在有限数量的样品上进行有损逆向工程可以获得黄金批次 IC 的特性，有关技术细节将在本书 5.2 节讨论。文献［19］中提出采用一种已有大量研究基础的机器学习方法——支持向量机（SVM）来识别无木马 IC，识别出的无木马 IC 可以作为木马检测的黄金模型。无损方法试图通过功能测试或侧信道信号分析来验证来自不可信代工厂制造的 IC。

（1）功能测试需要应用测试向量激活木马，并将 IC 响应与无木马 IC 应有的正确结果比较。虽然这在本质上似乎与用于检测制造缺陷的常规制造测试相似，但常规制造测试往往是通过功能、结构、随机模式进行检测，不能可靠地检测出硬件木马[9]。攻击者可以设计非常独特的木马，使木马在非常罕见的情况下才被激活。在常规制造测试过程中，木马在结构和功能测试中不会被发现。文献［20］和［21］的作者开发了测试模式生成方法来触发这种很少被激活的内部信号，提高了从主要输出端口观察木马影响的可能性。但是，由于电路中有许多逻辑状态，因此无法列举实际设计的所有状态。此外，木马可能传输信息（如利用天线传输信息）或修改规范，而不改变原始电路的功能[22]，功能测试无法检测此类木马。

（2）侧信道信号分析能够通过测量电路参数来检测硬件木马，如测量电路的延迟[23,24]、功率（包括瞬态功率[25]和泄露功率[26]）、温度[27]及辐射[28,29]等参数。侧信道信号分析通常利用附加电路、木马触发机制、木马电路本身活动产生的副作用（额外的路径延迟、功率、热量或电磁辐射）进行分析。然而，目前大多数检测技术假定黄金 IC（无木马 IC）可用于比较或识别被木马感染的 IC。此外，虽然侧信道信号分析方法可以在一定程度上成功检测到木马，但其难点在于实现对每个门或信号的高覆盖率，以及在有工艺偏差和环境变化的情况下提取硬件木马微小的异常侧信道信号。随着 IC 特征尺寸的缩小和晶体管数量的增加，工艺偏差的增加很容易掩盖由低开销和难以触发的木马引起的微小侧信道信号。近来，Zhou 等人[29]观察到填充单元比其他功能单元更具反射性，因此提出了一种背面成像方法，用于产生基于填充单元的检测模式。尽管这项技术不需要黄金芯片，但是模拟图像和测量光学图像之间的比较仍然受到制造工艺偏差的影响。此外，芯片成像所需的时间和背面成像的解决方案也是一个难度较大的挑战。流片前木马检测技术用于帮助 SoC 开发商和设计工程师验证第三方 IP 核（3PIP）及其最终设计。

流片前检测技术目前可大致分为功能验证、代码/电路测试、形式化验证。

（3）功能验证的主要理念与前面描述的功能测试基本相同，通过模拟执行。功能测试必须在应用输入模式和收集输出响应的测试器上进行。因此，现有的功能测试技术适用于功能验证，功能验证继承了功能测试的优、缺点。

（4）代码/电路测试主要运用 HDL 代码进行分析，在行为代码[30]或结构代码[31]上执行，以识别可能是木马一部分的冗余语句或电路。结构分析也可以采用定量度量标准，将激活概率低的信号或门标记为可疑[32,33]。Oya 等人[34]尝试通过从多个现有的木马基准中提取木马特征来识别漏洞。代码与结构分析技术的局限性在于它们不能保证检测出木马，并且需要手动后处理来分析可疑信号或门，以确定其是否是木马的一部分。

（5）形式化验证是一种基于算法的逻辑验证方法，详尽地证明了设计应满足的预定义安全属性集[30,35,36]。为了检查设计是否符合这些属性集，研究者需要将目标设计转换为验证检查格式（如 Coq）[37-40]。然而，形式化验证技术在满足这些属性集的同时，可能无法检测由木马引入的其他未知功能。

2.3.2 可信设计

利用现有技术检测静态、低开销的硬件木马仍然非常具有挑战性。更有效的方法可能是在设计阶段通过可信设计（design-for-trust，DfTr）方法来应对木马问题。根据侧重点的不同，可信设计方法可分为三类。

第一类可信设计方法侧重于测试、分析和监控。

（1）促进功能测试：木马的隐蔽性使得从输入端触发木马及从输出端观察木马都非常困难。设计中大量的低可控性和低可观测性信号极大地阻碍了激活木马的可能性。Salmani 等人[41]和 Zhou 等人[42]尝试通过在电路中插入测试点来增加节点的可控性和可观测性。还有其他研究者采用另一种方法，通过 2 选 1 多路复用器来多路复用 DFF 的两个输出，即 Q 和 Q'，并选择其中之一，扩展了设计的状态空间，增加了激活木马及将木马效应传播到电路输出的可能性，使木马具备可检测性[20]。这些方法不仅有利于实现基于功能测试的检测技术，也有利于实现需要部分激活木马电路的侧信道检测方法。

（2）促进侧信道信号分析：为了提高侧信道检测方法的灵敏度，人们提出了多种设计方法。Salmani 等人[41]提出通过在一个区域内定位开关活动来最小化背景侧信道信号，同时通过扫描单元重新排序技术最小化其他区域的开关活动。此外，电路中还实现了一些新开发的结构或传感器，以提供比传统测量更高的检测灵敏度。在一组选定的短路径上插入环形振荡器（ring oscillator，RO）结构[43]、影子寄存器（shadow registers）[44]和延迟元器件（delay elements）[45]进行路径延迟测量。含有 RO 的传感器[46]和瞬态电流传感器[47,48]能够分别提高由木马引起的电压和电流波动的灵敏度。此外，芯片制造商集成的工艺偏差传感器[49,50]可以校准模型，并将由工艺偏差引起的噪声降至最低。

（3）运行时监控：由于在流片前和流片后测试期间触发所有类型和不同复杂度的木马非常困难，因此对关键计算的运行时监控可以显著提高对硬件木马攻击的检测效果。运行时监控方法可以利用现有的或补充的片上结构来监测芯片行为[51,52]或操作条件,如瞬态功率[47,53]和温度[27]。这种方法可以在检测到任何异常时禁用芯片,或者绕过这些异常以实现可靠的操作,尽管会有一些性能开销。Jin 等人[54]提出了一种片上模拟神经网络的设计。该网络可以利用片上测量采集传感器获得的测量数据训练神经网络模型,以区分可信和不可信的电路功能。

第二类可信设计方法侧重于防止攻击者插入硬件木马。攻击者为了插入目标木马,通常需要先了解设计的功能。对于不属于设计公司的攻击者,他们通常通过逆向工程来识别电路功能。为防止攻击者识别电路功能,可以采用以下技术。

(1) 逻辑混淆:逻辑混淆试图通过在原始设计中插入内置锁定机制来隐藏设计的真正功能和实现方法。锁定电路只有在应用了正确密钥时才会出现正确的功能。在不知道正确输入向量的情况下,识别集成电路真正的功能难度大、复杂性高,使得攻击者插入目标木马的能力大大削弱。在组合逻辑混淆中,可以在设计中的某些位置引入 XOR/XNOR 门[55]。在顺序逻辑混淆中,可以在有限状态机中引入附加状态以隐藏其功能状态[21]。此外,文献[56-58]提出为逻辑混淆插入可重构逻辑。当可重构逻辑由设计公司或最终用户正确编程时,集成电路才能真正开始工作并发挥功能。

(2) 电路伪装:伪装是一种布局级混淆技术,在逻辑门内各层之间添加虚拟接触和连接,为不同的门创建不可区分的布局[59,60]。伪装技术可以阻止攻击者通过对不同层进行成像来从布局中提取电路的正确门级网表,从而保护原始设计不被目标木马插入。此外,Bi 等人[61]利用类似的虚拟接触方法,开发了一套基于极性可控的 SiNWFETs 伪装单元。

(3) 功能性填充单元:由于布局设计工具在布局上通常较为保守,因此无法在设计中用常规标准单元填充 100% 的区域。未使用的空间充满了没有任何功能的填充单元或去耦单元。因此,攻击者在电路布局中插入木马最隐蔽的方法是替换填充单元,因为删除这些非功能填充单元对电气参数的影响最小。内置自认证(built-in self-authentication,BISA)方法在布局设计期间用功能填充单元填充所有空白区域[62]。设计完成之后,插入的单元被自动连接,形成一个可以测试的组合电路。在后期测试中,如果测试失败,则表示功能填充器已被木马替换。

第三类可信设计方法侧重于在不可信的计算组件上进行可信计算。可信计算与运行时监控的区别在于,可信计算在设计上能够容忍木马攻击。在运行时,用木马检测和恢复充当最后一道防线。这种利用可信计算实现的可信设计方法对于任务关键型应用程序特别重要。有些研究者采用分布式软件调度协议在多核处理器中实现了木马激活容忍可信计算系统[63,64]。并发错误检测(concurrent error detection,CED)技术可用于检测由木马生成的恶意输出[60,65]。此外,Reece 等人[66]和 Rajendran 等人[60]建议使用不同的 3PIP 供应商来防止木马的影响。Reece 等人[66]的技术通过将多个 3PIP 与执行类似功能的另一个不可信的设计进行比较,验证了设计的完整性。Rajendran 等人[60]利用 3PIP 供应商的分配约束来防止来自同一供应商的 3PIP 之间的合谋。

对于需要在前端设计阶段增加电路的可信设计技术，潜在的面积和性能开销是设计者最关心的问题。随着电路规模的增加，增加静态（低可控性/可观察性）网络/门的数量将增加处理的复杂性，并产生大额的时间/面积开销。因此，便于检测的可信设计技术仍然难以应用于包含数百万门的大型设计。此外，预防性可信设计技术需要插入额外的门（逻辑混淆）或修改原始的标准单元（伪装），可能会严重降低芯片性能，影响这种可信设计技术在高端电路中的可接受性。功能性填充器单元也会增加功率开销。

2.3.3　可信分块制造

可信分块制造是最近被提出的一种 IC 制造方法，可以在最先进的半导体代工厂中应用，可以最小化 IC 设计面临的风险[67]。可信分块制造将设计分为前端生产线（front end of line，FEOL）和后端生产线（back end of line，BEOL）两部分，供不同的代工厂制造。先由不可信的代工厂执行（较高成本）FEOL 制造，然后将晶圆运送至可信的代工厂进行（较低成本）BEOL 制造。不可信的代工厂无法访问 BEOL 中的各层，因此无法找到在电路中插入木马的安全位置。

现有的可信分块制造工艺依赖于 2D 集成[68-70]、2.5D 集成[71]或 3D 集成[72]。2.5D 集成首先将一个芯片拆分为两个由不可信的代工厂制造的芯片，然后在芯片和封装衬底之间插入一个包含芯片间连接的硅中介层[71]。因此，一部分互连可以隐藏在可信代工厂制造的中介层中。从本质上讲，2.5D 集成是 2D 集成的一种变体，便于实现可信分块制造。在 3D 集成过程中，芯片被分成两层，分别由不同的代工厂制造。一层堆叠在另一层的顶部，上层与称为 TSV 的垂直互连相连。鉴于 3D 制造在行业内有诸多障碍，当前基于 2D 和 2.5D 的可信分块制造技术更为现实。Vaidyanathan 等人[69]证实了在测试芯片上完成第一层金属（M1）工艺后再进行可信分块制造的可行性，并评估了芯片性能。尽管在 M1 工艺后的可信分块制造过程试图隐藏所有单元间的互连，并能有效进行混淆设计，但是明显增加了制造成本。此外，研究者还提出了一些设计技术，提高设计与可信分块制造的安全性。Imeson 等人[73]向可信编辑器（BEOL）提供 k 安全度量标准，以便按度量标准选择需要提升的引线，从而在更高层分块时确保安全性。然而，在原设计中提升大量的引线会带来较大的时间和功耗开销，严重影响芯片的性能。一种混淆 BISA（OBISA）设计技术可以将虚拟电路插入原始设计中，以进一步实现混淆设计的可信分块制造技术[71]。

2.3.4　运行时硬件木马检测方法

利用硬件片上传感器、功耗和热跟踪、运行时验证（动态验证）等可以实现运行时硬件木马检测。

利用硬件片上传感器可以测量电路的参数。文献［44］提出利用硬件片上传感器对寄存器之间路径的延时进行评估和特征描述，定义合理的延时范围，将所有超出范围的延时都视为由恶意行为导致。这种方法的不足之处在于必须增加额外的电路开销，才能确保监测的有效性和准确性。另外，这种方法对于一些特殊木马设计不起作用，如对 A2 木马无效，因为 A2 木马不会干扰任何路径的延时。

功耗和热跟踪是运行时异常行为检查中常用的特征。在文献［27］中，通过跟踪温度分布，研究者分析了木马激活对芯片功耗的影响。在文献［74］中，研究者通过使用机器学习方法比较木马没有激活和木马被激活后的电路功耗来检测硬件木马是否被激活。还有基于功率跟踪的方法[75]，研究者将功率监视器植入芯片，以便表征电源的特性。但是，对于 A2 木马，上述这些方法仍然无效，因为 A2 木马中使用的逻辑门太少，所以不会引起热变化或功耗的任何波动。

运行时验证（动态验证）需要先定义安全属性，然后在运行时进行动态验证，可以为 IC 提供全面的保护。Wahby 等人[76]提出了可验证的 ASIC，用于验证硬件系统在功能性方面的准确度。文献［76］介绍了通过在一个不可信 IC 和另一个可信 IC 之间实现交互式加密协议来执行动态验证的方法，将不可信 IC 称为"证明者"，可信 IC 称为"验证者"，首次尝试利用正确度验证方法（可验证运算）验证 IC 功能是否正确执行。但是，为了确保安全性，研究者使用的正确度验证方法会导致较高的计算成本和电路开销。为了验证由 IC 允许和禁止行为形成的安全属性，还有研究者利用文献［77］中介绍的硬件属性检查器检测硬件和软件木马，并利用文献［78］中介绍的动态检查器来检测处理器的恶意电路。同样，所有这些检查器都无法有效检测 A2 木马，因为 A2 木马行为很难被形式化。

文献［79］提出了一种运行时检测方法，专门针对与 A2 类似的木马。该方法基于名为 R2D2[80]的片上运行时硬件木马检测方法，目标是在激活硬件木马之前检测芯片内部信号的高频切换。与其他运行时硬件木马检测方法相比，该检测方法简单易行，造成的面积开销和功率开销也比较小。

2.3.5 基于 EM 侧信道信息的分析方法

电磁（EM）辐射通常可以通过侧信道检测出来，利用侧信道的信息可以检测硬件木马。

在 IC 设计阶段，攻击者可以通过来自不可信的第三方 IP 重用插入硬件木马，或通过修改部分电路使其成为恶意电路插入硬件木马。在 IC 制造阶段，攻击者可通过在代工厂修改原始布局插入硬件木马。

硬件木马检测方法层出不穷。其中，侧信道分析方法是最有前景的流片后检测方法。因为插入硬件木马往往会影响芯片侧信道参数，所以侧信道分析方法通过将测得的侧信道参数与黄金 IC 进行比较就可以识别硬件木马。除了功耗[6]和路径延迟[23]参数，在侧信道分析方法中，研究者已经利用各种侧信道参数，如 EM 辐射[81,82]、漏电流[26]、热[83]、光[28]和阻抗[84]等来进行木马检测。

在文献［81］中，研究者通过对 IC 的 EM 辐射进行指纹识别来检测硬件木马，初步研究了硬件木马的位置和分布情况对木马可检测性的影响。在文献［82］中，研究者进一步研究了布局和布线的影响。实验表明，硬件木马的特定信号布线将改变电磁特性，通过检测电磁特性可以提高对木马的检测概率。在文献［77,85］中，研究者将检测概率视为识别硬件木马的函数，在评估时还考虑了不同芯片之间的工艺偏差。由于大多数侧信道分析方法严重依赖于黄金 IC 的存在，因此如何制造黄金 IC 成为制约这种方法实际应用的因素。迄今为止，已有多种方法可以在不使用黄金 IC 的情况下进行木马检测，其中一些方法应用了基于 EM 指纹的木马检测方法。He 等人[86,87]提出了一种利用 EM 侧信道辐射的新型无黄金 IC 的检测方法。该方法将通过 RTL 数据模拟的 EM 频谱特征作为黄金参考，不需要制造黄金 IC。无黄金 IC 参考的利用 EM 频谱的硬件木马检测方法主要是要发现模拟跟踪和芯片实际跟踪之间的差异。在 RTL EM 辐射建模阶段，研究者采用了汉明距离模型（Hamming distance model），并考虑了对近场 EM 辐射影响最大的数据传输和驱动能力，利用快速傅里叶变换（fast Fourier transform，FFT）将模拟轨迹从时域转换到频域，在测试阶段，利用神经网络提取 EM 频谱特征检测硬件木马。

除了硬件木马，伪造的 IC 也是 IC 供应链中的一个重大威胁，文献［88］对此进行了概述。EM 侧信道信息还可用于识别伪造设备，分析伪造设备的来源，判断设备是否真实可靠。在文献［89］中，研究者提出了一种基于近场 EM 测量和频域统计分析的伪造芯片检测方案。

2.4 挑战

本章 2.1 节～2.3 节介绍了已有的木马攻击模型以及当前硬件木马研究的趋势等。通过这些介绍，梳理了在过去十多年中尚未解决或完全未被探索的问题。本节将进一步讨论在硬件木马研究领域具有挑战性的技术问题。

2.4.1 木马防范

木马防范是高于木马检测的技术。木马检测和木马防范尝试从两个不同的角度解决硬件木马问题。木马检测技术包含图 2.6 左侧第 1 框中的所有方法和第 2 框中的有助于木马检测的辅助技术，图 2.6 中其余的方法尝试防止硬件木马插入或防止木马恶意行为，包括可信分块制造方法等。近年来，木马防范方法得到了足够的重视。研究者已经探索了各种检测方法，并意识到检测一个微小、静态、低开销的木马仍然非常具有挑战性。此外，大多数硬件木马检测技术仍基于现有的黄金模型或黄金 IC 来开发。在 IC 供应链中获取一个黄金模型或黄金 IC 极其困难，或者说是基本不可能的。因此，硬件木马防范可能是克服硬件木马威胁的一种更为有效和实用的方法。然而，新发布的可信设计和可信分块制造这两类检测技术仍远远超过防范技术的数量。在不久的将来，防范技术值得更多关注。

2.4.2 利用模拟和混合信号实现的模拟硬件木马

近年来，模拟硬件木马引起了越来越多的关注，原因在于其对传统的数字域硬件木马检测和测试方法具有免疫力，且其对现代系统的威胁越来越大。尽管一些模拟硬件木马利用模拟和混合信号电路相对于数字电路的灵敏度来制造可靠性问题[10]，但更致命的模拟攻击形式往往隐藏在常见的无处不在的数字电路中。其中包括新近报告的电荷域木马，如 A2 木马[12]和 Rowhammer 攻击[90]。

A2 木马是一类面积小、功耗影响小的电荷域木马。攻击者使用切换寄存器作为触发器输入，定期充电后，重新分配电荷，导致电压稳步上升。一旦触发频率增加到阈值以上，且当电压超过检测器阈值时，木马电路行为就会被激活。Rowhammer 是现代 DRAM 中广泛存在的另一类模拟攻击。当攻击者反复切换一个字线时，字线之间的寄生电容通过提升连接至受害行的存储单元的电荷泄漏率，在相邻行上造成电荷干扰。如果受影响的单元在电路刷新到原始值之前丢失了太多电荷，则会发生内存错误。

针对数字电路的现有硬件木马对策可能不适于应对这些模拟硬件木马，因为在 IC 设计过程的验证和检查阶段，电路的模拟行为早已被抽象化成数字逻辑。

2.4.3 黄金模型依赖

大多数木马检测方法依赖于黄金模型的存在。现有的检测方法都是基于黄金设计或黄金 IC 的。一般来说，为了验证 IP 核或 SoC 设计的 RTL 和门级网表，研究者需要利用黄金设计在流片前进行木马检测。为了验证和认证第三方 IP 核，研究者必须为硬件木马防御程序提供黄金功能或属性。此外，无论是在门级还是 layout（布局）级，部分芯片制造后的检测方法都能基于黄金设计来检测硬件木马。即便是有损逆向工程的方法，也需要一个可信的网表或 layout 进行比较。功能测试还需要黄金设计来生成测试模式和正确的响应。研究者能否获得黄金设计取决于以下三个因素：第三方 IP 核供应商、SoC 开发商和第三方开发工具。在表 2.1 中，除模型 B 外，其他所有攻击模型（A、C、D、E、F 和 G）都包含参与设计开发过程的不可信方。因此，在大多数情况下，拥有黄金设计极不现实。由于 SoC 开发商在模型 A 和 F 中为可信，所以仅在第三方 IP 核为可信的或可验证的情况下，才能产生黄金 SoC 设计。如果 SoC 开发商不可信，则理论上就不可能生成黄金设计，因为 SoC 开发商已经接近设计阶段的末端。因此，可以说黄金设计不适用于 C、D、E 和 G 模型。

黄金 IC 是一种功能真实的预制芯片。大多数流片后探测技术，特别是侧信道分析方法，都需要黄金 IC。大多数侧信道分析技术都需要黄金 IC 作为比较各类侧信道信息（包括延迟、功率、温度、电磁等）的黄金参考。黄金 IC 假设的一个前提是，即将制造的设计必须可信。这只发生在模型 B 和 F 中。如果研究者拥有黄金设计，则有一些方法可以创建黄金 IC。最直接的方法是对一批生产的芯片进行完全的逆向工程，根据对黄金设计得到的知识来识别黄金 IC。无损和有损反向技术都可能有所帮助。无损反向技术不会损坏正在研究的芯片，而有损反向技术可以提供更好的分辨率。无论是无损还是有损，反向工程都是一个费钱费时的过程，其成本极为昂贵。还有一种方法，是在另一家可信的代工厂制造少量芯片。这些芯片可以被视为黄金 IC。但是，如果由不同的代工厂制造，则由于不同的标准单元库和制造流程，电路的特性就会有所改变。两种不同的设计必然会产生两种不同的侧信道信号。此外，即使对于相同的设计，不同的制造设备使用不同的工艺技术，也可能导致物理特性的变化。因此，单独制作的 IC 很难作为侧信道检测的黄金 IC。

研究者还开发了一些不需要黄金模型的检测技术。文献［91］提出了一种时域自参考方法。该方法在两个不同的时间窗口上比较同一芯片的特征，以完全消除工艺噪声的影响，但这一方法仅适于在 FSM 中具有不同状态的顺序木马，而如何在测试期间更改木马的状态则是另一个挑战。文献［57］提出的方法是先利用片上工艺控制监视器捕获每个芯片的工艺偏差，然后统计构造用于基于侧信道检测的可信区域。Zhang 等人[92]尝试使用门级特性先在芯片中建立侧信道信号之间的关系，然后根据其他测量信号计算估计的侧信道信号值。通过将估计值与实际测量值进行比较，可以识别侧信道大纲视图。尽管这些技术通过建模消除了对黄金 IC 的需求，但是有效性高度依赖模型的准确性，影响了检测的置信度。

文献［86,87］提出了一种新的基于 EM 的侧信道辐射的无黄金模型或黄金 IC 的检测方法，利用 RTL 模拟的 EM 频谱特性作为黄金参考。然而，不需要黄金模型的解决方案仍然很少。对于硬件木马检测技术来说，黄金模型的获取仍然是一个巨大的挑战。

2.5　总结

硬件木马是近十几年来备受关注的研究热点。研究者在这一领域已取得了重大进展。在本章中，笔者阐述了硬件木马领域的研究现状，通过综合分析木马威胁模型和现有的研究成果，讨论了很多硬件木马领域存在的问题，并提出了新的具有挑战性的问题，希望有关硬件安全社区会在今后的研究中解决更多的问题。

参考文献

[1] ADEE S. The hunt for the kill switch [J]. IEEE Spectrum, 2008, 45 (5): 34-39.

[2] YEH A. Trends in the global IC design service market [R]. 2012.

[3] ROSTAMI M, KOUSHANFAR F, RAJENDRAN J, et al. Hardware security: Threat models and metrics [C]// Proceedings of the International Conference on Computer-Aided Design. IEEE, 2013: 819-823.

[4] KARRI R, RAJENDRAN J, ROSENFELD K, et al. Trustworthy hardware: Identifying and classifying hardware Trojans [J]. IEEE Computer, 2010, 43 (10): 39-46.

[5] TEHRANIPOOR M, WANG C. Introduction to hardware security and trust [M]. New York: Springer, 2011.

[6] AGRAWAL D, BAKTIR S, KARAKOYUNLU D, et al. Trojan detection using ic fingerprinting [C]// Proceedings of the IEEE Symposium on Security and Privacy (SP'07). IEEE, 2007: 296-310.

[7] TEHRANIPOOR M, KOUSHANFAR F. A survey of hardware trojan taxonomy and detection [J]. IEEE design & test of computers, 2010, 27 (1): 10-25.

[8] JIN Y, KUPP N, MAKRIS Y. Experiences in hardware Trojan design and implementation [C]//Proceedings of the IEEE International Workshop on Hardware-Oriented Security and Trust (HOST). Francisco, CA, USA: IEEE, 2009: 50-57.

[9] BHUNIA S, HSIAO M S, BANGA M, et al. Hardware trojan attacks: threat analysis and countermeasures [J]. Proceedings of the IEEE, 2014, 102 (8): 1229-1247.

[10] SHIYANOVSKII Y, WOLFF F, RAJENDRAN A, et al. Process reliability based trojans through nbti and hci effects [C]//Proceedings of the NASA/ESA Conference on Adaptive Hardware and Systems (AHS). IEEE, 2010: 215-222.

[11] DUNBAR C, QU G. Designing trusted embedded systems from finite state machines [J]. ACM Transactions on Embedded Computing Systems (TECS), 2014, 13 (5s): 1-20.

[12] YANG K, HICKS M, DONG Q, et al. A2: Analog malicious hardware [C]//Proceedings of the IEEE Symposium on Security and Privacy (SP). IEEE, 2016: 18-37.

[13] TEHRANIPOOR M, KOUSHANFAR F. A survey of hardware Trojan taxonomy and detection [J]. IEEE Design Test of Computers, 2010, 27: 10-25.

[14] LIN L, KASPER M, GUNEYSU T, et al. Trojan side-channels: lightweight hardware trojans through side-channel engineering [C]//Proceedings of the Cryptographic Hardware and Embedded Systems (CHES). Springer, 2009: 382-395.

[15] LIN L, BURLESON W, PAAR C. MOLES: Malicious off-chip leakage enabled by side-channels [C]// Proceedings of the 2009 International Conference on Computer-Aided Design. ACM, 2009: 117-122.

[16] LIU Y, JIN Y, MAKRIS Y. Hardware trojans in wireless cryptographic ICs: Silicon demonstration & detection method evaluation [C]//Proceedings of the 2013 IEEE/ACM International Conference on Computer-Aided Design (ICCAD). San Jose, CA, USA: IEEE, 2013: 399-404.

[17] CHA B, GUPTA S K. A resizing method to minimize effects of hardware trojans [C]//Proceedings of the

IEEE 23rd Asian Test Symposium (ATS). IEEE, 2014: 192-199.

[18] TrustHub [EB].

[19] BAO C, FORTE D, SRIVASTAVA A. On application of one-class SVM to reverse engineering-based hardware Trojan detection [C]//Proceedings of the 15th International Symposium on Quality Electronic Design (ISQED). IEEE, 2014: 47-54.

[20] BANGA M, HSIAO M. A novel sustained vector technique for the detection of hardware Trojans [C]// Proceedings of the 22nd International Conference on VLSI Design. IEEE, 2009: 327-332.

[21] CHAKRABORTY R S, BHUNIA S. Security against hardware trojan through a novel application of design obfuscation [C]//Proceedings of the 2009 International Conference on Computer-Aided Design. ACM, 2009: 113-116.

[22] WANG X, TEHRANIPOOR M, PLUSQUELLIC J. Detecting malicious inclusions in secure hardware: Challenges and solutions [C]//Proceedings of the IEEE International Workshop on Hardware-Oriented Security and Trust. IEEE, 2008: 15-19.

[23] JIN Y, MAKRIS Y. Hardware Trojan detection using path delay fingerprint [C]//Proceedings of the IEEE International Workshop on Hardware-Oriented Security and Trust (HOST). Anaheim, CA, USA: IEEE, 2008: 51-57.

[24] XIAO K, ZHANG X, TEHRANIPOOR M. A clock sweeping technique for detecting hardware trojans impacting circuits delay [J]. IEEE Design & Test, 2013, 30 (2): 26-34.

[25] AGRAWAL D, BAKTIR S, KARAKOYUNLU D, et al. Trojan detection using IC fingerprinting [C]// Proceedings of the IEEE Symposium on Security and Privacy. IEEE, 2007: 296-310.

[26] AARESTAD J, ACHARYYA D, RAD R, et al. Detecting trojans through leakage current analysis using multiple supply pad iddqs [J]. IEEE Transactions on information forensics and security, 2010, 5 (4): 893-904.

[27] FORTE D, BAO C, SRIVASTAVA A. Temperature tracking: An innovative run-time approach for hardware trojan detection [C]//Proceedings of the International Conference on Computer-Aided Design. IEEE, 2013: 532-539.

[28] STELLARI F, SONG P, WEGER A J, et al. Verification of untrusted chips using trusted layout and emission measurements [C]//Proceedings of the IEEE International Symposium on Hardware-Oriented Security and Trust (HOST). IEEE, 2014: 19-24.

[29] ZHOU B, ADATO R, ZANGENEH M, et al. Detecting hardware trojans using backside optical imaging of embedded watermarks [C]//Proceedings of the 52nd Annual Design Automation Conference. ACM, 2015: 1-6.

[30] ZHANG X, TEHRANIPOOR M. Case study: Detecting hardware trojans in third-party digital ip cores [C]// Proceedings of the IEEE International Symposium on Hardware-Oriented Security and Trust (HOST). IEEE, 2011: 67-70.

[31] HICKS M, FINNICUM M, KING S T, et al. Overcoming an untrusted computing base: Detecting and removing malicious hardware automatically [C]//Proceedings of IEEE Symposium on Security and Privacy. IEEE, 2010: 159-172.

[32] SALMANI H, TEHRANIPOOR M. Analyzing circuit vulnerability to hardware trojan insertion at the behavioral level [C]//Proceedings of the IEEE International Symposium on Defect and Fault Tolerance in VLSI and Nanotechnology Systems (DFT). IEEE, 2013: 190-195.

[33] WAKSMAN A, SUOZZO M, SETHUMADHAVAN S. FANCI: Identification of stealthy malicious logic using boolean functional analysis [C]//CCS'13: Proceedings of the ACM SIGSAC Conference on Computer & Communications Security. ACM, 2013: 697-708.

[34] OYA M, SHI Y, YANAGISAWA M, et al. A score-based classification method for identifying hardware-trojans at gate-level netlists [C]//Proceedings of the 2015 Design, Automation & Test in Europe Conference & Exhibition. IEEE, 2015: 465-470.

[35] RATHMAIR M, SCHUPFER F, KRIEG C. Applied formal methods for hardware trojan detection [C]//Proceedings of the IEEE International Symposium on Circuits and Systems (ISCAS). IEEE, 2014: 169-172.

[36] RAJENDRAN J, VEDULA V, KARRI R. Detecting malicious modifications of data in third-party intellectual property cores [C]//Proceedings of the 52nd Annual Design Automation Conference. ACM, 2015: 1-6.

[37] LOVE E, JIN Y, MAKRIS Y. Enhancing security via provably trustworthy hardware intellectual property [C]// Proceedings of the 2011 IEEE International Symposium on Hardware-Oriented Security and Trust (HOST). San Diego, CA, USA: IEEE, 2011: 12-17.

[38] GUO X, DUTTA R G, JIN Y, et al. Pre-silicon security verification and validation: A formal perspective [C]// DAC'15: Proceedings of the 52nd Annual Design Automation Conference. San Francisco, CA, USA: ACM, 2015: 145: 1-145: 6.

[39] GUO X, DUTTA R G, JIN Y. Eliminating the hardware-software boundary: A proof-carrying approach for trust evaluation on computer systems [J]. IEEE Transactions on Information Forensics and Security (TIFS), 2017, 12 (2): 405-417.

[40] GUO X, DUTTA R G, MISHRA P, et al. Automatic code converter enhanced pch framework for soc trust verification [J]. IEEE Transactions on Very Large Scale Integration System (TVLSI), 2017, 25 (12): 3390-3400.

[41] SALMANI H, TEHRANIPOOR M. Layout-aware switching activity localization to enhance hardware trojan detection [J]. IEEE Transactions on Information Forensics and Security, 2012, 7 (1): 76-87.

[42] ZHOU B, ZHANG W, THAMBIPILLAI S, et al. A low cost acceleration method for hardware trojan detection based on fan-out cone analysis [C]//Proceedings of the 2014 International Conference on Hardware/Software Codesign and System Synthesis (CODES). ACM, 2014: 1-10.

[43] RAJENDRAN J, JYOTHI V, SINANOGLU O, et al. Design and analysis of ring oscillator based design- for-trust technique [C]//Proceedings of the IEEE 29th VLSI Test Symposium (VTS). IEEE, 2011: 105-110.

[44] LI J, LACH J. At-speed delay characterization for ic authentication and trojan horse detection [C]//Proceedings of the IEEE International Workshop on Hardware-Oriented Security and Trust (HOST). IEEE, 2008: 8-14.

[45] RAMDAS A, SAEED S M, SINANOGLU O. Slack removal for enhanced reliability and trust [C]//Proceedings of the 9th IEEE International Conference On Design & Technology of Integrated Systems In Nanoscale Era

(DTIS). IEEE, 2014: 1-4.

[46] ZHANG X, TEHRANIPOOR M. Ron: An on-chip ring oscillator network for hardware trojan detection [C]// Proceedings of the Design, Automation & Test in Europe Conference & Exhibition (DATE). IEEE, 2011: 1-6.

[47] NARASIMHAN S, YUEH W, WANG X, et al. Improving ic security against trojan attacks through integration of security monitors [J]. IEEE Design & Test of Computers, 2012, 29 (5): 37-46.

[48] CAO Y, CHANG C H, CHEN S. Cluster-based distributed active current timer for hardware trojan detection [C]//Proceedings of the IEEE International Symposium on Circuits and Systems (ISCAS). IEEE, 2013: 1010-1013.

[49] CHA B, GUPTA S K. Efficient trojan detection via calibration of process variations [C]//Proceedings of the IEEE 21st Asian Test Symposium (ATS). IEEE, 2012: 355-361.

[50] LIU Y, HUANG K, MAKRIS Y. Hardware trojan detection through golden chip-free statistical side-channel fingerprinting [C]//Proceedings of the 51st Annual Design Automation Conference. ACM, 2014: 1-6.

[51] BLOOM G, NARAHARI B, SIMHA R. Os support for detecting trojan circuit attacks [C]//Proceedings of the IEEE International Workshop on Hardware-Oriented Security and Trust (HOST). IEEE, 2009: 100-103.

[52] DUBEUF J, HELY D, KARRI R. Run-time detection of hardware trojans: The processor protection unit [C]// Proceedings of the 18th IEEE European Test Symposium (ETS). IEEE, 2013: 1-6.

[53] JIN Y, SULLIVAN D. Real-time trust evaluation in integrated circuits [C]//Proceedings of the Design, Automation and Test in Europe Conference and Exhibition (DATE), 2014. Dresden, Germany: IEEE, 2014: 1-6.

[54] JIN Y, MALIUK D, MAKRIS Y. Post-deployment trust evaluation in wireless cryptographic ICs [C]// Proceedings of the Design, Automation Test in Europe Conference Exhibition (DATE), 2012. Dresden, Germany: IEEE, 2012: 965-970.

[55] ROY J A, KOUSHANFAR F, MARKOV I L. Epic: Ending piracy of integrated circuits [C]//DATE'08: Proceedings of the Conference on Design, Automation and Test in Europe. IEEE, 2008: 1069-1074.

[56] BAUMGARTEN A, TYAGI A, ZAMBRENO J. Preventing ic piracy using reconfigurable logic barriers [J]. IEEE Design Test of Computers, 2010, 27 (1): 66-75.

[57] LIU B, WANG B. Embedded reconfigurable logic for asic design obfuscation against supply chain attacks [C]//Proceedings of the Design, Automation and Test in Europe Conference and Exhibition (DATE). IEEE, 2014: 1-6.

[58] WENDT J B, POTKONJAK M. Hardware obfuscation using puf-based logic [C]//ICCAD'14: Proceedings of the 2014 IEEE/ACM International Conference on Computer-Aided Design. IEEE, 2014: 270-277.

[59] COCCHI R P, BAUKUS J P, CHOW L W, et al. Circuit camouflage integration for hardware ip protection [C]//Proceedings of the 51st Annual Design Automation Conference. ACM, 2014: 1-5.

[60] RAJENDRAN J, SAM M, SINANOGLU O, et al. Security analysis of integrated circuit camouflaging [C]// CCS'13: Proceedings of the 2013 ACM SIGSAC Conference on Computer & Communications Security. ACM, 2013: 709-720.

[61] BI Y, GAILLARDON P E, HU X S, et al. Leveraging emerging technology for hardware security-case study on silicon nanowire fets and graphene symfets [C]//Proceedings of the Asia Test Symposium (ATS). Hangzhou, China: IEEE, 2014: 342-347.

[62] XIAO K, TEHRANIPOOR M. Bisa: Built-in self-authentication for preventing hardware trojan insertion [C]// Proceedings of the IEEE International Symposium on Hardware-Oriented Security and Trust (HOST). IEEE, 2013: 45-50.

[63] MCINTYRE D, WOLFF F, PAPACHRISTOU C, et al. Trustworthy computing in a multi-core system using distributed scheduling [C]//Proceedings of the IEEE 16th International On-Line Testing Symposium (IOLTS). IEEE, 2010: 211-213.

[64] LIU C, RAJENDRAN J, YANG C, et al. Shielding heterogeneous mpsocs from untrustworthy 3pips through security-driven task scheduling [J]. IEEE Transactions on Emerging Topics in Computing, 2014, 2 (4): 461-472.

[65] KEREN O, LEVIN I, KARPOVSKY M. Duplication based one-to-many coding for trojan hw detection [C]//Proceedings of the IEEE 25th International Symposium on Defect and Fault Tolerance in VLSI Systems (DFT). IEEE, 2010: 160-166.

[66] REECE T, LIMBRICK D B, ROBINSON W H. Design comparison to identify malicious hardware in external intellectual property [C]//Proceedings of the IEEE 10th International Conference on Trust, Security and Privacy in Computing and Communications (TrustCom). IEEE, 2011: 639-646.

[67] ACTIVITY I A R P. Trusted integrated chips (TIC) program [EB]. 2011.

[68] VAIDYANATHAN K, DAS B P, SUMBUL E, et al. Building trusted ics using split fabrication [C]//Proceedings of the IEEE International Symposium on Hardware-Oriented Security and Trust (HOST). IEEE, 2014: 1-6.

[69] JAGASIVAMANI M, GADFORT P, SIKA M, et al. Split-fabrication obfuscation: Metrics and techniques [C]//Proceedings of the Hardware-Oriented Security and Trust (HOST). IEEE, 2014: 7-12.

[70] HILL B, KARMAZIN R, OTERO C, et al. A split-foundry asynchronous fpga [C]//Proceedings of the IEEE Custom Integrated Circuits Conference (CICC). IEEE, 2013: 1-4.

[71] XIE Y, BAO C, SRIVASTAVA A. Security-aware design flow for 2.5 D IC technology [C]//Proceedings of the 5th International Workshop on Trustworthy Embedded Devices. ACM, 2015: 31-38.

[72] VALAMEHR J, SHERWOOD T, KASTNER R, et al. A 3-d split manufacturing approach to trustworthy system development [J]. IEEE Transactions on Computer-Aided Design of Integrated Circuits and Systems, 2013, 32 (4): 611-615.

[73] IMESON F, EMTENAN A, GARG S, et al. Securing computer hardware using 3d integrated circuit (ic) technology and split manufacturing for obfuscation [C]//Proceedings of the 22nd USENIX Security Symposium (USENIX Security 13). Washington, D. C.: USENIX, 2013: 495-510.

[74] IWASET, NOZAKI Y, YOSHIKAWA M, et al. Detection technique for hardware trojans using machine learning in frequency domain [C]//Proceedings of the IEEE 4th Global Conference on Consumer Electronics (GCCE). IEEE, 2015: 185-186.

[75] KELLY S, ZHANG X, TEHRANIPOOR M, et al. Detecting hardware trojans using on-chip sensors in an

asic design [J]. Journal of Electronic Testing, 2015, 31 (1): 11-26.

[76] WAHBY R S, HOWALD M, GARG S, et al. Verifiable asics [C]//Proceedings of the IEEE Symposium on Security and Privacy (SP). IEEE, 2016: 759-778.

[77] NGO X T, EXURVILLE I, BHASIN S, et al. Hardware trojan detection by delay and electromagnetic measurements [C]//Proceedings of the 2015 Design, Automation & Test in Europe Conference & Exhibition. IEEE, 2015: 782-787.

[78] BILZOR M, HUFFMIRE T, IRVINE C, et al. Evaluating security requirements in a general-purpose processor by combining assertion checkers with code coverage [C]//Proceedings of the IEEE International Symposium on Hardware-Oriented Security and Trust (HOST). IEEE, 2012: 49-54.

[79] HOU Y, HE H, SHAMSI K, et al. On-chip analog trojan detection framework for microprocessor trustworthiness [J]. IEEE Transactions on Computer-Aided Design of Integrated Circuits and Systems (TCAD), 2019, 38 (10): 1820-1830.

[80] HOU Y, HE H, SHAMSI K, et al. R2D2: Runtime reassurance and detection of a2 trojan [C]//Proceedings of the IEEE Symposium on Hardware Oriented Security and Trust (HOST). Washington, DC, USA: IEEE, 2018: 195-200.

[81] SOLL O, KORAK T, MUEHLBERGHUBER M, et al. Em-based detection of hardware trojans on fpgas [C]// Proceedings of the IEEE International Symposium on Hardware-Oriented Security and Trust (HOST). IEEE, 2014: 84-87.

[82] BALASCH J, GIERLICHS B, VERBAUWHEDE I. Electromagnetic circuit fingerprints for hardware trojan detection [C]//Proceedings of the IEEE International Symposium on Electromagnetic Compatibility (EMC). IEEE, 2015: 246-251.

[83] BAO C, FORTE D, SRIVASTAVA A. Temperature tracking: Toward robust run-time detection of hardware trojans [J]. IEEE Transactions on Computer-Aided Design of Integrated Circuits and Systems, 2015, 34 (10): 1577-1585.

[84] FUJIMOTO D, NIN S, HAYASHI Y I, et al. A demonstration of a ht-detection method based on impedance measurements of the wiring around ics [J]. IEEE Transactions on Circuits and Systems II: Express Briefs, 2018, 65 (10): 1320-1324.

[85] NGO X T, NAJM Z, BHASIN S, et al. Method taking into account process dispersions to detect hardware trojan horse by side-channel [C]//Proceedings of the PROOFS: Security Proofs for Embedded Systems. HAL, 2014: 1-16.

[86] HE J, ZHAO Y, GUO X, et al. Hardware trojan detection through chip-free electromagnetic side-channel statistical analysis [J]. IEEE Transactions on Very Large Scale Integration System (TVLSI), 2017, 25 (10): 2939-2948.

[87] HE J, LIU Y, YUAN Y, et al. Golden chip free trojan detection leveraging electromagnetic side channel fingerprinting [J]. IEICE Electronics Express, 2018, 16 (2): 1-9.

[88] GUIN U, HUANG K, DIMASE D, et al. Counterfeit integrated circuits: A rising threat in the global semiconductor supply chain [J]. Proceedings of the IEEE, 2014, 102 (8): 1207-1228.

[89] HUANG H, BOYER A, DHIA S B. The detection of counterfeit integrated circuit by the use of electromag-

netic fingerprint [C]//Proceedings of the International Symposium on Electromagnetic Compatibility. IEEE, 2014: 1118-1122.

[90] KIM Y, DALY R, KIM J, et al. Flipping bits in memory without accessing them: An experimental study of dram disturbance errors [J]. ACM SIGARCH Computer Architecture News, 2014, 42 (3): 361-372.

[91] NARASIMHAN S, WANG X, DU D, et al. Tesr: A robust temporal self-referencing approach for hardware trojan detection [C]//Proceedings of the IEEE International Symposium on Hardware-Oriented Security and Trust. IEEE, 2011: 71-74.

[92] ZHANG X, XIAO K, TEHRANIPOOR M, et al. A study on the effectiveness of trojan detection techniques using a red team blue team approach [C]//Proceedings of the IEEE 31st VLSI Test Symposium (VTS). IEEE, 2013: 1-3.

第 3 章 旁路攻击

旁路攻击又被称为旁路信道攻击或侧信道攻击。这种硬件层面的攻击通常以从电子设备获取机密信息为目标。对于密码算法，加密是将普通信息（称为纯文本或明文）转换为难以理解的文本（称为密文）的过程。对于密码电路，要访问秘密信息，需要知道加密过程中使用的密钥。与传统的功能测试不同，旁路攻击通常在执行某些操作时要利用加密设备泄露的并且是可观察到的物理信息。与密码分析中使用的理论模型（攻击者试图使用数学模型和输入/输出信息组来破坏密码操作）相反，旁路攻击针对的是密码算法的实际硬件系统，即利用特定硬件系统的某些特征对密码设备实施物理攻击，以恢复计算中涉及的秘密参数。鉴于此，这种攻击的通用性相对于密码分析要低得多，且受限于给定的硬件系统，比采用经典的密码分析方法功能更加强大，备受密码设备制造商的关注。

任何加密或解密算法都必须由特定（微）处理器或特定硬件电路来实现，具有与电路相关的物理属性。如果算法在处理器或微处理器中实现，则它将被转化为一组流水线指令来执行。如果算法在FPGA中实现，则它将被转化为基于FPGA的基本逻辑单元（包括寄存器和查找表等）。如果算法在ASIC中实现，则基本运算单元是来自某些工艺技术库的标准单元。无论采用哪种方式进行加密运算，其物理表现都包括时序差异、功耗、电磁（EM）辐射、声波、光学辐射、热量等。

利用旁路信道（侧信道）是攻击者获取秘密信息（如密钥）的最常见方法。此外，除了物理旁路信道，还存在其他可由跨层攻击者利用的旁路信道，如错误传播旁路信道、缓存访问定时旁路信道等。这些非物理的旁路信道有时候又被称为微架构旁路信道。

本章将讲解旁路信道泄露的起源，详细讨论每种旁路信道攻击，分析所述攻击的原理。3.2节将介绍现有的旁路信道攻击的模型。具体的旁路攻击将在3.3节中解释和讨论。3.4节将讨论新的发展和潜在的研究，以及针对现有旁路信道攻击的策略以及一些旁路信道漏洞评估方法。

3.1 旁路攻击基础

3.1.1 旁路信息泄露的起源

旁路攻击与当前硬件设备执行计算任务而产生的物理泄露密切相关。比如微处理器需要一定时间和功耗来执行特定的运算,这个过程中又会伴随产生电磁辐射、散热、噪声等现象。在 FPGA 或 ASIC 中,电路内部逻辑变化会引起电流波动进而产生电磁辐射。虽然有大量的旁路信息从实际芯片中泄露,可以被攻击者利用,但实际研究中的攻击往往集中在时序、功耗和电磁辐射这三个领域。这也是本章将要讨论的重点。除此之外,本章还讨论故障旁路和缓存访问旁路等一些新型的基于计算机体系架构的旁路攻击。

1. CMOS 器件的时序

现代逻辑电路,尤其是那些包含寄存器的电路,会涉及许多时序参数。为使电路正常工作,寄存器的输入必须在时钟上升沿期间保持稳定。

时钟上升沿可确定电路正常运行的最小时钟周期间隔,在此期间,为确保任何给定单元正确运行,必须保持特定信号稳定不变。这一限制统称时序限制,包括设置时间、保持时间、恢复时间和删除时间等。设置时间是时钟事件发生前数据输入保持稳定的最短时间,以便时钟可靠地进行数据采样。保持时间是时钟事件发生后数据输入保持稳定的最短时间,以便时钟可靠地进行数据采样。设置时间与保持时间之和又称为孔径时间。在整个孔径时间内,数据输入应保持稳定不变。恢复时间是时钟事件之前异步设置或重置输入应处于非活动状态的最短时间。异步设置或重置输入的恢复时间与数据输入的设置时间类似。删除时间是时钟事件之后异步设置或重置输入应处于非活动状态的最短时间。

若考虑所有时序限制,则有两个重要参数(传播时延和翻转时延)对时间旁路尤其重要。时延表示输入信号变化($50\% V_{dd}$)到输出信号变化($50\% V_{dd}$)的时间间隔。通过运算单元的传播时延是固有时延、负载相关时延和输入-转换相关时延的总和。传播时延如图 3.1 所示。输入和输出引脚上信号的翻转时延则定义为信号变化从 $10\% V_{dd}$ 到 $90\% V_{dd}$ 之间的时间间隔。信号上升和下降的转换时间测量如图 3.2 所示。

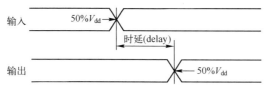

图 3.1　传播时延

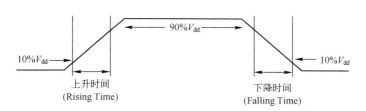

图 3.2　信号上升和下降的转换时间测量

每个标准单元均含有上述时间参数。当标准单元构成电路时,从信号输入到信号输出的过程中,信号传播和转换时间便是这些时间参数之和。更重要的是,现代集成电路大部分采用时钟信号驱动。这些电路需要一定的时间才能完成各种功能。因此,时间消耗与逻辑运算和输入信号之间有关联,而这种与数据相关的时间消耗是时序旁路信息泄露的根源。

2. CMOS 电路的功耗

由于目前的数字电路有很大一部分都基于 CMOS 逻辑门,因此,本章介绍的旁路攻击技术也针对 CMOS 电路。静态 CMOS 门有三个不同的电源消耗方式:第一种是由于晶体管中的漏电流导致的电源消耗;第二种是由暂时性的短路电流导致的,在逻辑门的开关过程中存在一个短周期,NMOS 与 PMOS 同时导通产生暂时短路电流;第三种属于动态功耗,是由诸如图 3.3 中虚线表示的负载电容 C_L 的充放电引起的。

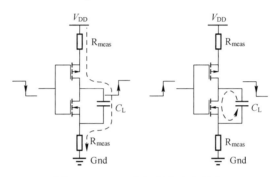

图 3.3 CMOS 非门的充电与放电

这些消耗源各自的重要性通常与技术规模相关。但从旁路角度来看,动态功耗的相关性更大,因为它直接决定设备内部数据与外部可观察功耗之间的简单关系。其表达式可写为式 (3-1)。其中,$P_{0\to 1}f$ 为开关活动($P_{0\to 1}$ 为 $0\to 1$ 的转换概率,f 为设备的工作频率);V_{DD} 表示电源电压。

$$P_{dyn} = C_L V_{DD}^2 P_{0\to 1} f \qquad (3-1)$$

在 CMOS 电路中,当测量功耗时(无论是在接地端还是在电源端),电容充电时都会出现峰值,这主要是由短路电流造成的。与数据运算相关的功耗是功耗旁路信息泄露的根源。

3. CMOS 设备的电磁辐射

电磁辐射是由于电流在电路内流动产生的。根据 Biot-Savart 定律,这些电流在均匀空间任意点发出的磁场感应强度为:

$$d\boldsymbol{B} = \frac{\mu I d\boldsymbol{l} \times \hat{r}}{4\pi r^2} \qquad (3-2)$$

其中,μ 为磁导率;I 是通过长度无限短的导体的电流;$d\boldsymbol{l}$ 是电流的微小线元素;$\hat{r}$ 为磁场中心到测量点之间距离的单位向量;r 表示磁场中心到测量点之间的距离。此外,将磁圆环探头放置在 CMOS 设备的表面附近时，根据法拉第定律，磁圆环探头周围环境的任何变化都会在线圈中产生电压（emf）：

$$\text{emf} = -N \frac{d\Phi}{dt} \quad (3-3)$$

$$d\Phi = \int_{\text{surface}} B \cdot dS \quad (3-4)$$

式中，N 为线圈匝数；Φ 为磁通量；S 表示磁圆环探头的面积。

虽然这些简单的方程不能准确地描述磁场行为，但至少强调了两点：①该磁场与数据有关（由当前强度的依赖关系表示）；②磁场方向直接取决于电流的方向。

CMOS 逻辑门发出的电磁辐射可分为两部分：①晶体管寄生电容由于充放电所产生的电磁辐射；②负载电容充放电所产生的电磁辐射。随着制造工艺的进步，后者占总电磁辐射的绝大部分。由于负载电容的充放电与 CMOS 电路的参数直接相关，因此电磁辐射就和数据具有关联性，从而成为旁路信息泄露的来源。一般来说，任何与密码设备的内部配置或活动相关的物理可见现象都可能成为攻击者的信息来源。

3.1.2 旁路信息泄露模型

根据 3.1.1 节所分析的物理现象，CMOS 电路的物理泄露与数据输入、输出操作相关，并且可随着内部信号的活动而变化。攻击者由此提出并改进了多种复杂的泄露模型。这些模型既可以用来模拟实际的旁路攻击，也可以帮助提高攻击效率。下面将重点关注泄露模型中广泛使用的汉明距离模型和汉明重量模型。

1. 汉明距离模型

汉明距离模型可用于文献［1］中 CMOS 电路的功耗问题。以功耗为例，汉明距离模型假设：CMOS 电路中的状态变化（从 1→0 转换或从 0→1 转换）会产生一定的功耗，如果状态不变（保持 1 或者保持 0 状态），就不会导致过多的功耗。也就是说，当 CMOS 设备所含的初始状态 x_0 转换为最终状态 x_1 时，实际旁路泄露量与这些状态之间的汉明距离有关，即 $H_D(x_0, x_1) = H_W(x_0 \oplus x_1)$。这一模型成功地应用到了基于 CMOS 电路的 ASIC 和 FPGA 中[1,2]。

2. 汉明重量模型

在 Kochers 的原论文[3]中，使用的泄露模型是基于攻击者试图猜测内部信号的汉明重量。该模型被称为"汉明重量模型"，原理更简单，假设功耗（或电磁辐射）与 CMOS 设备的输出状态有关。也就是说，当设备计算的电流状态值为 x_0 时，实际旁路泄露量与该值的汉明重量相关，即 $H_W(x_0)$。

在实际电路中,从 0→1、1→0 转换期间所产生的旁路泄露量稍有不同[4],每一个翻转比特位对总体功耗的贡献也不一样,使用汉明距离模型和汉明重量模型对旁路攻击时,需要考虑这些因素。同时,研究人员也提出了一些改进模型来解决这些问题,比如文献[5]中提出的一类改进模型,名叫"切换距离"泄露模型。该模型考虑了在某些实现中从 0→1、1→0 转换之间的差异。文献[6]则为电路中不同部分的信息泄露量分配了不同的重量。

3.1.3 旁路攻击的原理

旁路攻击的基本原理是,密码系统的操作所造成的物理影响可以(从侧面)提供有关该系统中秘密的额外有用信息。比如,密码密钥、部分状态信息、全部或部分明文等。Cryptophthora 一词(字面意思为"秘密降级")有时用于表示由于旁路泄露而导致的有效密钥长度的衰减。

3.2 旁路分析模型

如 3.1 节所述,CMOS 电路的所有物理泄露,如延时、功耗和电磁辐射等,都与设备处理的数据密切相关。研究人员已利用这点提出了不同的旁路分析方法来猜测与密码操作相关的秘密信息。根据对物理泄露的统计处理,这些旁路分析方法主要可分为三类:简单功耗分析、差分功耗分析和相关功耗分析。除了这几类传统的分析方法,一个新的趋势是利用机器学习算法对旁路信号进行分析。这里暂不涉及这类研究。本节将重点讨论物理泄露的统计处理,不区分由功耗和密码操作产生的电磁辐射。根据旁路泄露起源分类的旁路攻击的详细内容将在 3.4 节讨论。

3.2.1 简单功耗分析

简单功耗分析(simple power analysis,SPA)的定义如下:SPA 是一种可直接解释在密码操作期间收集的功耗测量技术。换言之,攻击者可直接通过所测得的旁路曲线来确定密钥,因为不同操作会消耗不同的功耗,任何与秘密数据相关的条件分支都可能泄露有关该数据的信息。

SPA 的一个典型示例就是攻击非对称加密算法 RSA 的实现[7]。非对称加密算法 RSA 是基于数学的模幂运算。模幂运算的计算公式[8]:

$$m = c^d (\bmod\ n) \tag{3-5}$$

式中,m 为明文;c 为密文;d 为私钥指数;n 为模量,可用从右到左的二进制方法(d_i 为 d 的第 i 位)直接计算。

根据私钥指数 d 的每个位的值,决定是否只需进行平方运算,或需要同时进行乘法和平方运算。因此，循环中每一次消耗的功耗（或产生的电磁辐射）将根据私钥指数 d 的位值不同而不同。而且，通过简单地分析一条曲线，攻击者可以很容易猜测私钥指数 d 的位值。

简单功耗分析也可用于攻击对称密钥加密。文献[9]对 AES 密钥扩展的实现提出了 SPA 攻击。文献[7]描述了简单电磁分析的主要原理和方法，并针对 AES 电路进行了实际的简单电磁旁路攻击（SEMA）。

在实际情况下，攻击者可能并不完全知晓测试的密码算法，而且秘密设备在进行加密操作时所产生的旁路泄露也可能被测量噪声和工艺变化所掩盖。由于这些因素，因此简单旁路分析攻击在实际应用中较难实现。

3.2.2 差分功耗分析

差分功耗分析（differential power analysis，DPA）是根据设备在对各种输入数据进行加密或解密时记录的大量功耗曲线，揭示密码设备的密钥。与 SPA 分析相比，DPA 的主要优势在于攻击者无需对设备和加密算法有详细的了解。相比之下，DPA 是一种更强大的分析计算。到目前为止，很多研究人员都提出了针对 DPA 攻击方式的改良版，同时也给出了相应的防御策略。

本节将介绍针对高级加密标准（AES）进行 DPA 攻击的一般模式。图 3.4 中显示了使用 128 位输入和 128 位密钥的 AES 算法的加密过程。DPA 的一般模式分为五步[10]，一般模式的关系图如图 3.5 所示。

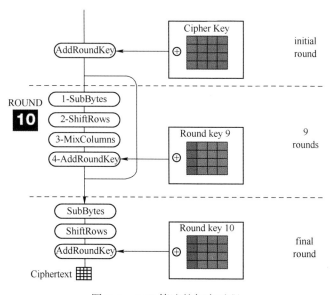

图 3.4　AES 算法的加密过程

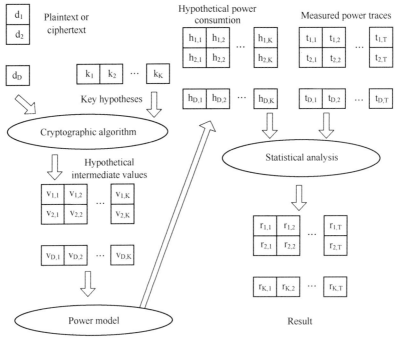

图 3.5 一般模式的关系图[11]

1. 攻击点的选择

攻击者确定加密设备执行的加密算法的中间值。该中间值的选取必须符合一个函数 $f(d,k)$。其中，d 表示已知的输入数据（通常是明文或密文）；k 表示攻击者想要建立的密钥的一小部分（比如是密钥的第一个字节）。在实际实现时，针对 AES 的大多数攻击都会重点关注 S-box 的输出[12-14]。

2. 功耗测量

该攻击关注的是加密或解密不同数据块 D 时加密电路所产生的功耗。对于所有加密或解密操作，攻击者需要知道处理后数据 d 的值。该值可直接用于计算第一步中确定的中间值。已知值用向量表示，即 $\boldsymbol{d}=(d_1,\cdots,d_D)'$。其中，$d_i$ 表示处理后的输入数据第 i 块的结果。攻击者记录下在运算期间产生的功耗。对于每项功耗 $t'_i=(t_{i,1},\cdots,t_{i,T})$，对应一个已处理数据值 d_i，其中 T 表示功耗曲线的持续时间。攻击者应测量每个处理数据块 D。因此，这些曲线可写成维数为 $D\times T$ 的矩阵 $\boldsymbol{T}$。

3. 假设功耗的估计

攻击者可将假设中间值视为函数 $f(d;k)$，取值范围为所有密码操作 d 和所有假设密钥 k。可能的密钥值可写为向量 $\boldsymbol{k}=(k_1,\cdots,k_K)$。其中，$K$ 表示可能密钥的总数。生成维数为

$D \times K$ 的假设中间值矩阵 V。

之后，攻击者利用泄露模型，将假设的中间值与正在运行的密码设备的假设功耗相对应。这需要将矩阵 V 与矩阵 H 映射，其中矩阵 H 代表假设功耗。最常见的两种模型是前面讨论过的汉明重量模型和汉明距离模型。

4. 测量功耗曲线与假设功耗曲线的统计分析

攻击者使用平均数差值来比较假设功耗与测量功耗曲线。基于均数差的统计方法是通过计算两个被测组的平均数差来比较的。这种方法用来确定矩阵 H 和 T 纵列之间的关系。

攻击者首先创建一个二进制矩阵 H。该矩阵将测量的功耗曲线分成两组。H 的每列中，0 和 1 的序列是输入数据 d 和估计密钥位 k_i 的函数。为了确定估计密钥 k_i 是否正确，攻击者可将矩阵 T 从横向分为两组（功耗用 h_i 表示）。第一个数据文件包含 T 中对应 h_i 中零的位置的那些行；第二个数据文件包含 T 的剩余行。随后攻击者计算出这些行的平均值。向量 m'_{0i} 表示第一个文件中行的平均值，m'_{1i} 表示第二个文件中行的平均值。如果 m'_{0i} 和 m'_{1i} 之间有明显的差异，则表示估计密钥 k_i 正确。该差异表示 h_{ck} 和 T 中部分列之间的关系。具体表示与 h_{ck} 对应的中间值被处理时的时间点。在某些情况下，均值向量之差可以是零。攻击结果为矩阵 R。其中，每一行对应于向量 m'_{0i} 与 m'_{1i}（估计密钥值）之间的差值。根据均值差法计算 R 的方程如下：

$$m'_{1i,j} = \frac{1}{n_{1i}} \cdot \sum_{l=1}^{n} h_{l,i} \cdot t_{l,j} \tag{3-6}$$

$$m'_{0i,j} = \frac{1}{n_{0i}} \cdot \sum_{l=1}^{n} (1 - h_{l,i}) \cdot t_{l,j} \tag{3-7}$$

$$n_{0i} = \sum_{l=1}^{n} (1 - h_{l,i}) \tag{3-8}$$

$$n_{1i} = \sum_{l=1}^{n} h_{l,i} \tag{3-9}$$

$$R = M_1 - M_0 \tag{3-10}$$

其中，n 表示矩阵 H 的行数，即测量的功耗。

另一种改进的办法是考虑标准方差的均值距离。这种方法利用假设检验来比较两种不同分布均值之间的等同性。攻击者把矩阵 T 分成两组。每组包含一定数目的矩阵行，同时对应一种假设。与之前的方法相比，这种方法比较的是平均值。矩阵 R 中的每一项按照以下公式计算得到。

$$r_{i,j} = \frac{m_{1i,j} - m_{0i,j}}{s_{i,j}} \tag{3-11}$$

其中，$s_{i,j}$ 代表两组数据的标准方差。

3.2.3 相关功耗分析

相关功耗分析（correlation power analysis，CPA）方法[1]主要基于密码设备的实际功耗与泄露模型（如汉明重量模型）之间的关系。攻击者先用可能的密钥与功耗模型计算出假定值，然后计算假定功耗与实际功耗之间的相关系数，即皮尔森相关系数（Pearson correlation coefficient)[15]，从而确定哪个可能的密钥为真正的密钥。当攻击者利用芯片的电磁辐射而不是功耗进行相关电磁分析时，CPA 变成 CEMA[5]。

3.3 现有旁路攻击

3.3.1 时序旁路分析攻击

时序旁路分析攻击是一种重要的旁路攻击，攻击者利用特定事件之间的时间差，从密码设备中提取秘密信息。该攻击方法的原理是利用设备操作的时间差，具体分析见本书 2.2.1 节。这一方法首先由 Kocher 在文献 [16] 中引入，并由 Dhem 等人发展。文献 [17] 介绍了针对破解智能卡的 RSA 加密算法的时序攻击。

尽管此后研究者提出了许多新观点或扩展了现有理论[18]，但大部分工作都是逐步猜测正确密钥。这些技术的优势主要是速度快，不足之处也很明显，即如果缺失了一个位，则无法找出正确的密钥。Toth 等人[19]描述了一种针对密码算法的高级时序攻击方案来克服这种缺陷。他们引入密钥树和优度值的新概念，即使猜测密钥位的方法有很大的偏差，恢复算法也只需检查非常小的密钥空间。该概念可以扩展到任何其他时序攻击。研究人员使用统计工具，即方差分析（ANOVA）和 t-检验及蒙哥马利乘法（Montgomery multiplication）[20]，对采用 RSA 算法的一个具体实现演示了这种攻击方案。这种方法的一个缺陷是很难找到最后的几位密钥。

SSL（安全套接层）和 TLS（传输层安全性）是两种加密通信协议，结合了对称加密技术和公钥加密技术，旨在为通过不可信网络传输的数据提供保密性和完整性。Canvel 等人[21]对 SSL 和 TLS 中使用的 CBC 模式加密方案执行了时序攻击，演示了如何截获 IMAP 账户的密码。

个人识别号码（PIN）和访问码是验证用户身份的常用密码。Kune 等人[22]利用均匀手指速度物理模型构建了隐式马尔可夫模型，可对基于点击的密钥序列进行预测。但是该实验是在理想条件下进行的，忽略了人工 PIN 输入的一个关键方面，即人并非机器，无法匀速输入 PIN。事实上，人们更倾向于记住有意义的信息。鉴于此，Mario 等人[23]对两种认知身份验证方案成功进行了被动式时序旁路攻击,即著名的 HopperBlum(HB)协议和 Mod10 方法。这两种方案常用于增强基于密码的身份验证,以防止观察攻击。HB 和 Mod10 方案是身份验证模式的典型代表,要求用户进行某种形式的认知任务,如模拟、视觉回忆和计数、乘法、模运算等。但认知操作难度的细微变化会导致用户认知操作的不对称。因此,研究人员利用被动式时序旁路攻击中的认知不对称,以部分或完全恢复 PIN 或密码。

3.3.2 功耗旁路攻击

1. 应用

目前,依赖于加密算法的密码设备已被广泛应用于各种不同场景之中,以保证机密信息的保密性和完整性。在实践中,大量的功耗旁路攻击已成功应用于破解各种密码设备上实现的加密算法(包括 RSA、DES、AES、ECC[24]、SM3[25]、SM4[26]、PRESENT[27])。这里所说的密码设备包括智能卡[28]、FPGA[13]、处理器[14]和微控制器[12]。Tang 等人[26]提出了相关功耗分析攻击的方法,以降低计算成本。该攻击方法主要针对基于选择明文的 SM4 硬件实现。Socha 等人在文献[29]中通过对 Digilent ZYBO 板上实现的不同抽象层次进行 CPA 分析,对 AES 实现的旁路攻击抵抗能力进行了研究。

2. 功耗曲线对齐

在大多数功耗分析攻击中,从密码设计中获得的功耗曲线需要使用基于密码设备的触发信号进行校准。在 DPA 应用的真实场景中,这种触发信号往往无法部署。考虑到测量时的各种因素,如测量的开始时间不同(只能通过发送输入数据来触发)、为密码设备提供时钟的振荡器出现抖动、示波器没有较大内存、依赖输入数据的处理器指令的不同执行时间,所得到的功耗曲线会有一定偏移,无法对齐。针对功耗 SCA 攻击,有一些策略是通过使用具有不同频率的内部时钟,或在操作之间插入随机延迟,故意使测量曲线无法对齐。功耗分析攻击假设在每次功耗测量中,加密操作都在完全相同的时间点发生。因此,这些测量偏差降低了功耗 SCA 攻击的效率。在文献[11]中,研究人员提出了一种名叫"静态对齐"的功耗曲线对齐方法。该方法在测量的功耗曲线中找到一个参考样本(例如上升沿),并通过移动曲线与相同的参考相匹配。但如果加密实现中包含随机时间延迟或变化的时钟频率,静态移位则不能完全对齐这些曲线。文献[30]中使用了一种称为"弹性对齐(elastic alignment,EA)"的对齐算法。弹性对齐以动态时间规整(dynamic time warping,DTW)为基础,是一种时间序列匹配算法。基于 DTW 算法的弹性对齐可用于曲线同步操作。

3. 降噪

用于执行功耗 SCA 的测量曲线总是受到诸多噪声的影响,如环境噪声、设备产生的电磁噪声等。这些不可避免的噪声不仅会影响信噪比（SNR），而且会降低功耗 SCA 的分析性能。为了提高功耗 SCA 攻击的效率，近年来，研究人员通过弱化各种噪声的平滑度提出了许多方法，包括平均技术[3]、小波变换[31]和经验模态分解（EMD）[32]。其中，小波变换也称时频定位和数据压缩，通过使用多个小波基函数来表达信号。利用小波变换与多种阈值相结合的方法，可去除部分噪声污染。Patel 等人[31]引入了一种新方法，即采用小波分解 DPA 曲线数据集减少曲线。具体方法如下：将曲线数据集分解为不同的小波系数级别，通过识别有利于 DPA 攻击处理的系数来保留有用的系数。Li 等人[33]对不同小波、不同分解水平和不同阈值的降噪效果进行对比，提出了一种连续去除高频部分的小波降噪方法。

为了解决小波变换在降噪操作中存在的某些问题，如小波基对复杂信号的匹配能力、不同应用中的特殊阈值要求等，Ai 等人[34]提出了一种基于奇异谱分析（SSA）和去趋势波动分析法（DFA）的小波变换降噪改进方法，通过 DFA 自适应地选择 SSA 中的主信号分量，利用小波变换对残差部分进行降噪处理提取重要信息，通过将信号分量与去噪残差部分相结合提高原始小波变换的降噪效率。在文献[35]中，研究人员提出了两种基于变分模分解（VMD）和小波变换相结合的数据自适应降噪方法。该方法具有对先验信息要求不高的特点。其中一种是对 VMD 分解的每一个固有模态函数进行小波降噪，简称为 VMD-WT；另一种方法是迭代 VMD-WT 去噪法，通过对多次迭代降噪信号的平均提高对噪声的容忍度。

目前也有使用基于经验模态分解（empirical mode decomposition，EMD）的降噪方法，以提高功耗 SCA 的效率。EMD 最早由 Huang 等人提出[36]。该方法广泛用于分析非平稳、非线性信号过程，能自适应地将任何信号分解成被称为固有模态函数（intrinsic mode functions，IMF）的振荡分量。通过多种降噪方法（小波阈值法）进行 IMF 处理，重构降噪后的 IMF，得到了降噪后的信号。Feng 等人提出了一种基于 EMD 的降噪方法。该方法主要针对 SCA 的高频噪声[32]。

4. 加快测试速度

无论是功耗 SCA 攻击还是对防御方法的有效性验证，都需要收集大量的功耗曲线。这就需要大量的时间和资源。为此，研究人员提出了几种更快、更有效、更经济的方法来解决这一问题。Swamy 等人[37]提出了利用高性能代码针对 CPU 和 GPU 进行相关功耗分析的新并行实现。他们利用 GPU 来加速进程中计算最密集的部分，如计算汉明距离值。在文献[38]中，Gamaarachchi 等人提出了一种利用 CUDA（统一计算设备架构）在 GPU 上使用的 CPA 新方法。CUDA 是 NVIDIA 推出的一款通用并行编程模型和平台，可方便使用其 GPU 进行复杂的高效计算。他们为每个密钥字节、密钥猜测和每束功耗曲线分配一个单独的 CUDA 线程，实现了更高的数据并行性。该方法的执行速度比一般的单线程 CPU 快 1300 倍，比多核高性能服务器快 60 多倍。

5. 成功率

Pammu 等人[390]提出了一种针对 AES-128 加密设备进行相关功耗分析（correlation power

analysis,CPA)攻击成功率的估计模型。成功率是成功获取密钥的攻击次数与攻击总数的比值。研究人员推导出已处理数据的二阶标准偏差(second order standard deviation,SOSD)来分析加密过程中的转换活动,从而确认难度最小的子密钥(leastdifficult sub-key,LDSK,最容易显示的子密钥)和难度最大的子密钥(most difficult sub-key,MDSK,最难显示的子密钥)。然后,通过使用 LDSK 和 MDSK 来应用误差函数模型(error function model,EFM),并根据显示密钥所需的功耗曲线数估计成功率。Mazur 等人[40]评估测量了各种设置对运行 AES 加密算法的 FPGA 板进行 DPA 攻击的成功率的影响,分析了去耦电容器的作用,结果表明,将电容器去除可使攻击效果更显著。

3.3.3 电磁旁路攻击

事实上,在旁路攻击的统计分析领域,电磁曲线和功耗曲线有很强的相似性,除内部特性和捕获方式不同外,其他部分都一样。功耗 SCA 攻击通常需要对目标设备进行直接物理访问,以获取旁路信息。旁路信息只是功耗的单一聚合视图。电磁辐射可通过靠近设备表面的探头测量,无需接触受到攻击的设备。此外,电磁是一个包含丰富空间信息和频谱信息的三维矢量场。由于使用多种先进的电磁探头,可方便测量丰富的电磁辐射信息并有效利用,因此,研究人员认为电磁旁路攻击(EM SCA)比功耗旁路分析更高效。经各种实验证实,电磁旁路攻击使用近场电磁探测能更有效地检索密钥。也就是说,电磁旁路攻击比功耗旁路攻击需要更少的测试曲线[5]。但电磁曲线的质量容易受测量噪声、电磁探针等因素的影响。这些因素限制了电磁旁路攻击的效果。为了提高电磁旁路攻击的效率,研究人员使用多种优化方法,包括信号预处理、更精确的区分器、高分辨率的测量设备等。这里将详细讨论改进电磁旁路攻击的几个技术。

1. 区分器

在文献[41]中,研究人员提出了在旁路攻击中引入各种兴趣点的概念。比如,在模型攻击中提供最多信息的时间点。攻击者可以精确配置模型,并使用兴趣点使攻击更加有效。传统 DEMA 和 CEMA 仅考虑中间值的兴趣点,忽略了多个兴趣点之间的相关性。而事实上,实现加密算法的软件可能会在多个时间样本区域泄露相同的中间数据。因此,Ou 等人[42]提出了两种高效率旁路区分器,即多兴趣点组合微分电磁分析(MIP-DEMA)和多兴趣点组合相关电磁分析(MIP-CEMA)。该区分器结合了从多个具有相同中间值兴趣点泄露的信息,以减少 DEMA 和 CEMA 攻击所需的电磁曲线数量。MIP-DEMA 和 MIP-CEMA 放大了正确密钥的相关系数,降低了错误密钥的相关系数。因此,正确密钥更容易与错误密钥区分。需要注意的是,高效率 MIP-DEMA 和 MIP-CEMA 要求攻击者捕获更好的局部电磁曲线。

2. 信号预处理

Meynard 等人[43]应用解调技术来提高信噪比。他们提出了一种基于交互信息(mutual

information，MI）分析的特征化方法来确定泄露更多信息的解调频率及其带宽。与文献［43］不同，Perin 等人[44]提出了一种基于全数字幅度解调的技术（SDEMA）来增强针对 RSA 实现的简单电磁分析。图 3.6 显示了该技术的实验方法。利用此方法来确定感兴趣的频率带宽，同时使用带通滤波器（五阶 Butterworth 滤波器）去除所有无兴趣阶的谐波后，通过解调滤波器输出的曲线来恢复泄露信息。

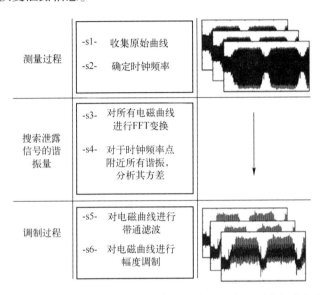

图 3.6　揭示电磁曲线在有噪声条件下存在微小泄露的实验方法

在文献［45］中，Zhou 等人提出了一种基于奇异值分解（SVD）的预处理方法，通过选取部分有用的电磁曲线进行分析（而不是使用一组完整的电磁曲线），以提高分析效率。SVD 方法是一种统计工具，广泛应用于图像处理和机器学习。该方法可将任意一种阵列分解成低维矩阵，提取出表征电磁曲线质量的特征向量。特征向量中较小的值表明所对应曲线包含的有用信息较少或噪声较多，在进行 CEMA 预处理时应去除此类曲线。因此，研究人员根据与最大特征值所对应的特征向量值（主特征向量）对曲线进行排序，得到了一部分比原 CEMA 具有更高性能的高质量电磁曲线。他们通过数学统计分析证明部分高质量电磁曲线可用于提高 CEMA 的效率，而且通过实验对电磁曲线进行选择。

3. 兴趣点位置

兴趣点位置是指利用较少的测试曲线即能实现电磁旁路攻击的特定位置，在工程实践中通常称其为热点位置。对电磁探测的热点位置进行定位是电磁旁路攻击不可或缺的一部分工作。就此，研究人员在文献［46］中提出了一种基于制图过程中各项评估指标的策略，寻找设备热点。根据文献［47］的分析结果，基于时域振幅分析的定位技术中有大量与电磁数据无关的发射源（如时钟发生器、锁相环或 I/O 接口）存在，甚至在大型环境电磁噪声源存在的情况下，均无法正常工作。因此，在文献［48］中，Dehbaoui 等人介绍了一种基于光谱相干性分析的定位技术,即非同调性加权全局幅度均方(weighted global magnitude squared incoherence,WGMSI)分析法,以定位热点。WGMSI 技术揭示了电磁泄露的数据依赖行为:在两次加密操作之间,电磁辐射的某些特征从一个操作到另一个操作期间保持不变(同调),而某些特征完全改变(非同调)。

两信号 $w_1(t)$ 和 $w_2(t)$ 之间的非同调性幅度均方(MSI)是频率的实值函数,取值范围在 0~1 之间。其定义公式为:

$$MSI_{w_1,w_2}(f) = 1 - \frac{|P_{w_1,w_2}(f)|^2}{P_{w_1,w_1}(f) \cdot P_{w_2,w_2}(f)} \tag{3-12}$$

其中,$P_{w_1,w_1}(f)$、$P_{w_2,w_2}(f)$ 分别表示 $w_1(t)$、$w_2(t)$ 的功耗谱密度;$P_{w_1,w_2}(f)$ 表示 $w_1(t)$ 和 $w_2(t)$ 的互功耗谱密度。考虑到两个时域信号的全谱,以信号 $w_2(t)$ 为例,两信号的 WGMSI 系数均按式(3-13)计算,即

$$\text{WGMSI} = \sum_{f \in \text{BW}} MSI_{w_1,w_2}(f) \cdot \frac{A_{w_2}(f)}{\max_{f \in \text{BW}}(A_{w_2}(f))} \tag{3-13}$$

其中,BW 为考虑的频率带宽;$A_{w_2}(f)$ 为频率 f 处的功耗谱振幅。WGMSI 的取值范围为 0~1。高值表示 $w_1(t)$ 和 $w_2(t)$ 具有完全的非同调谱,低值刚好相反。根据此 WGMSI 标准,研究人员可区分数据依赖行为和数据独立行为,并在磁近场扫描(NFS)过程中使用数据依赖的电磁泄漏来定位用于电磁分析的热点区域。

4. 高分辨率测量设备

由于测量的电磁辐射受不同距离、不同探头、不同的探头位置和方向的影响,电磁分析攻击的真正作用与测量使用的电磁探头高度相关。Beer 等人[5]对 IC 进行拆封处理,并使用直径为 0.7mm 的手工探头进行测量。测量时,探头的线圈方向保持垂直。Heyszl 等人[49]的研究表明,采用水平探头代替垂直探头可显著提高测量结果。在文献[50]中,Wittke 等人使用相同的攻击设计并记录了使用 7 种不同探头进行测量的测量结果,最终证明了不同的电磁探头及其方向可对测量曲线产生显著影响。在文献[51]中,研究人员对 DEMA 攻击的强度和探头的空间位置进行了详细分析。为了改善电磁探头与泄露源之间的相对位置可对测量结果的 SNR 产生较大影响的这一情况,Li 等人[52]提出了一种基于密钥枚举算法(KEA)[53]和秩估计算法(REA)[54]的密钥列表预处理技术。该技术通过向密钥列表中添加一个权重,使具有不同 SNR 的密钥列表能按更好的性能枚举,最终使正确密钥的排名更高。但当加速搜索键列表时,对其他密钥列表的搜索将会减慢。因此,该技术只有在攻击者能识别出质量差的密钥列表时才具合理性。Heyszl 等人后来又提出了高分辨率、低距离电磁分析的改进版本,综合考虑了以上所有因素[55]。这种改进后电磁分析法的特点包括可使用非常小的探头(比如直径为 100μm)、具有高空间分辨率、极小探头可抵达极限位置。另外,该方法需要对集成电路进行拆封处理。通过该项技术,可以探测到即使是实施了最先进的防御措施设备的信息泄露。在文献[56]中,Specht 等人通过改变线圈直径、探头到极限点的距离、带宽和测量分

辨率等因素系统地分析了各种因素所产生的影响，并使用线圈直径的四分之一作为空间测量分辨率，在测量时间和测量质量之间做出了适当的权衡。

5. 电磁频率相关性分析

虽然研究人员已提出了多种与电磁分析攻击相关的方法，但大多都集中在时域上，而电磁辐射丰富的频率信息往往未能得到充分利用。另外，时域电磁分析的一个必要条件要确保信号准确对齐。一旦电磁曲线未对齐，将减少电磁辐射与数据之间的依赖关系，比如在逻辑路径中插入随机延迟[57]，时域电磁分析会失效。由于某些频率比其他频率更容易泄露正在处理的秘密数据信息，基于此，在文献[58]中，研究人员提出了一种用于相关频率分析的攻击方法。该方法利用快速傅里叶变换（FFT）技术将电磁曲线从时域变换到频域。与文献[58]中使用的 FFT 技术不同，文献[59]选择了电磁分析用到的赫希曼最优变换技术（HOT），对密码芯片产生的频域电磁信号进行电磁分析。这两种技术（FFT 和 HOT）均为线性变换。相关分析只是探讨假设电磁辐射与实际电磁辐射之间的线性关系。也就是说，时域的变化会导致频域的线性变化，而且信号的时间变化不会改变信号的频率。当电磁曲线未对齐时，相应的频率曲线仅对准振幅的微小变化，从而消除了未对准的影响。因此，在旁路攻击中，相关频率分析攻击非常有效。

6. 旁路攻击对物联网设备的影响

在文献[60]中，研究人员将电磁分析攻击用于检查物联网（IoT）设备的安全性，并成功修改了针对 Midori（一种超低功耗密码）的 CEMA 攻击。在文献[61]中，Kabin 等人提出了一种水平式总线和地址位 DEMA[62]攻击，专门针对 NIST 椭圆曲线 B-233 的蒙哥马利 kP 算法的硬件实现。该硬件实现对于简单的旁路攻击具有很强的抵抗性。其 kP 设计结构和实现主循环的处理顺序如图 3.7 所示。该方法利用总线活动和地址位现象，只需要一条曲线做准备，一条曲线用于攻击本身，因此，可被视为一种低成本攻击。

扫描二维码，查看该图的彩色图片

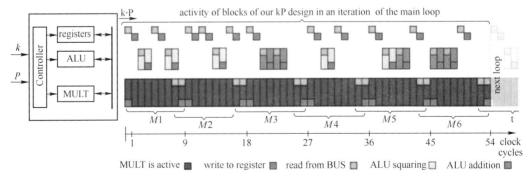

图 3.7 kP 设计结构和实现主循环的处理顺序

3.3.4 声音旁路攻击

声音以频率、波长和振幅的形式携带信息。这些信息通过音频捕获设备测量。声音旁路攻击可以通过分析设备的声频发射获取秘密信息,已有多项研究,大部分集中在计算机键盘[63,64]、输入 PIN 用到的小键盘、网络物理系统(CPS)(如 3D 打印机[65,66])等。

Backes 等人[67]介绍了一种针对打印机的声音旁路攻击,通过打印机在打印阶段的声频发射记录,重建打印在点阵式和喷墨打印机上的机密文本。该方法涉及培训和识别两大阶段。培训阶段主要是在构建数据库后,在识别阶段将用于比较未知文本的记录,根据对比结果,计算未知文本的重构。该方法概览如图 3.8 所示。

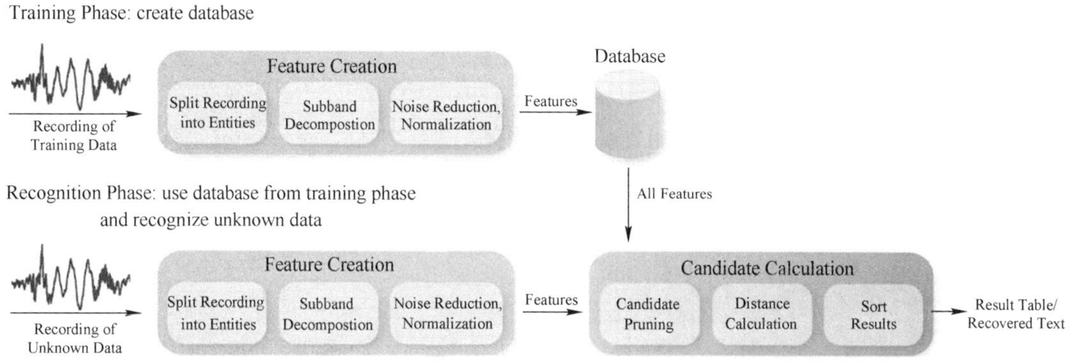

图 3.8 针对打印机的声音旁路攻击方法概览

Martinasek 等人[68]利用声谱图法在时频域上对测得的声音曲线进行处理。他们将声谱图作为典型的两层神经网络(MLP、多层感知器)的输入,利用反向传播学习算法,其潜在的可重复性和可行性通过放在办公室的笔记本电脑(带内置麦克风)得到了验证。Maimun 等人[69]开发了一种麦克风阵列传感器攻击。该攻击可通过简单的方法获得较高的密钥识别精度。传感器为两个麦克风,按顺序成排地放在目标的前方位置。这种攻击可检测声音发射,分析按键信号,将获得的一个起点特性作为到达时间。通过 TDoA 计算可估计到达两个麦克风之间的时间差,并通过声源定位测量确定按键。比如 Toreini 等人[70]应用先进的声音旁路攻击,根据键盘发出的噪声解码密码机按键。

材料制造网络物理系统(CPS)为快速成型和加工复杂、轻量、自由形状的三维物体提供了网络和物理领域的简单集成。但在使用此类系统创建三维物体时(如 3D 打印机),系统发出的声音可被声音旁路攻击利用。Faruque 等人[65]提出了一种针对材料制造系统的声音旁路攻击新模型,以重构包含知识产权的数据。此外,在文献[66]中,研究人员提出了一种基于熔融沉积建模技术的 3D 打印机的声音发射源分析方法,并进行了声音泄露分析,以强调 G 文件的参数可从声音旁路推断得出。研究人员利用最新的 3D 打印机验证了其新的攻击模型,结果表明,使用声音旁路攻击可重建具有不同基准参数(如速度、尺寸和复杂度)

的物体对象。Chhetri 等人[71]提出了一种新的方法。该方法通过结合泄露感知计算机辅助制造工具（如切片算法和工具路径生成算法）来提高网络物理制造系统的保密性。这种跨领域安全解决方案利用物理领域的反馈结果，优化了网络域设计变量（方向和速度），以尽量减少网络域代码与物理域声发射之间的相互信息。

3.3.5 可见光旁路攻击

可见光旁路攻击的基本思想本质上很简单。当今大多数数字电路均以 CMOS 技术为基础。该技术使用互补晶体管作为基本元器件，当集成电路上的晶体管改变状态时，会发射出一些光子。具体而言，CMOS 门由 NMOS 和 PMOS 晶体管组成。对晶体管通电时，由于电流流入寄生电容和泄漏电流的存在，会使功耗增加。根据文献 [72]，当输出从高态转到低态时，N 通道晶体管出现光发射，当输出从低态转到高态，即晶体管导通时，P 通道晶体管出现光发射。由于自由电子的移动性比空穴好，N 通道晶体管的光发射要高得多，从而出现不对称的跃迁。这种跃迁可被用来从电路中提取相关信息。同样，光子从靠近漏极的位置发射出来，那里的电场较大。关于 N 型基底的开关 CMOS 反相器光子发射如图 3.9 所示。同样的结果也适用于 P 型基底。P 型基底在现代芯片中更常见。

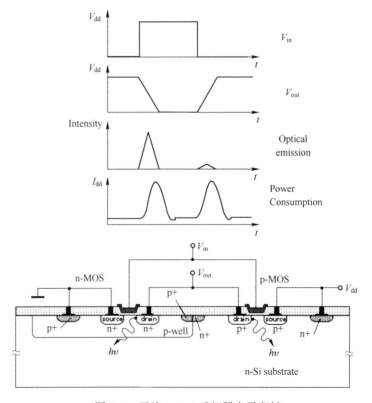

图 3.9　开关 CMOS 反相器光子发射

可见光旁路攻击已在文献［73］中提到。研究人员将皮秒成像电路分析（PICA）用于检测光子的位置和发射时间。一旦与代码正确同步，并在被观察的设备上重复执行，PICA 就能确定开关晶体管。研究人员利用可见光旁路信息，对 PIC16F84A 微控制器上运行的 AES 简单实现进行了一次示范攻击，结果所有的秘密数据均被成功恢复。

Skorobogatov 在文献［74］中将光发射分析与常规功耗分析进行比较，结果表明，工作芯片的光发射与功耗分析测量值之间有很好的相关性。文中采用低成本的 CCD 相机作为光传感器来观测光发射。

可见光旁路攻击有一定的局限，测量技术需要与设备上执行的操作同步。此外，在现代深亚微米技术中，多金属层和小晶体管尺寸阻碍了简单、精确的分析，而且由于所需设备的价格比较昂贵，因此可见光旁路攻击的成本费用较高。针对可见光旁路攻击，一些研究人员在芯片中进行随机操作来改变芯片的发光特性，另一些研究人员则在芯片中嵌入传感器来检测光学攻击[75]。

3.3.6 热量旁路攻击

Brouchier 等人[76]发现冷却风扇可通过 CPU 耗散的温度间接传递 CPU 正在处理的数据信息。在实验中，研究人员展示了如何从密码或可能的 RSA 密钥中提取某些位。此外，他们还强调 FPGA 中集成的硬件 IP 核可能通过温度旁路向系统中的其他硬件 IP 核泄露信息。

Iakymchuk 等人[77]演示了热量旁路通道在 FPGA 器件中的实现和实际应用，通过不同的实验证明这些通道既可被用于探测电气隔离设计之间的通信，也可被用于恶意探测芯片外部泄露的信息，从而导致热量旁路攻击成为 FPGA 设计安全的重要威胁。

Masti 等人在文献［78］中说明，即使是对基于专用磁芯和存储器强大隔离技术实现的系统，也会通过热通道在多核系统中泄露信息。在 Intel Xeon 服务器平台上进行的实验展示了速度高达 12.5 bps 的热通道和能检测相邻处理器上代码执行过程中的弱热量旁路。

Amrouch 等人[79]提出了一种热量旁路监控方法。该方法中，热量旁路可用于远程监控嵌入式处理器上的代码执行情况。考虑到嵌入式设备运行具有周期性的 CPS 应用，代码的周期性导致了设备（热能）旁路排放也呈现出明确的周期性特征。因此，通过观察旁路产生热能的特征和时间模式，可检测出代码执行过程中嵌入式设备行为的偏差。

由于 3D 芯片上往往具有热传感器而且比较容易被攻击者访问，因此 3D 集成电路容易受到基于热量旁路泄露的旁路攻击。Peng[80]等人提出了一种 3D 热感知旁路屏蔽（TASCS）技术，用于主动隐藏功能单元的重要活动。其具体方法是使用智能芯片控制器来跟踪关键活动模式后，生成动态屏蔽模式来隐藏这些活动。这种动态屏蔽算法通过控制注入噪声来配合硬件热管理策略。Knechtel 等人[81]提出了一种能感知旁路攻击的平面布置图方法，从能量和活动模式中解读热行为，从而抵抗实际和潜在的有效威胁，确保三维集成电路（3D IC）的安全性。该技术可通过硅通孔的布置和功耗分布来实现。

温度与功耗之间的线性关系受材料特性的限制，涉及芯片内和芯片之间的热导率和电容。热量旁路具有低带宽的特点，在实际攻击中，会阻碍对高动态计算所产生的泄漏的探测。与其他旁路分析一样，热量旁路分析攻击对各种噪声源都很敏感。所有这些因素都会限制热量旁路分析攻击的实际效果。

3.3.7 故障旁路攻击

目前介绍的旁路攻击大多数都是被动式攻击，即攻击者观察正在运行的密码设备而不影响其操作。与之相反，故障旁路攻击（简称故障攻击）属于主动型攻击，攻击者通过改变运行环境或直接干扰密码计算实施攻击。具体而言，攻击者在加密（或解密）过程中，故意向密码设备注入多种类型的故障，再利用泄露的旁路信息，通过故障计算来恢复秘密信息。故障攻击的理念最初在文献[82]中提出。接着在文献[83]中，研究人员通过对相同输入条件下无故障状态和注入故障状态下的算法结果进行分析，提出了一种差分故障分析方法（DFA）。使用 DFA 方法后，攻击效率（获得密钥所需的实验次数）显著提高。从那时起，故障攻击已成功地扩展到针对非对称[84]和对称密码[85,86]的攻击，并被证明非常有效。

针对故障注入，各种方法都依赖于恶意改变外部参数和环境条件，包括更改电源电压[87]、注入不规则的时钟信号[88]、辐射或电磁干扰[89]，以及将设备暴露在强光下[90]。在文献[91]中，Barenghi 等人对故障注入技术进行了总结，首先根据故障注入技术的成本阐明了用于故障攻击的方法，并分析了执行故障注入所需的技术技能和实现知识的程度及时间和空间的精度、有效性。各种故障注入技术的总体情况见表3-1。

表3-1 各种故障注入技术的总体情况

故障注入方法	空间精度	时间精度	技术难度	开销	是否受先进工艺影响	是否需要了解攻击目标	是否破坏被攻击设备
Underfeeding	高	无	中等	低	否	否	否
时钟毛刺	低	高	中等	低	是	是	否
电磁脉冲	低	中等	中等	低	否	否	有可能
加热	低	无	低	低	部分	是	有可能
供电毛刺	低	中等	中等	低	否	部分	否
光辐射	低	低	中等	低	是	否	是
光脉冲	中等	中等	中等	中等	是	是	有可能
激光束	高	高	高	高	是	是	有可能
聚焦离子束	极高	非常高	非常高	非常高	是	是	是

注入故障的数量并不是影响故障攻击效率的唯一因素，其他因素还包括相应故障模型的实用性，其特征为注入故障对电路的影响和故障注入的位置；

(1) 受故障注入影响的比特位数目（位、字节和单词）；

(2) 对注入点的修改类型（如固定、翻转、随机和均匀随机分布）；

(3) 故障持久性（暂时或永久存在）；

(4) 算法执行过程中发生故障的位置。

Saha 等人[92]基于第八轮输入时 AES 状态矩阵对角线上的故障感应，针对 AES 提出了一种故障注入攻击方法。不同于以往的单字节故障注入攻击，该攻击基于多字节级故障建模，称为"对角线故障攻击"。在文献[93]中提到了电磁故障注入技术。这一技术强迫 AES 状态的一个字节值不变，从而形成了一个可用于实现故障攻击的常量错误模型。Romailler 等人[94]针对 Ed-DSA 和 Ed25519 算法执行了单故障攻击。结果显示，这些算法虽然在设计上对许多类型的攻击能提供很好的保护，但仍容易受到故障攻击。

除 DFA 方法之外，研究人员还提出了许多被称为"组合攻击"的新型故障攻击。此类攻击的基本原理是将故障攻击和经典旁路攻击相结合。先向正在运行的密码设备注入故障干扰，然后利用经典的旁路攻击（DPA 或 CPA）恢复密码信息。Amiel 等人[95]将一个故障攻击与一个 SPA 相结合，以打破模幂运算（曾被认为可抵抗故障和 SSCA 攻击）。研究人员在模幂运算开始时向其中一个寄存器注入错误，然后通过 SPA 来检测指数这一秘密信息。因此，运算结束后的故障分析保护并不能防止计算过程中已经发生的 SPA 泄露。Clavier 等人[85]针对带一阶掩码技术保护的 AES 标准提出了一种主动与被动相结合的攻击方法。其具体做法是将碰撞故障分析（CFA）与 CPA 分析相结合。一些 AES 保护方案可对抗高阶 DPA 和故障攻击。Franois 等人[86]提出了针对此类 AES 密钥方案的组合攻击，可以攻击这些受保护的 AES 实现。Patranabis 等人[96]提出了一种面向物联网应用的轻量级分组密码 PRESENT 的旁路辅助故障攻击方法，使用基于激光故障注入的装置向第 28 轮 PRESENT 注入故障，并对正确和错误的执行曲线执行一个简化的差分功耗分析，以充分推断出最终的故障掩码。

在文献[97]中，研究人员提出了一种新的基于故障的攻击，被称为故障灵敏度分析（Fault Sensitivity Analysis，FSA）攻击。FSA 攻击中使用的秘密信息泄露被称为故障灵敏度，表示设备正常运行和异常运行之间的阈值所对应的临界故障注入强度。研究人员对该攻击进行了验证。结果表明，故障灵敏度取决于处理数据的值，而且可用于密钥检索。

3.3.8 缓存旁路攻击

缓存属于共享资源，用于加快应用程序的执行，包括加密操作的执行。攻击者可利用进程之间的高速交互和共享来执行缓存攻击。因此，缓存攻击也属于旁路攻击中的一种。在通常情况下，与目标进程共享缓存的攻击者有权限监视目标进程执行过程中的缓存访问。目标进程在执行加密时访问的缓存集与密钥的索引相关联，如 AES 电路。这种基于缓存的信息通常足以在短时间内重建密钥。

根据使用的不同缓存信息，缓存旁路攻击分为三类：轨迹驱动攻击、访问驱动攻击、时间驱动攻击。轨迹驱动攻击监视处理器的功耗，以获得单独的内存访问模式；访问驱动攻击通过共存同一主机上的监视进程获取相同的信息；时序驱动攻击监视完成加密操作的总时间，依赖统计方法确定密钥。

缓存旁路攻击的概念最初由 Kelsey 等人在文献［98］中提出，即在运行密码算法时，缓存内存可用作旁路泄露。后来该理念由 Page 在文献［99］中拓展，并提出了一种将高速缓存作为密码分析旁路的理论实现方法。之后，该攻击被成功拓展，并可针对各类密码算法。

建模缓存时间攻击属于时间驱动攻击。该方法由文献［100］证实。在建模缓存时间攻击时，攻击者在监视多个加密的时间后，通过将未知密钥的时间配置文件与模板的时间配置文件进行比较，以获得密钥。在文献［101］中，Rebeiro 等人介绍了建模缓存时序攻击，并提出了一种最大化攻击成功率的方法。该方法基于对成功率的先验估计，并使用量化器来提取平台相关信息。该项技术也可拓展为其他旁路攻击，如 DPA。在文献［102］中，Bhattacharya 等人通过研究表明，硬件预取算法（如常用的顺序预取）可导致非恒定时间加密，有助于建模缓存时间攻击。

Flush+Reload（刷新+重载）攻击是由 Gullash 等人首次提出的一种强大的缓存攻击技术[103]。该攻击最初由 Yarom 等人在文献［104］中命名，可归为访问驱动攻击，通常使用一个监视程序来确定特定的高速缓存线路是否已被受攻击的代码访问。在文献［105］中提出了一种利用 Flush+Reload 攻击技术的缓存旁路攻击，可针对数据报传输层安全性（DTLS）协议成功恢复明文，即使 DTLS 已经能防御当前的填充式参照攻击（padding oracle attacks）。

通过 Prime+Probe（质数+探查）攻击，攻击者可确定在目标进程的执行过程中是否使用了缓存集。此外，该攻击也可归为访问驱动攻击，在文献［106］中首次提出。在 Prime 阶段，攻击者先用自己的数据填写整个缓存区间，然后开始加密过程。在 Probe 阶段，攻击者计算某些启动高速缓存线路的重新加载时间。如果目标进程使用的数据被映射到受监控的缓存集，则其中一条预先启动的缓存线路将被清除。因此，探查时间将比目标进程不使用任何映射到受监控的缓存集数据时更长。所以该攻击可显示出目标进程正在使用的缓存集索引。Liu 等人[107]提出了针对最后一层缓存（LLC）进行 Prime+Probe 旁路攻击的有效实现。这种攻击无需在攻击者和目标进程之间共享核心或内存。同时，Liu 等人还开发了两种技术来提高这种攻击的效率。Kayaalp 等人[108]提出了一种新的 Prime+probe 风格的高分辨率 LLC 攻击。该攻击可处理任意大小的页面，而且不依赖目标进程与攻击者之间的密码数据共享。在文献［109］中，研究人员提出了一种 Prime+Probe 攻击。该攻击无需任何有关内存页和 CPU 缓存集之间的链接信息。Reinbrecht 等人[110]对基于 NoC 的 MPSoC 系统进行了时间攻击，并详细解释了攻击过程，对 Prime+Probe 技术做出了改进。

3.4 针对旁路攻击的策略

随着 SCA 攻击的不断创新和改进,此类攻击对密码设备造成了极大的威胁。近年来出现了很多防范或者缓解此类攻击的策略。针对 SCA 攻击的策略可嵌入到所有抽象级别(包括寄存器传输级、电路级、门级、组合电路、体系结构和算法级)的加密设备中。硬件策略主要分为两类:隐藏策略和掩码策略。接下来的 3.4.1 节和 3.4.2 节将详细讨论这两种策略。本章讨论的防御策略主要集中在功耗和电磁辐射旁路攻击,因为这两种攻击在实际中得到了广泛的研究和应用。

3.4.1 隐藏策略

隐藏策略是使集成电路的物理泄露与密码实现过程中的中间值和操作相互独立。根据具体的防御操作,隐藏策略可分为两类:一种是随机化物理泄露的策略;另一种是平均化每周期的物理泄露的策略。

第一种策略是以随机化密码设备的物理泄露(功耗或电磁辐射)为目标的策略,包括各种对抗技术:随机预充电逻辑(RPL)[111],利用随机数生成器(RNG)生成的虚拟数据在时钟周期上升沿的组合网络中预充电,并对半时钟周期进行评估;随机延迟插入(RDI)[112],在每个逻辑路径的开头插入随机延迟。

第二种策略包括基于双轨逻辑的一系列逻辑实现,如基于感应放大器的逻辑(SABL)[113]、基于波动态和差分的逻辑(WDDL)[114]、基于延迟的双轨(DDPL)[115]等。这些技术的目标是在每个周期中消耗恒定的能量,从而消除与数据的相关性。这些基于对称的对抗措施对过程失配、设计不确定性、耦合电容、工艺偏差、噪声、延迟不平衡等因素十分敏感。

1. 物理泄露随机化

Menicocci 等人[116]提出了一种新的电路代码层面的策略,旨在保护采用 AES 算法的 AddRoundKey(密钥添加)步骤不受 DPA 或 CPA 攻击。研究人员首先通过将逻辑中每个位的输出翻转为另一个位的输出,然后复制组合逻辑(XOR 门),同时复制这两个逻辑的扇出。

Bellizia 等人在文献[117]中引入安全双速率寄存器(SDRR)作为电路代码层面的防护策略,提高密码设备对功耗旁路攻击的安全防护。SDRR 的框架图如图 3.10 所示。该 SDRR 由两个级联寄存器和一个输入多路复用器组成。该复用器可选择第一个寄存器的输入数据。SDRR 中的触发器由 CK 信号计时(CK 信号的频率是时钟信号的 2 倍)。时钟信号(SEL 信号）用于在真实数据和随机数据之间进行选择。SDRR 可替换 AES-128 体系结构中的常规寄存器。这种方式利用了密码算法的扩散特性，使正确数据和随机数据得到同时处理和存储。

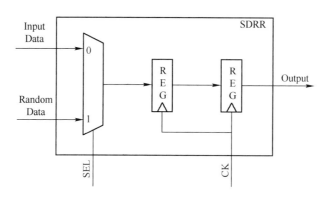

图 3.10　SDRR 的框架图[27]

Bucci 等人[112]提出了一种门级防护 DPA 策略。该策略通过在处理器数据路径的每个流水线阶段的输入信号上插入随机延迟，从而导致电源的充电量随机化。该技术结构如图 3.11 所示。在文献［118］中，研究人员利用了与数据相关的瞬时（周期内）功耗，通过使用数据相关延迟的方差来增加功耗曲线的随机性，提高了对功耗攻击的抵抗能力。

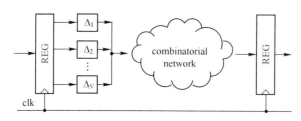

图 3.11　门级防护 DPA 策略的技术结构

Avital 等人[119]提出了一种新的随机多拓扑逻辑（RMTL）。该逻辑侧重于门级的随机化，可作为一种硬件实现级的解决方案对抗功耗攻击。RMTL 可通过动态配置，在几种拓扑中运行。每个拓扑虽然可实现完全相同的逻辑功能，但具有不同的功耗配置文件，通过在运行时随机改变每个门的拓扑结构来对抗 DPA 攻击。

在文献［120］中，Avital 等人引入了一种新的基于 CMOS 的模糊门（Blurring Gate，BG），以此来提高密码系统对旁路攻击的抵抗力。这种新的模糊门是标准单元型的逻辑单元，有静态和动态两种操作模式。一个 BG 单元由两个退化的 2×1 MUX 分量组成，结构如图 3.12（a）所示。将标准 CMOS NAND 门级联到 BG 单元示意图如图 3.12（b）所示。启动静态模式时，BG 单元的功能相当于一个标准的 CMOS NAND 门。禁用静态模式时，BG 单元则作为动态的预充电或预放电逻辑。从一个时钟周期到另一个周期，BG 单元可在两种操作模式之间随机切换,并在输出节点上产生随机初始条件,起到随机化设备功耗分布的作用,显著提高了对功耗旁路攻击的抵抗能力。

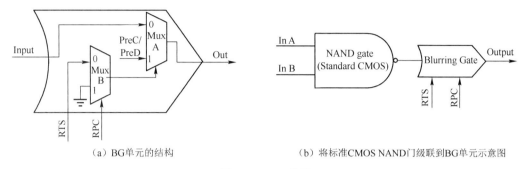

(a) BG单元的结构　　　　(b) 将标准CMOS NAND门级联到BG单元示意图

图 3.12　BG 单元

2. 物理泄露平均化

双轨预充电逻辑(DPL)[113,114]是一种使设备活动恒定且不受数据处理影响的策略。在 DPL 逻辑中,逻辑值由两个互补信号表示。逻辑"1"由正信号等于"1"、负信号等于"0"表示。逻辑"0"由正信号等于"0"、负信号等于"1"表示。当逻辑值发生变化时,在基于 DPL 逻辑的电路中,该变化则通过"预充电"和"评估"这两个连续阶段来完成。在预充电阶段,互补信号从先前的逻辑值变为两个"0"。也就是说,两个信号中的一个为放电信号。在评估阶段,根据新的逻辑值,互补信号中只有一个为"1",即标准门的每一次输出跃迁都对应 DPL 逻辑门的两次跃迁:一次是预充电阶段的下降跃迁;另一次为评估阶段的上升跃迁。DPL 逻辑可作为全定制型逻辑来实现,如基于感测放大器逻辑(SABL)[114]、基于延迟的双轨预充电逻辑(DDPL)[115]、三态双轨预充电逻辑(TDPL)[121]等。此外,该逻辑也可作为波动态差分逻辑(WDDL)[222]和掩码双轨预充电逻辑(MDPL)[113]的标准单元实现。

3.4.2　掩码策略

掩码策略是消除处理数据与旁路泄露之间依赖关系的有效策略。其原理是基于秘密共享[122]。利用这种技术,中间值通过被称为"掩码"的随机数共享。这样每个共享都独立于秘密。具体而言,在执行加密运算之前,使用掩码 m 来隐藏密钥值或输入数据值 x(或两者通用),从而生成掩码值 x',$x'=x$ op m。式中,op 表示特定的掩码操作,如相乘、布尔运算和仿射掩码等[123]。之后使用掩码值 x' 来执行算法,从而将中间值掩蔽。

但在重建期望值的掩码恢复步骤中可能会出现问题。当变换过程具有线性系统性质时,通过计算其逆变换可在变换结束时提取正确的值。但是如果转换过程为非线性属性,则需要使用基于掩码的查找表来重建期望值。由于所有可能的掩码和掩码值组合经过预先计算和存储，因此该表存储了所有值。虽然会产生额外的开销，但这些措施的可靠性已得到正式证明，所以掩码方法已变得十分流行[124]。

Maistri 等人[125]采用两种掩码方案来加强多种策略。这些策略基于在单个加密轮内以及同时在不同轮之间进行的动态重新定位数据。这些掩码方案包括用于计算线性部分的传统加法性掩蔽和基于复合映射的 S-box 掩码方案。实验结果表明，这些方法具有良好的抗电磁旁路攻击能力。

由于传统的掩码方案（一阶掩码方案）无法阻止高阶 SCA 攻击[126]，因此通过对掩码方法进行改进以缓解高阶 SCA 攻击的议题近来受到广泛关注。Zhuang 等人[127]针对混合旋转掩码和强化安全的 S-box 的 DES 密码设备提出了一项策略，并对文献［128］中引入的旋转 S-box 掩码（RSM）方法进行修改，将旋转掩码的理念应用到了带硬件实现的 DES 密码设备中。Miyajan 等人[129]提出了一种利用单指令多数据（SIMD）指令加速 AES 高阶掩码算法的有效技术。该项技术无需使用任何查找表，并且具有固定的实现时间，主要对抗功耗、时序和缓存三种类型的 SCA 攻击。结果显示，该方法比二阶掩码方案快 6 倍，比文献［130］中提出的三阶掩码方案快 5 倍。

在文献［131］中，Eldib 等人介绍了定量掩码强度（QMS）的概念，用数值方法表示掩码策略的抵抗能力，建立了一种量化策略实际强度的形式化方法，并通过在实际设备上进行的实测实验验证了可行性。在文献［132］中，作者对在电路代码层面保护嵌入式处理器的几种策略进行了研究。一种策略是掩码策略，在嵌入式处理器的流水线结构中隐藏中间值和随机值。另一种为隐藏策略，在数据路径级的操作中有效地使操作执行的顺序随机化。将这两种策略整合成一种有效的策略，可显著增加对抗旁路攻击的能力。

3.4.3 旁路漏洞评估

目前虽然已研究出了大量策略来确保密码设备免受 SCA 攻击，但在实际场景中，只有在芯片制作完成后，才能对密码设计的安全性进行评估。这种制造后的评估不仅耗时，而且容易出错，代价高昂。一旦在评估过程中发现芯片存在旁路漏洞，则需要重新设计芯片，从 RTL 到制造的所有设计阶段都需要重新设计，会延长芯片的整体上市时间。鉴于此，在早期设计阶段，对密码设备进行抵御 SCA 的安全漏洞进行评估非常有必要。

1. 功耗 SCA 漏洞分析

Rs 等人[2]根据 CMOS 寄存器的逻辑值转换，预测了 RTL 的动态功耗，通过将模拟数据用于 DPA 攻击，使得设计人员在设计流程的最初阶段就可以估计功耗旁路攻击的漏洞。在文献［133］中，Tiri 等人利用瞬时电源电流对 DES 算法进行了 DPA 攻击。该过程由晶体管级仿真器 Hspice 模拟。用于模拟的 SPICE 网表在 Virtuoso 工具中被提取，包含了所有的布局寄生电容。另外，在文献［134］中还提出了晶体管级仿真。该仿真可生成用于功耗 SCA

攻击的功耗曲线。

在文献［135］中，研究人员通过 Synopsys 公司的 PrimeTime 工具模拟瞬时功耗波形，在编译硬件设计并综合成网表之后，使用不同的输入向量对电路进行多次模拟仿真，获得 VCD（信号值变化转储）文件。该文件可对随时间变化的信号进行编码，使用 PrimeTime 工具计算在运行 VCD 文件时所带来的瞬时功耗。该方法的主要优点是可以模拟更复杂的电路，能考虑构成完整系统的不同元器件之间的相互作用。但是，由 PrimeTime 工具产生的输出波形只记录信号变化时的功耗，因此只能使用基于事件的功耗信息。

Bhasin 等人[136]提出了对不同防御策略的评估方法，从 RTL 到最终电路布局，验证在不同设计步骤中密码电路对抗 SCA 攻击的能力。电路级模拟通常是精确的，但模拟速度是一大瓶颈，所以研究人员提出了几种布线后的仿真方法，包括从布局中提取寄生元素的时间信息和路由时延。该方法先通过用数字模拟器模拟出时间反向标注网表（timing back-annotated post-layout netlist），并以 VCD 格式转储所有的设计转换，然后对 VCD 文件进行解析以生成功耗曲线，使所有转换的权重均相等。实验结果表明，该方法具有快速、准确的仿真性能。但是，由于基于 VCD 的曲线生成方法是非常简单的转换模型，而且所有转换的权重相等，因此会引入额外的噪声。

2. 电磁 SCA 漏洞分析

模拟电磁 SCA 攻击时发射电磁辐射最直接的方法是使用 3D 或平面电磁模拟器。考虑到现代数字集成电路的规模，传统的电磁场模拟器（如 HFSS 工具）需要在设备的许多位置求解 Maxwell 方程组，对拥有几十万门的电路建模所需的运算量太大，对电路设计实现来说显然不现实。近来，研究人员提出了几种降低运算量的方法。

Peeters 等人[5]在汉明距离模型和汉明重量模型的基础上，提出了一种改进版的电磁泄漏模型，即"开关距离模型"。研究人员假设，在这个开关距离模型中，充电、放电电容的泄漏量分别为 +1 和 -1。He 等人[137]利用 RTL 的设计数据来产生电路的电磁辐射。在 FPGA 实现中，寄存器和查找表（LUT）的扇出数也已考虑在内。虽然这些方法能快速获取由密码设备产生的电磁曲线，但每条曲线只能表示全局电磁辐射的单一聚合视图。

Li 等人[138]提出了一种在设计阶段识别和评估安全处理器电磁泄漏特性的仿真方法。该方法要用电路模拟器来模拟电流消耗，并使用提取工具来提取 IC 布局寄生效应。假设观测到的电压曲线与电流时间导数成正比，一旦收集到数据，将用 MATLAB 工具对电流消耗数据进行处理以模拟电磁辐射。由于在这种方法中，电磁辐射是通过总电流消耗计算得出的，因此忽略了 CMOS 设备中的电磁耦合现象。

近来，Amit 等人[51]提出了一种在设计时可精确预测对抗电磁旁路攻击的密码系统漏洞的方法。他们将高精度瞬态电路仿真仅集中在密码执行阶段（这一阶段的中间计算操作会泄露信息）。另外，对电磁辐射的防御措施仅限于针对分布在顶层金属层电源或接地互连上的电流，且通过仅为不同的并行加密操作生成曲线，缩短了仿真时间。通过这些简化过程，显著降低了仿真成本，保证了预测价值。

3.5 结论

在这一章中笔者介绍了各类旁路攻击以及相应的防御措施。值得注意的是，旁路攻击的研究工作在学术圈已经开展了二十多年，发表了大量的论文。这一章仅讨论了一部分具有代表性的工作。总体而言，攻击方法多于防御方法。笔者希望读者能够以这一章为参考，提出更多新颖的防护策略，从而保护集成电路以及基于集成电路的设备免受旁路攻击的威胁。

参考文献

[1] BRIER E, CLAVIER C, OLIVIER F. Correlation power analysis with a leakage model [C]//Proceedings of the Cryptographic Hardware and Embedded Systems (CHES). [S. l.]: Springer Berlin Heidelberg, 2004: 16-29.

[2] ORS S B, GURKAYNAK F, OSWALD E, et al. Power-analysis attack on an asicaes implementation [C]// Proceedings of the International Conference on Information Technology: Coding and Computing. [S. l.]: IEEE, 2004: 546-552.

[3] KOCHER P, JAFFE J, JUN B. Differential power analysis [C]//Proceedings of the Advances in Cryptology-CRYPTO'99. [S. l.]: Springer, 1999: 789-789.

[4] GUILLEY S, HOOGVORST P, PACALET R. Differential power analysis model and some results [M]// QUISQUATER J J, PARADINAS P, DESWARTE Y, et al. Smart Card Research and Advanced Applications VI: volume 153. [S. l.]: Springer US, 2004: 127-142.

[5] PEETERS E, STANDAERT F X, QUISQUATER J J. Power and electromagnetic analysis: Improved model, consequences and comparisons [J]. Integration the VLSI Journal, 2007, 40 (1): 52-60.

[6] STANDAERT F X, MACE F, PEETERS E, et al. Updates on the security of fpgas against power analysis attacks [C]//Proceedings of the International Workshop on Applied Reconfigurable Computing. [S. l.]: Springer Berlin Heidelberg, 2006: 335-346.

[7] MARTINASEK Z, ZEMAN V, TRASY K. Simple electromagnetic analysis in cryptography [J]. International Journal of Advances in Telecommunications, 2012, 1 (1): 13-19.

[8] BADRIGNANS B, DANGER J L, FISCHER V, et al. Security trends for fpgas: From secured to secure reconfigurable systems [M]. [S. l.]: Springer Science & Business Media, 2011.

[9] MANGARD S. A simple power-analysis (spa) attack on implementations of the aes key expansion [C]// Proceedings of the International Conference on Information Security and Cryptology. [S. l.]: Springer, 2002: 343-358.

[10] MARTINASEK Z, CLUPEK V, KRISZTINA T. General scheme of differential power analysis [C]// Proceedings of the International Conference on Telecommunications and Signal Processing. [S. l.]: IEEE, 2013: 358-362.

[11] MANGARD S, OSWALD E, POPP T. Power analysis attacks: Revealing the secrets of smart cards (advances in information security)[M]. New York, USA: Springer, 2007.

[12] RATHNALA P, WILMSHURST T, KHARAZ A. A practical approach to differential power analysis using pic micrcontroller based embedded system[C]//Proceedings of the Computer Science and Electronic Engineering Conference. [S. l.]: IEEE, 2014: 58-62.

[13] MASOOMI M, MASOUMI M, AHMADIAN M. A practical differential power analysis attack against an fpga implementation of aes cryptosystem[C]//Proceedings of the International Conference on Information Society. [S. l.]: IEEE, 2010: 308-312.

[14] PETRVALSKY M, DRUTAROVSKY M, VARCHOLA M. Differential power analysis of advanced encryption standard on accelerated 8051 processor[C]//Proceedings of the 23rd International Conference Radioelektronika(RADIOELEKTRONIKA). [S. l.]: IEEE, 2013: 334-339.

[15] BENESTY J, CHEN J, HUANG Y, et al. Pearson correlation coefficient[M]. [S. l.]: Springer Berlin Heidelberg, 2009: 37-40.

[16] KOCHER P. Timing attacks on implementations of diffie-hellman, rsa, dss, and other systems[C]//Lecture Notes in Computer Science: volume 1109 Proceedings of the Advances in Cryptology(CRYPTO'96). [S. l.]: Springer, 1996: 104-113.

[17] DHEM J F, KOEUNE F, LEROUX P A, et al. A practical implementation of the timing attack[C]//Proceedings of the International Conference on Smart Card Research and Advanced Applications. [S. l.]: Springer, 1998: 167-182.

[18] SONG D X, WAGNER D, TIAN X. Timing analysis of keystrokes and timing attacks on ssh[C]//Proceedings of the Conference on USENIX Security Symposium. [S. l.]: USENIX Association, 2001: 1-16.

[19] TOTH R, FAIGL Z, SZALAY M, et al. An advanced timing attack scheme on rsa[C]//Proceedings of the International Telecommunications Network Strategy and Planning Symposium. [S. l.]: IEEE, 2008: 1-24.

[20] MONTGOMERY P L. Modular multiplication without trial division[J]. Mathematics of Computation, 1985, 44(170): 519-521.

[21] CANVEL B, HILTGEN A, VAUDENAY S, et al. Password interception in a ssl/tls channel[J]. Information Technology Journal, 2004, 3(3): 583-599.

[22] KUNE D F, KIM Y. Timing attacks on pin input devices[C]//Proceedings of the ACM Conference on Computer and Communications Security. [S. l.]: ACM, 2010: 678-680.

[23] CAGALJ M, PERKOVIC T, BUGARIC M. Timing attacks on cognitive authentication schemes[J]. IEEE Transactions on Information Forensics & Security, 2015, 10(3): 584-596.

[24] J. S S, A. M, P. E. Differential power analysis(dpa) attack on dual field ecc processor for cryptographic applications[C]//Proceedings of the International Conference on Computer Communication and Informatics. [S. l.]: IEEE, 2014: 1-5.

[25] GUO L, WANG L, LI Q, et al. Differential power analysis on dynamic password token based on sm3 algorithm, and countermeasures[C]//Proceedings of the International Conference on Computational Intelligence and Security. [S. l.]: IEEE, 2016: 354-357.

[26] TANG S, WU L, ZHANG X, et al. A novel method of correlation power analysis on sm4 hardware implementation[C]//Proceedings of the 12th International Conference on Computational Intelligence and Security. [S. l.]: IEEE, 2017: 203-207.

[27] DUAN X, CUI Q, WANG S, et al. Differential power analysis attack and efficient countermeasures on

present [C]//Proceedings of the IEEE International Conference on Communication Software and Networks. [S. l.]: IEEE, 2016: 8-12.

[28] LI H, WU K, PENG B, et al. Enhanced correlation power analysis attack on smart card [C]//Proceedings of the 9th International Conference for Young Computer Scientists. [S. l.]: IEEE, 2008: 2143-2148.

[29] SOCHA P, BREJNIK J, BARTIK M. Attacking aes implementations using correlation power analysis on zybo zynq-7000 soc board [C]//Proceedings of the 7th Mediterranean Conference on Embedded Computing (MECO). [S. l.]: IEEE, 2018: 1-4.

[30] VAN WOUDENBERG J G J, WITTEMAN M F, BAKKER B. Improving differential power analysis by elastic alignment [C]//Proceedings of the International Conference on Topics in Cryptology (CT-RSA). [S. l.]: Springer, 2011: 104-119.

[31] PATEL H, BALDWIN R. Differential power analysis using wavelet decomposition [C]//Proceedings of the IEEE Military Communications Conference (MILCOM). [S. l.]: IEEE, 2012: 1-5.

[32] FENG M, ZHOU Y, YU Z. Emd-based denoising for side-channel attacks and relationships between the noises extracted with different denoising methods [C]//Proceedings of the International Conference on Information and Communications Security. [S. l.]: Springer, 2013: 259-274.

[33] LI J, LI S, SHI Y, et al. Wavelet de-noising method in the side-channel attack [C]//Proceedings of the IEEE International Conference on Signal Processing, Communications and Computing. [S. l.]: IEEE, 2015: 1-5.

[34] AI J, WANG Z, ZHOU X, et al. Improved wavelet transform for noise reduction in power analysis attacks [C]//Proceedings of the IEEE International Conference on Signal and Image Processing. [S. l.]: IEEE, 2017: 602-606.

[35] AI J, WANG Z, ZHOU X, et al. Variational mode decomposition based denoising in side channel attacks [C]//Proceedings of the IEEE International Conference on Computer and Communications. [S. l.]: IEEE, 2017: 1683-1687.

[36] HUANG N E, SHEN Z, LONG S R, et al. The empirical mode decomposition and the hilbert spectrum for nonlinear and non-stationary time series analysis [J]. Proceedings Mathematical Physical & Engineering Sciences, 1998, 454 (1971): 903-995.

[37] SWAMY T, SHAH N, LUO P, et al. Scalable and efficient implementation of correlation power analysis using graphics processing units (gpus) [C]//Proceedings of the Workshop on Hardware and Architectural Support for Security and Privacy. [S. l.]: ACM, 2014: 1-8.

[38] GAMAARACHCHI H, RAGEL R, JAYASINGHE D. Accelerating correlation power analysis using graphics processing units (gpus) [C]//Proceedings of the International Conference on Information and Automation for Sustainability. [S. l.]: IEEE, 2014: 1-6.

[39] PAMMU A A, CHONG K S, LWIN N K Z, et al. Success rate model for fully aes-128 in correlation power analysis [C]//Proceedings of the IEEE Asia Pacific Conference on Circuits and Systems (APCCAS). [S. l.]: IEEE, 2017: 115-118.

[40] MAZUR L, NOVOTNY M. Differential power analysis on fpga board: Boundaries of success [C]// Proceedings of the 6th Mediterranean Conference on Embedded Computing (MECO). [S. l.]: IEEE, 2017: 1-4.

[41] RECHBERGER C, OSWALD E. Practical template attacks [M]. [S. l.]: Springer, 2004: 440-456.

[42] OU C, WANG Z, SUN D, et al. A new efficient interesting points enhanced electromagnetic attack on at89s52 [C]//Proceedings of the IEEE International Symposium on Electromagnetic Compatibility. [S. l.]:

IEEE, 2016: 176-181.

[43] MEYNARD O, REAL D, FLAMENT F, et al. Enhancement of simple electro-magnetic attacks by pre-characterization in frequency domain and demodulation techniques [C]//Proceedings of the Design, Automation & Test in Europe Conference & Exhibition. [S. l.]: IEEE, 2011: 1004-1009.

[44] MAURINE P, PERIN G, TORRES L, et al. Amplitude demodulation-based em analysis of different rsa implementations [C]//Proceedings of the Design, Automation & Test in Europe Conference & Exhibition (DATE). [S. l.]: IEEE, 2012: 1167-1172.

[45] ZHOU X, SUN D, WANG Z, et al. An adaptive singular value decomposition-based method to enhance correlation electromagnetic analysis [C]//Proceedings of the IEEE International Symposium on Electromagnetic Compatibility. [S. l.]: IEEE, 2016: 170-175.

[46] DENIS, VALETTE, FR, et al. Enhancing correlation electromagnetic attack using planar near-field cartography [C]//Proceedings of the Design Automation & Test in Europe (DATE). [S. l.]: IEEE, 2010: 628-633.

[47] DEHBAOUI A, LOMNE V, MAURINE P, et al. Enhancing electromagnetic attacks using spectral coherence based cartography [C]//Proceedings of the IFIP International Conference on Very Large Scale Integration. [S. l.]: Springer, 2009: 11-16.

[48] DEHBAOUI A, LOMNE V, ORDAS T, et al. Enhancing electromagnetic analysis using magnitude squared incoherence [J]. IEEE Transactions on Very Large Scale Integration (VLSI) Systems, 2012, 20 (3): 573-577.

[49] HEYSZL J, MANGARD S, HEINZ B, et al. Localized electromagnetic analysis of cryptographic implementations [C]//Proceedings of the Cryptographers Track at the RSA Conference. [S. l.]: Springer, 2012: 231-244.

[50] WITTKE C, DYKA Z, LANGENDOERFER P. Comparison of em probes using sema of an ecc design [C]//Proceedings of the IFIP International Conference on New Technologies, Mobility and Security. [S. l.]: Springer, 2016: 1-5.

[51] KUMAR A, SCARBOROUGH C, YILMAZ A, et al. Efficient simulation of em side-channel attack resilience [C]//2017 IEEE/ACM International Conference on Computer-Aided Design (ICCAD). [S. l.]: IEEE, 2017: 123-130.

[52] LI Y, MENG X, WANG S, et al. Weighted key enumeration for em-based side-channel attacks [C]//Proceedings of the IEEE International Symposium on Electromagnetic Compatibility and IEEE Asia-Pacific Symposium on Electromagnetic Compatibility (EMC/APEMC). [S. l.]: IEEE, 2018: 749-752.

[53] MARTIN D P, OCONNELL J F, OSWALD E, et al. Counting keys in parallel after a side channel attack [C]//Proceedings of the Advances in Cryptology ASIACRYPT. [S. l.]: Springer Berlin Heidelberg, 2015: 313-337.

[54] VEYRATCHARVILLON N, GERARD B, STANDAERT F. Security evaluations beyond computing power [C]//Proceedings of the Advances in Cryptology EUROCRYPT. [S. l.]: Springer, 2013: 126-141.

[55] HEYSZL J, MERLI D, HEINZ B, et al. Strengths and limitations of high-resolution electromagnetic field measurements for side-channel analysis [C]//Proceedings of the International Conference on Smart Card Research and Advanced Applications. [S. l.]: Springer, 2012: 248-262.

[56] SPECHT R, HEYSZL J, SIGL G. Investigating measurement methods for high-resolution electromagnetic field side-channel analysis [C]//Proceedings of the International Symposium on Integrated Circuits. [S. l.]:

IEEE, 2015: 21-24.

[57] KIZHVATOV I. Analysis and improvement of the random delay countermeasure of ches 2009 [C]// Proceedings of the International Conference on Cryptographic Hardware and Embedded Systems. [S. l.]: Springer, 2010: 95-109.

[58] MATEOS E, GEBOTYS C H. A new correlation frequency analysis of the side channel [C]//Proceedings of the 5th Workshop on Embedded Systems Security (WESS). [S. l.]: ACM, 2010: 1-8.

[59] WANG Z, ZHOU X, DEBRUNNER V, et al. Hirschman optimal transform based correlation frequency electromagnetic analysis [C]//Proceedings of the IEEE International Symposium on Electromagnetic Compatibility (EMC). [S. l.]: IEEE, 2016: 144-147.

[60] YOSHIKAWA M, NOZAKI Y. Electromagnetic analysis method for ultra low power cipher midori [C]// Proceedings of the IEEE Ubiquitous Computing, Electronics and Mobile Communication Conference. [S. l.]: IEEE, 2017: 70-75.

[61] KABIN I, DYKA Z, DAN K, et al. Horizontal address-bit dema against ecdsa [C]//Proceedings of the IFIP International Conference on New Technologies, Mobility and Security. [S. l.]: Springer, 2018: 1-7.

[62] ITOH K, IZU T, TAKENAKA M. Address-bit differential power analysis of cryptographic schemes ok-ecdh and ok-ecdsa [C]//Proceedings of the International Workshop on Cryptographic Hardware and Embedded Systems. [S. l.]: Springer, 2002: 129-143.

[63] ASONOV D, AGRAWAL R. Keyboard acoustic emanations [C]//Proceedings of the IEEE Symposium on Security and Privacy. [S. l.]: IEEE, 2004: 3-11.

[64] LI Z, FENG Z, TYGAR J D. Keyboard acoustic emanations revisited [C]//Proceedings of the ACM Conference on Computer and Communications Security (CCS). Alexandria, VA, USA: ACM, 2005: 373-382.

[65] FARUQUE M A A, CHHETRI S R, CANEDO A, et al. Acoustic side-channel attacks on additive manufacturing systems [C]//Proceedings of the ACM/IEEE 7th International Conference on Cyber-Physical Systems (ICCPS). [S. l.]: IEEE, 2016: 1-10.

[66] CHHETRI S R, CANEDO A, FARUQUE M A A. Confidentiality breach through acoustic side-channel in cyber-physical additive manufacturing systems [J]. ACM Transactions on Cyber-Physical Systems, 2017, 2 (1): 1-25.

[67] BACKES M, DURMUTH M, GERLING S, et al. Acoustic side-channel attacks on printers [C]//Proceedings of the USENIX Security symposium. [S. l.]: USENIX Association, 2010: 307-322.

[68] MARTINASEK Z, CLUPEK V, TRASY K. Acoustic attack on keyboard using spectrogram and neural network [C]//Proceedings of the International Conference on Telecommunications and Signal Processing. [S. l.]: IEEE, 2015: 637-641.

[69] MAIMUN, ROSMANSYAH Y. The microphone array sensor attack on keyboard acoustic emanations: Side-channel attack [C]//Proceedings of the International Conference on Information Technology Systems and Innovation. [S. l.]: IEEE, 2017: 261-266.

[70] TOREINI E, RANDELL B, HAO F. An acoustic side channel attack on enigma [R]. School of Computing Science, University of Newcastle upon Tyne, 2015.

[71] CHHETRI S R, FAEZI S, FARUQUE M A A. Information leakage-aware computer-aided cyber-physical manufacturing [J]. IEEE Transactions on Information Forensics & Security, 2018, 13 (9): 2333-2344.

[72] STELLARI F, ZAPPA F, COVA S, et al. Tools for non-invasive optical characterization of cmos circuits [C]// Proceedings of the International Electron Devices Meeting (IEDM). Technical Digest. [S. l.]: IEEE,

1998: 487-490.

[73] FERRIGNO J, HLAVAC M. When aes blinks: introducing optical side channel [J]. IET Information Security, 2008, 2 (3): 94-98.

[74] SKOROBOGATOV S. Using optical emission analysis for estimating contribution to power analysis [C]// Proceedings of the Workshop on Fault Diagnosis and Tolerance in Cryptography (FDTC). [S. l.]: IEEE, 2009: 111-119.

[75] SHAHRJERDI D, RAJENDRAN J, GARG S, et al. Shielding and securing integrated circuits with sensors [C]//Proceedings of the IEEE/ACM International Conference on Computer-Aided Design. [S. l.]: IEEE, 2014: 170-174.

[76] BROUCHIER J, KEAN T, MARSH C, et al. Temperature attacks [J]. IEEE Security Privacy, 2009, 7 (2): 79-82.

[77] IAKYMCHUK T, NIKODEM M, KPA K. Temperature-based covert channel in fpga systems [C]//Proceedings of the International Workshop on Reconfigurable Communication-Centric Systems-On-Chip. [S. l.]: IEEE, 2011: 1-7.

[78] MASTI R J, RAI D, RANGANATHAN A, et al. Thermal covert channels on multi-core platforms [C]// Proceedings of the USENIX Security Synposium. [S. l.]: USENIX Association, 2015: 865-880.

[79] AMROUCH H, KRISHNAMURTHY P, PATEL N, et al. Emerging (un-) reliability based security threats and mitigations for embedded systems: speical session [C]//Proceedings of the International Conference on Compilers, Architectures and Synthesis for Embedded Systems. [S. l.]: ACM, 2017: 1-10.

[80] PENG G, STOW D, BARNES R, et al. Thermal-aware 3d design for side-channel information leakage [C]//Proceedings of the IEEE International Conference on Computer Design. [S. l.]: IEEE, 2016: 520-527.

[81] KNECHTEL J, SINANOGLU O. On mitigation of side-channel attacks in 3d ics: Decorrelating thermal patterns from power and activity [C]//Proceedings of the 54th Design Automation Conference. [S. l.]: IEEE, 2017: 1-6.

[82] DAN B, DEMILLO R A, LIPTON R J. On the importance of checking cryptographic protocols for faults [C]//Proceedings of the International Conference on Theory and Application of Cryptographic Techniques. [S. l.]: Springer, 1997: 37-51.

[83] BIHAM E, SHAMIR A. Differential fault analysis of secret key cryptosystems [C]//Proceedings of the Advances in Cryptology CRYPTO. [S. l.]: Springer, 1997: 513-525.

[84] FAN J, GIERLICHS B, VERCAUTEREN F. To infinity and beyond: Combined attack on ecc using points of low order [C]//Proceedings of the International Workshop on Cryptographic Hardware and Embedded Systems. [S. l.]: Springer, 2012: 143-159.

[85] CLAVIER C, FEIX B, GAGNEROT G, et al. Passive and active combined attacks on aes combining fault attacks and side channel analysis [C]//Proceedings of the Fault Diagnosis and Tolerance in Cryptography. [S. l.]: Springer, 2010: 10-19.

[86] DASSANE F, VENELLI A. Combined fault and side-channel attacks on the aes key schedule [C]//Proceedings of the Workshop on Fault Diagnosis and Tolerance in Cryptography. [S. l.]: IEEE, 2012: 63-71.

[87] BARENGHI A, HOCQUET C, BOL D, et al. Exploring the feasibility of low cost fault injection attacks on sub-threshold devices through an example of a 65nm aes implementation [C]//Proceedings of the International Workshop on Radio Frequency Identification: Security and Privacy Issues. [S. l.]: Springer Berlin

Heidelberg, 2012: 48-60.

[88] AMIEL F, CLAVIER C, TUNSTALL M. Fault analysis of dpa-resistant algorithms [C]//Proceedings of the International Conference on Fault Diagnosis and Tolerance in Cryptography. [S. l.]: Springer, 2006: 223-236.

[89] DUMONT M, LISART M, MAURINE P. Modeling and simulating electromagnetic fault injection [J]. IEEE Transactions on Computer-Aided Design of Integrated Circuits and Systems, 2020.

[90] SKOROBOGATOV S P, ANDERSON R J. Optical fault induction attacks [C]//Proceedings of the International Workshop on Cryptographic Hardware and Embedded Systems. [S. l.]: Springer, 2002: 2-12.

[91] BARENGHI A, BREVEGLIERI L, KOREN I, et al. Fault injection attacks on cryptographic devices: Theory, practice, and countermeasures [J]. Proceedings of the IEEE, 2012, 100 (11): 3056-3076.

[92] SAHA D, MUKHOPADHYAY D, CHOWDHURY D R. A diagonal fault attack on the advanced encryption standard [R]. Cryptology ePrint Archive, 2009.

[93] DEHBAOUI A, DUTERTRE J M, ROBISSON B, et al. Injection of transient faults using electromagnetic pulses practical results on a cryptographic system [R]. Cryptology ePrint Archive, 2012.

[94] ROMAILLER Y, PELISSIER S. Practical fault attack against the ed25519 and eddsa signature schemes [C]// Proceedings of the Workshop on Fault Diagnosis & Tolerance in Cryptography. [S. l.]: Springer, 2017: 17-24.

[95] AMIEL F, VILLEGAS K, FEIX B, et al. Passive and active combined attacks: Combining fault attacks and side channel analysis [C]//Proceedings of the Workshop on Fault Diagnosis and Tolerance in Cryptography (FDTC). [S. l.]: Springer, 2007: 92-102.

[96] PATRANABIS S, BREIER J, MUKHOPADHYAY D, et al. One plus one is more than two: A practical combination of power and fault analysis attacks on present and present-like block ciphers [C]//Proceedings of the Workshop on Fault Diagnosis & Tolerance in Cryptography. [S. l.]: Springer, 2017: 25-32.

[97] LI Y, OHTA K, SAKIYAMA K. New fault-based side-channel attack using fault sensitivity. [J]. IEEE Transactions on Information Forensics & Security, 2012, 7 (1): 88-97.

[98] KELSEY J, SCHNEIER B, WAGNER D, et al. Side channel cryptanalysis of product ciphers [C]//Proceedings of the European Symposium on Research in Computer Security. [S. l.]: Springer, 1998: 97-110.

[99] PAGE D. Theoretical use of cache memory as a cryptanalytic side-channel [R]. Cryptology ePrint Archive, 2002.

[100] NEVE M, SEIFERT J P, WANG Z. A refined look at bernstein's aes side-channel analysis [C]//Proceedings of the ACM Symposium on Information, Computer and Communications Security. [S. l.]: ACM, 2006: 369-369.

[101] REBEIRO C, MUKHOPADHYAY D. Boosting profiled cache timing attacks with a priori analysis [J]. IEEE Transactions on Information Forensics & Security, 2012, 7 (6): 1900-1905.

[102] BHATTACHARYA S, REBEIRO C, MUKHOPADHYAY D. Hardware prefetchers leak: A revisit of svf for cache-timing attacks [C]//Proceedings of the IEEE/ACM International Symposium on Microarchitecture Workshops. [S. l.]: IEEE, 2012: 17-23.

[103] GULLASCH D, BANGERTER E, KRENN S. Cache games -bringing access-based cache attacks on aes to practice [C]//Proceedings of the IEEE Symposium on Security and Privacy. [S. l.]: IEEE, 2011: 490-505.

[104] YAROM Y, FALKNER K. Flush + reload: A high resolution, low noise, l3 cache side-channel attack

[C]// Proceedings of the USENIX Conference on Security Symposium. [S.l.]: USENIX Association, 2014: 719-732.

[105] TANG Y, LI H, XU G. Cache side-channel attack to recover plaintext against datagram tls [C]//Proceedings of the International Conference on IT Convergence and Security (ICITCS). [S.l.]: IEEE, 2015: 1-6.

[106] OSVIK D A, SHAMIR A, TROMER E. Cache attacks and countermeasures: The case of aes [C]//Proceedings of the Cryptographers Track at the RSA Conference. [S.l.]: Springer, 2006: 1-20.

[107] LIU F, YAROM Y, GE Q, et al. Last-level cache side-channel attacks are practical [C]//Proceedings of the IEEE Symposium on Security and Privacy. [S.l.]: IEEE, 2015: 605-622.

[108] KAYAALP M, ABU-GHAZALEH N, PONOMAREV D, et al. A high-resolution side-channel attack on last-level cache [C]//Proceedings of the Design Automation Conference. [S.l.]: ACM, 2016: 72.

[109] YOUNIS Y A, KIFAYAT K, SHI Q, et al. A new prime and probe cache side-channel attack for cloud computing [C]//Proceedings of the IEEE International Conference on Computer and Information Technology; Ubiquitous Computing and Communications; Dependable, Autonomic and Secure Computing; Pervasive Intelligence and Computing. [S.l.]: IEEE, 2015: 1718-1724.

[110] REINBRECHT C, SUSIN A, BOSSUET L, et al. Side channel attack on noc-based mpsocs are practical: Noc prime+probe attack [C]//Proceedings of the Symposium on Integrated Circuits and Systems Design: Chip on the Mountains. [S.l.]: IEEE, 2016: 1-6.

[111] BUCCI M, GUGLIELMO M, LUZZI R, et al. A power consumption randomization countermeasure for dpa-resistant cryptographic processors [C]//Proceedings of the International Workshop on Power and Timing Modeling, Optimization and Simulation. [S.l.]: Springer Berlin Heidelberg, 2004: 481-490.

[112] BUCCI M, LUZZI R, GUGLIELMO M, et al. A countermeasure against differential power analysis based on random delay insertion [C]//Proceedings of the IEEE International Symposium on Circuits and Systems. [S.l.]: IEEE, 2005: 3547-3550.

[113] TIRI K, VERBAUWHEDE I. A logic level design methodology for a secure dpa resistant asic or fpga implementation [C]//Proceedings of the Design, Automation and Test in Europe Conference and Exhibition. [S.l.]: IEEE, 2004: 246-251.

[114] TIRI K, AKMAL M, VERBAUWHEDE I. A dynamic and differential cmos logic with signal independent power consumption to withstand differential power analysis on smart cards [C]//Proceedings of the 28th European Solid-State Circuits Conference. [S.l.]: IEEE, 2002: 403-406.

[115] BUCCI M, GIANCANE L, LUZZI R, et al. Delay-based dual-rail precharge logic [J]. IEEE Transactions on Very Large Scale Integration Systems, 2011, 19(7): 1147-1153.

[116] MENICOCCI R, TRIFILETTI A, TROTTA F. A logic level countermeasure against cpa side channel attacks on aes [C]//Proceedings of the 20th International Conference Mixed Design of Integrated Circuits and Systems (MIXDES). [S.l.]: IEEE, 2013: 403-407.

[117] BELLIZIA D, BONGIOVANNI S, MONSURR P, et al. Secure double rate registers as an rtl countermeasure against power analysis attacks [J]. IEEE Transactions on Very Large Scale Integration Systems, 2018, 26(7): 1368-1376.

[118] LEVI I, KEREN O, FISH A. Data-dependent delays as a barrier against power attacks [J]. IEEE Transactions on Circuits & Systems I Regular Papers, 2015, 62(8): 2069-2078.

[119] AVITAL M, DAGAN H, KEREN O, et al. Randomized multitopology logic against differential power analysis [J]. IEEE Transactions on Very Large Scale Integration (VLSI) Systems, 2015, 23(4): 702-711.

[120] AVITAL M, LEVI I, KEREN O, et al. Cmos based gates for blurring power information [J]. IEEE Transactions on Circuits & Systems I Regular Papers, 2017, 63 (7): 1033-1042.

[121] BUCCI M, GIANCANE L, LUZZI R, et al. Three-phase dual-rail pre-charge logic [C]//Proceedings of the International Conference on Cryptographic Hardware and Embedded Systems. [S. l.]: Springer, 2006: 232-241.

[122] CHARI S, JUTLA C S, RAO J R, et al. Towards sound approaches to counteract power-analysis attacks [C]//Proceedings of the International Cryptology Conference on Advances in Cryptology. [S. l.]: Springer, 1999: 398-412.

[123] FUMAROLI G, MARTINELLI A, PROUFF E, et al. Affine masking against higher-order side channel analysis [C]//Proceedings of the International Conference on Selected Areas in Cryptography. [S. l.]: Springer, 2010: 262-280.

[124] POPP T, KIRSCHBAUM M, ZEFFERER T, et al. Evaluation of the masked logic style mdpl on a prototype chip [C]//Proceedings of the International Workshop on Cryptographic Hardware and Embedded Systems. [S. l.]: Springer, 2007: 81-94.

[125] MAISTRI P, TIRAN S, MAURINE P, et al. Countermeasures against em analysis for a secured fpga-based aes implementation [C]//Proceedings of the International Conference on Reconfigurable Computing and FPGAs. [S. l.]: IEEE, 2014: 1-6.

[126] MESSERGES T S. Using second-order power analysis to attack dpa resistant software [C]//Proceedings of the International Workshop on Cryptographic Hardware and Embedded Systems. [S. l.]: Springer, 2000: 238-251.

[127] ZHUANG Z, CHEN J, ZHANG H. A countermeasure for des with both rotating masks and secured s-boxes [C]//Proceedings of the Tenth International Conference on Computational Intelligence and Security. [S. l.]: IEEE, 2014: 410-414.

[128] NASSAR M, SOUISSI Y, GUILLEY S, et al. Rsm: A small and fast countermeasure for aes, secure against 1st and 2nd-order zero-offset scas [C]//Proceedings of the Design, Automation & Test in Europe Conference & Exhibition. [S. l.]: IEEE, 2012: 1173-1178.

[129] MIYAJAN A, SHI Z, HUANG C H, et al. An efficient high-order masking of aes using simd [C]//Proceedings of the Tenth International Conference on Computer Engineering & Systems. [S. l.]: IEEE, 2015: 363-368.

[130] KIM H S, HONG S, LIM J. A fast and provably secure higher-order masking of aes s-box [C]//Proceedings of the International Workshop on Cryptographic Hardware and Embedded Systems. [S. l.]: Springer Berlin Heidelberg, 2011: 95-107.

[131] ELDIB H, WANG C, TAHA M, et al. Quantitative masking strength: Quantifying the power side-channel resistance of software code [J]. IEEE Transactions on Computer-Aided Design of Integrated Circuits and Systems, 2015, 34 (10): 1558-1568.

[132] BRUGUIER F, BENOIT P, TORRES L, et al. Cost-effective design strategies for securing embedded processors [J]. IEEE Transactions on Emerging Topics in Computing, 2016, 4 (1): 60-72.

[133] TIRI K, VERBAUWHEDE I. A vlsi design flow for secure side-channel attack resistant ics [C]//Proceedings of the Design, Automation and Test in Europe Conference and Exposition. [S. l.]: IEEE, 2005: 58-63.

[134] REGAZZONI F, BADEL S, EISENBARTH T, et al. A simulation-based methodology for evaluating the

dpa-resistance of cryptographic functional units with application to cmos and mcml technologies [C]//Proceedings of the International Conference on Embedded Computer Systems: Architectures, Modeling and Simulation. [S. l.]: IEEE, 2007: 209-214.

[135] NATALE G D, FLOTTES M L, ROUZEYRE B. An integrated validation environment for differential power analysis [C]//Proceedings of the IEEE International Symposium on Electronic Design, Test and Applications. [S. l.]: IEEE, 2008: 527-532.

[136] BHASIN S, DANGER J L, GRABA T, et al. Physical security evaluation at an early design-phase: A side-channel aware simulation methodology [C]//Proceedings of the International Workshop on Engineering Simulations for Cyber-Physical Systems. [S. l.]: ACM, 2014: 13.

[137] HE J, ZHAO Y, GUO X, et al. Hardware trojan detection through chip-free electromagnetic side-channel statistical analysis [J]. IEEE Transactions on Very Large Scale Integration System (TVLSI), 2017, 25(10): 2939-2948.

[138] LI H, MARKETTOS A T, MOORE S. Security evaluation against electromagnetic analysis at design time [C]//Proceedings of the International Conference on Cryptographic Hardware and Embedded Systems. [S. l.]: Springer, 2005: 280-292.

第4章 错误注入攻击

随着信息技术在人们日常生活中的广泛使用，信息安全所带来的挑战与日俱增。这些挑战以不同的形式出现，如第2章中讨论的硬件木马、第3章中讨论的侧信道攻击。本章将介绍另外一种被广泛研究的针对集成电路的攻击——错误注入攻击（fault injection attacks，FIA）。简而言之，错误注入就是通过修改电路中的一些参数或修改电路工作环境中的约束，使得电路运行在一个不确定状态，进而产生错误。错误注入一般通过修改电路局部电流或者特定逻辑的延时来进行。Boneh等人[1]早在1997年就开始研究硬件层面的错误注入对系统安全的影响。在那时，他们提出的错误注入方法几乎攻破了所有密码算法在硬件上的实现，产生了巨大的影响。错误注入攻击不仅局限为对密码硬件的攻击，而且几乎可以用于对任何集成电路的攻击。错误注入攻击是硬件安全的一个重要研究领域，也是本章讨论的重点。

错误注入一般是为了达到两个目的：信息泄露和非法权限提升。一个外部注入的错误可以帮助攻击者跳过特定的指令或特定的比较操作，使得电路内部处理敏感信息的运算不能正常工作。举例而言，错误注入运算可以影响电路内部随机数产生器的工作，使得生成的随机数不再"随机"。这些有问题的随机数会导致密码算法的安全性被削弱，攻击者就有机会实施攻击、入侵系统，获取系统的内部信息。错误注入攻击的另一个危害性在于能够破坏电路中防止侧信道攻击的机制，所以攻击者常常将错误注入攻击和侧信道攻击结合，发起混合攻击。比如，攻击者可以使用错误注入来控制电路内部的特定模块，降低基于侧信道泄露的差分分析或相关性分析的计算复杂度。

错误注入攻击并不仅限于对密钥的破解，也可以提升攻击者的使用权限。比如，密码的验证决定了使用者是不是合法用户（或者是不是具有管理员权限），针对密码验证的错误注入攻击可以使密码验证的结果总是为真，这样攻击者就可以侵入系统（或者提升权限），甚至可以跳过验证这个步骤[2]。表4.1总结了一些常见的错误注入攻击模式。本章后续部分将分别讨论这些攻击模式，重点讨论基于功率、基于时钟信号以及基于电磁信号的错误注入攻击模式。

表 4.1 常见的错误注入攻击模式

模 式	攻击方法
基于时钟信号	破坏系统时钟[3]
基于激光或强光	用激光或强光影响晶体管运行[4,5]
基于热量	改变电路运行时的温度[6]

续表

模　　式	攻击方法
基于功率	控制电路的功率或电压输入[7-9]
基于精细的物理探针	直接控制电路内部金属连线的电流强度[10]
基于电磁信号	利用电磁场来远程控制电路内部金属连线的电流强度[5]

对于集成电路的攻击可以分为三类：非破坏性、部分破坏性和破坏性。非破坏性攻击不会破坏电路的封装和内部结构。部分破坏性攻击可能会破坏电路封装，但是封装内部的芯片本身是完整的。破坏性攻击在攻击的过程中会破坏芯片的封装和内部的电路。举例而言，基于电磁信号的错误注入攻击就是一类典型的非破坏性攻击。在这类攻击中，攻击者通过一个电磁探头来改变目标电路局部的电磁场，在探头没有和芯片及其封装有物理接触的情况下，影响芯片内部的电流，从而注入错误[5]。基于激光或强光的错误注入属于部分破坏性攻击，因为攻击者需要破坏芯片封装，使得激光或强光的光源能对准芯片内部，修改晶体管运行状态[4]。与这两种方式不同，基于精细的物理探针的错误注入攻击是一类破坏性攻击[10]，发起这种攻击需要首先破坏芯片封装，然后（破坏性地）打开芯片的顶层金属，使探针能够直接接触底层金属，从而可以精确地控制底层金属线的电压，注入错误信号。为了更好地理解各类错误注入攻击的形式，表4.2列举了各类错误注入攻击模式对目标电路的破坏性分类及攻击者对目标电路的理解程度。

表 4.2　各类错误注入攻击模式对目标电路的破坏性分类及攻击者对目标电路的理解程度

模　　式	破坏性分类	攻击者对目标电路的理解程度
基于时钟信号	非破坏性	无要求[3]
基于激光或强光	部分破坏性	中等[4,5]
基于热量	部分破坏性[11]或 破坏性[6]	中等[11]或较高[6]
基于功率	非破坏性	无要求[7,8,9]
基于精细的物理探针	破坏性	较高[10]
基于电磁信号	非破坏性	无要求[5]

4.1　错误注入攻击模型

4.1.1　错误注入攻击模型概述

任何安全分析都要和攻击模型相关联，对于错误注入攻击的分析也不例外，但是这种攻击对攻击模型的假设更加敏感，攻击者要对目标电路设计细节非常了解，这主要是由现代集成电路设计的复杂性决定的。换言之，攻击者如果随机修改集成电路内部某些连线的电流强度，就很有可能造成电路运行错误。在这种情况下，攻击者很难利用这些随机注入的错误，使攻击失去意义。相反，为了使攻击有意义，攻击者需要首先分析电路的结构，分析出执行关键运算的内部节点，以及在何时这些关键运算被执行，利用这些信息，攻击者可以选择特定的事件对特定的内部节点进行错误注入攻击，从而达到目的。考虑到攻击者难以获取电路结构的情况，攻击者可以进行多次尝试，变换攻击事件和攻击节点，对结果进行分析，最终得到想要的效果。表 4.3 列举了各种错误注入攻击模式对攻击模型的要求[12]，与表 4.2 中攻击者对目标电路的理解程度相对应。

表 4.3 各种错误注入攻击模式对攻击模型的要求

模　　　式	空间精度要求	时间精度要求	攻击者的熟练程度	开销
基于时钟信号	无	较高	较低	较低
基于激光或强光	较高	中等	中等	中等
基于热量	中等	无	较低	较低
基于功率	无	中等	中等	较低
基于精细的物理探针	较高	较高	较高	较高
基于电磁信号	中等	中等	中等	较低

无论发起哪种攻击，攻击的基本过程都一样。第一步，攻击者会分析电路的设计和结构，或者记录电路在不同时间的输入、输出，从而确定易被攻击的内部节点和攻击发起的合适时间。第二步，攻击者根据自身拥有的资源（主要指可发动错误注入攻击的手段），选取一种对目标电路最合适的攻击方式，进行攻击前的准备，如果需要破坏芯片的封装（针对激光或物理探针攻击），那就利用物理或化学方法打开芯片的封装。如果错误注入攻击需要高的空间精度，那么三维高精度测试平台就会被用到，这种平台可以精确控制 x、y、z 三个空间向量。第三步，攻击者发动错误注入攻击，可以采用基于物理探针、功率、电磁、时钟信号或者热量的形式。在进行错误注入攻击的同时，目标芯片也在照常工作，攻击者会记录芯片的输出以便做后续分析。值得注意的是，虽然错误注入攻击可以单独使用，比如用来获取芯片内部敏感信息[4,11]，但是在现实中大部分错误注入攻击往往和侧信道攻击同时使用，以增强攻击的有效性。

4.1.2 错误注入攻击的前提条件

一次成功的错误注入攻击需要特定的前提条件。例如，在进行探针攻击时需要高精度的测试平台，同时需要破坏芯片的封装，但是不能破坏内部芯片的功能和结构，只有微小的探针才能准确地接触到目标电路。与之相反，时钟信号错误注入攻击则完全依赖对芯片全局时钟的控制，与目标芯片本身的物理布局无关。时钟信号攻击对空间精度要求不高，但是对时间精度要求非常高，任何时间上的小偏差都可能使攻击失效。这些前提条件提高了错误注入攻击的门槛，攻击者往往必须是有经验且有资源的攻击者，否则很难负担昂贵的测试设备或者缺乏需要的经验。以探针攻击为例，这种攻击非常强大，对攻击者的要求也非常高，需要精确地使用微小的探头，需要移出芯片的封装等。与之相对应，基于功率的攻击对攻击者的要求相对较低。

4.2 基于功率的错误注入攻击

本节以基于功率的错误注入攻击为例，介绍错误注入攻击的基本流程。在所有错误注入攻击种类中，基于功率的攻击被研究得最为广泛，同时也是最容易实现的一种错误注入攻击（参见表4.3）。基于功率的错误注入攻击的基本原理是控制被攻击电路的输入功率，达到错误注入的目的。这种攻击可以大致分成两类：过低功率输入和功率毛刺。两类基于功率的错误注入攻击的要求见表4.4。

表4.4 两类基于功率的错误注入攻击模式的要求

模　式	空间精度要求	时间精度要求	攻击者的熟练程度	开销
过低功率输入	较高	无	较低	较低
功率毛刺	较低	中等	中等	较低

4.2.1 过低功率输入

过低功率输入是指连续对目标电路提供低于需求的功率。在过低功率状态下，芯片内部逻辑门的翻转时间变长，相应的门级延时延长。在这种状态下，如果还是维持原有的时钟频率，那么门级延时的延长部分会使逻辑门在一个时钟周期内无法达到稳态，从而引发逻辑错误。即使对于那些能够在较低功率下维持正常工作状态的电路，过低功率输入依然会对其产生影响。当然，这种攻击方式无差别地攻击电路内部所有的逻辑通路，攻击者需要进行多次尝试，才能获取有用的攻击结果。

这种利用过低功率输入发起的错误注入攻击最早由Selmane等人提出[7]。他们利用这种攻击方式将错误注入到组合逻辑电路区域的输出端，成功地攻击了智能卡上的AES加密电路。随后，这种技术又被成功地应用到了其他密码电路上，比如运行在ARM-9处理器上的AES电路。同时，研究者发现可以将这种利用过低功率输入的攻击方式灵活运用到各类密码运算电路，即便是密钥长度不同、加密轮数不一样或者密钥生成方式不同[13]，甚至是对于公钥加密模块，比如RSA，也都有效[14]。这种攻击甚至对带有精确功率产生器的亚阈值器件也有效。总而言之，基于过低功率输入的攻击仅仅需要攻击者有基本的背景知识，在发动攻击后不会留下任何痕迹，甚至不需要知道目标电路的内部结构。

4.2.2 功率毛刺

第二种基于功率的错误注入方式是插入功率毛刺。其具体做法就是在电路的功率输入端精准地插入功率毛刺。这些功率毛刺可以是高电平或者低电平的电压短脉冲。由于这些短脉冲会影响逻辑门的建立时间，也会修改寄存器或锁存器的状态，因此可能导致有些指令未被执行，或者可能会修改芯片内部存储的关键信息。利用这项技术，研究者对运行在 PIC 微处理器上的 RSA 密码电路进行了攻击[9]。类似地，研究者还发现这种攻击对于诸如 AES 的密码电路也有效，即便是这些电路是在基于 SRAM 的 FPGA 上实现的[15]，或者是在数模混合的片上系统（system-on-chip, SoC）中实现的[16]。这种基于功率毛刺的攻击方法要求对注入的电压短脉冲进行精准控制，特别是电压短脉冲的长度以及与被攻击电路的同步程度。攻击者对被攻击电路的内部结构也要有一定的了解。

总体而言，攻击者往往需要额外的器件或电路来保证电压短脉冲满足攻击的要求，比如信号同步的要求，所以功率毛刺攻击往往需要接触目标芯片。但是也有例外，最近有一个新的研究趋势，即远程发动功率毛刺攻击，就不需要对目标芯片有物理接触。比如，研究者利用环路振荡器（ring oscillator, RO）造成电压波动，从而发动错误注入攻击[17]，利用这种方式，攻击者可以远程让目标系统崩溃或重启，造成 FPGA 器件拒绝服务攻击（denial of service, DoS）。研究者进一步发现，通过这种远程攻击方式，不但能造成 FPGA 器件的运行状态崩溃，还能精确控制攻击时间，造成电路时序错误[18]。这种电压毛刺可以是由 FPGA 上的共享资源造成的，因为 FPGA 上的共享资源虽然和被攻击电路在逻辑上没有关联，但它们共享了芯片上的供电网络（间接影响被攻击电路）。研究者还发现利用软件也可以生成电压毛刺，比如利用软件的片上动态电压频率调整（dynamic voltage and frequency scaling, DVFS）技术来攻击多核处理器上的 AES 算法[19,20]。

4.3 基于时钟信号的错误注入攻击

基于时钟信号的错误注入攻击又称为时序错误注入攻击，与 4.2.2 节讨论的基于功率毛刺的攻击非常相似。不同之处在于，基于时钟信号的错误注入攻击影响系统的时钟信号，而基于功率毛刺的错误注入攻击影响系统的电源输入。

基于时钟信号的错误注入攻击方式最简单的实现方法是利用超频（overclocking）技术[21]缩短单个时钟的周期，造成内部逻辑电路建立时间不足或过早锁定数据，导致运算错误。研究者在文献 [22] 中展示了通过多次快速修改系统的时钟频率，成功攻击了运行在 FPGA 平台上的 AES 加密算法。当然，简单的利用时钟信号进行错误注入存在一个问题，即缩短的时钟周期不仅对被攻击的电路逻辑有影响，而且对整个芯片都有影响。

基于时钟信号的错误注入攻击方式还可以利用时钟毛刺方法增强错误注入的效果。这种方法把对逻辑电路时序的影响控制在一个时钟周期内。产生时钟毛刺的方法很多，比如，研究者在两个同频率的时钟源之间切换，利用两个时钟源之间细小的相位差来生成时钟毛刺[23]。这种方式需要手动进行，还需要一个脉冲产生器和一台示波器。文献[24]对这种方式进行了改进。研究者展示了一种可以在 FPGA 上实现的片上时钟毛刺产生器，不需要外部器件。片上时钟毛刺产生器包含一个计数器和两个数字时钟管理器（digital clock manager，DCM）中的延时锁相环（delay-locked loop，DLL），能够控制毛刺的周期和宽度，并且能将毛刺植入任意时钟信号周期。

总体而言，基于时钟信号的错误注入攻击属于非破坏性且易于控制的技术，但其有效性受到被攻击电路本身工作频率的影响，因为时钟毛刺产生器需要工作在比正常电路工作频率更高的频率。随着集成电路的发展，工作频率不断上升，这种攻击方式越来越难以实现。

4.4 基于电磁信号的错误注入攻击

基于电磁信号的错误注入（以下简称电磁错误注入）攻击相比其他错误注入攻击更具吸引力，因为它是非破坏性的，能够在较远距离对目标芯片进行攻击。这种攻击的灵活性使其变成最有威胁的错误注入攻击方式之一。如何防御基于电磁信号的错误注入攻击是目前一个活跃的研究方向。

4.4.1 电磁错误注入攻击

与其他错误注入攻击方式不同，电磁错误注入攻击不需要与目标芯片有物理接触。目前已有相关研究成果提供了大量的可供调节的攻击参数，增强了这种攻击方式的灵活性。对于攻击效果，电磁错误注入攻击可以影响电路的内部信号，也可以使微处理器跳过部分指令或者执行错误指令。这一攻击方式的基本思想是利用电磁脉冲影响目标芯片内部金属连线的电流，电流受影响后，会导致不同节点之间产生电压差，从而改变某些信号值。要成功地实施电磁错误注入攻击，需要攻击者对攻击时间点、攻击位置、攻击时长等有精确的控制。

电磁错误注入的流程如图 4.1 所示。作为准备工作，攻击者需要一台上位机、被攻击芯片、一个探头可移动的可移动平台、一个脉冲产生器、一个电磁探头（或电感）和一台示波器，所有这些设备都由上位机控制。首先，利用可移动平台把电磁探头精确地置于被攻击芯片的特定位置，考虑到电磁信号在空间的衰减，需要将电磁探头尽可能地靠近芯片（封装）表面。然后，利用脉冲产生器产生电压脉冲，并通过电磁探头顶部的磁感线圈注入芯片内部,同时利用示波器观察注入电磁信号和被攻击芯片正常工作信号的同步程度。研究者利用商用器件搭建一个低成本的电磁错误注入系统[25]。需要注意的是,电磁错误注入攻击对实验环境的配置非常敏感,比如电磁探头相对于目标芯片的摆放位置和方向、电磁脉冲的强度、电磁脉冲的频率和长度、电磁探头的形状以及电磁脉冲的形状等,所以就要求攻击者根据目标芯片的种类、算法以及攻击目标来选择恰当的参数和配置。

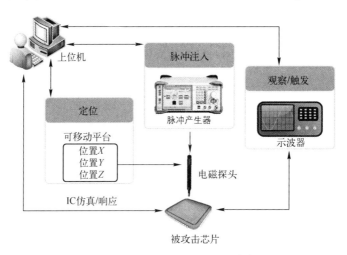

图 4.1　电磁错误注入的流程[27]

过去的研究方法往往更多专注于一项或几项参数的选择,目前的研究方法转向了全局参数优化和可移动平台的设计,从而提出完整的优化方案。利用优化方案,攻击者能够很快选择有效的攻击参数而不是随机选择参数[26]。

在整个电磁错误注入过程中,电磁探头起了重要的作用。电磁探头一般是一个电感或者磁感线圈,主要用来把具有较高能量的电磁脉冲发射到目标芯片的指定位置。研究者仔细梳理了各种不同的电磁探头的电气特性,包括电磁脉冲的特性、空间精度等[28]。因为不同的电磁脉冲特性会影响错误注入的效果,所以需要特别关注这些特性,包括磁感线圈的几何形状、线圈的开口、线圈的数量、线圈的材料种类、探头和目标电路的距离等。基本电磁探头的设计原则如下:

(1) 具有较大带宽的探头能更容易传输电磁脉冲;

(2) 电磁探头和目标电路的距离应该小于磁感线圈的直径;

(3) 磁感线圈金属线的直径是线圈直径的十分之一以下。

目前有关研究成果证明了要成功地利用电磁脉冲注入错误,就需要对电磁脉冲的强度和频率有较高要求[29]。还有的研究进一步放宽了电磁探头和目标芯片的距离,让远距离电磁错误注入变成了可能[30],在这种方式下,攻击者利用电源线上的电磁泄漏来同步电磁脉冲信号。检测错误信号是否被成功注入也是一个研究方向,除主动观察输出之外,研究者还可通过观察侧信道信号的异常来判定错误注入攻击是否成功实施[31,32]。

4.4.2 电磁错误注入方式

电磁错误注入方式主要分为利用瞬态脉冲和利用空间电磁场两种方式。这两种方式对于攻击者和攻击设备的要求见表4.5。

表 4.5　两种电磁错误注入方式对于攻击者和攻击设备的要求

错误注入方式	空间精度要求	时间精度要求	攻击者的熟练程度	开销
瞬态脉冲	中等	较高	中等	较低
空间电磁场	中等	无	中等	较低

（1）瞬态脉冲电磁错误注入方式：目前最流行的电磁错误注入方式是利用瞬态脉冲[33]实现错误注入。利用这种方式，一个或多个瞬态电磁脉冲会影响目标芯片的瞬态响应，基本的攻击流程在4.4.1节已介绍。

（2）空间电磁场错误注入方式：空间电磁场错误注入方式也称谐波错误注入方式，是常用的第二种电磁错误注入攻击方式[33,34]。在这种方式下，一个稳定的电场或磁场交替存在于目标芯片周围，电场或磁场的最大强度点要尽量接近目标芯片。在整个攻击过程中，电场或磁场的频率保持稳定，攻击者需要选择恰当的攻击频率点和攻击位置。

总体而言，从空间电磁场错误注入攻击的效果来看，电场的效果好于磁场。但是，现有的实验证实，当电场或磁场频率达到1GHz以上时，两种场均能造成目标芯片功能异常，甚至有研究发现，利用这种攻击方式，可以造成输出信号异常的情况多达20%[34]。这种攻击方法在攻击利用由环路振荡电路构成的真随机数产生器时尤其有效。实验证明，一个振荡环路的频率在空间电磁场错误注入攻击时可以增加多达50%，从而影响生成随机数的"随机性"[35]。同时，因为空间电磁场错误注入攻击能够明显影响芯片的供电网络，所以对于那些对电压输入比较敏感的电路，比如环路振荡器，这种攻击方法就非常有效。

4.5　其他错误注入攻击

4.5.1　基于激光或强光的错误注入攻击

基于激光或强光的错误注入攻击简称光错误注入攻击，是一种利用强光源进行的部分破坏性的攻击方式。其原理是利用半导体电路对光的敏感性，通过强光脉冲照射改变半导体电路中晶体管的状态。在这种攻击方式中，激光和紫外线是常用的攻击光源[36,37]，其他强光，比如照相机的闪光灯，如果对得准，也能有效实施攻击[38]。研究者发现，利用紫外线照射能够改变非易失性存储器的存储内容[37]。在实验中，研究者用紫外线荧光灯作为攻击光源。

这种荧光灯能发射波长为254nm（属于UV-C波段）的光，荧光灯被放置在目标芯片上方1cm左右的位置。除紫外线之外，更常用的攻击光源是激光，比如在文献［39］中，研究者利用激光错误注入攻击从正面攻击了一个AES电路。当时，基于强光的攻击方式受限于物理条件，比如用金属线或者一些物理防护方式能够阻碍光的传播，考虑到这些限制条件，现在的攻击往往针对芯片的背面[40-42]，也有从芯片的侧面进行攻击的[43]。一个廉价的替代方式是利用照相机的闪光灯，研究者利用闪光灯对SRAM中的单一比特值拉高或复位[38]。但是，由于闪光灯不同于紫外线或激光，很难生成均匀且单一的颜色，因此攻击者对光源的控制成为极具挑战性的难题。

另外，因为基于强光的错误注入攻击需要能接触芯片的表面，并破坏芯片的封装，而且在这一过程中不能损坏电路内部的连线，所以这种攻击方式属于部分破坏性的攻击方式。破坏芯片的封装可以从芯片正面也可以从反面进行，要根据具体情况选择哪个面。芯片的金属连线都位于芯片正面，如果从正面破坏芯片封装，那么攻击者会首先看到芯片的顶层金属连线。如果所使用的光源可以穿过这些金属连线，就可以直接进行攻击。但是，如果所使用的光源无法穿过这些金属连线，就需要额外的步骤来移除这些金属连线。从芯片背面（或底部）打开封装，攻击者看到的是衬底以及芯片管脚的焊盘，有时候需要破坏芯片和焊盘的连线，才能接触到目标金属线（在这种情况下就需要重新连接芯片和焊盘[44]）。

4.5.2 基于聚焦离子束和基于物理探针进行的错误注入攻击

基于聚焦离子束（focused ion beam，FIB)[45]和基于物理探针[46]进行的错误注入攻击都是非常精准的攻击方式。如果将二者结合起来运用，则可能是最精确、最强大的错误注入攻击方式。因为这两种攻击都会破坏芯片，所以都属于破坏性攻击的范畴。聚焦离子束使用静电透镜生成聚焦的离子束。由于聚焦离子束技术被广泛应用于硬件安全和错误注入攻击以外的领域，比如芯片局部照相、蚀刻、沉积等，因此FIB工作台往往被用于测试和修复芯片，或者对芯片进行逆向工程，特别适合处理那些用常规手段无法接触到的芯片部分。但是，这种聚焦离子束技术也为攻击者提供了强大的手段来（恶意）修改芯片的内部电路、建立新的金属连线、切断原连线之后的金属连线、在金属层钻口等。利用这些手段，攻击者就能对正常工作的芯片引入错误，使某些安全防护措施失效，或者观察内部敏感信号等。

基于物理探针进行错误注入攻击与基于聚焦离子束攻击类似，也依赖于测试平台。这种测试平台带有多个极为精细的物理探针，可以直接接触封装被破坏后的芯片内部金属连线。这样攻击者就可以直接读取金属连线上的信号，或者注入错误的信号，从而直接获取敏感信息，比如内存信息或者密钥等。这种攻击方式也可以和基于聚焦离子束的攻击方式配合使用，攻击者首先利用聚焦离子束方法在目标芯片中植入待测点，然后利用物理探针直接读取这些待测点上的信息。这样做在理论上可以攻击任何芯片或任何电路。

4.5.3 基于热量的错误注入攻击

任何电子设备都有一个能正常运行的温度范围。这个温度范围由产品生产者在说明书中加以说明。如果电子设备所处的环境温度超过这个范围，就可能导致内存中的信息或者芯片内部信号出现异常，进而造成电路工作异常，比如造成密码操作异常从而泄露密钥[47]。有研究者发现，利用强光将台式机主板上的温度提高到100℃，就可以造成内存信息错误[11]。在实验中，研究者在攻击时只需要一盏50W灯泡的台灯和一个数字温度计。攻击者也可以利用低成本的实验加热平台，通过加热整个电路板，对运行在ATmega162芯片上的RSA加密电路进行错误注入攻击[48]。在这个例子中，被攻击的RSA加密电路在芯片被加热到152～158℃时开始产生错误。

如果还想增强攻击的效果，则可以用激光束替代普通的灯泡[49]。因为激光束可以更高效地加热芯片的一小部分，比如只加热电可擦除只读存储器（EEPROM）和闪存。相比其他错误注入方式，基于热量的错误注入方式对攻击者的背景要求较低，但是需要精确控制热量，不然容易因为过热而破坏目标芯片。

4.6 错误注入攻击的防范方法

与错误注入攻击研究相并行进行的是相应的防范方法，本节将从软件和硬件层面简要介绍四种防范方法。

1. 阻断接触点

这种方式比较直观，就是阻止攻击者接触目标芯片的内部电路，具体的实现方法根据所要防范的攻击方式而异。比如，要阻止基于功率的错误注入攻击，芯片设计者可以在电路内部的供电线上植入一个低通滤波器，这个滤波器就会过滤掉电压毛刺；如果要防范基于电磁或强光的错误注入攻击，可以在芯片内部加入金属掩蔽层或者反射层；针对基于时钟信号攻击，可以考虑使用异步电路，因为异步电路没有一个全局时钟，电路由信号激励[50]。沿着这个思路，研究者设计了一种被称为类延时免疫（quasi delay insensitive, QDI）的异步逻辑。这种逻辑能在逻辑门延时不确定的情况下依然保持电路运行的正确性，可以防范各类通过时钟或延时进行的错误注入攻击[51]。

2. 物理参数监控

这种方式是利用片上的硬件传感器来监控芯片的各个物理参数，从而监控是否有错误注入攻击正在进行。整个芯片根据传感器的监控结果通过调节芯片的功能来阻碍攻击，比如暂停信息传输过程,或者对芯片进行复位,甚至销毁所有片上存储的敏感信息,使得攻击失效。

这种防范方式的关键是片上传感器的设计,比如电压传感器可以防范基于功率的错误注入[52]、温度传感器可以防范基于热量的错误注入、光传感器可以防范基于激光的错误注入[53,54]。而要对抗基于物理探针的错误注入攻击,就需要一个主动金属防御层[55]。该层通常利用顶层金属线组成一个网状结构覆盖整个芯片,能感知任何芯片上的电阻、电容和电流的变化。类似的方法也可以防御基于电磁的错误注入攻击,利用标准单元库和半自动化方法生成电磁攻击传感器。这种技术利用电容-电感(inductor-capacitor,LC)振荡器来检测芯片周围的电磁场[56-58],当发生电磁错误注入攻击时,芯片周围的电磁场会发生变化,传感器会检测到这种变化并给出警告信号。这种防范方法对检测基于电磁脉冲的错误注入攻击也有效,具体做法是将多个电磁传感器分布到芯片的时钟网络,检测恶意的电磁脉冲[52]。除用电磁传感器之外,也可以利用毛刺检测电路,电路基本的结构是一个锁相环加一个环路振荡器[59,60]。这里的环路振荡器扮演看门狗电路的角色,锁相环用来检测环路振荡器的频率。如果有恶意的电磁脉冲,环路振荡器的频率会改变,锁相环会失锁,表示攻击被检测到。

3. 错误检测

这种方法不针对攻击源头,而是通过分析芯片的性能来直接检测被注入的错误。这种方法的有效性基于一个假设,即注入的错误往往是瞬态的而且攻击者无法对芯片的不同部分同时发起相同的错误注入攻击。基于这一假设,芯片可以"复制"某些关键运算,提供时间或空间上的冗余度,比较两次计算的结果。如果芯片内部有两份一样的硬件资源进行相同的运算,或者用同一份资源进行两次相同的运算,比较两次运算的结果,一旦结果不一致,就表明有攻击正在发生。在实际应用中,有研究者在芯片内部加入两个一样的密码运算单元,以防止错误注入攻击[61,62]。虽然这种方法简单且容易实现,但是带来的额外开销也不容忽视。另一种解决办法是利用电路测试领域的同步错误检测(concurrent error detection,CED)技术。这种技术所能检测的芯片范围有一定的限制,有可能漏报有些攻击,好处是硬件开销比较小[63,64]。

4. 错误纠正

这种防范方法与上面的错误检测方法类似,不针对错误注入攻击的源头,而是尝试着去检测已经被植入的错误。与错误检测方法不同之处在于:这种方法不但检测错误,而且还纠正错误;从资源角度而言,也不是"复制"某些特定运算,而是"三倍复制"关键运算[65]。这种防范方法利用简单投票的方法来决定正确的输出(同时纠正错误),因其会带来更大的开销,包括时间上的开销和面积上的开销,所以往往仅对一小部分关键电路进行保护,比如状态机电路。

4.7 总结

错误注入攻击通过对目标芯片注入特定错误来起作用,具体的错误注入方式可以利用电压、电磁场、强光、热等来实现。本章系统地介绍了各类错误攻击方式以及相应的防范方法。对于错误注入攻击的研究,特别是对防范方法的研究目前依然是一个热点。笔者期待有更高效且低开销的防范方法能被应用到实际产品中,以抵御新型的错误注入攻击方法。

参考文献

[1] DAN B, DEMILLO R A, LIPTON R J. On the importance of checking cryptographic protocols for faults [C]// Proceedings of the International Conference on Theory and Application of Cryptographic Techniques. Springer, 1997: 37-51.

[2] HOLLER A, KRIEG A, Rauter T, et al. Qemu-based fault injection for a system-level analysis of software countermeasures against fault attacks [C]//Proceedings of the Euromicro Conference on Digital System Design. IEEE, 2015: 530-533.

[3] AMIEL F, CLAVIER C, TUNSTALL M. Fault analysis of dpa-resistant algorithms [C]//BREVEGLIERI L, KOREN I, NACCACHE D, et al. Proceedings of the Fault Diagnosis and Tolerance in Cryptography. Springer Berlin Heidelberg, 2006: 223-236.

[4] Schmidt J, Hutter M, Plos T. Optical fault attacks on aes: A threat in violet [C]//Proceedings of the Workshop on Fault Diagnosis and Tolerance in Cryptography (FDTC). Springer, 2009: 13-22.

[5] SCHMIDT J M, HUTTER M. Optical and em fault-attacks on crt-based rsa: Concrete results [C]//Proceedings of the 15th Austrian Workshop on Microelectronics. Verlag der Technischen Universitat Graz, 2007: 61-67.

[6] HALDERMAN J, SCHOEN S, HENINGER N, et al. Lest we remember: Cold boot attacks on encryption keys [J]. Communications of the ACM, 2008, 52 (5): 45-60.

[7] SELMANE N, GUILLEY S, DANGER J L. Practical setup time violation attacks on aes [C]//Proceedings of the Seventh European Dependable Computing Conference (EDCC). IEEE, 2008: 91-96.

[8] BARENGHI A, HOCQUET C, BOL D, et al. Exploring the feasibility of low cost fault injection attacks on sub-threshold devices through an example of a 65nm aes implementation [C]//Proceedings of the International Workshop on Radio Frequency Identification: Security and Privacy Issues. Springer Berlin Heidelberg, 2012: 48-60.

[9] SCHMIDT J M, HERBST C. A practical fault attack on square and multiply [C]//Proceedings of the 5th Workshop on Fault Diagnosis and Tolerance in Cryptography. IEEE, 2008: 53-58.

[10] Skorobogatov S. How microprobing can attack encrypted memory [C]//Proceedings of the Euromicro Conference on Digital System Design (DSD). IEEE, 2017: 244-251.

[11] GOVINDAVAJHALA S, APPEL A W. Using memory errors to attack a virtual machine [C]//Proceedings of the IEEE Symposium on Security and Privacy. IEEE, 2003: 154-165.

[12] BARENGHI A, BERTONI G M, BREVEGLIERI L, et al. Injection technologies for fault attacks on microprocessors [M]//JOYE M, TUNSTALL M. Fault Analysis in Cryptography. Springer, 2012: 275-293.

[13] BARENGHI A, BERTONI G M, BREVEGLIERI L, et al. Low voltage fault attacks to aes [C]// Proceedings of the IEEE International Symposium on Hardware-Oriented Security and Trust. IEEE, 2010: 7-12.

[14] BARENGHI A, BERTONI G, PARRINELLO E, et al. Low voltage fault attacks on the rsa cryptosystem [C]// Proceedings of the Workshop on Fault Diagnosis & Tolerance in Cryptography. Springer, 2009: 23-31.

[15] CANIVET G, MAISTRI P, LEVEUGLE R, et al. Glitch and laser fault attacks onto a secure aes implementation on a sram-based fpga [J]. Journal of cryptology, 2011, 24 (2): 247-268.

[16] BERINGUIER-BOHER N, GOMINA K, HELY D, et al. Voltage glitch attacks on mixed-signal systems [C]// Proceedings of the 17th Euromicro Conference on Digital System Design. IEEE, 2014: 379-386.

[17] GNAD D R, OBORIL F, TAHOORI M B. Voltage drop-based fault attacks on fpgas using valid bitstreams [C]//Proceedings of the 27th International Conference on Field Programmable Logic and Applications (FPL). IEEE, 2017: 1-7.

[18] KRAUTTER J, GNAD D R, TAHOORI M B. Fpgahammer: Remote voltage fault attacks on shared fpgas, suitable for dfa on aes [J]. IACR Transactions on Cryptographic Hardware and Embedded Systems, 2018, 2018 (3): 44-68.

[19] QIU P, WANG D, LYU Y, et al. Voltjockey: Breaking sgx by software-controlled voltage-induced hardware faults [C]//Proceedings of the Asian Hardware Oriented Security and Trust Symposium (AsianHOST). IEEE, 2019: 1-6.

[20] QIU P, WANG D, LYU Y, et al. Voltjockey: Breaching trustzone by software-controlled voltage manipulation over multi-core frequencies [C]//Proceedings of the 2019 ACM SIGSAC Conference on Computer and Communications Security. ACM, 2019: 195-209.

[21] ZUSSA L, DUTERTRE J M, CLEDIERE J, et al. Investigation of timing constraints violation as a fault injection means [C]//Proceedings of the 27th Conference on Design of Circuits and Integrated Systems (DCIS). Citeseer, 2012: 1-6.

[22] MOMENI H, MASOUMI M, DEHGHAN A. A practical fault induction attack against an fpga implementation of aes cryptosystem [C]//Proceedings of the World Congress on Internet Security (WorldCIS). IEEE, 2013: 134-138.

[23] FUKUNAGA T, TAKAHASHI J. Practical fault attack on a cryptographic lsi with iso/iec 18033-3 block ciphers [C]//Proceedings of the Workshop on Fault Diagnosis and Tolerance in Cryptography (FDTC). IEEE, 2009: 84-92.

[24] ENDO S, SUGAWARA T, HOMMA N, et al. An on-chip glitchy-clock generator for testing fault injection attacks [J]. Journal of Cryptographic Engineering, 2011, 1 (4): 265.

[25] BALASCH J, ARUMI D, MANICH S. Design and validation of a platform for electromagnetic fault injection

[C]//Proceedings of the 32nd Conference on Design of Circuits and Integrated Systems (DCIS). IEEE, 2017: 1-6.

[26] MALDINI A, SAMWEL N, PICEK S, et al. Genetic algorithm-based electromagnetic fault injection [C]// Proceedings of the Workshop on Fault Diagnosis and Tolerance in Cryptography (FDTC). IEEE, 2018: 35-42.

[27] MAISTRI P, LEVEUGLE R, BOSSUET L, et al. Electromagnetic analysis and fault injection onto secure circuits [C]//Proceedings of the 22nd International Conference on Very Large Scale Integration (VLSI-SoC). IEEE, 2014: 1-6.

[28] OMAROUAYACHE R, RAOULT J, JARRIX S, et al. Magnetic microprobe design for em fault attack [C]// Proceedings of the International Symposium on Electromagnetic Compatibility. IEEE, 2013: 949-954.

[29] Hayashi Y, Homma N, Mizuki T, et al. Map-based analysis of iemi fault injection into cryptographic devices [C]//Proceedings of the IEEE International Symposium on Electromagnetic Compatibility. IEEE, 2013: 829-833.

[30] Hayashi Y, Homma N, Mizuki T, et al. Precisely timed iemi fault injection synchronized with em information leakage [C]//Proceedings of the IEEE International Symposium on Electromagnetic Compatibility (EMC). IEEE, 2014: 738-742.

[31] NAKAMURA K, HAYASHI Y I, HOMMA N, et al. Method for estimating fault injection time on cryptographic devices from em leakage [C]//Proceedings of the IEEE International Symposium on Electromagnetic Compatibility (EMC). IEEE, 2015: 235-240.

[32] NAKAMURA K, HAYASHI Y I, MIZUKI T, et al. Information leakage threats for cryptographic devices using iemi and em emission [J]. IEEE Transactions on Electromagnetic Compatibility, 2017, 60(5): 1340-1347.

[33] DEHBAOUI A, DUTERTRE J M, ROBISSON B, et al. Injection of transient faults using electromagnetic pulses practical results on a cryptographic system [R]. Cryptology ePrint Archive, 2012.

[34] ALAELDINE A, ORDAS T, PERDRIAU R, et al. Assessment of the immunity of unshielded multi-core integrated circuits to near-field injection [C]//Proceedings of the 20th International Zurich Symposium on Electromagnetic Compatibility. IEEE, 2009: 361-364.

[35] MARKETTOS A T, MOORE S W. The frequency injection attack on ring-oscillator-based true random number generators [C]//CLAVIER C, GAJ K. Cryptographic Hardware and Embedded Systems -CHES. Springer Berlin Heidelberg, 2009: 317-331.

[36] SAMYDE D, SKOROBOGATOV S, ANDERSON R, et al. On a new way to read data from memory [C]// Proceedings of the First International IEEE Security in Storage Workshop. IEEE, 2002: 65-69.

[37] SCHMIDT J M, HUTTER M, PLOS T. Optical fault attacks on aes: A threat in violet [C]//Proceedings of the Workshop on Fault Diagnosis and Tolerance in Cryptography. IEEE, 2009: 13-22.

[38] SKOROBOGATOV S P, ANDERSON R J. Optical fault induction attacks [C]//Proceedings of the International Workshop on Cryptographic Hardware and Embedded Systems. Springer, 2002: 2-12.

[39] ROSCIAN C, DUTERTRE J M, TRIA A. Frontside laser fault injection on cryptosystems-application to the aes' last round [C]//Proceedings of the IEEE International Symposium on Hardware-Oriented Security and

Trust (HOST). IEEE, 2013: 119-124.

[40] DUTERTRE J M, BEROULLE V, CANDELIER P, et al. Laser fault injection at the cmos 28nm technology node: an analysis of the fault model [C]//Proceedings of the Workshop on Fault Diagnosis and Tolerance in Cryptography (FDTC). IEEE, 2018: 1-6.

[41] BREIER J, JAP D. Testing feasibility of back-side laser fault injection on a microcontroller [C]// Proceedings of the Workshop on Embedded Systems Security (WESS). ACM, 2015: 1-6.

[42] SKOROBOGATOV S. Optical fault masking attacks [C]//Proceedings of the Workshop on Fault Diagnosis and Tolerance in Cryptography. IEEE, 2010: 23-29.

[43] RODRIGUEZ J, BALDOMERO A, MONTILLA V, et al. Llfi: Lateral laser fault injection attack [C]// Proceedings of the Workshop on Fault Diagnosis and Tolerance in Cryptography (FDTC). IEEE, 2019: 41-47.

[44] VAN WOUDENBERG J G, WITTEMAN M F, MENARINI F. Practical optical fault injection on secure microcontrollers [C]//Proceedings of the Workshop on Fault Diagnosis and Tolerance in Cryptography. IEEE, 2011: 91-99.

[45] KOMMERLING O, KUHN M G. Design principles for tamper-resistant smartcard processors [C]//Proceedings of the USENIX Workshop on Smartcard Technology. USENIX Association, 1999: 9-20.

[46] HANDSCHUH H, PAILLIER P, STERN J. Probing attacks on tamper-resistant devices [C]//International Workshop on Cryptographic Hardware and Embedded Systems. Springer, 1999: 303-315.

[47] BAR-EL H, CHOUKRI H, NACCACHE D, et al. The sorcerer's apprentice guide to fault attacks [J]. Proceedings of the IEEE, 2006, 94 (2): 370-382.

[48] HUTTER M, SCHMIDT J M. The temperature side channel and heating fault attacks [C]//Proceedings of the International Conference on Smart Card Research and Advanced Applications. Springer, 2013: 219-235.

[49] SKOROBOGATOV S. Local heating attacks on flash memory devices [C]//Proceedings of the IEEE International Workshop on Hardware-Oriented Security and Trust. IEEE, 2009: 1-6.

[50] BASTOS R P, MONNET Y, SICARD G, et al. Comparing transient-fault effects on synchronous and asynchronous circuits [C]//Proceedings of the 15th IEEE International On-Line Testing Symposium. IEEE, 2009: 29-34.

[51] MONNET Y, RENAUDIN M, LEVEUGLE R. Designing resistant circuits against malicious faults injection using asynchronous logic [J]. IEEE Transactions on Computers, 2006, 55 (9): 1104-1115.

[52] ZUSSA L, DEHBAOUI A, TOBICH K, et al. Efficiency of a glitch detector against electromagnetic fault injection [C]//Proceedings of the Design, Automation & Test in Europe Conference & Exhibition (DATE). IEEE, 2014: 1-6.

[53] HE W, BREIER J, BHASIN S, et al. Ring oscillator under laser: potential of pll-based countermeasure against laser fault injection [C]//Proceedings of the Workshop on Fault Diagnosis and Tolerance in Cryptography (FDTC). IEEE, 2016: 102-113.

[54] AMINI E, BEYREUTHER A, HERFURTH N, et al. Ic security and quality improvement by protection of chip backside against hardware attacks [J]. Microelectronics Reliability, 2018, 88: 22-25.

[55] XIN R, YUAN Y, HE J, et al. Random active shield generation based on modified artificial fish-swarm al-

gorithm [J]. Computers & Security, 2020, 88: 1-12.

[56] MIURA N, FUJIMOTO D, TANAKA D, et al. A local em-analysis attack resistant cryptographic engine with fully-digital oscillator-based tamper-access sensor [C]//Proceedings of the IEEE symposium on VLSI circuits digest of technical papers. IEEE, 2014: 1-2.

[57] HOMMA N, HAYASHI Y I, MIURA N, et al. Em attack is non-invasive? -design methodology and validity verification of em attack sensor [C]//Proceedings of the International Workshop on Cryptographic Hardware and Embedded Systems. Springer, 2014: 1-16.

[58] HOMMA N, HAYASHI Y I, MIURA N, et al. Design methodology and validity verification for a reactive countermeasure against em attacks [J]. Journal of Cryptology, 2017, 30 (2): 373-391.

[59] MIURA N, NAJM Z, HE W, et al. Pll to the rescue: a novel em fault countermeasure [C]//Proceedings of the 53nd ACM/EDAC/IEEE Design Automation Conference (DAC). IEEE, 2016: 1-6.

[60] HE W, BREIER J, BHASIN S, et al. An fpga-compatible pll-based sensor against fault injection attack [C]// Proceedings of the 22nd Asia and South Pacific Design Automation Conference (ASP-DAC). IEEE, 2017: 39-40.

[61] MAISTRI P, LEVEUGLE R. Double-data-rate computation as a countermeasure against fault analysis [J]. IEEE Transactions on Computers, 2008, 57 (11): 1528-1539.

[62] DOULCIER-VERDIER M, DUTERTRE J M, FOURNIER J, et al. A side-channel and fault-attack resistant aes circuit working on duplicated complemented values [C]//Proceedings of the IEEE International Solid-State Circuits Conference. IEEE, 2011: 274-276.

[63] BERTONI G, BREVEGLIERI L, KOREN I, et al. Error analysis and detection procedures for a hardware implementation of the advanced encryption standard [J]. IEEE transactions on Computers, 2003, 52 (4): 492-505.

[64] KARRI R, KUZNETSOV G, GOESSEL M. Parity-based concurrent error detection of substitution-permutation network block ciphers [C]//Proceedings of theInternational Workshop on Cryptographic Hardware and Embedded Systems. Springer, 2003: 113-124.

[65] BARENGHI A, BREVEGLIERI L, KOREN I, et al. Countermeasures against fault attacks on software implemented aes: effectiveness and cost [C]//Proceedings of the 5th Workshop on Embedded Systems Security. ACM, 2010: 1-10.

第5章 硬件安全性的形式化验证

前面几章提到，随着集成电路（IC）供应链的全球化，集成电路设计流程（见图5.1）的各个阶段都容易受到攻击。由于用户对产品的需求不断提高，产品设计公司都在尝试缩短集成电路的上市时间（time-to-market，TTM），由于集成电路设计变得越来越复杂，促进了硬件知识产权（intellectual property，IP）交易市场的发展，使第三方设计公司队伍不断壮大。考虑到高昂的芯片制造和测试成本，所以各大企业将其外包给代工厂和第三方测试机构。第三方知识产权的广泛使用以及制造和测试服务的外包，都带来了芯片安全的隐患，所有这些都要求芯片公司就其电路设计的可信度进行评估。不仅如此，IP核中可能存在硬件木马或设计后门，使得芯片的安全问题变得更加严重。目前，研究人员已提出了许多防御机制来保护IP或IC免受反向工程、恶意篡改、盗版、伪造、克隆和过量生产等攻击的影响，可是现有的功能测试方法往往基于对已知行为的确认，而在检测未定义（通常是恶意）的逻辑方面存在不足。所有研究人员把目光都投向了形式化验证的方法。最新的研究表明，形式化验证为检测硬件中的恶意行为提供了一种强大的解决方案。本章将介绍如何将定理证明、模型检验和信息流跟踪等形式化技术用于硬件信任度和安全性的评估。

5.1 概述

随着IC供应链的全球化和第三方供应商的不断壮大，IC行业的安全性问题也愈发明显。任何安全漏洞，无论是在IC供应链的流片前还是流片后阶段，都可能导致硬件知识产权被盗版，以及受到木马电路的威胁，阻碍了集成电路行业的发展。此外，由于筹建代工厂的成本极高，现代IC设计厂商的通常做法是将芯片制造外包给现有的各大代工厂。现有的硬件安全检测技术大多数都依赖黄金模型来生成指纹，并将其与被测电路的测量结果比较。恶意电路的存在，使很多检测方法的适用性不断降低[1-6]。

为应对不可信第三方资源的威胁，最近研究人员提出了流片前信任度评估方法[7-9]。在这些评估方法中，大多数方法都是通过使用额外的测试向量来扩展测试空间，从而触发恶意逻辑。文献[7]的作者提出了一种生成"木马测试集"的方法，利用这些测试集作为测试模式，在功能测试期间激活硬件木马。为了识别可疑电路，研究人员采用未用电路识别（unused circuit identification，UCI）[9]的方法分析RTL代码，找出从未使用过的代码行。这些方法的假设条件是，攻击者使用极少发生的事件作为木马触发器。如果使用"不那么罕

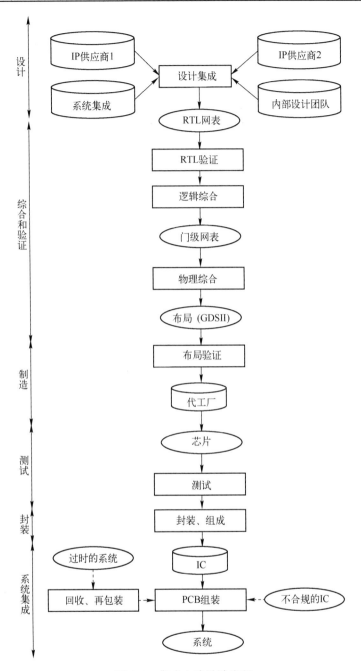

图 5.1 集成电路设计流程

见"的事件作为触发器,则往往会使这些方法失效。这点在文献[10]中得到了证明,设计的硬件木马绕开了 UCI 的防御。

由于增强功能测试方法的局限性,研究人员开始寻找形式化的解决方案。尽管还不太成熟,但形式化方法已经显示出优于传统测试方法的特点,即能提供更加充分的安全性验证[11-14]。文献[11]中采用了一种多阶段方法,包括基于断言的验证、代码覆盖分析、冗余电路去除、等效性分析，以及顺序自动测试模式生成（automatic test pattern generation，ATPG）的使用，旨在识别可疑信号以检测硬件木马。这种多阶段方法在小规模的 RS232 电路中得到了验证，检测木马信号的效率达 67.7%~100%。在文献［12-14］中，PCH（proof carrying hardware）框架用于验证 IP 软核的安全属性。在 Coq 证明助手[15]的支持下，安全属性实现形式化，并被证明能够保证 IP 核的可信度。本章后续内容将回顾现有硬件系统形式化验证方法，重点讨论定理证明器、模型检验器、等价性检验、符号执行、信息流跟踪（information-flow tracking，IFT）以及运行时验证方法。

5.2　形式化验证方法简介

一直以来，形式化验证方法被广泛用于验证和确认流片前与流片后阶段的安全属性[11-14,16-19]，常利用以下三种技术：模型检验、交互式或自动化定理证明，以及基于等价性检验的设计验证。此外，研究人员还利用信息流跟踪和符号执行等程序分析方法，对给定硬件系统的安全性进行评估。

5.2.1　定理证明器

定理证明器主要用于证明或反证明使用逻辑语句表示的系统性质[20-27]。多年来，研究人员已开发了多款交互式和自动化定理证明器，以验证软件和硬件系统的属性。若在大型复杂的系统上验证，则使用此类证明程序往往费时又费力。如果不考虑这些限制，就目前而言，使用定理证明器验证硬件的安全特性是一种极佳的安全解决方案，因为在所有的形式化方法中，采用定理证明器是验证大型设计最理想的解决方案。

目前广泛应用的交互式定理证明器是开源工具 Coq 证明助手[15]。Coq 是一款交互式定理证明器，也被称为证明助手，可支持根据规范对软件和硬件程序进行验证[24]。在 Coq 工具中，程序、属性和证明均使用 Gallina 规范语言表示。通过使用柯里-霍华德（Curry-Howard）同构，交互定理证明器用其独立的类型化语言对程序和证明进行形式化。该语言被称为归纳构造演算（calculus of inductive construction，CIC）。Coq 内置的检查器可自动检查该程序证明过程的正确性。为了加快构建证明的过程，Coq 提供了一个由策略程序（tactics）组成的库。因现有策略无法捕捉硬件设计的属性，所以就目前而言还不能明显缩短证明大型硬件 IP 核所需的时间[12,28,29]。

5.2.2　模型检验器

模型检验器是在软、硬件应用中验证和检验各模型的自动化方法[30]。在这种方法中，

模型 M（由 Verilog/VHDL 硬件描述语言组成的代码）加上初始状态 s_0 被表示成一个可变换系统，行为规范（又称断言）φ 采用规范语言表示。该技术的底层算法主要探索模型的状态空间，以确定是否满足规范，形式上的表达为 $M, s_0 \models \phi$。如果出现模型不符合规范的情况，则由模型检验器生成跟踪形式的反例[31,32]。近年来，一些模型检验器已被用于检测第三方 IP 核中是否存在恶意信号[11,19]。模型检测技术在 SoCs 中的应用包括基于归约有序二元决策图（reduced order binary decision diagrams，ROBDD）和可满足性（satisfiability，SAT）求解的符号方法。这些方法都有状态空间爆炸问题[33]。举例而言，一个有 n 个布尔变量的模型可以有多达 2^n 种状态，一个具有 1000 个 32 位整数变量的标准 IP 软核有数十亿个状态。

ROBDD 是系统布尔表达式的唯一规范表示。使用 ROBDD 的符号模型检验技术是用于硬件系统验证的早期方法之一[34-36]。在显示状态检验技术中，系统的所有状态均通过显式方式枚举。与显式状态模型检验技术不同，使用 ROBDD 的符号模型检验技术对可变换系统进行描述（用符号表示），随后使用时间状态逻辑来表示要检验的规范。模型检验算法将用于检查该规范在系统的一组状态上是否为真。尽管 ROBDD 是系统状态符号表示的一种流行的数据结构，但其需要找到状态变量的最优排序，而这是一个 NP 问题。若没有合适的排序，ROBDD 的尺寸会明显增加。此外，存储和操作有较大状态空间的二进制决策图（binary decision diagrams，BDD）也会消耗大量内存资源。

另一种被称为边界模型检验（bounded-model checking，BMC）的技术采用 SAT 求解[37-39]来代替符号模型检验技术中的 BDD。在这种方法中，首先使用系统模型、时态逻辑规范和一个边界条件来构造一个命题公式；然后将该公式交给 SAT 求解器，以获得符合要求的赋值，或证明不存在此类赋值。尽管在某些情况下，边界模型检验技术（BMC）的性能优于基于二进制决策图（BDD）的模型检验技术，但当边界很大或无法确定时，BMC 方法就很难用于测试系统的属性或规范。

5.2.3 等价性检验

等价性检验不同于定理证明，用来确保电路的规范和实现具有等价性。传统的等价性检验方法采用 SAT 求解器来验证同一个电路的不同实现（或同一实现在不同阶段的描述）是否具有功能等价性。在这种方法中，如果规范和实现是等价的，那么所有异或逻辑的输出始终为 0（为假，表示输出值相同）。如果对某些输入序列的输出为真，则意味着规范和实现对相同的输入序列产生了不同的输出。根据等价性检验方法，文献[8]中提出了一个过滤和定位第三方 IP 中可疑逻辑的四步过程。第一步，使用由自动测试向量生成程序（ATPG）生成的功能向量去除易于检测的信号。第二步，使用全扫描多重检测 ATPG 识别难以激发或传播的信号。第三步，为了缩小可疑信号的范围，识别与木马相关的逻辑门，使用 SAT 求解器对含有极少触发信号的可疑网络列表与表现出正确行为的电路网络列表进行等价性检验。最后一步，使用可疑信号列表中的区域隔离方法确定电路中所有不可测试的逻辑门。

5.2.4 符号执行

当大型 IP 模块涉及明显不同的规范和实现时，传统的等价性检验技术会导致状态空间爆炸问题。如果遇到具有较大总线宽度的复杂算术电路，则传统的等价性检验技术也无法使用。这些复杂算术电路在信号处理、密码学、多媒体应用等方面构成了数据通道的重要组成部分，出现故障的可能性很高。于是有了另一种方法，即使用符号代数（symbolic algebra）进行算术电路的等价性检验。这种等价性检验方法不仅可用于验证大型电路，而且不会导致状态空间爆炸问题。

这里就涉及了符号执行。符号执行是一种在软件领域非常流行的静态程序分析技术，专用于检查软件程序是否满足指定的属性，可探索程序在不同输入条件下的多条路径[40]，系统地探索了程序的执行路径，避免了状态空间爆炸问题。具体来说，输入以符号表示，而且通过求解器检查其属性是否有反例存在。每条路径均可推导出一个布尔公式，以描述所有的分支条件。符号内存用于将变量映射到符号表达式。布尔公式在执行分支后更新。符号内存在每次赋值后更新。文献[40]中给出了一份综述，显示了许多有关符号执行的早期工作及其在软件测试和安全性方面的应用。

对于硬件的执行路径，在文献[41]中提出了对 Verilog 程序的路径依赖图。该图可应用于 Verilog 程序的静态分析。在文献[42]中提出了一种硬件运行时安全特性形式化验证的解决方案。在该方案中，硬件设计在获得黄金模型的执行路径后，将根据执行路径分解成若干段，生产集成电路的代工厂将以这些段为基础进行制造。上述布尔公式仍然适用于每个段，并以查找表（LUT）的形式在硬件中实现。

5.2.5 信息流跟踪

1. 信息流跟踪（IFT）方法

信息流跟踪（IFT）[43]是避免敏感信息泄露的一种有效方法。通过这种方法，代表保密或信任级别的标签将分配给相应数据，同时，基于预先定义的信息流策略，对数据的操作进行扩展，包括标签的操作。因此，访问或传播贴有敏感信息标签的数据会受到限制，保证这类数据只能在代码或系统的可信段中访问或传播，而且必须遵守所需的信息流策略。

在信息流跟踪方法的基本安全性目标中，一个重要的任务是对敏感信息进行保护。传统的信息流跟踪方法执行的是不干涉策略，即低敏感信息输出与高敏感信息输入相互独立。也就是说，攻击者无法从系统输出的低敏感信息中推断出系统输入的高敏感信息。现有的许多工作都可以利用类似方法来检测系统的抗干扰性。有兴趣的读者可以参考Sabelfeld等人[44]撰写的一份关于这些工作的调查报告。

2. 不干扰模型和信息流标签

不干扰模型将系统的内部结构视为一个黑盒。因此，攻击者从系统执行中获得的信息并不比从直接的观察结果中获得的更多。在这个模型中，先将系统状态定义为S，然后将S状态分为低敏感信息部分和高敏感信息部分，即S_L和S_H。低敏感信息部分状态S_L属于公共领域，可以被攻击者直接观察。高敏感信息部分状态S_H是需要保护并防止攻击者获取的。

系统执行时，其输入为初始状态，分别为$S_{H1} \in S_H$和$S_{L1} \in S_L$。系统相应的输出状态为$S'_{H1} \in S_H$和$S'_{L1} \in S_L$。如果系统要进行二次执行，则低敏感信息部分状态包括输入和输出，S_{L1}和S'_{L1}均保持不变；高敏感信息部分状态将改变，即$S_{H2} \in S_H$和$S'_{H2} \in S_H$分别是系统的新输入和新输出。从图5.2中可以看出该过程的基本情况。

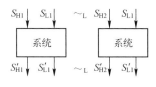

图5.2 不干扰模型

在以上系统中，攻击者无法获知$\{S_{H1}, S'_{H1}\}$和$\{S_{H2}, S'_{H2}\}$之间的区别。这种在已观察到S_L状态的情况下，不可分辨状态之间关系的演变过程被定义为$\sim_L$。此外，如果将$[[s]]$视为从状态S开始的行为，则文献[77]给出的不干扰模式可表示如下：

$$S_1 \sim_L S_2 \Rightarrow [[S_1]] \approx_L [[S_2]] \tag{5-1}$$

式中，$\approx_L$表示行为类似但难以区分的关系。式(5-1)表示从状态S_1和S_2开始，如果初始状态难以区分，那么两者的行为也会难以区分。实际上，只要从$\sim_L [[\cdot]]$和$\approx_L$中进行适当选择，即可获得不同的机密性属性。对于以语言为基础的信息流跟踪解决方案，$[[\cdot]]$表示设计或程序的语义，而另外两种关系（$\sim_L$和$\approx_L$）则暗示了攻击者可观察到的信息。

以往以语言为基础的信息流跟踪方法都是在部分有序集中设置敏感级别并确定安全策略。常见的做法是首先设计两个级别H（高灵敏度的受保护信息）和L（低灵敏度的公开信息），然后重新限制H标记的信号流向L标记的信号，允许反向流动。在最新提出的语义级别信息流跟踪（QIF-Verilog）方法中，通过对系统内部信息泄露的威胁进行量化，放宽了不干扰的条件。

3. 定量信息流（quantitative information-flow, QIF）模型

定量信息流模型是一种描述信息泄露程度的技术[45-47]。具体而言，在典型的定量信息流模型中,通常先将不确定性表示为概率分布,然后计算出定量信息流的度量标准,以量化依赖于这些分布信息的泄露情况。Mardziel 等人[47]在编程语言中使用了动态定量信息流模型和度量标准,并未将定量信息流应用到硬件中。

根据信息论,定量信息流模型的核心思想是通过信息流来评估泄露给不安全信道的敏感信息的量值[45]。定量信息流假设两类攻击者:自适应和非自适应攻击者。在文献[46]中,Kopf 和 Basin 提出了一个基于均匀先验分布假设的确定性系统自适应攻击的定量信息流模型,并推导出了系统泄露信息的界限。对于非自适应攻击者,在文献[48]中,Boreale 和 Pampaloni 引入了一个框架来分析在无限观察情况下攻击成功的概率。文献[47]利用 Kopf 和 Basin 提出的模型来测量机密信息随时间变化的泄露情况。具体而言,他们考虑了几种不确定性度量标准,包括漏洞[45]、g-漏洞[49]和估计熵[50]。这些文献都是先设计一个定量信息流模型,然后将该模型换成一种函数语言。然而,由于程序员很少使用函数式编程语言来开发大型电路,因此,文献[47]中的语言并未用于实际的工程开发。此外,这类定量信息流方法一开始也没有被应用到硬件安全领域。

尽管保持不干涉对于保护系统的机密性很重要,但由于在多数场景下,S_L强烈依赖于S_H,因此,不干涉的方法在硬件设计中并不实用。比如,在所有加密硬件中,明文和密文均属于S_L状态,但密文可通过明文与S_H状态的密钥之间的互操作来获得。因此,多种新的方法被提出来以放松不干涉这一条件[51]。这些新方法为定量信息流提供了一种量化式解决方案,以计算泄露信息的量值。

文献[45]中总结了一种实用的定量信息流模型。该模型中,系统会产生输出信号S_L并接收输入信号S_H。攻击者试图通过观察信号S_L来推断出S_H的信息。根据这些假设,泄露给攻击者的信息量定义如下。

定义 1. 泄露信息 = 初始不确定性 − 剩余不确定性

从攻击者角度,信息泄露表示在观察过程中不确定性的改变情况。通常,不确定性由概率分布(具体来说是正态分布)推导出来。定量信息流度量标准以特定数字的形式计算得出。该数字表示泄露的信息量。

因此,将漏洞$V(S_H)$定义为攻击者一次尝试就能正确推断出S_H值的最坏情况概率[45]。其他假设包括:系统是确定的,而且S_H为均匀分布,同时,将$|S|$定义为S中可能的状态数。S_H、$H_\infty(S_H)$的最小熵定义为:

$$H_\infty(S_H) = \log \frac{1}{V(S_H)} = \log |S_H| \tag{5-2}$$

式中,log 以 2 为底。如果S表示寄存器的状态,那么$\log |S|$的值表示寄存器的长度。因此,将条件最小熵$H_\infty(S_H|S_L)$定义为:

$$H_\infty(S_H|S_L) = \log \frac{1}{V(S_H|S_L)} = \log \frac{|S_H|}{|S_L|} \tag{5-3}$$

所以,各种不确定性和信息泄露量化为:

初始不确定性 $= H_\infty(S_H)$

剩余不确定性 $= H_\infty(S_H|S_L)$

泄露信息 $= H_\infty(S_H) - H_\infty(S_H|S_L)$

最后，量化的信息泄露为 $\log|S_L|$。

5.3 携带证明硬件

在文献[12-14]中，PCH 方法通过验证安全属性来确保 IP 软核的可信度。借助 Coq 证明助手[15]在 PCH 框架中证明 IP 软核的安全属性。本节将具体介绍基于 PCH 的 IP 软核安全性解决方案。

5.3.1 携带证明硬件（PCH）的背景

携带证明硬件（proof-carrying hardware，PCH）方法使用交互式定理证明器和 SAT 求解器来验证 IP 软核的安全性。使用该方法来确保 RTL 代码和 IP 软核、固核的可信度[12,18,28,52]。该方法受证明携带代码（proof-carrying code，PCC）的启发。不可信的软件开发人员及供应商使用 PCC 机制来认证软件代码。在认证过程中，供应商为客户先提供安全策略开发安全证明（safety proof），然后提供 PCC 二进制文件，包括用软件可执行代码的安全属性的形式化证明。通过在证明检查器中快速验证 PCC 二进制文件，客户可确保软件代码的安全性。该方法可有效缩短客户的验证时间，在不同场合中得到了广泛使用。对证明携带代码有兴趣的读者可以参考文献[53]。

利用 PCC 核心理念，文献[18,28,29,54]的作者开发出了 PCH 框架，专用于动态可重构硬件平台。该框架使用运行时组合等价性检验方法（combinational equivalence checking，CEC）来验证设计规范和设计实现之间的等价性，利用布尔可满足性（SAT）求解器，对用合取范式（conjunctive normal form，CNF）表示的电路的不可满足性生成解析证明。供应商将证明代码与比特流组合成证明携带比特流提供给客户进行验证。该方法考虑了安全策略。该策略包括关于特定比特流格式的协议、关于 CNF 表示组合函数的协议，以及用于证明构造和验证的命题演算（propositional calculus）等。该方法并没有考虑客户和供应商之间是否交换了一组安全属性。

文献[12,52]中，研究人员提出了另一种 PCH 框架，克服了之前框架的局限性，对原有框架进行了扩展，可对 IP 软核进行安全属性验证。新的 PCH 框架还用于可综合 IP 核的安全属性验证，使用霍尔逻辑推理证明 RTL 代码的正确性，并使用 Coq 证明助手来实现证明[15]。Coq 支持自动验证，减少了 IP 客户的安全验证工作量。此外，IP 供应商和 IP 客户均使用统一的 Coq 平台，确保了供应商和客户使用相同的演绎规则来验证。但是，Coq 不认可用自然语言表示的商业硬件描述语言（HDL）和安全属性。要解决这一问题，需要将 HDL 和非形式化安全规范的语义转换为归纳构造演算（calculus of inductive construction，CIC）。文献［16］根据 PCH 框架，提出了一种新的可信 IP 获取和传输协议，给出了 PCH 框架的工作流程（见图 5.3）。根据该协议规定，IP 客户向 IP 供应商提供功能规范和一组安全属性，IP 供应商先基于该功能规范开发出 HDL 代码，并将该代码和安全属性转换成 CIC，然后构造出安全定理和转换后 HDL 代码的证明。之后，IP 供应商将 HDL 代码和安全属性的证明合并成一个受信任的包交付给 IP 客户。收到受信任的包之后，IP 客户首先在 CIC 中生成设计和安全属性的形式化表示，然后利用 Coq 平台上的证明检查器，将转换后的代码与形式化定理和证明进行快速验证。

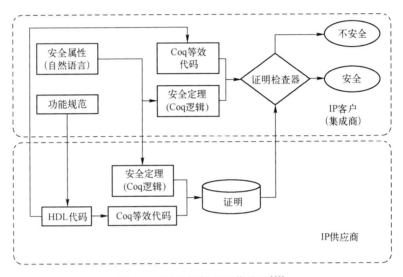

图 5.3　PCH 框架的工作流程[16]

PCH 框架也可拓展，支持门级电路网表的验证[14]。通过新的门级框架，文献［14］的作者形式化分析了可测试性设计（DFT）扫描链的安全性，并形式化证明带有扫描链的电路违反了数据保密性。可测试性设计是工业上的标准测试方法，尽管目前已开发了多种防御方法来阻止 DFT 扫描链提出的安全问题[55-60]，但这是第一次用形式化证明的方法来验证插入设计的扫描链是否存在漏洞。此外，PCH 框架也可用于内建自测试（built-in-self-test，BIST）结构，证明 BIST 结构也会泄露内部敏感信息。

5.3.2　携带证明硬件面临的挑战

虽然现有的各类方法能有效地保护软件或硬件，但针对整个计算机系统（特别是由第三方软件程序和硬件 IP 组成的系统）的系统级解决方案仍然缺乏。现有的方法无法保护那些硬件和软件均容易受到攻击的计算机系统。硬件和软件领域之间的语义代沟一直是跨越软、硬件边界开发安全方法的主要障碍，主要是因为硬件和软件执行的操作之间存在差异。

由于缺乏系统级保护，恶意软件会利用硬件后门，造成故障或泄露内部信息，造成跨层攻击。此外，现有的形式化验证框架也无法直接扩展到 SoC 设计中[12,16]。比如最初的 PCH 方法依赖的交互式定理证明器只能用来评估 IP 核的可信度。影响扩展性的原因包括：①将 HDL 代码转换为形式化表示需要大量的手工操作；②缺乏构造机器证明的有效方法。随着设计规模越来越大，转换 HDL 程序和验证设计安全性所需的时间呈指数级增长。考虑到任何设计的修改都需要重复整个演绎过程，这又进一步延长了验证时间。

此外，PCH 中的模型形式化和交互证明过程将场景限制为供应链设计阶段的静态验证。换言之，在硬件设计阶段，早期的框架只能提供静态验证，而不能在硬件运行时进行验证。笔者对基于 PCH 的解决方案进行了改进，得到了一个综合的 PCH 优化方案。下面将介绍 PCH 优化方案的相关工作，以验证系统层面的安全属性。PCH 优化方案达到了以下目的：①在整个计算机系统中，消除了硬件和软件之间的边界不一致性；②在大规模的硬件设计上，集成了定理证明器和模型检验器。PCH 优化方案中的运行时 PCH 解决方案将在 5.5 节中展开介绍。

5.3.3 PCH 优化：跨越软、硬件边界

首先介绍 PCH 优化改进遵循的攻击模型。在集成电路生命周期的不同阶段，攻击者都有可能插入硬件木马或恶意软件。假设设计公司和代工厂内部有攻击者，那么这个攻击者可以访问硬件代码和软件代码。这个攻击者可以在芯片或软件设计中插入一个硬件木马或恶意软件。该硬件木马或恶意软件可在系统运行时由软件或某些物理条件触发。一旦触发硬件木马或恶意软件，就会导致敏感信息泄露、整个系统的功能变化、控制流劫持或拒绝服务等攻击。

硬件和软件之间的语义问题是整个计算机系统的系统级安全特性开发的主要障碍。笔者在文献 [61] 提出的统一框架中，通过将软件程序转换为一组硬件状态，消除了软、硬件边界上的漏洞。这种方法首次将整个计算机系统转换为同一形式化平台，填补了语义上的差异。在框架的安全属性验证过程中，之前单独处理的所有软件操作均成了硬件实现的一部分。也就是说，在检测验证过程中存在的威胁之前，任何针对软、硬件接口的攻击都会转化为针对硬件平台的威胁。

新的形式化语言，即统一框架的形式化 HDL 可派生用于支持具有多个指令的汇编级程序。最初在文献 [62] 中定义的形式化 HDL 只能表示基本电路单元、组合逻辑、顺序逻辑和模块实例化。对于硬件架构，形式化 HDL 可支持分层设计。在这种设计中，基本功能单元和底层模块在高层结构中实例化，与当前处理器和 SoC 通常遵循分层结构的设计规范处理复杂的电路结构相一致。在软件程序中，形式化 HDL 表示每条指令的电路级操作，对于指令的顺序没有任何限制。因此，形式化 HDL 可处理复杂的信息流并支持灵活的函数调用。此外，只需稍加修改，形式化 HDL 即可用于不同的计算机指令架构，因为大多数软

件程序都编译成汇编代码，而这类代码可用形式化 HDL 进行描述。形式化 HDL 简要介绍如下。

（1）基本电路单元：在形式化 HDL 中，基本电路单元是最重要的组件，包含各种信号和总线。在转换过程中，信号通常使用三个数值：高、低和未知。为了表示顺序逻辑，将总线类型定义为一个函数，在该函数中输入定时变量 t 同时返回一个信号值列表，见清单 5.1。所有总线类型的电路信号和信号值均可通过阻塞赋值或非阻塞赋值修改。此外，输入和输出也定义为总线类型。

清单 5.1　语义模型中基本电路单元的信号值列表

```
Inductive value := lo|hi|x.
Definition bus_value := list value.
Definition bus := nat -> bus_value.
Definition input := bus.
Definition output := bus.
Definition wire := bus.
Definition reg := bus.
```

（2）信号操作：逻辑操作，如 and，or，not，xor；总线比较操作，如检查总线是否相等的 bus_eq 和总线是否不等的 bus_lt 都用来在 Gallina 环境中处理总线操作；RTL 代码的条件语句，如 if...else...是检查某个特定信号的开关状态；定义了一个特殊函数 bus_eq_0，判定总线的值是否为 0。

语义模型中的信号操作见清单 5.2。

清单 5.2　语义模型中的信号操作

```
Fixpoint bv_bit_and  (a b : bus_value) {struct a} : bus_value :=
  match a with
  | nil => nil
  | la :: a' =>
    match b with
    | nil => nil
    | lb :: b' => (v_and la lb)::(bv_bit_and a' b')
    end
  end.
Definition bus_bit_and (a b : bus) : bus :=
    fun t:nat => bv_bit_and (a t) (b t).
Fixpoint bv_eq_0 (a : bus_value) {struct a} : value :=
  match a with
  | hi :: lt => lo
  | lo :: lt => bv_eq_0 lt
  | nil => hi
  end.
Definition bus_eq_0 (a : bus) (t : nat) : value := bv_eq_0 (a t).
```

（3）组合逻辑与顺序逻辑：信号、表达式及其语义的定义为将 RTL 电路转换为 Coq 表示奠定了基础。组合逻辑与顺序逻辑是在总线上构造的高级逻辑描述。形式化 *HDL* 中，关键字赋值（assign）用于阻塞赋值。更新（update）主要用于非阻塞赋值。在阻塞赋值中，总线值将在当前的时钟周期更新,在非阻塞赋值中总线值将在下一个时钟周期更新。语义模型中的组合逻辑与顺序逻辑见清单 5.3。

清单 5.3　语义模型中的组合逻辑与顺序逻辑

```
Fixpoint assign (a:assignblock)(t:nat) {struct a} :=
    (* Blocking assignment *)
match a with
| expr_assign bus_one e => bus_one t = eval e t
| assign_useless => True
| assign_cons a1 a2 => (assign a1 t) /\ (assign a2 t)
end.
Fixpoint update (u:updateblock)(t:nat) {struct u} :=
    (* Non-blocking assignment *)
match u with
| (upd_expr bus exp) => (bus (S t)) = (eval exp t)
| (updcons block1 block2) => (update block1 t) /\ (update block2 t)
| upd_useless => True
end.
```

(4) 模块定义:模块定义和实例化在处理分层电路结构时非常重要。对于 Verilog 和 VHDL 等硬件描述语言,只要正确定义接口信号及其时序,模块化设计就很容易实现。不过,考虑到安全属性验证操作,若通过忽略子模块的内部结构,将其视为功能单元,那么可能会导致安全验证时出问题。为顶层模块及其所有子模块证明的安全属性并不能保证该属性将适用于整个层次结构设计。在整个结构设计中,攻击者可以轻易插入硬件木马来恶意修改接口,而不会破坏所有模块经独立验证过的安全属性。因此,对于模块定义和实例化,其具体操作的定义应确保子模块的详细信息可从顶层模块中访问。通过这种形式,经证明有效的任何安全属性对整个设计都将有效。所以,PCH 优化方案将层次结构设计平面化,使得子模块及其接口对顶层模块具有透明性。module 和 module-inst 是模块定义和模块实例化的关键字。在笔者所著的文献 [63] 中,在 Coq 中引入了一种表示模块的新语法。该语法保留了层次结构,而且不需要把设计进行扁平化处理。

在这一框架的支持下,安全定理首先由系统集成者定义的安全属性进行构造(这些安全属性通常用自然语言描述),再根据目标系统进行证明。系统集成者对定理的证明进行验证,以确保计算机系统在运行过程中不会发生恶意行为。如果定理不能得到证明,那么系统集成者会得到违反安全属性的警告。

5.3.4　PCH 优化:集成框架

为了解决可扩展性问题,研究人员提出了一种自动集成的形式化验证框架来保护大规模 SoC 设计免受恶意攻击[64,65]。鉴于交互式定理证明器(如 Coq)需要大量的手工作业来验证设计,并且模型检验器存在可拓展性问题,可以将这两种技术结合在一起,通过安全属性的分解和设计,使得模型检验器可对那些状态变量更少的子模块进行验证并利用 SoC 的层次结构来减少验证工作。

优化 PCH 的集成框架如图 5.4 所示。在这一集成框架中，首先将使用硬件描述语言（HDL）表示的硬件设计的顶层及各个模块转换成 Gallina 中的 Coq 等效代码，然后将安全规范在 Coq 中定义为一个形式化定理。在接下来的步骤中，根据子模块将该定理分解为互不相交的引理（见图 5.5）。之后，将这些引理用 PSL 规范语言表示，并称之为子规范。随后，可以利用 Cadence IFV 等商业化工具根据相应的子规范对子模块进行验证。这些子模块是状态变量较少的函数，与设计的主输出有关。而且，这些函数始终处于 SoC 的底层，彼此之间没有依赖关系。

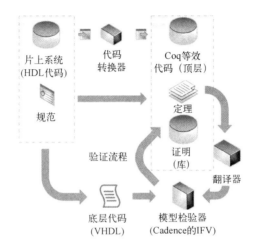

图 5.4　优化 PCH 的集成框架

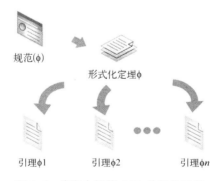

图 5.5　将安全规范（φ）分解为引理

较大规模电路设计的 HDL 代码由许多这样的子模块组成。如果子模块满足子规范的要求，将认为引理得到了证明。使用模型检验器来首先检验各个子模块是否满足子规范，就可以减轻证明引理和将子模块转换为 Coq 所需的工作量。在对这些子模块做出证明后，接着就是利用霍尔逻辑（Hoare-Logic）结合这些引理的证明情况，最终在 Coq 环境中证明系统的安全性。

同时，研究者也开发了 VHDL 到 Coq 的代码转换器（VHDL-to-Coq），以实现 PCH 框架下代码的自动转换。构建此工具涉及两个重要步骤：①将 VHDL 程序转换为中间层表述（intermediate representations，IR）；②将中间层表述转化为形式化 HDL（见图 5.6）。因此，将设计从 HDL 转换为 Gallina 的过程属于自动化过程，从而减少了在 Coq 中证明安全性所需的工作。另外，研究者对在 LEON3 SPARC V8 处理器上执行的易受攻击的固件程序进行了评估。结果显示，证明系统的安全性所需的验证工作显著减少。

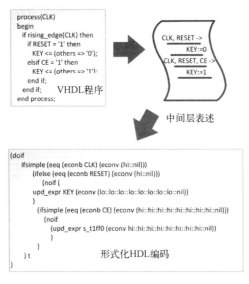

图 5.6　转换过程

5.4　基于硬件编程语言的安全解决方案

多数情况下，由于设计人员未能在设计阶段充分理解和解决各类安全隐患，结果导致了硬件漏洞[66]。随着 SoC 设计变得越来越复杂，SoC 设计人员手工诊断安全漏洞的工作量越来越大。此外，若在设计阶段完成之后才发现并处理漏洞，往往会导致成本大幅增加，延迟产品投放市场时间（time to market，TTM）。因此，开发基于硬件编程语言的自动化方法来检测和评估设计阶段的漏洞变得非常必要。

实现这类方法的设计语言又称为安全硬件设计语言。目前这类安全硬件设计语言大都基于信息流跟踪（IFT），包括 SecVerilog[67,68]、Caisson[69] 和 Sapper[70] 等。这些新颖的安全硬件设计语言能帮助设计人员规避设计过程中对安全属性理解不精确而导致的硬件安全漏洞。

5.4.1　SecVerilog、Caisson 和 Sapper

最近提出的两种硬件安全语言分别命名为 Caisson[69] 和 Sapper[70]。利用这两种语言可以帮助生成电路设计，满足信息流跟踪的隔离和分离属性。要使用这两种语言，设计人员需要为每个信号设置安全标签，特别是电路连线信号和寄存器信号。所有与信息流相关的硬件模块都在使用 Caisson 语言编写的硬件代码中复制，这样做会在电路级设计和运行阶段产生大量额外开销。通过应用动态类型系统，Sapper 中减少了信号重复降低了这些额外开销。即便如此，Caisson 和 Sapper 这两种硬件安全语言最大的问题还是其本身的复杂性，电路设计人员需要充分了解它们的性质，才能利用这些语言生成有较高安全性的电路。这就阻碍了它们在实际电路设计中的应用。

SecVerilog[67,68]是另一种基于语言的安全解决方案。该方案通过使用安全标签注释变量对 Verilog 语言扩展。由于信息流类型系统需要精确标记，因此 SecVerilog 要求开发人员在安全性方面具备足够的背景知识[71]。具体而言，SecVerilog 扩展标准 Verilog 类型系统[68]，假设攻击者停留在软件层面没有物理访问权限，与 Caisson 和 Sapper 相比，该方案不会出现硬件开销。为了使用 SecVerilog，开发人员必须在 Verilog 设计中为连接线和寄存器添加安全标签。在运行过程中，可根据这些标签进行信息流跟踪。因此，机密属性在这个系统中能得到加强。为了解决共享资源带来的威胁，SecVerilog 应用依赖类型来获得可靠的安全级别。但如果开发人员没有足够的安全知识和背景，就没法充分利用 SecVerilog 的所有属性。为了提高 IFT 的精度，研究人员在 SecVerilog 中设计了一种预测机制。因此，如何添加适当的安全标签就变得更加复杂。此外，与 Caisson 和 Sapper 类似，电路设计人员在添加标签时必须考虑许多安全规则。所以，从用户角度而言，简化（或自动化）解决方案显然是更好的选择。

通过中间层表述（intermediate representations，IRs），将代码从 VHDL 转换为 Formal-HDL 的过程见图 5.6。

不过，所有这些解决方案都存在一个严重的问题，即在硬件中，由于各种复杂的互连，标签的传播容易产生分歧，因此需要对硬件漏洞进行量化评估。

信息流的定量理论并不是为了加强不干涉，而是为了减少不干涉，即量化有多少信息被泄露[45]。通过容忍信息泄露的可能性，定量信息流为大幅度降低实现信息流策略的复杂性提供了参考。比如在文献［72］中提出了 QIF-Verilog[72]，在 QIF 模型中组合了信息流策略，基于这一方案，仅对一种新类型做出了定义，将其用于突出显示机密信息，见清单 5.4。与之相比较，清单 5.5 展示了达到类似功能的 SecVerilog 代码。

清单 5.4　QIF-Verilog[72]

```
module deptype(...);
 input[15:0] timer;
 Taint input[15:0] data;
 reg[1:0] cur_state;

 reg[1:0] next_state;

    ...
```

清单 5.5　SecVerilog[67]

```
module deptype(...);
 input[15:0] {L} timer;
 input[15:0] {H} data;
 reg[1:0] {Par cur_state}
          cur_state;
 reg[1:0] {Par next_state}
          next_state;
    ...
```

5.4.2　QIF-Verilog

QIF-Verilog 是一个基于语言的新框架,定义见文献[72]。该框架主要用于评估 RTL 硬件系统的可靠性,引入了定量信息流(QIF)模型,扩展了 Verilog 类型系统,以便在表示安全规则时具有更强的表达能力。此外,QIF 能检查硬件设计人员给出的安全规则,即将秘密信息标记为新类型后,再解析为数据流,这样就使 QIF 模型可应用于该数据流。QIF-Verilog 先标示出 Verilog 代码中的敏感信息,然后对信息流进行定量的静态检查。通过添加单一类型,该方法可使秘密信息传播的信息流策略在设计中减少不必要的干扰。度量标准用于量化从敏感信息到输出端口传播过程中的敏感降级。整个设计,包括带安全标签的秘密信息,先在数据流中解析,然后 QIF 模型通过将度量标准与阈值比较来进行分析。研究者为此特别开发了一个编译器来实现 QIF-Verilog。

通过扩展 Verilog 类型,在 QIF-Verilog 的设计中添加了一种被称为"污点(Taint)"的新类型,将 QIF-Verilog 打造成了一种高安全性的 HDL 语言。与之前的安全语言相比,映射到安全级别的安全格只包含一个元素,见式(5-4),安全标签语法纳入了 wire、reg 等 Verilog 信号类型。

$$sigtype: INPUT \mid OUTPUT \mid REG \mid WIRE \mid \ldots \mid Taint \qquad (5-4)$$

其中,sigtype 表示所有信号类型的集合。

基于 QIF-Verilog 设计方法的工作流程如图 5.7 所示。

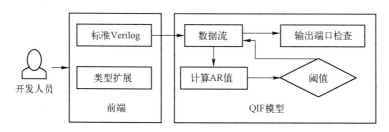

图 5.7　基于 QIF-Verilog 设计方法的工作流程

开发人员先使用 QIF-Verilog 进行电路设计,并将秘密信息归为污点类型,然后用新的符号将设计静态解析为数据流图(DFG),再由 QIF 模型处理。在使用 QIF 模型期间,标签随着数据信息流从受污染节点传播到未受污染节点。其中,受污染节点为转换源,未受污染节点为转换目标。在 QIF 模型中，转换的实现通过一对转换源和转换目标，再加上相应的阈值比较进行。从污点源到污点目标的传播过程如图 5.8 所示。在信息流跟踪系统中，对信息流策略进行定义，以配置污点源、污点目标和污点传播的跟踪规则。具体的跟踪规则用于处理 RTL 设计过程中的信息泄露漏洞。

（1）污点源：定义为污点的信号被视为存储有敏感信息。由于整个设计是在 DFG 的帮助下表示的，因此，所有信号都能映射到 DFG 的节点上。将从污点型信号转换而来的节点定义为污点源。

（2）污点目标：在设计的顶层模块中，将输出（Out）和输入—输出（In-Out）类型的信号定义为污点目标。在传播过程中，信号的敏感灵敏度会降低，直到变得不敏感为止。最后，将检查所有输出端口（包括输入—输出端口），以确定其是否依旧含有敏感信息。如果是，则触发报警，并显示漏洞传播路径。如果否，则认为设计满足要求，具有机密性属性。之后，通过删除拓展类型"污点"，生成可综合的 Verilog 代码。

（3）污点传播：由图 5.8 可知，污点传播由一系列转换组成。具体而言，敏感标签污点从转换源向转换目标传播。在从传输源到传输目标之间的操作过程中，计算出一个被称为剩余不确定性（remaining uncertainty，RU）的度量标准，量化秘密信息传输中的敏感度下降。接下来，在每个过渡目标上，通过将 RU 添加到对应的过渡源上的累计剩余不确定性（accumulated RU，AR）AR_{Rj} 上，得到一个新的 AR 值，称为 AR_L。将每个污点源节点上的 AR 设为零。随着 AR 值的增大，其敏感度降低。如果 AR 值达到阈值，则终止相应的传播。也就是说，不会在转换目标节点上添加污点标签。该阈值的计算以秘密信息的长度为基础。

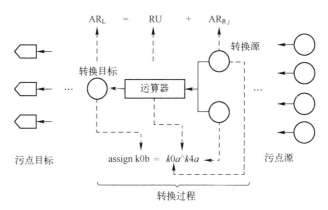

图 5.8 从污点源到污点目标的传播过程

传播安全标签污点的分型规则见式（5-5）和式（5-6），具体来说有两大传播规则[68]：①赋值，无论是阻塞赋值还是非阻塞赋值，具体见式（5-5）；②隐式表述，具体见式（5-6）。

比如，在式（5-5）和式（5-6）中：sig 表示系统中的信号；Γ 为类型文本，FS(Γ,Taint) 表示返回在 Γ 中标记为污点的所有信号；符号 exp(sig) 表示包含 sig 的单步执行表达式；函数 AR(sig) 表示在信号 sig 中返回一个 QIF 度量标准。之后将该标准与阈值 Th 进行对比。

在 AR 的具体细节中，将 pc 定义为跟踪控制流的程序计数器，同时，M 通过交替执行来监视所有信号的变化情况。对于分析函数 DA(η) 返回的变量，必须为其分配任何执行位置 η。

$$\frac{\Gamma \vdash \text{sig}_R : \text{Taint}, \text{sig}_L \notin \text{FS}(\Gamma, \text{Taint}) \vDash P(\cdot \eta), \text{AR}(\text{sig}_L) < \text{Th} \Rightarrow \Gamma, \text{pc}, M \vdash \text{sig}_L = \eta \exp(\text{sig}_R)}{\Gamma, \text{pc}, M \vdash \text{Taint} \sqcup \text{pc} = \text{Taint}}$$

T-PropagationA
(5-5)

$$\frac{\Gamma \vdash \exp(\text{sig}_R) : \text{Taint}, \text{AR}(\text{sig}_L) < \text{Th} \Rightarrow \Gamma, \text{pc}, M \vdash \text{if } \eta(\exp(\text{sig}_R)) c_1 \text{ else } c_2}{\Gamma, \text{Taint} \sqcup \text{pc}, M \cap \text{DA}(\eta) \vdash c_1 \quad \Gamma, \text{Taint} \sqcup \text{pc}, M \cap \text{DA}(\eta) \vdash c_2}$$

T-PropagationIF
(5-6)

研究者开发了用 Python 语言编写的编译器。该编译器可接收 QIF-Verilog 程序作为输入，并在该程序上执行 IFT 分析。在实现过程中，通过修改 PyVerilog[73]，研究者开发出了一种新功能。该功能可将 QIF-Verilog 代码解析为数据流图。RTL 设计中的所有信号均可映射到 DFG 的相应节点上。度量标准，如 RU 和 AR，均设计为节点的参数。信号之间的连接被识别为节点之间的连线（又称边）。研究者开发了一种自动污点跟踪机制来实现信息流策略。

具体而言，在 QIF 模型中，度量标准主要用于分析数据流。起初，将污点源中的所有 AR 值均设为 0。该工具从受污染节点开始搜索转换目的地，然后进行污点标签传播。RU 的计算与污点传播同时进行。因此，累积的剩余不确定性（AR）是根据式（5-7）从 RU 中计算得出的。之后，一旦传播的 AR 值大于阈值，则可以确定污点传播。如果在任何输出端口检测到受污染的标签，则系统将发出警报，表示违反机密性属性。

$$\text{AR}(\text{sig}_L) = \text{RU}(\text{sig}_L) + \text{AR}(\text{sig}_R) \tag{5-7}$$

5.5 运行时验证

在众多硬件安全验证中，形式化方法充分体现出了重要性[11-14]，但这些方法却很少用于确保已经生产的电路安全。比如，在文献 [12-14] 中，携带证明硬件（PCH）框架仅用于验证 IP 软核的安全属性。在 Coq 证明助手的支持下，安全属性实现形式化，并被证明能够保证 IP 核的可信度。但是，PCH 中的模型形式化和交互证明过程将应用场景限定为芯片和系统的设计阶段，仅提供静态验证。

5.5.1 可验证的运行时解决方案

近来，Wahby 等人提出了可验证的专用集成电路[74]。在电路制造过程中，针对硬件木马使用了一种基于加密协议的方法。可验证的专用集成电路可用于验证硬件系统功能性的准确度。在 Wahby 等人的工作中，运行时（或动态）验证通过在不可信 IC 和可信 IC 之间实现交互式加密协议来执行。其中，研究人员将不可信 IC 称为证明者（Prover），将可信 IC 称为验证者（Verifier）。这是研究人员首次尝试利用可验证的计算来验证硬件电路是否正确运行。但是，为了确保安全性，研究人员使用的正确度验证方法会导致较高的计算成本和开销。此外，这些方法主要是用于验证特定的属性，而不是针对整个功能属性集。本节将继续采用证明者—验证者（Prover-Verifier）架构来讨论和构建新的运行时解决方案的框架。

针对信息流安全问题，研究人员开发了多种运行时硬件方案，以保证所有信息流满足给定的安全策略。例如，在文献［75］中提出的 GLIFT 可以在运行时通过跟踪硬件中的信息流动态检测恶意逻辑。此外，正如在基于硬件编程语言的安全解决方案中所言，一些硬件描述语言可通过在硬件中添加信息流控制逻辑从而实施安全性策略。5.4.1 节提到的 Caisson[69]、Sapper[70] 和 SecVerilog[68] 均属于这类硬件安全描述语言。但是，这些基于信息流控制的技术仅限于对信息泄露提供保护。

5.5.2 运行时携带证明硬件

文献［42］中，研究人员提出了一种硬件运行时安全特性形式化验证的解决方案。所提的运行时 PCH 框架融合了静态程序分析方法和 SAT 求解器，并通过验证用户定义的安全属性提供高级保护。实现这一架构可以大体上分成三个步骤：①属性分解；②运行时的分布式证明携带；③验证者的设计和运行时验证过程。

1. 属性分解

受信任的代工厂可设计并制造出一款可信电路，以验证不可信硬件在运行时的可信度。与文献［74］类似，在研究者提出的新 PCH 框架中，将第三方代工厂提供的不可信电路称为 Prover（证明者，简称 P），而将可信电路称为 Verifier（验证者，简称 V）。运行时 PCH 框架的工作流程如图 5.9 所示。如果安全属性或定理验证成功，则表明 Prover 可信。而且，Verifier 可以从 Prover 那获得所有的信息。如果验证失败，则 Verifier 可在任何时候禁用 Prover。

运行时 PCH 框架主要由两个实体组成：不可信代工厂和可信集成商。不可信代工厂从客户处得到专用集成电路的设计要求后，根据功能规范将芯片作为 Prover 的一部分进行制造（也就是图 5.9 中的黄金模型）。另外一部分 Prover 采用安全规范制成。因此，可信集成商从客户角度出发，设计出一款额外的可信电路 Verifier（验证者），该电路可对运行时的 Prover（证明者）进行验证。之后，将 Verifier 与 Prover 相结合，生成运行时验证系统 S。最终系统 S 的组成见式（5-8）。

$$S := P \wedge V \tag{5-8}$$

此外，可信集成商通过对使用硬件描述语言（如 Verilog）编写的功能黄金模型的静态

第 5 章 硬件安全性的形式化验证

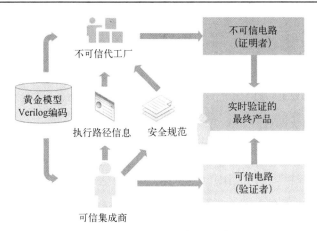

图 5.9 运行时 PCH 框架的工作流程

程序进行分析,从中探索出执行路径。而对于不可信的代工厂,每个称为电路片段 segment (标记为 seg) 的执行路径都将单独生成。因此,将 P 中的电路功能性定义为 F。F 由多个 seg 组成,见式 (5-9)。其中,$k \in Z$ 为分段总数。

$$F := \text{seg}_1 \wedge \text{seg}_2 \wedge \cdots \wedge \text{seg}_k \tag{5-9}$$

相应地,安全属性(定义为 Prop)由集成商给出后,分解为子安全属性(定义为 lemma)。对于 Verifier 而言,若每个子属性 lemma 均满足要求,则将其用于验证对应的分段 seg,电路分段和属性分解如图 5.10 所示。构建出的系统级安全属性 Prop 见式 (5-10)。

$$\text{Prop} := \text{lemma}_1 \wedge \text{lemma}_2 \wedge \cdots \wedge \text{lemma}_k \tag{5-10}$$

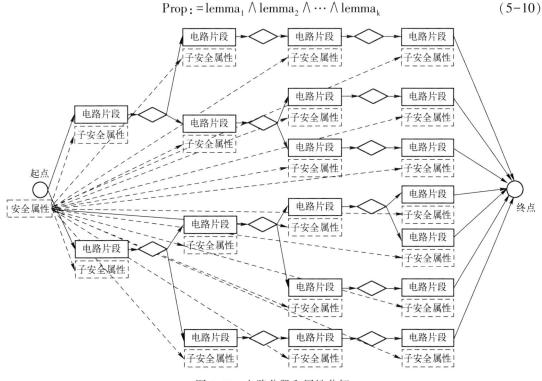

图 5.10 电路分段和属性分解

2. 运行时的分布式证明携带

同 F 一起，不可信代工厂需要提供证明，表示每个分段 seg 均满足 lemma 子属性。证明形式为 CNF，定义见式（5-11）中的 cnf_{segn}。其中，$n \in Z$ 表示列表的索引号；T_{seitin} 表示将布尔电路转换成 CNF 的转换过程[76]。

$$seg_n \xrightarrow{T_{seitin}} cnf_{segn} \quad (5-11)$$

同时，lemma 需解析为可用 HDL 表示的硬件表达式 $lemma_{expr}$。在框架内，解析在代工厂中手动完成。之后，使用 T_{seitin} 转换将 $lemma_{expr}$ 转换为 CNF，表示为 cnf_{lan}。该过程见式（5-12）。

$$lemma_n \xrightarrow{parse} lemma_{exprn} \xrightarrow{T_{seitin}} cnf_{lan} \quad (5-12)$$

因此，将分段子属性的证明定义为 cnf_{seg} 与 cnf_{lan} 的合取，见式（5-13）。此外，整个系统级的证明（CNF）由式（5-14）中描述的所有分布式 cnf_n 组成。

$$cnf_n := cnf_{seq} \wedge cnf_{lan} \quad (5-13)$$

$$CNF := cnf_1 \wedge cnf_2 \wedge \cdots \wedge cnf_k \quad (5-14)$$

最后，在式（5-15）中，Prover 由功能部分 F 和证明部分 CNF 构成。在运行时验证过程中，cnf_n 被输入到 DPLL SAT 求解器中单独验证。

$$P := F \wedge CNF \quad (5-15)$$

3. Verifier（验证者）的设计和运行时验证过程

Verifier 的结构如图 5.11 所示。图中主要描述了 Verifier 电路的设计，包括一个 LUT 和一个基于 DPLL 的 SAT 求解器。图中还包括了电路片段#n 以及针对这个电路片段的证明（cnf #n）。具体而言，LUT 记录特定的电路片段是否已经被验证。这里的 LUT 包含两列：第一列是一个电路片段列表；第二列是一个二进制值。1 表示该电路片段已验证，0 则表示尚未验证。执行每个电路片段之前，将在 LUT 中相应查找该电路片段是否被验证的信息。如果查找结果为 1，表示该电路片段已验证，则继续执行。否则系统运行将暂停，转而对该电

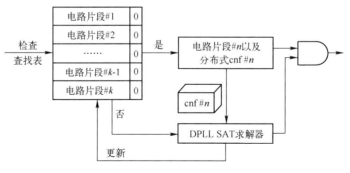

图 5.11 Verifier 的结构

路片段进行安全验证，等验证完成后，再继续运行电路，同时更新 LUT。

DPLL SAT 求解器的实现以清单 5.6 所列的 DPLL 算法为基础。在验证过程中，证明 cnf_n 从 Prover 传到求解器中，检查 cnf_n 是否能被求解。如果能，则 LUT 表中的相关值将被更新为 1。如果给定的 cnf_n 未能被求解，则 Verifier 将使用 AND 门锁定该片段。从系统的角度来看，上述运行时验证过程可用清单 5.7 来描述。

清单 5.6　DPLL 算法

Algorithm 1 DPLL Algorithm

Input:
1: F ▷ A CNF formula.
Output: *Result* ▷ A Boolean value where *True* stands for satisfaction and *False* stands for not-satisfaction.
2: Preprocess F;
3: **if** $F == False$ **then**
4: 　　*Result* ← *False*; return;
5: **end if**
6: Find the next unassigned variable, assign the value;
7: Deduce based on the assignment;
8: **if** $F == False$ **then**
9: 　　*Result* ← *False*; return;
10: **end if**
11: **if** The conflict happened in derivation **then**
12: 　　Analyze the conflict
13: 　　**if** F can be looked back upon **then**
14: 　　　　look back upon
15: 　　**else**
16: 　　　　*Result* ← *False*; return;
17: 　　**end if**
18: **else**
19: 　　return to line 6.
20: **end if**

清单 5.7　运行时验证过程算法

Algorithm 2 Runtime Verification Process

Input:
1: P ▷ Prover
2: V ▷ Verifier
Output: *null*
3: $list_{next}, list_{cnf}$;
4: *ExePaths* ← P ▷ Get all the execution paths
5: $SAT()$ ← V ▷ Get the SAT solver
6: $checkTable()$ ← V ▷ Get the look-up table
7: $list_{next}$ ← $checkPath(ExePaths)$; ▷ Get the next execution paths
8: $list_{cnf}$ ← $checkTable(list_{next})$; ▷ Whether the next execution paths are verified
9: **if** $list_{cnf} ==$ null **then** ▷ All next execution paths verified
10: 　　Go to line 7;
11: **else**
12: 　　For each cnf in $list_{cnf}$:
13: 　　$SAT(cnf)$;
14: 　　**if** All $list_{cnf}$ have solutions **then**
15: 　　　　Go to line 7;
16: 　　**else**
17: 　　　　Lock the circuit, return;
18: 　　**end if**
19: **end if**

5.6 结论

本章介绍了一系列基于形式化验证方法来保护供应链中不同阶段硬件系统和电路安全的技术，并依靠 PCH 和 IFT 等方法提出了一系列硬件安全验证技术。应用这些技术，可在硬件和软件边界、大规模集成电路设计、运行阶段检测到恶意电路和硬件木马。通过实现 IFT，研究人员开发了 Caisson、Sapper、SecVerilog 和 QIF-Verilog 等具备安全属性的硬件描述安全解决方案，可对硬件系统的可靠性进行评估。当然，形式化验证的方法还不止这些。事实上，利用形式化验证的方法验证电路的安全性，特别是软、硬件协同验证，是一个非常热门的研究领域。

参考文献

[1] RAD R, PLUSQUELLIC J, TEHRANIPOOR M. Sensitivity analysis to hardware Trojans using power supply transient signals [C]//Proceedings of the IEEE International Workshop on Hardware-Oriented Security and Trust. Anaheim, CA, USA: IEEE, 2008: 3-7.

[2] LAMECH C, RAD R, TEHRANIPOOR M, et al. An experimental analysis of power and delay signal-to-noise requirements for detecting Trojans and methods for achieving the required detection sensitivities [J]. IEEE Transactions on Information Forensics and Security, 2011, 6 (3): 1170-1179.

[3] CHAKRABORTY R, WOLFF F, PAUL S, et al. MERO: A statistical approach for hardware Trojan detection [C]//Lecture Notes in Computer Science: volume 5747 Proceedings of the Cryptographic Hardware and Embedded Systems. [S. l.]: Springer, 2009: 396-410.

[4] RAD R M, WANG X, TEHRANIPOOR M, et al. Power supply signal calibration techniques for improving detection resolution to hardware Trojans [C]//IEEE/ACM International Conference on Computer-Aided Design. San Jose, CA, USA: IEEE, 2008: 632-639.

[5] AGRAWAL D, BAKTIR S, KARAKOYUNLU D, et al. Trojan detection using IC fingerprinting [C]// Proceedings of the IEEE Symposium on Security and Privacy. [S. l.]: IEEE, 2007: 296-310.

[6] JIN Y, MAKRIS Y. Hardware Trojan detection using path delay fingerprint [C]//Proceedings of the IEEE International Workshop on Hardware-Oriented Security and Trust (HOST). Anaheim, CA, USA: IEEE, 2008: 51-57.

[7] WOLFF F, PAPACHRISTOU C, BHUNIA S, et al. Towards Trojan-free trusted ICs: Problem analysis and detection scheme [C]//Proceedings of the IEEE Design Automation and Test in Europe. Munich, Germany: IEEE, 2008: 1362-1365.

[8] BANGA M, HSIAO M. Trusted RTL: Trojan detection methodology in pre-silicon designs [C]//Proceedings of the IEEE International Symposium on Hardware-Oriented Security and Trust (HOST). [S. l.]: IEEE, 2010: 56-59.

[9] HICKS M, FINNICUM M, KING S T, et al. Overcoming an untrusted computing base: Detecting and removing malicious hardware automatically [C]//Proceedings of IEEE Symposium on Security and Privacy. [S. l.]: IEEE, 2010: 159-172.

[10] STURTON C, HICKS M, WAGNER D, et al. Defeating UCI: Building stealthy and malicious hardware [C]// Proceedings of the IEEE Symposium on Security and Privacy (SP). [S. l.]: IEEE, 2011: 64-77.

[11] ZHANG X, TEHRANIPOOR M. Case study: Detecting hardware trojans in third-party digital ip cores [C]// Proceedings of the IEEE International Symposium on Hardware-Oriented Security and Trust (HOST). [S. l.]: IEEE, 2011: 67-70.

[12] LOVE E, JIN Y, MAKRIS Y. Proof-carrying hardware intellectual property: A pathway to trusted module acquisition [J]. IEEE Transactions on Information Forensics and Security (TIFS), 2012, 7 (1): 25-40.

[13] JIN Y, YANG B, MAKRIS Y. Cycle-accurate information assurance by proof-carrying based signal sensitivity tracing [C]//Proceedings of the IEEE International Symposium on Hardware-Oriented Security and Trust (HOST). Austin, TX, USA: IEEE, 2013: 99-106.

[14] JIN Y. Design-for-security vs. design-for-testability: A case study on dft chain in cryptographic circuits [C]// Proceedings of the IEEE Computer Society Annual Symposium on VLSI (ISVLSI). Tampa, FL, USA: IEEE, 2014: 19-24.

[15] INRIA. The coq proof assistant [EB]. 2010.

[16] GUO X, DUTTA R G, JIN Y, et al. Pre-silicon security verification and validation: A formal perspective [C]// DAC'15: Proceedings of the 52nd Annual Design Automation Conference. San Francisco, CA, USA: ACM, 2015: 145: 1-145: 6.

[17] DE PAULA F M, GORT M, HU A J, et al. Backspace: formal analysis for post-silicon debug [C]//Proceedings of the International Conference on Formal Methods in Computer-Aided Design. [S. l.]: IEEE, 2008: 1-10.

[18] DRZEVITZKY S. Proof-carrying hardware: Runtime formal verification for secure dynamic reconfiguration [C]//Proceedings of the International Conference on Field Programmable Logic and Applications (FPL). [S. l.]: IEEE, 2010: 255-258.

[19] RAJENDRAN J, VEDULA V, KARRI R. Detecting malicious modifications of data in third-party intellectual property cores [C]//Proceedings of the 52nd Annual Design Automation Conference. [S. l.]: ACM, 2015: 1-6.

[20] HARRISON J. Floating-point verification [C]//FITZGERALD J, HAYES I J, TARLECKI A. Proceedings of the International Symposium of Formal Methods Europe. [S. l.]: Springer-Verlag, 2005: 529-532.

[21] OWRE S, RUSHBY J M,, et al. PVS: A prototype verification system [C]//KAPUR D. Proceedings of the 11th International Conference on Automated Deduction (CADE). Saratoga, NY: Springer-Verlag, 1992: 748-752.

[22] RUSSINOFF D, KAUFMANN M, SMITH E, et al. Formal verification of floating-point rtl at amd using the acl2 theorem prover [C]//Proceedings of the 17th IMACS World Congress on Scientific Computation, Applied Mathematics and Simulation. Paris, France: Citeseer, 2005.

[23] QUESEL J D, MITSCH S, LOOS S, et al. How to model and prove hybrid systems with KeYmaera: A

tutorial on safety [C]//volume 18. [S. l. : s. n.], 2016: 67-91.

[24] CHLIPALA A. Certified programming with dependent types: A pragmatic introduction to the coq proof assistant [M]. MA, USA: MIT Press, 2013.

[25] NORELL U. Dependently typed programming in agda [M]//KOOPMAN P, PLASMEIJER R, SWIERSTRA D. Advanced Functional Programming. [S. l.]: Springer, 2009: 230-266.

[26] CONSTABLE R L, ALLEN S F, BROMLEY H M, et al. Implementing mathematics with the nuprl proof development system [M]. Upper Saddle River, NJ, USA: Prentice-Hall, Inc. , 1986.

[27] PAULSON L C. Isabelle: The next 700 theorem provers [C]//Procedings of the Logic and computer science: volume 31. [S. l.]: Springer, 1990: 361-386.

[28] DRZEVITZKY S, KASTENS U, PLATZNER M. Proof-carrying hardware: Towards runtime verification of reconfigurable modules [C]//Proceedings of the International Conference on Reconfigurable Computing and FPGAs. [S. l.]: IEEE, 2009: 189-194.

[29] DRZEVITZKY S, PLATZNER M. Achieving hardware security for reconfigurable systems on chip by a proof-carrying code approach [C]//Proceedings of the 6th International Workshop on Reconfigurable Communication-centric Systems-on-Chip. Montpellier, France: IEEE, 2011: 1-8.

[30] CLARKE E M, GRUMBERG O, PELED D. Model checking [M]. MA, USA: MIT press, 1999.

[31] CLARKE E, GRUMBERG O, JHA S, et al. Counterexample-guided abstraction refinement [C]//Proceedings of the Computer aided verification. [S. l.]: Springer, 2000: 154-169.

[32] BAIER C, KATOEN J P. Principles of model checking [M]. MA, USA: MIT Press, 2008.

[33] BIERE A, CIMATTI A, CLARKE E M, et al. Symbolic model checking using sat procedures instead of bdds [C]//Proceedings of the 36th ACM/IEEE Design Automation Conference. [S. l.]: ACM, 1999: 317-320.

[34] BRYANT R E. Symbolic boolean manipulation with ordered binary-decision diagrams [J]. ACM Computing Surveys (CSUR), 1992, 24 (3): 293-318.

[35] BRYANT R E. Graph-based algorithms for boolean function manipulation [J]. IEEE Transactions on Computers, 1986, 100 (8): 677-691.

[36] CIMATTI A, CLARKE E, GIUNCHIGLIA E, et al. Nusmv 2: An opensource tool for symbolic model checking [C]//Proceedings of the Computer Aided Verification. [S. l.]: Springer, 2002: 359-364.

[37] CLARKE E, BIERE A, RAIMI R, et al. Bounded model checking using satisfiability solving [J]. Formal Methods in System Design, 2001, 19 (1): 7-34.

[38] BIERE A, CIMATTI A, CLARKE E M, et al. Bounded model checking [J]. Advances in computers, 2003, 58: 117-148.

[39] QADEER S, REHOF J. Context-bounded model checking of concurrent software [C]//Proceedings of the Tools and Algorithms for the Construction and Analysis of Systems. [S. l.]: Springer, 2005: 93-107.

[40] BALDONI R, COPPA E, D'ELIA D C, et al. A survey of symbolic execution techniques: arXiv: 1610.00502 [R]. [S. l.]: arXiv preprint, 2016.

[41] ZAKI M, MOKHTARI Y, TAHAR S. A path dependency graph for verilog program analysis [C]// Proceedings of the IEEE Northeast Workshop on Circuits and Systems (NEWCAS). [S. l.]: IEEE, 2003: 109-112.

[42] GUO X, DUTTA R G, HE J, et al. PCH framework for IP runtime security verification [C]//Proceedings of the Asian Hardware Oriented Security and Trust (AsianHOST). Beijing, China: IEEE, 2017: 79-84.

[43] MYERS A C, LISKOV B. A decentralized model for information flow control [C]//Proceedings of ACM Symposium on Operating Systems Principles (SOSP). [S. l.]: ACM, 1997: 129-142.

[44] SABELFELD A, MYERS A C. Language-based information-flow security [J]. IEEE Journal on selected areas in communications, 2003, 21 (1): 5-19.

[45] SMITH G. On the foundations of quantitative information flow [C]//Proceedings of the International Conference on Foundations of Software Science and Computational Structures. [S. l.]: Springer, 2009: 288-302.

[46] KOPF B, BASIN D. An information-theoretic model for adaptive side-channel attacks [C]//Proceedings of the 14th ACM conference on Computer and communications security. [S. l.]: ACM, 2007: 286-296.

[47] MARDZIEL P, ALVIM M S, HICKS M, et al. Quantifying information flow for dynamic secrets [C]// Proceedings of the IEEE Symposium on Security and Privacy (SP). [S. l.]: IEEE, 2014: 540-555.

[48] BOREALE M, PAMPALONI F. Quantitative multirun security under active adversaries [C]//Quantitative Evaluation of Systems (QEST), 2012 Ninth International Conference on. [S. l.]: IEEE, 2012: 158-167.

[49] M'RIO S A, CHATZIKOKOLAKIS K, PALAMIDESSI C, et al. Measuring information leakage using generalized gain functions [C]//Proceedings of the IEEE 25th Computer Security Foundations Symposium (CSF). [S. l.]: IEEE, 2012: 265-279.

[50] MASSEY J L. Guessing and entropy [C]//Proceedings of the IEEE International Symposium on Information Theory. [S. l.]: IEEE, 1994: 204.

[51] SABELFELD A, SANDS D. Dimensions and principles of declassification [C]//Proceedings of the 18th IEEE Workshop Computer Security Foundations (CSFW). [S. l.]: IEEE, 2005: 255-269.

[52] LOVE E, JIN Y, MAKRIS Y. Enhancing security via provably trustworthy hardware intellectual property [C]// Proceedings of the 2011 IEEE International Symposium on Hardware-Oriented Security and Trust (HOST). San Diego, CA, USA: IEEE, 2011: 12-17.

[53] NECULA G C. Proof-carrying code [C]//Proceedings of the 24th ACM SIGPLAN-SIGACT Symposium on Principles of Programming Languages. [S. l.]: ACM, 1997: 106-119.

[54] DRZEVITZKY S, KASTENS U, PLATZNER M. Proof-carrying hardware: Concept and prototype tool flow for online verification [J]. International Journal of Reconfigurable Computing, 2010, 2010: 1-11.

[55] YANG B, WU K, KARRI R. Scan based side channel attack on dedicated hardware implementations of data encryption standard [C]//Proceedings of the International Test Conference (ITC). [S. l.]: IEEE, 2004: 339-344.

[56] NARA R, TOGAWA N, YANAGISAWA M, et al. Scan-based attack against elliptic curve cryptosystems [C]//Proceedings of the Asia and South Pacific Design Automation Conference. [S. l.]: IEEE, 2010: 407-412.

[57] YANG B, WU K, KARRI R. Secure scan: A design-for-test architecture for crypto chips [J]. IEEE Transactions on Computer-Aided Design of Integrated Circuits and Systems, 2006, 25 (10): 2287-2293.

[58] SENGAR G, MUKHOPADHYAY D, CHOWDHURY D. Secured flipped scan-chain model for crypto-archi-

tecture [J]. IEEE Transactions on Computer-Aided Design of Integrated Circuits and Systems, 2007, 26 (11): 2080-2084.

[59] DA ROLT J, DI NATALE G, FLOTTES M L, et al. Are advanced DfT structures sufficient for preventing scan-attacks? [C]//Proceedings of the IEEE 30th VLSI Test Symposium (VTS). [S. l.]: IEEE, 2012: 246-251.

[60] ROLT J, DAS A, NATALE G, et al. A new scan attack on rsa in presence of industrial countermeasures [C]// SCHINDLER W, HUSS S. Lecture Notes in Computer Science: volume 7275 Constructive Side-Channel Analysis and Secure Design. [S. l.]: Springer Berlin Heidelberg, 2012: 89-104.

[61] GUO X, DUTTA R G, JIN Y. Eliminating the hardware-software boundary: A proof-carrying approach for trust evaluation on computer systems [J]. IEEE Transactions on Information Forensics and Security (TIFS), 2017, 12 (2): 405-417.

[62] JIN Y, MAKRIS Y. A proof-carrying based framework for trusted microprocessor IP [C]//Proceedings of the 2013 IEEE/ACM International Conference on Computer-Aided Design (ICCAD). San Jose, CA, USA: IEEE, 2013: 824-829.

[63] GUO X, DUTTA R G, JIN Y. Hierarchy-preserving formal verifiation methods for pre-silicon security assurance [C]//Proceedings of the 16th International Workshop on Microprocessor and SOC Test and Verification (MTV). Austin, TX, USA: IEEE, 2015: 48-53.

[64] GUO X, DUTTA R G, MISHRA P, et al. Scalable soc trust verification using integrated theorem proving and model checking [C]//Proceedings of the IEEE Symposium on Hardware Oriented Security and Trust (HOST). McLean, VA, USA: IEEE, 2016: 124-129.

[65] GUO X, DUTTA R G, MISHRA P, et al. Automatic code converter enhanced pch framework for soc trust verification [J]. IEEE Transactions on Very Large Scale Integration System (TVLSI), 2017, 25 (12): 3390-3400.

[66] XIAO K, NAHIYAN A, TEHRANIPOOR M. Security rule checking in ic design [J]. Computer, 2016, 49 (8): 54-61.

[67] ZHANG D, ASKAROV A, MYERS A C. Language-based control and mitigation of timing channels [J]. ACM SIGPLAN Notices, 2012, 47 (6): 99-110.

[68] ZHANG D, WANG Y, SUH G E, et al. A hardware design language for timing-sensitive information-flow security [J]. ACM SIGPLAN Notices, 2015, 50 (4): 503-516.

[69] LI X, TIWARI M, OBERG J K, et al. Caisson: a hardware description language for secure information flow [C]//ACM SIGPLAN Notices: volume 46. [S. l.]: ACM, 2011: 109-120.

[70] LI X, KASHYAP V, OBERG J K, et al. Sapper: A language for hardware-level security policy enforcement [C]//Proceedings of the 19th international conference on Architectural support for programming languages and operating systems. [S. l.]: ACM, 2014: 97-112.

[71] DEHESA-AZUARA M, FREDRIKSON M, HOFFMANN J, et al. Verifying and synthesizing constant-resource implementations with types [C]//Proceedings of the IEEE Symposium on Security and Privacy (SP). [S. l.]: IEEE, 2017: 710-728.

[72] GUO X, DUTTA R G, HE J, et al. Qif-verilog: Quantitative information-flow based hardware description

languages for pre-silicon security assessment [C]//Proceedings of the IEEE Symposium on Hardware Oriented Security and Trust (HOST). McLean, VA, USA: IEEE, 2019: 91-100.

[73] TAKAMAEDA-YAMAZAKI S. Pyverilog: A python-based hardware design processing toolkit for veriloghdl [C]//Proceedings of the International Symposium on Applied Reconfigurable Computing. [S. l.]: Springer, 2015: 451-460.

[74] WAHBY R S, HOWALD M, GARG S, et al. Verifiable asics [C]//Proceedings of the IEEE Symposium on Security and Privacy (SP). [S. l.]: IEEE, 2016: 759-778.

[75] TIWARI M, WASSEL H M, MAZLOOM B, et al. Complete information flow tracking from the gates up [C]//Proceedings of the 14th international conference on Architectural support for programming languages and operating systems: volume 44. [S. l.]: ACM, 2009: 109-120.

[76] TSEITIN G. On the complexity ofderivation in propositional calculus [M]//SIEKMANN J H, WRIGHTSON G. Automation of Reasoning. Symbolic Computation (Artificial Intelligence). [S. l.]: Springer, 1968: 466-483.

第 6 章　分块制造及其在电路防护中的应用

伴随着芯片制造外包的发展趋势，设计人员认为分块制造技术（split manufacturing）是一种既能利用不可信芯片代工厂的先进制造工艺，又能保护设计免受潜在攻击的有效方法。本章首先简要介绍分块制造技术及其实现方式，然后分析和证明现有的分块制造技术在硬件木马防御方面尚不十分理想。攻击者可以利用基于邻近或基于模拟退火的映射方法，结合布局层面基于概率或基于网络的剪枝方法，恢复必要的电路信息，从而植入硬件木马或进行其他硬件层面的攻击。最后，本章讨论一种新型的基于分块制造的电路防御方法，将需要保护的逻辑门从易受攻击的位置移开，并提供大量基于测试基准电路的实验结果来证明新方法的有效性。

6.1　引言

昂贵的先进集成电路（IC）制造和 IC 设计的复杂性，促使 IC 的生产流程全球化。虽然设计和制造的分块为设计公司带来了经济利益，但也引起了人们对电路安全性的极大关注，因为潜在的威胁以硬件攻击的形式存在于 IC 供应链的各个阶段。其中本书第 2 章提到的硬件木马（hardware trojan，HT）是针对 IC 常见的攻击方式之一[1]。它试图在原有的设计中插入额外的恶意电路，改变电路的功能或窃取密钥、用户账号等重要信息。硬件木马不仅会造成巨大的经济损失，还会给军事、政府和公共安全带来巨大危害[2,3]。硬件木马的威胁可能来自于参与 IC 设计和制造流程的各方，包括 IC 设计公司、硬件 IP 供应商、CAD 工具供应商和芯片代工厂。

为应对这类攻击，在设计和制造流程的各个阶段都需要考虑安全性[4]，而相对应的防御方法可以分为两类：硬件木马检测和安全设计（design for security，DFS）。硬件木马检测技术试图检测在芯片流片前或流片后阶段插入电路木马的情况。比如逆向工程（reverse engineering，RE）[5]，这种技术可以在芯片生产后进行木马检测，通过对 IC 进行去封装来获得每一层的微观图像。逆向工程的缺点在于其具有破坏性，因为被检测芯片在逆向分析后即失效，分析结果并不一定适用于其他同种芯片。因此，人们提出了诸如逻辑测试和侧信道分析等方法[6,7]。这些方法已被证实能够在不破坏芯片的情况下检测木马，比逆向技术更有效。与之相对应，DFS 技术是通过修改设计流程中的某些步骤来增加木马插入的难度或者开销的。比如基于混淆的方法通过从设计者的角度混淆其功能或从 CAD 工具的角度改变电路结构来保护电路[8,9]。另一种新兴的方法是分块制造[10]。这也是本章将要讨论的重点。在分块制造中，整个芯片设计被分为两部分：①前道工序（front end of line，FEOL），由晶体管和较低的金属层组成；②后道工序（back end of line，BEOL），由较高的金属层组成。这其中只有 FEOL 层需要在具有较先进制造工艺的代工厂（统称高端代工厂）制造，而 BEOL 层可由可信的但是却只具有较落后制造工艺的代工厂（统称低端代工厂）制造。换言之，在分块制造中，只有晶体管和底层金属的连接暴露在潜在的威胁中，而较高层金属层上的连接则被隐藏起来，不易被攻击者发现。目前已经有芯片通过这种方式被制造出来[11,12]。

最近，在文献［13-16］中，作者分析了一组采用分块制造方法制造的基准电路的安全性，包括 ISCAS-85、ITC-99 和 ISPD 2011 等基准电路。攻击者试图从 FEOL 连接中恢复缺失的 BEOL 连接。在文献［14］中，作者首先假设拆分层为第四层金属（M4），然后提出利用一种被称为邻近攻击的方法，通过物理设计工具所揭示的局部物理信息来恢复 BEOL 层中电路分块之间的隐藏连接。结果表明，96% 的缺失连接可以被正确恢复。Wang 等人[15,16]研究了更为普通的扁平化设计，提出了采用基于信号流动的攻击方法来恢复缺失连接。结果表明，当改变拆分层时，他们的方法平均能恢复高达 67% 的缺失连接。在文献［13］中，作者分析了不同的基于邻近位置的技术，用来识别 FEOL 层中引脚的可能连接，结果表明，当拆分层为 M2 时，候选引脚列表中所包含的正确连接引脚已超过 82%。

为了恢复大部分隐藏的 BEOL 连接，上述研究需要 FEOL 连接的足够信息作为输入，意味着最低的拆分层为 M2。拆分层对攻击有效性的影响巨大。例如，在文献［16］中，测试电路 c880 的 BEOL 连接的正确恢复率，在拆分层为 M5 或更高时接近 100%，在拆分层更改为 M3 时降至 27%。这表明，较低的拆分层可以更有效地混淆攻击者。Vaidyanathan 等人[12]建议在 M1 处进行拆分，在这种情况下，所有 FEOL 连接都被隐藏，只给攻击者留下大量的逻辑门，使攻击者难以恢复缺失线路。虽然他们从理论上证明了 M1 拆分的安全性，但有研究表明，M1 拆分后，仍然有插入硬件木马的威胁。

本章将详细研究当拆分层为 M1 时，电路在硬件木马攻击下的安全性，并假设攻击者可以在多个点植入硬件木马来提高攻击的成功率。具体的攻击方法有两种：一种是依据文献［14］中提出的邻近位置攻击，利用连接的门趋向于彼此接近的设计思路，本质上是一种启发式攻击方法；另一种是基于模拟退火（simulated annealing，SA）方法发起的攻击方法。模拟退火方法广泛应用于芯片后端设计中的布局阶段，可使布线总长度最小化[17]。这两种方法不仅利用局部启发式（如逻辑连接）或全局信息（如总线长），还利用了最小化总线长是布局过程基本目标的设计思路。为了对抗这些攻击方法，本章还将讨论相应的防御方法，包括一种可将门移出容易受攻击候选位置的防御方法。

6.2 分块制造简介

硬件木马攻击是硬件安全的主要威胁，如文献［18］中所述，硬件寄存器的状态被修改，攻击者可能恶意提高权限。为了实现成功的攻击，攻击者需要在电路布局中确定与特权位相对应的门和线路。因此，为了支持硬件木马攻击并降低攻击成本，攻击者不仅需要完整的门级网表，还需要将网表中的逻辑门映射到布局中的物理位置[12]。

分块制造最初于21世纪初提出，旨在提高芯片产量。最近，研究者发现可以利用这一技术，通过在布局中隐藏BEOL连接来增强电路的安全性[15]。已有一些研究工作分析了使用分块制造的电路的安全性[13-16]。研究者提出邻近位置启发式攻击[14]，利用连接引脚应该被放置在彼此靠近的设计思路来恢复BEOL中的隐藏连接。为了防御这种攻击，研究者进一步提出了一种引脚交换的方法来混淆启发式信息，从而增加了重建BEOL线路的难度。在邻近位置启发式算法之上，在文献[15]中，研究者进一步提出了一种基于信号流的攻击框架。该框架考虑了时序和负载电容约束等更多信息。研究者还提出了一种布局扰动防御，可降低基于信号流攻击的效率。

在文献[19]中，研究者提出以一种图同构方法来获得网表布局映射。根据这一方法，研究者分别构造了两个连接图：一个用于网表；另一个用于FEOL层的物理布局。通过两个连接图之间的图同构得到映射。这是一个NP难度的问题。为了评估攻击的有效性，研究者在文献[19]中提出了k-安全度量标准：如果逻辑网表中的一个门可以映射到布局中的k个候选位置，那么这个门就是k-安全的，即不能把它与其他$k-1$逻辑门区分开。研究者演示了一种通过将部分线路提升到可信的BEOL，从而提升电路安全性的技术。

在文献[20]中，研究者提出了一种结构模式匹配方法，首先为电路网表中的每个门构造模式表，然后在布局中为每个门查找匹配的模式。由于布局中的每个门都能在原始网表中找到多种匹配方案，因此可以通过考虑设计惯例删减候选门。在文献[21]中，研究者提出了一种新的威胁模型，其中FEOL和BEOL均由不可信的代工厂制造，使用几何模式匹配，将BEOL电路中的通孔与工艺库中的标准单元模式比较，找出紧密匹配的单元。在文献[21]中，研究者还提出一种叫做n-class的分类器，当给定一组通孔及其位置并标记为输入时，该分类器可以预测单元类型。为了防御这种攻击，研究人员对标准单元的布局进行修改以混淆攻击者。然而，这些攻击方法大多利用的是设计工具或设计惯例所揭示的启发式信息。Chen等人[22]将缺失的BEOL线路建模为一个由输入密钥控制的互连网络，可以通过用于逻辑解密的SAT攻击方式来实施攻击。在没有任何启发式信息的情况下，Chen等人借助已经封装的IC来恢复隐藏的线路。

这些研究工作表明，对于FEOL中包含足够多金属连接层的分块制造技术，攻击者可以在BEOL中重建大部分连接，但由于泄露给攻击者的信息较少，降低FEOL和BEOL之间的拆分层可以增强安全性。在极端情况下，在文献[12]中，研究者建议将拆分层降低到M1，这样攻击者只能看到没有单元间连接的海量逻辑门。

为了对抗这些攻击，许多研究集中在提高电路安全性的防御方法上。Wang等人[23]提出了一种布线扰动的防御方法，先将FEOL中的线段切割并合并至BEOL，生成伪引脚，然后利用延长布线等方法破坏设计工具所提供的启发式信息。有意思的是，这些用于分块制造的防御方法也适用于保护 2.5D 和 3D 等新型电路的设计方案。在文献[24]中，研究者为 2.5D IC 制造提出了一种新的安全防御方法，在不同的晶粒之间使用特殊的连接器连接隐藏的线路。研究者提出了一种安全感知的后端设计流程，包括安全分块、安全布局和布线，可以在低性能成本下抵御邻近位置攻击。Madani 等人[25]在 3D IC 设计的不同层之间增加一个安全层，其中网表中的输入门连接到多个驱动逻辑门，以达到混淆启发式信息的目的。在安全层，通过编程一个浮栅来选择正确的驱动逻辑门，只要浮栅的配置位安全，IC 的整个制造流程包括封装过程都可以通过外包的形式完成。为了避免来自相邻晶粒的攻击，Dofe 等人[26]分析了 3D IC 中新的安全威胁，提出了一种基于片上网络（NOC）的系统级封装（SIP）来混淆 3D 堆栈中的垂直通信信息。

6.3 分块制造中的木马威胁

本章接下来将重点介绍拆分层为 M1 的制造电路在木马攻击下的安全性。因为 FEOL 中没有可用的连接信息，所以不能直接使用文献[13-16]中介绍的方法，而且在防御时，不能像文献[19]中介绍的那样找到可去除的线路。攻击者的目标是在电路中植入木马，为了完成这个目标，需要尽最大努力找到布局中目标门的可能位置。在另一项研究工作中，研究者采用了邻近位置启发式[14]的思路，找出网表中的逻辑连接和门的大小，对可能的网表布局映射进行逆向工程，从而找到目标门，而不是恢复隐藏的连接。考虑到邻近位置启发式的攻击方法不需考虑全局信息（如总布线长度），研究者还提出了一种基于模拟退火的攻击方法。由于攻击者可以在多个位置植入木马以保证攻击成功，因此为了定量测量木马攻击下电路的安全性，研究者提出了两个度量标准，即有效映射对比例（effective mapped set ratio，EMSR）和平均映射对剪枝比例（average mapped set pruning ratio，AMSPR），以及相应的基于门交换的防御方法。

在现有文献中，除了 k-安全度量标准，研究者还提出了许多其他的度量标准来衡量在不同威胁模型下攻击和防御方法的有效性，利用从版图中正确提取的逻辑门的百分比[5]和正确匹配的信号的数量[27]来估计逆向工程的有效性。在文献[15]中，研究者利用正确的连接率和输出错误率来评估攻击和防御技术。在文献[28]中，研究者利用检测率来衡量检测木马的成功率。为了防止 IP 盗版和 IC 过度制造，研究者采用了汉明距离[13,14,29]、暴力破解所需次数和输入向量的数量[30]来度量在安全性设计方面所达到的混淆度。在文献[31]中，研究者提出了邻域连通度、标准单元组成偏差、单元级混淆度和熵等四个度量指标来评价混淆技术的有效性。尽管上述度量标准对相应的攻击和防御技术有效，但不能直接用于分析分块制造中的木马威胁。例如，在攻击模型中，k-安全度量标准[19]只能描述攻击者在普通门中插入木马的难度，而现实的问题是需要度量指标能够描述在目标门中插入木马的准确性及其攻击成本。

6.4 威胁模型和问题形式化

6.4.1 威胁模型

因为攻击者希望执行有针对性的木马攻击,所以需要获取电路网表中的门与其在布局中的位置之间的映射关系。虽然攻击者可以在所有可能的位置植入木马,但会增加攻击者的工作量和所植入木马被检测的风险。因此攻击者需要尽可能减少植入木马的数量。

在如图6.1所示的威胁模型中,攻击者可以分两个阶段从两种方式中获取电路信息:一个是通过不可信的高端代工厂,在制造过程中修改 FEOL 布局;另一个是在设计阶段接触电路设计,虽然不能对设计进行恶意更改,但可以访问整个电路的精确门级网表。这种威胁模型在文献[19]中被使用。与软件攻击者不同,硬件攻击者往往组织资源丰富,而且愿意付出更高的代价来植入木马,执行有价值的攻击[32]。这里假设攻击者能够获得门级网表。

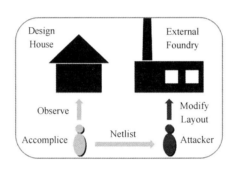

图 6.1 威胁模型

此外,为了说明分块制造的芯片依旧容易被木马攻击,这里进一步假设电路在 M1 金属层被拆分,可使在分块制造过程中给攻击者提供的信息最少,而且版图中的主要输入和输出端口可以被准确识别,并且可以正确映射到网表中的输入和输出。最后,假设攻击者无法访问集成后的电路,阻止了实施逆向工程[12]的可能性。在此假设下,攻击者可以在代工厂制造的未来批次电路中插入恶意逻辑[19]。

6.4.2 问题形式化

利用 FEOL 层的物理布局和整个电路的门级网表,攻击者可以将网表中的门映射到版图中的物理位置,从而植入类似于文献[15,20]中介绍的木马。

下面用图6.2来说明问题形式化的示例。图6.2(a)对应于电路的门级网表;图6.2(b)是电路完整的物理布局布线,所有门都正确映射到网表中对应的门,表明网表中的门与布局中的物理门之间的正确映射;图 6.2(c)是攻击者看到的物理布局,没有单元间连接,并且所有物理门的标签都不同。

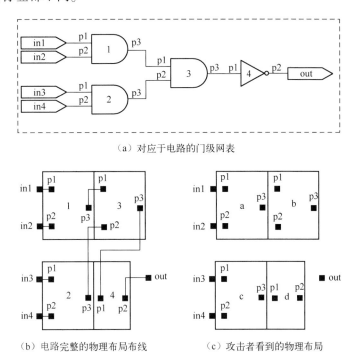

图 6.2 问题形式化的示例

设定 $V_n=\{1,2,3,4\}$ 为网表中的门集合,$V_l=\{a,b,c,d\}$ 为攻击者看到的布局中的门集合,则映射所需解决的问题是找到与正确的映射 $\phi_c:V_n\to V_l$ 非常接近的映射 $\phi:V_n\to V_l$。由图 6.2(b) 和图 6.2(c) 可知,正确的映射均为双射,即 $\phi_c(1)=a$,$\phi_c(2)=c$,$\phi_c(3)=b$,$\phi_c(4)=d$。

对于攻击者,依赖从高端代工厂获得的电路信息,可以对 FEOL 中的所有分量进行逆向工程[16,33],从而获知布局中所有门的类型和位置。根据图 6.2(c),攻击者可以猜测的初始映射是 $\phi_{ini}(x)=\{a,b,c\}$ ($x=1,2,3$) 和 $\phi_{ini}(4)=d$。根据初始映射,如果目标是逻辑门'3',则攻击者必须在所有三个与(AND)门中植入木马。原因在于,攻击者的主要目标是成功植入木马,如果对目标位置无法唯一识别,就需要在所有可能位置植入木马。如果把 $\phi(V_n(i))$ 定义为网表中的第 i 个逻辑门的映射集,则包含 $V_n(i)$ 可能会映射到的所有逻辑门,$|\phi(V_n(i))|$ 就是这个映射集的大小。例如在图 6.2(a) 中,逻辑门'1'的映射集可以表示为 $\phi(1)=\{a,b,c\}$,其大小 $|\phi(1)|=3$ 意味着在布局中可能映射的逻辑门总数为 3。很明显,$|\phi(V_n(i))|$ 不一定总是 1,但是攻击者可以尝试修剪 $\phi(V_n(i))$ 来降低攻击的成本和被检测到的概率。

一般而言,设定 m 为电路中逻辑门的总类型数,映射问题就变成了寻找 m 的所有映射 $\phi_1,\phi_2,\phi_3,\cdots,\phi_m$,其中 $\phi_j:V_n^j\to V_l^j$ 代表网表中类型为 j 的逻辑门和实际电路中该类型门的映射。对于 j 类型的任意逻辑门 $V_n^j(i)$，其初始映射集是所有网表中 j 类型的电路门的集合。例如，对于图 6.2（a），$m=2$，因为有两种类型的门，即与（AND）门和非（NOT）门。对于与（AND）门 '1'，它的初始映射集是 $\phi(1)=\{a,b,c\}$，这是布局中的所有与门。接下来的问题是以适当的方式修剪 $\phi(1)$。后续章节将介绍映射和剪枝问题的解决方案以及相应的防御方法。

6.5 攻击度量和流程

本节将首先提出两个特定木马攻击模型的度量标准，然后展示整个攻击流程。

6.5.1 度量标准

如前所述，为了进行木马攻击，攻击者需尽可能确保目标门的映射集包含真正要植入木马的目标电路门。同时，攻击者还希望尽可能缩小映射集的大小，从而降低木马植入的成本和被检测到的风险。这里就有了以下两个度量标准来量化攻击方法的有效性。

1. 有效映射集比率（effective mapped set ratio，EMSR）

门的映射集只有包含了门的正确位置（布局中的候选门）时才有效。如果映射集不包含正确的位置，则会误导攻击者错过目标位置，影响攻击的效果。EMSR 的定义是所有映射集中有效映射集的百分比。从形式上讲，

$$\text{EMSR} = \frac{\sum_{i=1}^{|V_n|} |\phi(V_n(i)) \cap \phi_c(V_n(i))|}{|V_n|} \tag{6-1}$$

式中，$\phi(V_n(i))$ 是门 $V_n(i)$ 的映射集；$\phi_c(V_n(i))$ 是 $V_n(i)$ 的正确物理门；$|V_n|$ 是电路中门的总数。

2. 平均映射集剪枝比率（average mapped set pruning ratio，AMSPR）

AMSPR 是攻击后电路中映射集的平均缩减率，即攻击后，映射集的缩减程度与原始映射集的大小之比。从形式上讲，

$$\text{AMSPR} = \frac{1}{|V_n|} \sum_{i=1}^{|V_n|} \left(1 - \frac{|\phi(V_n(i))|}{|\phi_{\text{ini}}(V_n(i))|}\right) |\phi(V_n(i)) \cap \phi_c(V_n(i))| \tag{6-2}$$

式中，$\phi_{\text{ini}}(V_n(i))$ 是 $V_n(i)$ 的初始映射集，包含与 $V_n(i)$ 具有相同门类型的所有物理门。需要注意的是，如果在剪枝过程中映射集 $\phi(V_n(i))$ 变为无效，即 $\phi(V_n(i)) \cap \phi_c(V_n(i))$ 为空，则无论剪枝多少，此映射集都只会误导攻击者。因此，如果一个映射集变为无效，则将这个映射集的剪枝比率设置为 0，意味着剪枝没有效果。

以图 6.2 所示的电路为例，$V_n = \{1,2,3,4\}$，$\phi_c(1) = a$，$\phi_c(2) = c$，$\phi_c(3) = b$，$\phi_c(4) = d$，$\phi_{ini}(1) = \{a,b,c\}$，$\phi_{ini}(2) = \{a,b,c\}$，$\phi_{ini}(3) = \{a,b,c\}$，$\phi_{ini}(4) = d$。最初每个门的映射集 ϕ 均等于初始映射 ϕ_{ini}，根据式（6-1），可以得到

$$\text{EMSR} = \frac{1+1+1+1}{4} = 1$$

现在假设在攻击之后，映射集减少到 $\phi(1) = \{a,b\}$，$\phi(2) = \{c\}$，$\phi(3) = \{a,c\}$，$\phi(4) = \{d\}$，根据式（6-1）、式（6-2），得到

$$\text{EMSR} = \frac{1+1+0+1}{4} = 0.75$$

以及

$$\text{AMSPR} = \frac{\left(1-\frac{2}{3}\right) \times 1 + \left(1-\frac{1}{3}\right) \times 1 + \left(1-\frac{2}{3}\right) \times 0 + \left(1-\frac{1}{1}\right) \times 1}{4} = 0.25$$

注意，EMSR 在攻击后从 1 减小到 0.75，因为正确的映射 b 是从门'3'的初始映射集 $\phi_{ini}(3) = \{a,b,c\}$ 中删减的。从这个例子中还可以看出，删减映射集也是降低攻击成本的一个有效方法。

一般来说，攻击者寻找同时具有高 EMSR 和 AMSPR 的映射集，前者意味着较高的攻击正确率，后者意味着较低的攻击成本。

6.5.2 攻击流程

图 6.3 为针对分块制造电路的木马攻击流程，主要包括三个步骤。

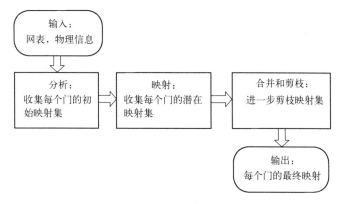

图 6.3 针对分块制造电路的木马攻击流程

1. 分析

由于攻击者拥有门级网表和 FEOL 版图信息，因此会首先获取网表中每个门的初始映射

集，即 FEOL 布局中所有类型相同的门。在实验中，研究者发现初始映射集可能会过于庞大。这促使研究者提出新的技术来修剪初始映射集。可通过以下两个步骤修剪初始映射集。

2. 映射

这一步的目标是通过多种参考信息，比如布局中的局域物理信息，以及一些布局中的常识，如最小化布线长度是布局过程中一个基本目标等，找到足够数量的网表和版图之间的映射。6.5.3 节会详细介绍此步骤的两种方法。

3. 合并和剪枝

通过合并所有找到的映射，可以得到每个门的简化映射集。实验结果表明，单靠映射步骤不足以减小映射集，因此研究者提出了剪枝的方法来进一步减小映射集。

6.5.3 映射

映射旨在获得一定数量的可能的网表和版图之间的映射。本节将介绍两种在不同粒度上利用物理信息的映射方法。

1. 基于邻近位置的映射（proximity-based mapping，PM）

在介绍基于邻近位置的映射方法 PM 的具体过程之前，需要先介绍一些背景知识。

（1）在物理布局中，相同类型（或尺寸）的逻辑门具有相同数量的引脚，并且每个引脚到门中心的偏移位置是确定的。以如图 6.4 所示示例来说明。在图 6.4（b）中有两组门类型相同：$\{a,b\}$ 是 AND 类型，$\{c,d,e\}$ 是 OR 类型。每一个 AND 类型门都有三个引脚，这些引脚的位置是确定的，即所有这些门的引脚可记为 $\{p_1,p_2,p_3\}$，并且每个引脚的位置是固定的。

（2）因为所有端口只有一个引脚，与标准单元相比，其大小可以忽略不计。假设下标 n 和下标 l 分别表示网表和布局中的引脚，那么 $in1_n$ 表示图 6.4（a）中 in1 的引脚，$in1_l$ 表示图 6.4（b）中的 in1 的引脚。其他引脚的命名类似。对于其他非输入—输出门，逻辑门 j 的第 i 个引脚表示为 $pin_{i,j}$。针对图 6.4，用 $pin_{1,1}$ 和 $pin_{1,a}$ 分别表示逻辑门'1'的引脚 p1 和逻辑门 a 的引脚 p1。具有相同偏移位置和相同关联门类型的引脚称为同类型引脚。例如，$\{pin_{1,a},pin_{1,b}\}$ 是相同类型的引脚，而 $\{pin_{1,a},pin_{2,b}\}$ 和 $\{pin_{1,a},pin_{1,c}\}$ 都是不同类型的引脚，因为它们的门类型和引脚位置不同。

（3）一旦一个引脚被映射，则其所属的门也被映射；反之亦然。对于图 6.4，如果 $pin_{1,1}$ 被映射到 $pin_{1,a}$，那么门'1'也被映射到门 a，并且它们的所有引脚被分别映射到对方的引脚，即 $\{pin_{1,1},pin_{2,1},pin_{3,1}\}$ 被映射到 $\{pin_{1,a},pin_{2,a},pin_{3,a}\}$，表明映射一个引脚等同于映射一个门。

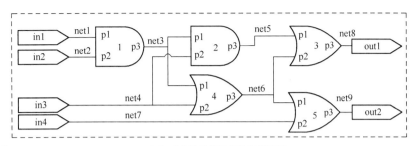

（a）对应于门级网表的逻辑连接

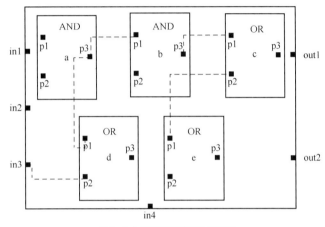

（b）攻击者可观察到的物理布局

图6.4 通过邻近度恢复网表布局映射的示例

（4）如果所有引脚都被正确映射，那么映射过程结束，比如 $\{in1_n, in2_n, in3_n, in4_n, out1_n, out2_n\}$ 被分别映射到 $\{in1_l, in2_l, in3_l, in4_l, out1_l, out2_l\}$。

在文献[14]中，研究者首次提出了用邻近位置攻击来恢复BEOL层中的电路的隐藏连接，其基本方法是将两个最近的引脚连接为缺失线路。本章介绍的PM方法与之不同，并不使用邻近位置来恢复隐藏的连接，而是使用邻近位置这一方法找到可能的网表布局映射。除了利用在文献[14]中提到的包括输入—输出关系和邻近性的提示，在所提出的映射过程中还考虑网表中的逻辑连接信息和门的类型及大小信息。PM利用这些提示来查找引脚的映射引脚，从而查找门的映射门。以图6.4（a）中的net3为例，这个网络有三个相关的引脚 $\{pin_{3,1}, pin_{1,2}, pin_{1,4}\}$，假设门'1'已经映射到门a，这意味着引脚 $pin_{3,1}$ 映射到 $pin_{3,a}$，考虑下一个要映射的引脚是 $pin_{1,4}$，从而找到门'4'的映射门。传统邻近位置攻击认为 $pin_{1,b}$ 是 $pin_{1,4}$ 最可能的映射引脚，因为它是在所有未映射的引脚中最靠近 $pin_{3,a}$ 的引脚，因此会将门'4'映射到门b。而在这里介绍的PM过程中，$pin_{1,4}$ 的门类型是从网表中观察到的OR类型，因此只需考虑与布局中 $pin_{1,4}$ 同类型的未映射引脚，可以不考虑其他引脚，即从 $\{pin_{1,d}, pin_{1,e}\}$ 中选择最近的引脚作为 $pin_{1,4}$ 的映射引脚，最后PM取 $pin_{1,d}$ 作为 $pin_{1,4}$ 的映射引脚并将门'4'映射到门d。因此，在基于邻近位置的映射中，网表中的引脚只能映射到布局中最接近的同类型引脚。PM 每次都会选择一个未映射的引脚，在布局中找到可能的映射引脚，直到映射所有引脚或门。一旦引脚被映射，则它所属的门也将被映射；反之亦然。对于图 6.4，如果 $pin_{1,1}$ 被映射到 $pin_{1,a}$，那么门'1'也被映射到门 a，并且它们的所有引脚被分别映射到对方，即 $\{pin_{1,1}, pin_{2,1}, pin_{3,1}\}$ 被分别映射到 $\{pin_{1,a}, pin_{2,a}, pin_{3,a}\}$。

下面结合图 6.4 中的电路来说明算法 6.1 中给出的 PM 的过程。

算法 6.1 基于邻近位置的映射（PM）

Algorithm 6.1 Proximity-based Mapping

1: **Input**: Netlist, layout positions
2: **Output**: Mapping result of each gate
3: Initially, map all the terminal gates correctly as $G_{terminal}$;
4: $G_{mapped} \leftarrow \emptyset$, $g_{mapped} \leftarrow \emptyset$;
5: $p_{mapped} \leftarrow \emptyset$, $p_{next} \leftarrow \emptyset$;
6: **while** there exits unmapped gates or unmapped pins **do**
7:    **if** $G_{mapped} = \emptyset$ **then**
8:       Randomly choose a gate from $G_{terminals}$ as g_{mapped} and p_{mapped} whose belong to net has unmapped pins;
9:    **else if** $G_{mapped} \neq \emptyset$ && all nets connected to g_{mapped} has no unmapped pins **then**
10:      Randomly choose a gate from G_{mapped} as g_{mapped}, at least one of whose nets has unmapped pins, and ramdomly choose a pin from g_{mapped} as p_{mapped};
11:    **end if**
12:    $net_i \leftarrow$ RandomChoose(g_{mapped}'s nets who have unmapped pins);
13:    $p_{next} \leftarrow$ RandomChoose(net_i's unmapped pins);
14:    $p_{layout} \leftarrow$ FindNearestUnmappedSametypePin(p_{mapped});
15:    map p_{layout} to p_{next};
16:    map p_{next}'s gate to p_{layout}'s gate;
17:    G_{mapped}.push_back(p_{next}'s gate);
18:    $p_{mapped} \leftarrow p_{next}$;
19:    $g_{mapped} \leftarrow p_{layout}$'s gate;
20: **end while**
21: // all gates mapped, get a possible mapping solution;
22: **return** Mapping result of each gate;

首先，正确映射所有终端。这里 $G_{terminal}$ 包含了所有的输入—输出门，G_{mapped} 包含了除输入—输出门以外的所有已经映射的门，g_{mapped} 包含最近映射的门，p_{mapped} 是 g_{mapped} 引脚中的一个引脚，p_{next} 是下一个要映射的引脚，对应于算法 6.1 中第 3 行到第 5 行。对图 6.4，$\{in1_n, in2_n, in3_n, in4_n, out1_n, out2_n\}$ 分别映射到 $\{in1_l, in2_l, in3_l, in4_l, out1_l, out2_l\}$。

其次，从 g_{mapped} 有未映射引脚的管脚中随机选择一个管脚称为 net_i，然后从 net_i 的未映射引脚中随机选择一个引脚作为 p_{next}。显然，在开始时，g_{mapped} 只包含输入—输出门，因为根据算法 6.1 中的第 7、8 行只有输入—输出门被映射。之后 g_{mapped} 就包含最近映射的门。如果 g_{mapped} 的所有管脚都没有未映射的引脚，则应从之前的映射门中随机选择一个新的门（G_{mapped}），并根据算法 6.1 中第 9 行到第 11 行，从 g_{mapped} 中随机选择一个引脚。对图 6.4，假设最初选择 $p_{mapped} = in3_n$，其所属管脚为 net_4，未映射引脚是 $\{pin_{2,2}, pin_{2,4}\}$，则根据算法 6.1 中第 12、13 行，随机选择后假设 $p_{next} = pin_{2,4}$。

第三步，可以在布局中找到 p_{next} 的映射引脚，即它的未映射同类型引脚最接近 p_{mapped} 中已经映射的引脚，PM将$pin_{2,d}$作为$pin_{2,4}$的映射引脚，因为它是未映射同类型引脚$\{pin_{2,c},pin_{2,d},pin_{2,e}\}$中最接近$in3_l$的引脚。将门'4'映射到门d，剩余的引脚$\{pin_{1,4},pin_{3,4}\}$分别映射到$\{pin_{1,d},pin_{3,d}\}$，对应于算法6.1中的第15行到第16行。

最后，根据算法6.1中的第17~19行，从最近映射的引脚和门开始，重复上述步骤，直到映射所有的门和引脚。

（5）PM获得的不同映射结果的示例如图6.5所示。图6.5中的红线显示PM的示例映射过程。从$in3_n$（映射到$in3_l$）开始，使用连接$\{in3_n,pin_{2,4}\}$来映射$pin_{2,4}$（映射到$pin_{2,d}$，门'4'映射到门d），其余使用的连接包括$\{pin_{1,4},pin_{3,1}\}$（将$pin_{3,1}$映射到$pin_{3,a}$，门'1'映射到门a）、$\{pin_{3,1},pin_{1,2}\}$、$\{pin_{3,2},pin_{1,3}\}$、$\{pin_{2,3},pin_{1,5}\}$。最后，映射结果是门$\{1,2,3,4,5\}$分别映射到门$\{a,b,c,d,e\}$。

需要指出的是，PM得到的映射结果与映射顺序密切相关。例如，从图6.5中的$in3_n$开始，如果下一个管脚是$\{pin_{2,2},pin_{1,3}\}$（图中标蓝的部分），那么它将分别映射门$\{2,3\}$到门$\{a,d\}$。对于映射顺序$\{pin_{2,4},pin_{3,1}\}$（图中标红的部分），门$\{4,1\}$分别映射到门$\{d,a\}$。因此，如果PM过程运行多次，则可以得到不同的映射解。

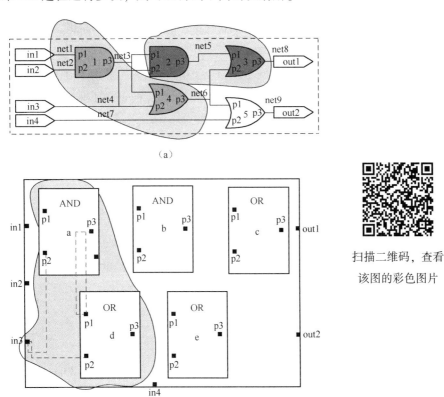

图6.5 PM获得的不同映射结果的示例

扫描二维码，查看该图的彩色图片

（6）模拟退火（Simulated Annealing，SA）映射。基于邻近位置映射（PM）方法仅利用本地物理信息，在寻找可能的网表布局映射时存在局限性。模拟退火（SA）方法在布局算法中得到了广泛应用[17,34]。研究人员提出了一种基于 SA 的映射方法。该方法利用了全局启发式信息，即布局工具会从整体上最小化布线总长度。图 6.6 显示了基于 SA 的映射流程。

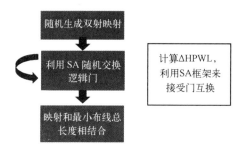

图 6.6 基于 SA 的映射流程

首先，随机生成双射映射，将电路网表中的每个门随机映射到布局中相同类型的物理门。需要注意的是，如果一个门类型在电路中只有一个实例，那么它实际上是得到了正确的映射。由于双射映射的特性，布局中的每个门也被唯一地映射到网表中的一个门。因此，版图中的连接通过遵循网表中的连接来完全重建后，可以计算芯片的总布线长度，进而指导如何映射。在计算总布线长度时，使用半周长线长（half perimeter wirelength，HPWL）作为每个网络的估计线长。

其次，为了使映射朝着更小的总布线长度方向演进，采用 SA 框架，通过随机交换两个门的映射来迭代地改进线长。举例而言，如果 $V_n(i)$ 和 $V_n(j)$ 先前对应地映射到 $V_l(p)$ 和 $V_l(q)$，则在交换之后，它们对应地映射到 $V_l(q)$ 和 $V_l(p)$。当然这种交换只能发生在同一类型的两个门之间。

最后，获得 SA 过程后的映射解。

在获得 N 个映射解后，首先每个方案代表一个可能的网表布局映射，然后可以通过合并所有解来获得每个门的简化映射集：对于每个映射解，网表中的门 $V_n(i)$ 映射到布局中的门 $V_l(i)$，如果 $\phi(V_n(i))$ 不包含它，那么将 $V_l(i)$ 添加到 $\phi(V_n(i))$。注意，如果网表中的门从未映射到这些解中的某些物理门，则这些物理门不太可能是正确的物理门，因此首先需要有效地剪枝每个门的 $\phi(V_n(i))$，使这些集合只包括可能的物理门位置。

随机 PM 和 SA 映射的解空间都是 $O\left(\prod_{i=1}^{|V_n|} |\phi_{\text{ini}}(V_n(i))|\right)$。其中，$|V_n|$ 是门的数目；$|\phi_{\text{ini}}(V_n(i))|$ 是与门 $V_n(i)$ 同类型门的数目。接下去的讨论将证明，N 对一个给定电路来说，与相同类型门的总数有关。

6.5.4 剪枝

在映射步骤之后，一些门的映射集对于攻击者来说可能仍然太大。以图 6.4 为例，假设

$N=5$,$V_n=\{1,2,3,4,5\}$,$V_l=\{a,b,c,d,e\}$ 的映射解为:

$$G^{N\times|V_n|}=\begin{bmatrix} a & b & e & d & c \\ a & b & d & c & e \\ a & b & d & c & e \\ a & b & c & d & e \\ b & a & e & c & d \end{bmatrix} \quad (6\text{-}3)$$

用 $G_{i,j}$ 作为门 $V_n(j)$ 在第 i 个映射解中的映射门。在合并 $G_{i,j}$ 之后,每个门的映射集是 $\phi(1)=\{a,b\}$,$\phi(2)=\{a,b\}$,$\phi(3)=\{c,d,e\}$,$\phi(4)=\{c,d\}$,$\phi(5)=\{c,d,e\}$。可以看到,只有门'4'的映射集减小了。如果攻击者想成功地在门'3'插入木马,那么仍然需要在 $\phi(3)$ 的所有门中插入木马。因此,研究人员提出两种方法来进一步删减映射集。

1. 基于概率的剪枝

基于概率的剪枝本质上是一种统计方法。它假设一个映射的门如果只是小概率出现,就不太可能是正确的映射门。用以下示例来说明这个方法。假设网表中的门 $V_n(i)$ 所有可能映射是 Q,而其中映射到物理门 $V_l(j)$ 的可能映射数为 P。再设定 $\phi(V_n(i))$ 为映射步骤后 $V_n(i)$ 的映射集,$S(V_n(i))$ 为与 $V_n(i)$ 具有相同门类型的物理门集合。在没有任何基于启发式推理的情况下,$S(V_n(i))$ 中每个门 $V_l(j)$ 被映射到 $V_n(i)$ 的概率为 $P_i(V_l(j))=\dfrac{1}{|S(V_n(i))|}$。在考虑启发式的情况下,概率分布偏向于更多可能选项。用 $\dfrac{P}{Q}$ 来决定是否将 $V_l(j)$ 从 $\phi(V_n(i))$ 中删减:如果 $\dfrac{P}{Q}$ 小于 $\dfrac{1}{|S(V_n(i))|}$,则 $V_l(j)$ 被映射到 $V_n(i)$ 的可能性甚至小于在 $S(V_n(i))$ 中随机选择门并将其映射到 $V_n(i)$ 的可能性。这表明利用攻击方法获得的位置信息可能会揭示设计者的思路,设计者不会将 $V_n(i)$ 放在 $V_l(j)$ 的位置;而在 $\phi(V_n(i))$ 中存在 $V_l(j)$ 的原因很大程度是由于攻击过程中对于解空间的过度探索造成的。因此,从 $\phi(V_n(i))$ 中删减 $V_l(j)$。

从形式上讲,对于任何的 $\phi(V_n(i))$ 中的 $V_l(j)$,计算 $P_i(V_l(j))$ 为 $\dfrac{n_{ij}}{N}$。其中 n_{ij} 是映射 $V_n(i)$ 到 $V_l(j)$ 的映射解的数目。为了给该方法提供更多的灵活性,可以使用 $\dfrac{\alpha}{|S(V_n(i))|}$ 而不是 $\dfrac{1}{|S(V_n(i))|}$ 作为门 $V_n(i)$ 的基本概率进行比较,$\alpha\in[0,2]$ 是控制剪枝权的参数:值越高,从 $\phi(V_n(i))$ 中剪枝得越多;值越低,剪枝得越少。可以在实际实验中确定合适的 α 值。考虑式(6-3)中的映射解 G。假设 $\alpha=1$,则 $V_n=\{1,2,3,4,5\}$ 中每个门的基本概率为 $P_b=\left\{\dfrac{1}{2},\dfrac{1}{2},\dfrac{1}{3},\dfrac{1}{3},\dfrac{1}{3}\right\}$。以门'5'为例,每个映射门在 $\phi(5)=\{c,d,e\}$ 中的出现概率

$P_5(\phi(5))$ 可以分别计算为 $\left\{\dfrac{1}{5},\dfrac{1}{5},\dfrac{3}{5}\right\}$。根据基于概率的剪枝，对于门 $V_n(i)$，如果 $P_i(V_l(j))$ <$P_b(i)$，则门 $V_l(j)$ 从 $\phi(V_n(i))$ 剪枝。因此，剪枝后的门 '5' 的映射集是 $\phi(5)=\{e\}$，门 d 和门 e 被删减。与门 '5' 类似，其余门的最终映射集为 $\phi(1)=\{a\}$，$\phi(2)=\{b\}$，$\phi(3)=$ $\{d,e\}$，$\phi(4)=\{c,d\}$。

2. 基于网络的剪枝

上述基于概率的剪枝方法仅考虑映射集中元素的出现概率，因此它可能误删出现次数较少的正确映射门。例如，由于 $P_3(c)<P_b(3)$，在基于概率的剪枝之后，$\phi(3)$ 不包括正确的门 $G_{4,3}=c$。为了使剪枝更有效，基于网络的剪枝还考虑这样一个事实，即布局工具往往会缩短每个连接的布线长度。基于网络的剪枝的主要概念是只删减那些较长连线且出现次数较少的映射门，而其他映射门则被保留。使用式（6-3）中 G 的映射解来展示基于网络的剪枝的工作原理：图 6.4（a）中总共有 $K=9$ 个网络。这里首先考虑 net5，它在网表中的连接门是 $V_n(net5)=\{2,3\}$。$V_n(net5)$ 中每个门的 N 个映射门是：

$$G_{n5}=[G_{:,2},G_{:,3}] \tag{6-4}$$

然后根据映射门的物理位置计算 N 个映射解中 net5 的 HPWL：

$$\text{HPWLs}^T=[2\quad 2.5\quad 2.5\quad 1\quad 3] \tag{6-5}$$

最后考虑对应的映射解，命名为 solution_A，其 HPWL 满足剪枝条件：

$$\text{HPWL}_i>\text{Min}(\text{HPWLs})+\beta*(\text{Max}(\text{HPWLs})-\text{Min}(\text{HPWLs})) \tag{6-6}$$

其中，$\beta\in[0,1]$ 是基于网络剪枝的参数。在这个例子中，设置 $\beta=0$，当 $i=\{1,2,3,5\}$ 时，$\text{HPWL}_s(i)$ 满足式（6-6），因此

$$\text{solution\_A}=\begin{bmatrix}G_{1,2} & G_{1,3} \\ G_{2,2} & G_{2,3} \\ G_{3,2} & G_{3,3} \\ G_{5,2} & G_{5,3}\end{bmatrix} \tag{6-7}$$

由于每个网络的 HPWL 往往较长，因此认为在 solution_A 中存在 $V_n(\text{net}(i))$ 的映射门可能性不大。它们需要用基于概率的方法进一步删减。而那些不满足条件的则被保存在映射集中，即 $G_{4,2}$ 和 $G_{4,3}$ 分别保存在 $\phi(2)$ 和 $\phi(3)$ 中。因此，正确的映射门 '3' 将保留在 $\phi(3)$ 中。对每个网络执行上述过程，直到处理完所有网络。最后，合并所有剩余的映射门，得到每个门的最终剪枝映射集。这样，基于网络的剪枝方法通过同时使用概率和网络 HPWL 启发式推理来删减不可能映射的门。很明显，β 的值支配着要剪枝的映射门的百分比，β 越大，solution_A 中包含的解就越少。通过实验可以选取合适的 β 值。

剪枝与之前讨论的映射过程之间的差异在于它们的目标不同，映射的目的是找到一个门的所有可能位置，这样攻击者就不会错过真正的位置；而剪枝的目的是进一步删减可能的位

置,以降低攻击的成本和被检测的风险。将剪枝后的可能位置称为门的候选位置。根据其攻击能力,攻击者可以在所有候选位置或在这些位置中随机选取一个子集来植入木马。

6.6 防御方法

本章前5节提到了针对分块制造的攻击方法。这一节将讨论可能的防御方法。为了满足分块制造所提供的安全性需求,需要在布局阶段部署特定的防御方法,以减少启发式攻击可能利用的信息。门在布局位置的移动[16]这种防御方法通常被用来干扰相连门的邻近性。虽然这种方法能很好地防御基于贪婪算法的邻近位置攻击,但其性能并不能自然地推广到基于全局信息的攻击。为此,下面以如图6.7所示的电路为例,说明防御电路的设计思路。

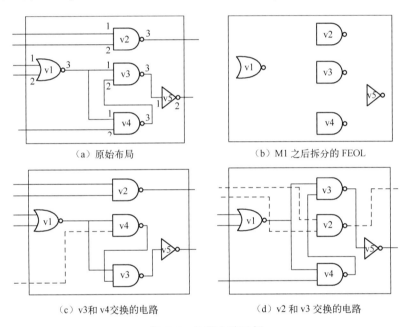

图 6.7 防御电路示例

图6.7包含一个或非门(NOR2)、一个反向器(INV)和三个与非门(NAND2)。图6.7(a)是原始布局。假设在M1层之后进行分块制造,攻击者将无法看到任何单元间连接,只能看到如图6.7(b)所示的情况。尽管连接缺失,没有门级网表,但就引脚位置而言,电路仍能泄露结构信息,攻击者仍然可以正确重建大多数连接。如果只考虑消除引脚的邻近性,并让v4和v3交换,如图6.7(c)所示,则攻击效果将降低。但是对于一个拥有网表的木马攻击者来说,可以通过使用全局线长作为启发式信息绕过故意误导的引脚位置:当将v3与v4交换时,电路的全局线长仅受到很小的影响,因此攻击者会将v3和v4视为可互换的门,并在两个位置都植入木马。尽管攻击的成本增加,但防御的效果却大打折扣。如果防御者将v2与v3交换(见图6.7(d)),则全局线长会发生显著变化,攻击者不会将

此位置视为可能的位置，可阻止对 v3 的正确攻击。因此，尽管增加线长对电路的性能优化会造成影响，但可以帮助提高芯片的安全性，设计人员需要在性能和安全之间权衡。

为了更大地提升电路安全性，以对抗木马攻击者的威胁，研究人员提出了一种包含全局线长信息的防御方法。图 6.8 展示了防御工作的基本流程。该防御的目的是将门隐藏在候选位置之外，即降低 EMSR。由于防御者需要知道攻击获得的候选位置，因此首先需要实现整个攻击过程来收集每个门的候选位置，然后采用贪婪算法对门进行互换，如算法 6.2 所示。其目标是交换门的位置，使它们不在攻击获得的候选位置中。

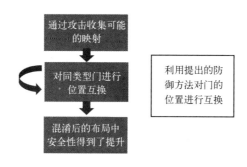

图 6.8　防御工作的基本流程

算法 6.2　对门的位置进行互换的贪婪算法

Algorithm 6.2 Greedy Gate-Swapping-Based Defense

1: **Input**:
　　The candidate locations for each gate ϕ, the original placement
2: **Output**:
　　The placement with improved security
3: 　$G \leftarrow V_n$
4: 　Ascendingly sort all the gates in G based on the number of their candidate locations
5: 　**while** $G \neq \emptyset$ **do**
6: 　　$ToSwap \leftarrow \emptyset$
7: 　　Pop the first gate $V_n(f)$ from G and add it to ToSwap
8: 　　Find all the gates in G whose number of candidate locations equals $|\phi(V_n(f))|$, pop them from G and add into ToSwap.
9: 　　**while** $ToSwap \neq \emptyset$ **do**
10: 　　　**for** each gate g in ToSwap **do**
11: 　　　　**if** $g \notin \phi(g)$ or $|\phi(g)| = S(g)$ **then**
12: 　　　　　Pop g from ToSwap
13: 　　　**else**
14: 　　　　**for** each gate g_o such that $g_o \in S(g)$ and $g_o \notin \phi(g)$ **do**
15: 　　　　　Get the security elevation and wirelength increase if g swaps its location with g_o
16: 　　　　**end for**
17: 　　　**end if**
18: 　　**end for**
19: 　　Get the pair of g and corresponding g_o that gives highest nonzero security elevation. If multiple pairs have the same security elevation, get the one with least wirelength increase
20: 　　Swap the locations of g and g_o
21: 　　Pop g from ToSwap
22: 　　**end while**
23: 　**end while**
24: 　**return** The placement with improved security;

算法 6.2 从拥有最少候选项的门开始执行，因为这样的门是最不安全的[19]。对于每个门 g，找到它的非候选位置的门，也就是每个门的并集 g_o，该并集具有与 g 相同的门类型，

但不在 g 的候选位置上。然后使用算法 6.3 测量 g 和任意 g_o 之间交换位置提升的安全性。只考虑在同一类型的门之间交换的原因在于，在这种情况下，无论如何交换，每个门的候选位置都保持不变。因此如果某个门被交换到非候选位置，则其安全性的提升不会因为其他门的交换而被抵消。安全性评估计算是通过量化目标（将尽可能多的门移动到非候选位置）来实现的。对于门 g，如果它不在非候选位置，则其通过随机猜测被正确映射的概率为 $1/\phi(g)$。在交换到非候选位置后，它被正确映射的概率变为 0。因此，其安全性评估值为 $1/\phi(g)$。为提高安全性，期望强制将更多的门移动到非候选位置。因此如果门从候选位置移动到非候选位置，则安全性将被提升。

算法 6.3　安全性评估计算

Algorithm 6.3 Security Elevation Calculation

1: **Input**:
　　Two gates g and g_o
2: **Output**:
　　The amount of security elevation if the locations for g and g_o are swapped
3: **if** $g \notin \phi(g_o)$ and $g_o \notin \phi(g)$ **then**
4: 　　SecurityElevation = $2 + \frac{1}{|\phi(g)|} + \frac{1}{|\phi(g_o)|}$
5: **else if** $g_o \notin \phi(g_o)$ and $g \in \phi(g_o)$ **then**
6: 　　SecurityElevation = $\frac{1}{|\phi(g)|} - \frac{1}{|\phi(g_o)|}$
7: **else**
8: 　　SecurityElevation = $1 + \frac{1}{|\phi(g)|}$
9: **end if**
10: **return** SecurityElevation;

注意，这种门交换的防御方法将在布局完成之后进行。通过交换相同类型的门，芯片面积保持不变，因为在防御过程中交换的两个门是相同类型的标准单元，意味着在提高电路安全性时，增加的面积成本为零。

6.7　实验结果

在这一节中，笔者就之前讨论的针对分块制造进行木马攻击的可行性进行实验论证，同时也在实验中验证防御方法的有效性，有兴趣的读者也可以参考文献［37］。

6.7.1　实验平台设置

研究人员选取了 ISCAS-85 测试基准集[35]中的八个电路和 ITC-99 测试基准集[36]中的两个规模较大的电路进行评估，用 OSU 的开源工艺库[38]进行综合，布局由 ISCAS-85 测试集的线长驱动布局器 FastPlace3[39]实施。

6.7.2 映射数目 N 的选取

映射数目 N 的选取很关键,因为需要运行映射算法来查找 N 个网表布局映射,以去除不可能的位置,同时让正确的位置包含在映射集中。如果 N 太小,则可能会从映射集中排除正确的位置。然而,如果 N 太大,那么在包含了正确的位置之后,还会把时间浪费在查找其他布局映射上。因此,研究人员需要首先将映射数目 N 确定在一个合适的范围内。在实验中会发现 N 与电路中相同类型门的最大个数相关,因为它们拥有最可能的位置可供选择。从表 6.1 中可以看到实验中用到的测试基准信息和 N 值及攻击所需要的时长信息。N 值在同类型门最大数目的两倍之内比较合适,可以保证大多数测试基准能达到初始 EMSR 的 95% 以上。

表 6.1 实验中用到的测试基准信息和 N 值及攻击所需要的时长信息

测试电路	c432b	c499b	c1908	c2670	c3540	c5315	c6288b	c7552	b15	b17
门类型数	12	14	8	8	8	8	15	8	30	39
输入—输出端口	43	73	58	373	72	301	64	315	934	2897
逻辑门数目	159	562	521	1176	1646	2844	2956	3733	5533	17161
总逻辑门数目	202	635	579	1549	1718	3145	3020	4048	6467	20058
同类型门最大数目	38	190	208	459	547	1016	623	1172	1272	3535
N	50	200	500	700	1000	1400	900	2400	2400	3500
一次 SA 运行时长	0.4s	1.3s	1s	2.5s	2.9s	5.8s	7s	7.7s	101.5s	359.8s
一次 PM 运行时长	0.0004s	0.0002s	0.003s	0.015s	0.027s	0.074s	0.060s	0.079s	0.186s	1.644s
SA 运行总时长	20s	4.33m	8.33m	29.17m	48.33m	2.26h	1.75h	7.7s	>48h	>48h
PM 运行总时长	0.02s	0.4s	1.5s	10.5s	27s	1.73m	54s	3.16m	7.44m	1.60h

6.7.3 攻击效果分析和比较

1. PM 和 SA 两种映射方法的有效性分析

在通过基于 PM 映射或基于 SA 映射方法得到 N 个网表布局映射后,首先可以通过分别合并所有这些 N 个映射解来获得各个电路门的映射集,然后可以使用 EMSR 和 AMSPR 两个度量标准来评估这些解。图 6.9 显示了 PM 和 SA 下的每个测试基准的两个度量标准值,即 EMSR 和 AMSPR。未经进一步剪枝,PM 的平均 EMSR 和 AMSPR 分别为 82.83% 和 30.89%,SA 的平均 EMSR 和 AMSPR 分别为 95.79% 和 40.13%。结果表明,与 PM 相比,SA 发现的映射集中有 13% 的映射门为正确,同时 SA 可以更好地删减初始映射集。这说明基于全局度量(总线长)的方法比基于局部度量(邻近性)的方法能更好地找到测试基准的正确映射。尽管 PM 比 SA 效率低,但它的时间消耗更少,运行时长参见表 6.1。这里可以得出一个结论,即 PA 更适合较大规模的测试基准。如在 SA 下得到 b17 测试基准点的映射集需要 48 小时以上,而在 PM 下得到映射集只需 1.6 小时,这使攻击速度加快了 200 倍以上(需要注意的是,这里的运行时长会根据不同的计算机配置而有所不同,所以读者需要关注的是在相同的实验条件下,不同实验中的运行时长差异,而不是绝对的运行时长)。另外,虽然 EMSR 小于 SA,但如果时间是首要考虑因素,那么攻击者应该可以接受这一细微差别。

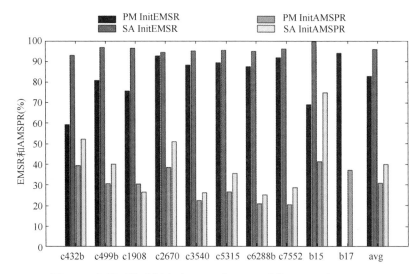

扫描二维码,查看该图的彩色图片

图 6.9 应用两种映射方法(PM 和 SA)后的 EMSR 和 AMSPR

2. 与基于网络流的攻击方式比较

文献 [14,15,16] 中提出了基于网络流的攻击方法。这一方法旨在获得具有最小总线长且同时满足其他约束的连接,鉴于这一方法不能直接应用到分块制造中的木马攻击问题,所以比较之前的第一步工作是对基于网络流的方法进行适配,使之能应用到木马攻击问题上。具体的做法是采用网络流的思路来构造成本最低的二分映射问题,以获得网表布局映射,同时最小化总线长。图 6.10 为用于获取网表布局映射的网络流量模型。左边的顶点对应于网表中的所有门,而右边是布局中的门。$V_n^{i,j}$ 是网表中 j 类型的第 i 个单元,只能映射到同类型的门,对应于右边所有 j 类型门(顶点)的边缘。将输出边缘和输入边缘的权值 w 和容量 c 分别设置为 0 和 1,其他连接边缘的权值为 1,$V_n^{i,j}$ 权值为映射时与顶点相关的线长 $V_l^{i,j}$。由于初始网表布局映射未知,故将网表中未映射的门的位置设置为其 k 个最近同类门的平均位置,从而可以计算出边缘权值,并将其最小化。图 6.11(a)显示了在基于网络流的攻击下,k 如何影响测试基准 c432b 的映射结果。对于每个测试基准,选择最佳 k 时,HPWL 和映射精确度均为最优。最后,基于网络的攻击无论执行多长时间都只能有一个映射结果。研究人员比较了其中一个映射结果的映射精确度。图 6.11(b)显示了三种攻击方法下部分测试基准的映射精确度。结果表明，当电路规模较小时，SA 方法最为有效，但随着电路规模增大，三种方法的映射精确度趋于相近，且都较低。对于基于网络流的攻击，这将误导攻击者在错误的位置插入木马。由于生成了多个可能的网表布局映射，本章中介绍的映射方法可以使木马插入更易成功。

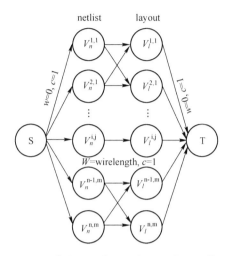

图 6.10　获取网表布局映射的网络流量模型

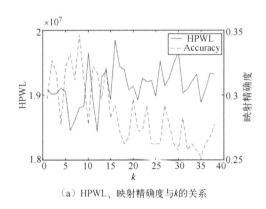
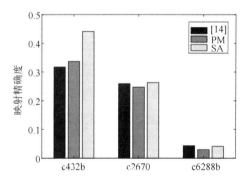

（a）HPWL、映射精确度与 k 的关系　　　　　（b）基于网络流[14]、PM 和 SA 的攻击方法比较

图 6.11　攻击方式的对比情况

3. 基于概率剪枝的有效性分析

由于剪枝参数 α 会影响剪枝结果，因此首先尝试使用 ISCAS-85 基准电路测试不同 α 产生的结果，以查看度量标准是如何变化的。图 6.12 显示出在不同 α 的 SA 映射下，每个基准电路的剪枝后 EMSR 和 AMSPR。从图中可以看出，如果 α 增长更多，EMSR 将快速减小，AMSPR 缓慢增加。这是因为当 α 增加时，许多正确的位置通常不包含在映射解中。如果删减太多映射集，那么大量正确的位置也会被剪除。由于剪枝的目的是减小映射集，因此需要更高的 AMSPR。但请注意，如果映射集不包含正确的位置，则无论对映射集进行多少剪枝，

它都只会误导攻击者。因此需要有一个高的 AMSPR，同时又不会对 EMSR 造成太大的损害，且需谨慎地选择 α。实验表明，α=0.9 能很好地平衡 EMSR 和 AMSPR。

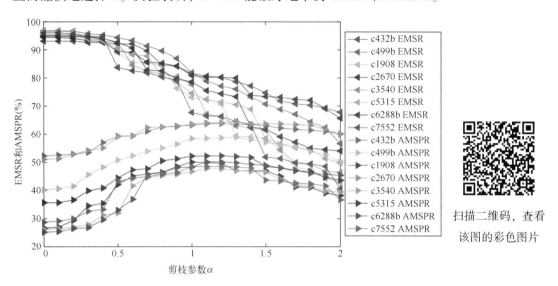

图 6.12　剪枝参数 α 对于 EMSR 和 AMSPR 的影响

图 6.13 为 PM 和 SA 映射下 α=0.9 时基于概率的剪枝后的 EMSR 和 AMSPR。PM 和 SA 攻击的平均 AMSPR 均增加，说明基于概率的剪枝方法有效。特别是对于 SA，平均 AMSPR 从 40.13% 增加到 56.27%，意味着超过一半的初始可能位置可以被删除，将攻击者的成本和风险减半。但不足之处在于剪枝后 PM 和 SA 的平均 EMSR 均降低。例如，SA 的平均 EMSR 从 95% 下降到 83%，意味着 12% 的映射集在剪枝过程中变为无效。

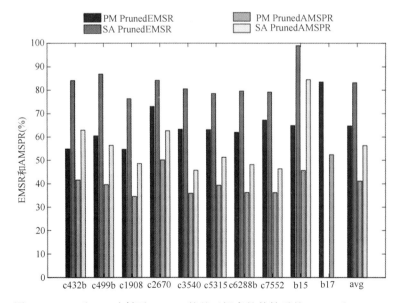

图 6.13　PM 和 SA 映射下 α=0.9 的基于概率的剪枝后的 EMSR 和 AMSPR

4. 基于网络剪枝的有效性分析

与基于概率剪枝中的 α 类似，β 也会影响剪枝结果，因为它控制了要剪枝的门的百分比。根据基于网络的剪枝方法，当 $\beta=1$ 时，无需删减门，结果与不进一步剪枝的结果相等，考虑到基于 SA 的方法总体比基于 PM 的方法好，故这里只对 SA 的结果进行分析。图 6.14 显示了每个测试基准的 EMSR 和 AMSPR 如何随 β 变化。结果表明，当 β 减小时，AMSPR 增大，EMSR 减小，EMSR 和 AMSPR 的变化明显小于基于概率的剪枝情况。结果还表明，当 $\beta=0.3$ 时，在 EMSR 和 AMSPR 之间能实现较好的折中。接下来将比较基于网络的剪枝和基于概率的剪枝。图 6.15 显示了在 $\alpha=0.9$，$\beta=0.3$ 的 SA 攻击下两种不同剪枝方法的结果。结果表明，基于网络的剪枝方法所得的 EMSR 平均比基于概率的剪枝提高 5.59%，但 AMSPR 略低。基于网络的剪枝方法能够获得更高的 EMSR 是因为基于网络的剪枝方法同时考虑了网络 HPWL 的启发性和发生概率，因此在剪枝过程中有更多的映射集保留了正确的映射门。

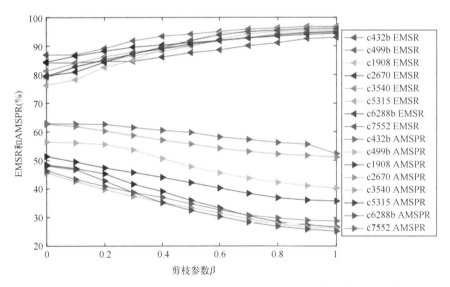

扫描二维码，查看该图的彩色图片

图 6.14　每个测试基准的 EMSR 和 AMSPR 随剪枝参数 β 的变化情况

5. 实验结果讨论

下面将讨论包含整个攻击过程（包括映射和剪枝）的实验结果。由于基于 SA 的映射和基于网络的剪枝方法已被证实优于其他同类方法，因此本章只分析这两种方法得到的最终映射集。从表 6.1 中可以看到实验中用到的测试基准信息和攻击所需要的时长信息。首先，注意 SA 的有效性不受电路规模的影响。例如，c6288b 的门数量是 c1908 的 5 倍以上，但就图 6.12 中所示的两个度量标准而言，对 c6288b 的攻击更有效。对攻击有效性的潜在影响来自于门类型的多样性，测试电路 c1908 只有 8 种门类型，而且几乎一半的门属于同一种类型,与之相反,c6288b 有 15 种门类型,最多的一种门类型也只占所有门的 1/5。SA 攻击前后不同大小的映射集的数量见表 6.2。表 6.3 比较了基于概率的剪枝方法和基于网络的剪枝方法对于各种基准电路在不同攻击下的运行时间,上半部分为 PM 攻击,下半部分为 SA 攻击。很明显,基于概率的剪枝方法比基于网络的剪枝方法快,因为基于网络的剪枝方法额外考虑了线长。

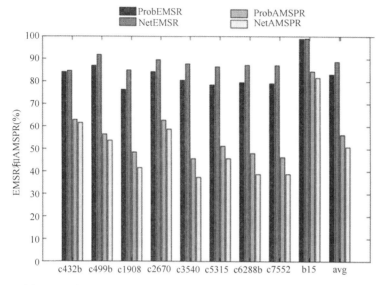

扫描二维码,查看该图的彩色图片

图 6.15　在 $\alpha=0.9$,$\beta=0.3$ 的 SA 攻击下两种不同剪枝方法的结果

表 6.2　SA 攻击前后不同大小的映射集数量

电路	不同大小的映射集数量									
	[0,10)		[10,30)		[30,100)		[100,200)		[200,+∞)	
	B	A	B	A	B	A	B	A	B	A
c432b	17	80	70	65	72	14	0	0	0	0
c499b	0	24	116	269	256	248	190	21	0	0
c1908	1	1	0	82	162	219	150	177	208	42
c2670	0	11	0	45	126	399	271	394	779	327
c3540	0	0	0	11	169	200	112	254	1365	1181
c5315	0	2	0	7	0	141	168	640	2676	2054
c6288b	0	5	47	61	204	315	294	449	2411	2126
c7552	0	2	0	13	0	77	0	395	3733	3246
b15	28	118	52	382	193	1650	440	2353	4820	1030
b17	—	—	—	—	—	—	—	—	—	—

注:B 表示电路被攻击前;A 表示电路被攻击后。

表 6.3　基于概率的剪枝方法和基于网络的剪枝方法对于各种基准电路在不同攻击下的运行时间

（单位：s）

基准电路	c432b	c499b	c1908	c2670	c3540	c5315	c6288b	c7552
PM 下 prob-based	0.0479	0.1388	0.2881	0.8620	1.4220	3.4245	2.1940	7.2333
PM 下 net-based	0.4278	4.6809	11.5906	39.2878	72.1106	186.8645	119.8071	487.4236
SA 下 prob-based	0.0227	0.1372	0.2823	0.8248	1.4007	3.3295	2.1736	7.0445
SA 下 net-based	0.3695	4.6261	11.2752	38.1949	69.0310	179.7954	112.2774	466.8182

注：表的第 2 行和第 3 行为邻近位置攻击，第 4 行和第 5 行为模拟退火攻击。

基于 SA 的攻击方法不仅在 EMSR 和 AMSPR 等全局度量上表现良好，而且在不使映射集失效的情况下，将许多映射集删减到较小的规模。图 6.16 为 c432b 映射集大小的分布：图 6.16（a）为攻击前的分布；图 6.16（b）为攻击后的分布。对于无效映射集，其大小将恢复为初始大小，即具有相应类型的门的数量。在图 6.16（b）中，大多数映射集位于小于 15 的区域，这在很大程度上降低了攻击者的成本和风险。对于每个测试基准电路，表 6.2 中的许多映射集的大小在攻击后减小到 30 以下。

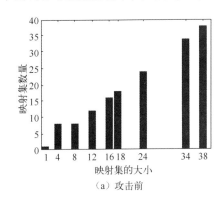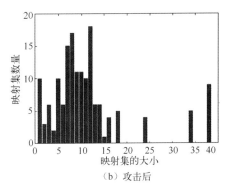

图 6.16　c432b 映射集大小的分布

6.7.4　防御的有效性分析

由于防御旨在保护电路不受攻击或增加攻击者插入木马的成本，因此下面分析当 $\beta=0.3$ 时针对基于网络的剪枝方法攻击进行防御的有效性。基于网络的剪枝方法在攻击过程中的表现优于基于概率的剪枝方法。

1. 防御方法的有效性

EMSR 可以直接帮助测量防御的有效性，因为防御者的目标是将正确的映射门隐藏在映射集之外。这里就各种攻击和防御方法的组合进行实验，包括 PM+无防御、PM+防御、SA+无防御、SA+防御。根据文献[37]，与未防御相比，SA 下所有测试基准点的 EMSR 均有所下降,且本章中所讨论的防御方法对基于邻近位置的攻击也有效。这是因为防御目标混淆了全局启发式信息(布线总长度),间接影响了局部启发式(引脚的局部连接)。此外,由于将更高的优先级分配给了更不安全的门,即具有较小映射集的门,因此较小有效映射集的数量将减少,从而显著提高攻击者的成本和被检测的风险。

2. 与其他先进的防御技术进行比较

文献[14,15,16]中也提出了新颖而有效的防御方法,利用的是引脚交换技术进行防御,具体是针对分层设计中各分块的引脚,而本章重点关注的是拆分层为 M1 的扁平化测试集。针对本章的关注点,交换引脚其实就相当于交换门,实现了随机的门交换防御技术。显然,交换的门数量可能会影响邻近位置提示,而在实验中,所有的门均为随机交换,以便最大程度地阻止邻近位置提示。随机门交换方法对 PM 攻击的影响很小,会削弱 SA 攻击的有效性。然而,SA+随机门交换防御(SA+RandDefense)下的平均 EMSR 仍能接近 50%,而利用本章讨论的防御方法,平均 EMSR 则下降到 14%。

3. 平衡安全性和线长开销

由于这里讨论的防御方法可以将门移动到线长驱动布局所不能选择的位置,因此利用全局布线长度启发式的攻击达不到理想的效果。另外,对于位于非候选位置的门,攻击者最多只能随机猜测这些门的位置。虽然实验结果证实了该防御方法的有效性,但此时线长成本情况最差。安全级别与线长开销的关系特别值得研究者考虑。

这里只考虑 SA 攻击方法的情况。图 6.17 显示了 ISCAS-85 测试基准在 SA 攻击下的 EMSR

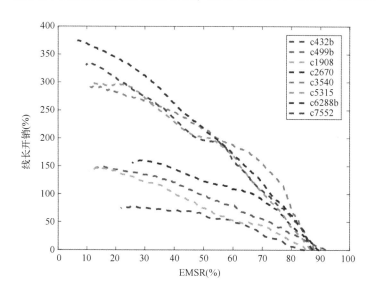

扫描二维码,查看
该图的彩色图片

图 6.17 SA 攻击下的 EMSR 和线长开销

和线长开销。当 EMSR 在门交换时减小时,线长开销与 EMSR 近似线性增加,对于大规模的测试基准更是如此。其原因在于为了获得尽可能多的门,其映射集排除了电路的正确映射,导致大量的门被交换,从而使得布线长度加长。然而,对于木马插入,攻击者通常只关注某些门类型,而其他类型的门本质上是安全的。因此,防御者不需要交换所有的门,这样可以控制线长开销。最后,防御者还可以设置线长开销预算,并且只允许防御在这个预算范围内对电路进行保护。

6.8 结论

通过阅读本章,读者会对分块制造技术有一个基本了解,特别是该技术在防御硬件木马中的作用。针对现有的文献中对分块制造技术安全性的过分夸大,本章从理论和实践层面对分块制造技术与硬件木马防范进行了详细的分析,证实了即使在 M1 层进行拆分(被认为是最安全的情况),分块制造在本质上也并不安全。攻击者仍然可以通过映射方法,在布局层面利用全局或局部物理的启发式信息获得必要的提示,从而降低插入硬件木马的成本。基于此,本章进一步提出了一种有效的防御方法,即在布局层面防御此类攻击。实验结果表明,与之前提出的防御方法相比,本章中提出的防御方法能大大增加攻击者的成本。

综合而言,分块制造技术还处于研究初期,大量的分块制造技术还需要工程实现来验证,笔者也希望能看到更多更新颖的分块制造技术,同时也希望这些技术能在芯片制造中被应用,从而保护电路的安全。

参考文献

[1] ROSTAMI M, KOUSHANFAR F, RAJENDRAN J, et al. Hardware security: Threat models and metrics [C]//Proceedings of the International Conference on Computer-Aided Design. [S. l.]: IEEE, 2013: 819-823.

[2] ACTIVITY I A R P. Trustedi ntegrated chips (TIC) program [EB]. 2011.

[3] Li H, Liu Q, Zhang J, et al. A survey of hardware trojan detection, diagnosis and prevention [C]//14th International Conference on Computer-Aided Design and Computer Graphics (CAD/Graphics). [S. l.]: IEEE, 2015: 173-180.

[4] JIN Y. Introduction to hardware security [J]. Electronics, 2015, 4 (4): 763-784.

[5] Torrance R, James D. Reverse engineering in the semiconductor industry [C]//IEEE Custom Integrated Circuits Conference. [S. l.]: IEEE, 2007: 429-436.

[6] Chen X, Wang L, Wang Y, et al. A general framework for hardware trojan detection in digital circuits by statistical learning algorithms [J]. IEEE Transactions on Computer-Aided Design of Integrated Circuits and Systems, 2017, 36 (10): 1633-1646.

[7] HE J, ZHAO Y, GUO X, et al. Hardware trojan detection through chip-free electromagnetic side-channel statistical analysis [J]. IEEE Transactions on Very Large Scale Integration System (TVLSI), 2017, 25 (10): 2939-2948.

[8] Roy J A, Koushanfar F, Markov I L. Ending piracy of integrated circuits [J]. Computer, 2010, 43 (10): 3038.

[9] Xiao K, Forte D, Tehranipoor M M. Efficient and secure split manufacturing via obfuscated built-in self-authentication [C]//IEEE International Symposium on Hardware Oriented Security and Trust (HOST). [S.l.]: IEEE, 2015: 14-19.

[10] JARVIS R W, MCINTYRE M G. Split manufacturing method for advanced semiconductor circuits: 7195931 [P]. 2007.

[11] VAIDYANATHAN K, DAS B P, PILEGGI L. Detecting reliability attacks during split fabrication using test-only BEOL stack [C]//DAC'14: Proceedings of the The 51st Annual Design Automation Conference on Design Automation Conference. San Francisco, CA, USA: ACM, 2014: 156: 1-156: 6.

[12] VAIDYANATHAN K, DAS B P, SUMBUL E, et al. Building trusted ics using split fabrication [C]//Proceedings of the IEEE International Symposium on Hardware-Oriented Security and Trust (HOST). [S.l.]: IEEE, 2014: 1-6.

[13] Magana J, Shi D, Melchert J, et al. Are proximity attacks a threat to thesecurity of split manufacturing of integrated circuits? [J]. IEEE Transactions on Very Large Scale Integration (VLSI) Systems, 2017, 25 (12): 3406-3419.

[14] RAJENDRAN J, SINANOGLU O, KARRI R. Is split manufacturing secure? [C]//Proceedings of the Design, Automation Test in Europe Conference Exhibition (DATE). IEEE, 2013: 1259 - 1264. DOI: 10.7873/DATE.2013.261.

[15] Wang Y, Chen P, Hu J, et al. The cat and mouse in spli tmanufacturing [J]. IEEE Transactions on Very Large Scale Integration (VLSI) Systems, 2018, 26 (5): 805-817.

[16] WANG Y, CHEN P, HU J, et al. The cat and mouse in split manufacturing [C]//53nd ACM/EDAC/IEEE Design Automation Conference (DAC). Austin, TX, USA: IEEE, 2016: 1-6.

[17] SECHEN C. Chip-planning, placement, and global routing of macro/custom cell integrated circuits using simulated annealing [C]//Proceedings of the 25th ACM/IEEE Design Automation Conference. [S.l.]: IEEE, 1988: 73-80.

[18] KING S, TUCEK J, COZZIE A, et al. Designing and implementing malicious hardware [C]//Proceedings of the 1st USENIX Workshop on Large-Scale Exploits and Emergent Threats (LEET). [S.l.]: USENIX Association, 2008: 1-8.

[19] IMESON F, EMTENAN A, GARG S, et al. Securing computer hardware using 3d integrated circuit (ic) technology and split manufacturing for obfuscation [C]//Proceedings of the 22nd USENIX Security Symposium (USENIX Security13). Washington, D. C.: USENIX Association, 2013: 495-510.

[20] XU W, FENG L, RAJENDRAN J J, et al. Layout recognition attacks on split manufacturing [C]//Proceedings of the 24th Asia and South Pacific Design Automation Conference. New York, NY, USA: Association for Computing Machinery, 2019: 45-50.

[21] Wang Y, Cao T, Hu J, et al. Front-end-of-line attacks in splitmanufacturing [C]//IEEE/ACM International Conference on Computer-Aided Design (ICCAD). [S.l.]: IEEE, 2017: 1-8.

[22] Chen S, Vemuri R. Reverse engineering of split manufactured sequential circuits using satisfiability checking [C]//36th International Conference on Computer Design (ICCD). [S.l.]: IEEE, 2018: 530-536.

[23] Wang Y, Chen P, Hu J, et al. Routing perturbation for enhanced security in split manufacturing [C]//22nd Asia and South Pacific Design Automation Conference (ASP-DAC). [S.l.]: IEEE, 2017: 605-510.

[24] XIE Y, BAO C, SRIVASTAVA A. Security-aware design flow for 2.5 d ic technology [C]//Proceedings of the 5th International Workshop on Trustworthy Embedded Devices. [S.l.]: ACM, 2015: 31-38.

[25] Madani S, Madani M R, Dutta I K, et al. A hardware obfuscation technique for manufacturing a secure 3d IC [C]//2018 IEEE 61st International Midwest Symposium on Circuits and Systems (MWSCAS). [S.l.]: IEEE, 2018: 318-323.

[26] DOFE J, YU Q, WANG H, et al. Hardware security threats and potential countermeasures in emerging 3d ICs [C]//Proceedings of the 26th Edition on Great Lakes Symposium on VLSI. New York, NY, USA: ACM, 2016: 69-74.

[27] Li W, Wasson Z, Seshia S A. Reverse engineering circuits using behavioral pattern mining [C]//IEEE International Symposium on Hardware-Oriented Security and Trust. [S.l.]: IEEE, 2012: 83-88.

[28] JIN Y, MAKRIS Y. Hardware Trojan detection using path delay fingerprint [C]//Proceedings of the IEEE International Workshop on Hardware-Oriented Security and Trust (HOST). Anaheim, CA, USA: IEEE, 2008: 51-57.

[29] Xie Y, Bao C, Srivastava A. Security-aware 2.5d integrated circuit design flow against hardware ip piracy [J]. Computer, 2017, 50 (5): 62-71.

[30] Chakraborty R S, Bhunia S. Harpoon: An obfuscation-based soc design methodology for hardware protection [J]. IEEE Transactions on Computer-Aided Design of Integrated Circuits and Systems, 2009, 28 (10): 1493-1502.

[31] JAGASIVAMANI M, GADFORT P, SIKA M, et al. Split-fabrication obfuscation: Metrics and techniques [C]//Proceedings of the Hardware-Oriented Security and Trust (HOST). [S.l.]: IEEE, 2014: 7-12.

[32] Francq J, Frick F. Introduction to hardware trojan detection methods [C]//Design, Automation Test in Europe Conference Exhibition (DATE). [S.l.]: IEEE, 2015: 770-775.

[33] Torrance R, James D. The state-of-the-art in semiconductor reverse engineering [C]//48thACM/EDAC/IEEE Design Automation Conference (DAC). [S.l.]: IEEE, 2011: 333-338.

[34] CHATTERJEE A, HARTLEY R. A new simultaneous circuit partitioning and chip placement approachbased on simulated annealing [C]//Proceedings of the 27th ACM/IEEE Design Automation Conference. Orlando, Florida, USA: ACM, 1991: 36-39.

[35] Hansen M C, Yalcin H, Hayes J P. Unveiling the iscas-85 benchmarks: a case study in reverse engineering [J]. IEEE Design and Test of Computers, 1999, 16 (3): 72-80.

[36] Rajendran J, Gavas E, Jimenez J, et al. Towards a comprehensive and systematic classification of hardware trojans [C]//Proceedings of 2010 IEEE International Symposium on Circuits and Systems. [S.l.]: IEEE, 2010: 1871-1874.

[37] Yang Y, Chen Z, Liu Y, Ho T-Y, Jin Y, Zhou P. How Secure Is Split Manufacturing in Preventing Hardware Trojan? [J]. ACM Transactions on Design Automation of Electronic Systems (TODAES), 2020, 25 (2): 20: 1-20: 23.

[38] Oklahoma State University. System on Chip (SoC) Design Flows [EB].

[39] Viswanathan N, Pan M, Chu C. Fastplace 3.0: A fast multilevel quadratic placement algorithm with placement congestion control [C]//2007 Asia and South Pacific Design Automation Conference. [S.l.]: IEEE, 2007: 135-140.

第 7 章 通过逻辑混淆实现硬件 IP 保护和供应链安全

随着半导体供应链的全球化发展，越来越多的安全性和隐私风险也慢慢出现，比如通过逆向工程和恶意修改设计实施硬件知识产权（IP）盗窃。其中，恶意修改设计会依赖于对设计进行的成功逆向工程。集成电路伪装（IC camouflaging，IC 伪装）和逻辑锁定（logic locking/obfuscation）是两种可阻止用户或代工厂进行逆向工程的新型技术。这两种技术都属于逻辑混淆技术。多年以来，开发低开销的逻辑锁定或 IC 伪装方案抵抗不断发展的先进攻击技术一直是研究人员面临的挑战。本章将全面回顾逻辑锁定技术和 IC 伪装技术的最新进展。

7.1 简介

近几十年来，随着集成电路的设计越来越复杂，集成电路成本不断上涨。尽管全球化降低了整体费用，但在全球范围内进行 IC 的设计、制造、组装和部署影响到硬件知识产权（IP）的隐私和完整性。目前，与全球化集成电路供应链相关的主要风险大致可分为两类，即恶意修改设计[1,2]和通过逆向工程窃取 IP [3-7]。

通常，对于不可信的代工厂和恶意用户等潜在攻击者，电路的原始设计往往不会对其直接开放，这就促使攻击者进行逆向工程和知识产权盗窃。从代工厂的角度来看，因为他们拥有集成电路布局布线信息，所以可以直接提取晶体管级的电路设计[3,5,7]。而恶意用户（攻击者）则是从市场上购买封装好的 IC，经过拆封、分层剥离、成像和图像处理技术对电路布局进行重构，提取出门级网表[3]。电路的重构和网表的提取过程通常被称为物理逆向工程。物理逆向工程的一般流程如图 7.1 所示。几十年来，虽然集成电路工艺快速发展，但针对集成电路的逆向工程技术也发展很快，能够对利用先进工艺制造的芯片进行重构和电路恢复[8]。因此，要保护硬件 IP，必须保护好设计，确保其免受逆向工程的攻击。事实上，恶意修改电路所造成的严重性本身就依赖于逆向工程的成功概率。

在芯片安全的研究领域，目前主要采用三大类技术来阻止恶意用户或代工厂进行逆向工程：①分块制造（上一章已经有详细讨论）；②逻辑锁定；③IC 伪装。分块制造是以在可信代工厂中制造 IC 高层金属层为基础的。逻辑锁定和 IC 伪装是试图在缺乏可信纳米制造设备的情况下阻止逆向工程的。本章将对这两大类技术进行重点介绍。考虑到这两类技术都通过数学建模来证明攻击者只能获取一部分模糊的设计信息,故本章把这两类技术统称为逻辑混淆技术。尽管这两类技术在实现上有着重要的差别[9-15]。

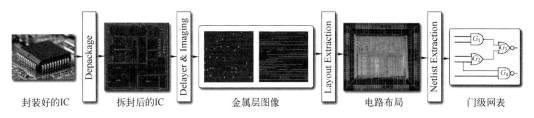

图 7.1 物理逆向工程的一般流程

IC 伪装的基础是使用集成电路制造技术构建部分电路,即使使用现有的物理逆向工程技术,也无法轻易推断出电路功能[10-13]。利用这种方式来创建布局结构,可确保该结构无法通过利用纳米显微镜下的俯视图来推断特定的功能。在数字电路设计中,要实现这一目的,可首先设计出面积较小的伪装单元,然后使用特定的插入策略将其插入整个网表。如图 7.2 (a) 所示,一个伪装的单元,从顶视图来看,似乎既可能实现"与非"(NAND)操作,又可能实现"或非"(NOR)操作,再将其插入网络表中来替换原与非门 G_4。鉴于伪装单元的功能在逆向工程过程中无法确切知道功能,因此整个电路网表的功能也变得模棱两可。

逻辑锁定的基础是在设计中加入某种形式的可编程性,若攻击者不知道配置数据的秘密字符串(简称密钥)对电路进行预编程,那么整个电路将无法正常工作[9,16-19]。逻辑锁定示例如图 7.2 (b) 所示,添加了额外的"密钥—输入"(k) 和"密钥-门"(G_5)。正确的电路功能只有在使用正确的密钥位进行编程时才能体现出来 ($k=1$)。

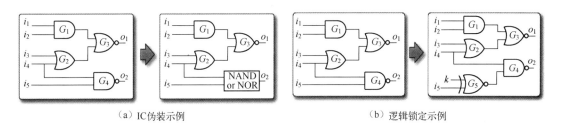

(a) IC伪装示例   (b) 逻辑锁定示例

图 7.2 逻辑混淆示例

近年来,对逻辑混淆技术的研究受到了广泛的关注,并取得了显著的进展。该研究可分为不同的层级:制造级[20-23]、单元级[10,13,24,25]和网表级[10,12,13,26-28]。制造级主要关注的是纳米器件结构。该结构可隐藏电路的功能。对于 IC 伪装,其常用技术主要包括使用掺杂级和位于金属层之间的虚拟触点等。同时,为了实现电路的逻辑锁定,设计人员需采用防篡改的可编程技术。在单元级,研究人员将使用电路基元(又称电路原语)来开发不同的单元设计。该设计可针对逆向工程表现出模糊性。接下来是改造被保护电路,并将这些单元合并在一起,以最小的面积、时延和功耗实现最大的安全性。这里无论是逻辑锁定还是 IC 伪装技术，其算法层面的工作都基于对电路网表的抽象化[9,16,17,19]。从网表抽象化的角度来看，这两种类型的混淆可以使用相同的数学建模，所以对任何一种防护的攻击也往往造成对另一种防护的攻击。

当然，IC伪装和逻辑锁定的主要不同之处在于，IC伪装有着固定的模糊布局结构，而代工厂必须知道这一结构才能有效制造电路。所以IC伪装只能保护硬件电路和IP免受恶意用户的攻击[10]。在逻辑锁定技术中，制造后的电路需要额外的激活步骤，在这一步骤中将密钥编写到电路中[9]，所以即便是代工厂，在不知道密钥的情况下也无法正确运行电路[9]。

无论是逻辑锁定方案还是IC伪装方案，都可能受到各种攻击。如果电路本身无法进行逆向工程，那么攻击者可以采用网表级的算法攻击。这种攻击通常被称为"去混淆"算法攻击。目前，对于不同的攻击模型，研究人员提出了不同的去混淆算法[10,29-39]。针对快速发展的去混淆算法攻击，研究人员提出了新的混淆方案。这种"攻防竞赛"催生出了更强的攻击，同时也激励了更强大的混淆方案。

鉴于此，为了方便研究人员对这一领域的现状有一个全面的了解，需要对逻辑混淆领域的最新进展进行全面回顾。目前还没有针对逻辑混淆领域的全面、深入的研究，也未在一个统一的系统攻击模型中考虑该领域的最新进展。正如本章将要讨论的，由于缺乏一个清晰的系统方法对威胁进行建模，因此出现了各种声称安全的方案。但实际上，一旦构建精确的攻击模型，就会发现这些所谓的安全方案均存在一定的危险漏洞。通过将威胁类型进行分类，设计人员能更容易理解在何种情况下，逻辑锁定方案或IC伪装方案能保证何种级别的安全性。因此，本章接下来会深入讨论逻辑混淆的保护对象，并枚举出以不同方式与现实世界关联的攻击模型，给出混淆攻击示意图，描述一组已知的攻击。这些攻击在每个不同的攻击模型中形成了去混淆的边界。另外，本章对防御方案也会做详细介绍。本章在7.5节会给出一幅电路逻辑混淆技术的发展框图，让读者能了解最新的逻辑锁定技术和伪装技术，从而将现有的研究成果转化为电路实际设计方案。最后，本章的7.5节还将讨论这一研究领域的一些常见陷阱和开放性的未来研究方向。

7.2 逻辑混淆技术研究概览

过去10年来，人们对逻辑混淆和去混淆攻击进行了广泛研究。在对这些研究进行详细的解释之前，首先对这场逻辑混淆和去混淆的攻防竞赛进行全面的描述。第一个重要的逻辑锁定策略在文献[9]中被提出，并命名为EPIC。通过EPIC策略，密钥控制的XOR/XNOR门可随机插入网表，并且该策略还提出了一个使用公钥加密的密钥分布框架。研究者提出了一个量化布尔公式（Quantified Boolean Formula，QBF）的概念，用来提取将混淆电路等同于原始电路所需的密钥。EPIC策略的安全性基于在较大的密钥空间下，量化布尔公式的不可解性。继EPIC策略之后，文献[40]提出了一个新的逻辑锁定策略。该策略主要利用密钥控制的可重构逻辑块。与 EPIC 策略相比，文献［40］进一步讨论了是否有必要确保电路中的所有路径从输入到通过至少一些密钥控制的可重构逻辑，从而增加安全性。

从攻击的角度来看，第一个有实用价值的去混淆方案是一种测试型攻击。该方案最初在文献［10］中被提出，并在文献［26］中得到优化。这一工作开启了关于攻击建模的讨论。该方案的前提条件是，假设攻击者可以访问已经被功能解锁的电路的所有内部寄存器，能查询电路的组合片段和选择的输入向量，并观察正确的电路输出。本章中把已经被功能解锁的电路统称为 oracle 电路。测试型攻击的攻击模型被统称为 oracle-guided 攻击模型。这种测试型攻击利用硬件测试原理（如灵敏度及合理性）选择输入向量，从而查询功能 IC，而不是通过全盘搜索整个输入空间来实现查询。该攻击方法通过隔离密钥位，有效地对随机插入的混淆电路进行攻击。当不同的密钥位相互干扰时，测试型攻击可能会失败。因此，文献［10］提出了"团集型混淆策略"，在电路的依赖图中插入组成团集型的密钥门，使相互干扰的密钥数达到最大值，从而阻碍攻击。

文献［29,30,32］提出了基于布尔可满足性求解器（SAT）的攻击方法。这一方法是 oracle-guided 攻击的一种，往往被称为 SAT 攻击。SAT 攻击的关键问题是找到合适的输入向量，并通过这些输入向量来解析密钥。这个问题被转化成一系列递进式 SAT 问题。首先，通过求解这些 SAT 问题，新的输入向量，即识别输入向量（discriminating input patterns，DIP）将在正常工作的电路中被查询输入。然后，再将得到的输入/输出对（I/O-pair）添加回 SAT 问题中，从而允许算法隐式地删除不正确的密钥。输入/输出对的添加可引导 DIP 挖掘过程，直到发现正确的密钥。当基准电路规模较小时，现代 SAT 求解器的性能可以使 SAT 攻击破解大多数的低开销的逻辑锁定和 IC 伪装方案。

在 SAT 攻击方法被提出后不久，研究人员提出了一种新的混淆方法来阻止 SAT 攻击。这类新方法的设计理念是通过降低每个 DIP 的有效性，从而增加找到正确密钥所需的 DIP。通常，降低 DIP 有效性的本质是减少每个 DIP 能够去除的密钥数量[12,13,16,41,42]。虽然这些方法的提出者为这些方法采取了各种命名方式，但考虑到这些方法的一个共同点，即均严重依赖"点函数"或比较器逻辑的使用，所以笔者在这里将它们统称为点函数方案。通过在电路中插入这些电路逻辑，能使混淆电路仅在少量输入向量上表现异常。而要对电路进行逆向工程，攻击者必须在指数级的巨大输入空间找到这几个表现失常的位置，并引导至输出。因此，任何 oracle-guided 去混淆方法都需要指数级别的查询次数，才能对该目标电路进行去混淆处理。

从以上描述中可以看到，点函数方案所面临的主要挑战是即便在密钥错误的情况下，也不能造成较高的输出错误率。也就说，混淆电路仅在小部分的输入空间偏离原始电路，而在大部分的输入空间和原始电路保持功能一致。有意思的是，提出点函数方案的研究者也了解这一缺陷，因此，他们提出可将具有较高错误率的传统"非 SAT 弹性方案"与"SAT 弹性点函数方案"相结合的复合混淆方案。不过，很快有研究人员提出了其他的 SAT 攻击变体，如 AppSAT[33,43] 和 DDIP[34]。这类攻击针对复合混淆方案，可以在短时间内攻击高错误部分，并将高错误的"SAT 弹性复合方案"还原为低错误的点函数方案。尤其是近似攻击（AppSAT），这类攻击的关注要点是 oracle 电路的指数近似，而不是完美地去除混淆。这种观点为研究新的安全概念"近似弹性"开启了大门。为了应对这种近似攻击，研究人员试图创建出同时考虑输出错误概率和最小 DIP 计数的方案。

另一种保护混淆的方法是在混淆电路中引入非常规结构[15,27,28]。文献[27,28,44,45]中被提出的方案是通过在网表中引入密集的嵌套式循环结构来混淆线路互连。这种结构虽然不会影响电路功能，但会使攻击过程复杂化。而另外一项研究，如文献[15]，则是故意将电路中的一些触发器移除，从而在电路中创建非常规的时序路径，这类路径无法通过现有的 SAT 攻击直接求解。

对循环混淆电路的攻击首次在文献[36]中被提出，所利用的是一种被称为 CycSAT 的算法，但这种攻击很快出现一个问题。文献[45,46,47]中提到，在对密集循环电路进行攻击时，CycSAT 攻击需要对这种电路进行循环穷举，这样做的任务量很大，达到指数级。

TimingSAT 是一项时序层面伪装方案。该方案在文献[48]中被提出，并在基准电路上进行了测试。其他的在时序逻辑领域中的逻辑混淆，在文献[49,50]中被提出。当无法访问所有 oracle 的状态元素时，需要有 SAT 攻击的时序公式。该公式与 oracle-guided SAT 攻击非常相似，不过 SAT 查询要替换为模型检验查询，并在一定时钟周期内展开时序电路。现有的结果表明，模型检验攻击能成功破解大型基准电路的混淆，当然与组合 SAT 攻击相比，攻击速度明显下降。

以上介绍的攻击都关注组合混淆，混淆处理还有相对独立的分支，专注于对电路的有限状态机（FSM）进行混淆[51-55]。通过向 FSM 中添加额外的冗余状态，要求用户遍历冗余状态才能到达原始 FSM，从而实现逻辑锁定机制。这种基于 FSM 的混淆攻击一直没有受到太多关注，直到最近研究人员才提出了一个清晰且深入的攻击模型。在该攻击模型中，即使攻击者无法访问 oracle 电路，大多数 FSM 混淆方案也可以被破解。这种攻击方法被称为 oracle-less 攻击。一些新兴的 oracle-less 攻击[56,57]也能在一定程度上成功破解以往的组合逻辑锁定方案。

本节介绍了逻辑混淆技术的主要研究成果以及这些成果出现的时间顺序。下面将不再关注这些研究成果的先后次序，而是根据攻击者的能力和防御者的目标来对各种攻击和防御工作进行分类，并详细讨论各种攻击和防御领域的前沿问题。

7.3 关于各类攻击的介绍

7.3.1 数学符号约定

在开始讨论攻击之前，首先回顾一些基本的数学符号，后面讨论去混淆攻击模型时会用到这些符号。

具体而言，c_o 表示混淆之前的原始电路。对于组合电路，可将 c_o 建模为一个布尔函数或电路，该函数或电路有 n 个输入位数（输入空间 $I=\{0,1\}^n$）以及 m 个输出位数（输出空间 $O\subseteq\{0,1\}^m$），逻辑锁定可建模为：通过添加 l 个密钥输入将 c_o 转换为增强安全函数 $c_e:I\times K\to O$，其中 $K\subseteq\{0,1\}^l$ 表示密钥空间。同时，至少有一个正确的密钥向量 $k^*\in K$ 使得 $c_e(i,k^*)=c_o(i),\forall i\in I$。额外的变量 k 表示一个函数空间 $C=\{c_e(i,k)\mid k\in K\}$。

尽管集成电路伪装有不同的实现方式，但是可以用相同的语义来建模，可使用密钥变量在伪装的网表中对模糊性编码。例如，实现 AND（与门）或 NAND（与非门）的伪装单元可使用 AND 门或 NAND 门建模，并由密钥控制的 MUX（选通门）选择。密钥变量决定是选择 AND 门还是 NAND 门。可以看到，所有的伪装方案均可用一定数量的密钥变量编码[26,58]，因此可在相同语境中研究针对 IC 伪装和逻辑锁定的攻击。

如果原始电路或混淆电路均为时序电路，那么 c_o 和 c_e 变成有状态的布尔函数。时序电路可接受输入 i，再生成输出 o，并在每个时钟周期更新一个内部状态 s。这类电路可用下一状态函数 $ns(i,s)$ 和输出函数 $of(i,s)$ 来表示。因此可写为 $c_e(i,k):(s',o)\leftarrow(ns_e(i,k),of_e(i,s,k))$，或简写成 $c_e(i,s,k)$ 以表示 c_e 是一个时序函数，其初始输入为 i，密钥输入为 k，且当前状态为 s。该时序函数可得出一个输出，并更新 s。

在混淆领域中有应用广泛的一个概念，即"输出错误率"。错误率的定义有多种方式，其中一种是计算混淆电路与原始电路在组合输入和密钥空间出现不一致的概率（$I\times K$）：

$$\mathrm{Er}(c_c,\bar{c}_o)=\left|\Pr_{i\in I,k\in K}[c_e^m(i,k)\neq c_o^m(i)]-\frac{1}{2}\right| \tag{7-1}$$

请注意，这一概率可通过一个固定密钥上的输入或一个固定输入上的密钥来定义。尽管这些定义不同，但类似概念都包含在了大多数混淆方案中。

对于 FSM 混淆方案，FSM 的状态转换图（STG）可通过在每个节点上进行状态编码并在每个边上输入布尔条件的图来建模。FSM 在复位状态下启动，同时，每个时钟周期根据边界条件进行转换。由于混淆处理，该状态转化图将被转换成另一个状态转化图。

7.3.2 攻击模型

攻击模型可以清楚地体现出攻击者的能力和意图。研究逻辑混淆类的攻击模型对于集成电路设计方案的安全性分析非常关键。比如在分析攻击模型时，经常发现一些模型选择以很低的开销来保护逻辑混淆，而其他攻击模型可能根本不能实现安全性。因此，对于任何使用或研究混淆方案的人员来说，第一步是要准确构建预期的攻击模型。

首先，关于访问 oracle 的攻击，可列举以下攻击类别：

（1）oracle-less（OL）攻击：攻击者只能访问被混淆的网表 c_e[57]。对于代工厂攻击者，其攻击流程为将 GDS 布局文件转换为晶体管级电路后，反向提取逻辑级网表。而对于终端用户（End-user），必须先将 c_e 通过物理逆向工程提取出来。其具体过程如图 7.3 所示。代工厂（Foundry）可访问 IC 布局，因此可以看到网表中所有不可编程的部分。终端用户可对封装好的 IC 进行物理逆向工程，以提取电路网表，但该网表在伪装逻辑周围没有明确定义。只要能访问模糊网表 C_e，oracle-guided（OG）和 oracle-less（OL）攻击者就会尽力恢复原来的电路 C_o。

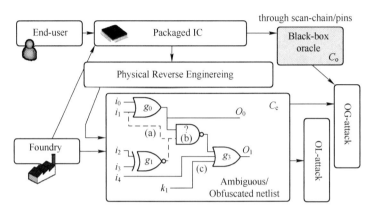

图 7.3 通过物理逆向工程提取网表的过程

（2）oracle-guided（OG）攻击：除了混淆网表外，攻击者还可以访问功能电路，即找到实现原始电路功能的 c_o[29,30]。这类已经解锁的电路可从市场上购买到，通常被称为"黑盒电路"。虽然攻击者无法直接观察或探测到该电路的内部信号，但可以访问该电路中的所有状态元素。因此，可以通过选择的输入向量查询原始电路的组合模块或锥体，并观察其输出。在这种攻击模型中，一对可控制点—可观察点之间不会有状态元素。

（3）顺序 oracle-guided（SOG）攻击：在这种模型中，攻击者可访问 oracle 但不能控制或观察某些内部状态元素[49,50]。在这种情况下，一对可控制点—可观察点之间的逻辑有一定时序。攻击者可以对原时序电路 c_o 进行输入—输出访问，芯片的复位状态也可以是未知的。

（4）t-Probed oracle 攻击：这种攻击假设攻击者可探测到 oracle 电路中 $t \geq 1$ 的具体位置，在这种模式下，由于攻击者可以探测伪装单元、密钥或其扇出，所以在这种攻击方式下，低开销的 IC 伪装或逻辑锁定方案往往无法实现安全的逻辑混淆。即便整个计算过程都是随机的，攻击者仍然可以探索随机化的来源，从而对电路进行逆向工程。

以上所列的各个攻击模型都能映射到真实世界的场景中。比如，在研究 IC 伪装时，往往认为 oracle-guided 攻击模型是合理的，适用于商业 IC。通常，商业 IC 为批量制造，如果攻击者能访问一个芯片，并对其进行逆向工程，提取混淆网表，那就可以合理地假设。该攻击者能够从同一市场访问第二个芯片，进行查询操作，并与第一个芯片进行对比。如前所述，这第二个芯片便是攻击模型中提到的 oracle 电路。而在研究逻辑锁定时，就要分情况了。对于正在制造第一批锁定电路的代工厂，就不适用 oracle-guided 攻击模型，因为这时候还没有被解锁的电路出售。但如果是某终端用户，尝试对商业化的锁定电路进行逆向工程，那么 oracle-guided 攻击模型就合适，因为用户有可能购买到第二个已解锁芯片作为 oracle 电路。考虑到从芯片背面进行的光电探测[59,60]以及顶层物理探测在读取有源电压值方面越来越可行，如果没有针对这些技术的物理对策（如应用安全封装等技术[61,62]），则 t-probed-oracle 模型就需要被认真对待。另外，测试数据的泄露（正确的输入/输出向量）也可看作是一个受约束的 oracle-guided 模型[63]。

下面列举攻击者在逻辑锁定或伪装 IC 方案中利用逆向工程分析出混淆单元的能力：

（1）显式混淆：逻辑锁定的攻击者很清楚在被锁定电路中哪些线路为密钥，但却不知道密钥的具体值。伪装 IC 的攻击者也知道伪装电路中经伪装或模糊的单元和通孔，但不知道其确切的功能。

（2）隐式混淆：逻辑锁定的攻击者不知道哪些线路是可编程的密钥，哪些是正常的输入。而伪装 IC 的攻击者不知道哪些通孔或单元经过伪装。因此，攻击者往往会怀疑所有元素可能是假的，而且所有输入都可能是密钥。

举例而言，在逻辑锁定中，通常用金属到金属反熔丝的方式锁定，如果反熔丝布局在显微镜下被发现与正常的反熔丝布局不同，则很难隐藏密钥的位置。如果将芯片上的非易失存储器用于密钥编程，则可以尝试将非易失性存储器也用在电路的其他功能中，这样攻击者就不能通过隔离存储器单元的方式来查找密钥。对于 IC 伪装，可通过创建看起来与正常单元和通孔相似的单元和通孔伪装，这样攻击者就要怀疑所有的单元和通孔都经过伪装。这种做法极大地增加了逆向工程的难度。因此，攻击者一般都要清楚地了解逻辑锁定或 IC 伪装电路单元的隐蔽性。

应对攻击者的另一个关键方面是分析其攻击意图，即攻击者的目标是什么，是为了学习电路的准确功能还是只是为了得到近似功能。功能性攻击意图一般包括以下三种：

（1）确切功能恢复：攻击者想要学习 c_o 电路的确切布尔函数。如果有一个输入向量给出错误的输出，则表示攻击失败。

（2）ϵ-估计功能恢复：攻击者打算通过$(1-\epsilon)$精确度来估计电路的功能，即在输入空间的$(1-\epsilon)$部分恢复与 c_o 一致的功能。

（3）功能/结构识别：攻击者想要识别电路区块并进行分类。例如，查找乘法器、加法器和控制单元，查找特定的元素（如指令寄存器），查找模块的边界或特定线路等。

介绍到这里，笔者就需要强调逻辑混淆技术研究中的一个误区，即除了上述攻击意图，研究人员往往还用另外一个针对电路锁定的攻击方法，即"终端用户攻击者试图找到一个密钥来解锁一个被锁定的 IC"。可以看到，仅仅关注这样一个带锁定意图的攻击者在现实中并不合理，因为实现这样的目标与逻辑混淆完全无关。防御者可以简单地在每个芯片上实现一个具有物理不可克隆功能的密钥比较电路，并在激活电源线或 IC 中的关键模块之前，检查唯一的密钥。这样，即使该电路没有被逻辑混淆（以防止反向工程），终端用户如果不知道唯一密钥，仍然无法"激活"被锁定的 IC。因此，采用锁定策略更有意义的目标不是阻止最终用户激活芯片,而是通过以一种难以去除的方式紧密地将电路与密钥巧妙地混合在一起,从而使电路的布尔功能模糊不清。这种较强的逻辑混淆概念暗示了未授权激活的难度。了解这一点对研究者提出新型的电路防御方案有很大影响(防御方案将在 7.4 节中具体讨论)。

对于以上三种功能性攻击意图(确切功能恢复、ϵ-估计功能恢复和功能/结构识别),大多数攻击和防御都是针对第一种,而 AppSAT[64]、DDIP[34]、hill-climbing 攻击[65]和近似弹性攻击则与第二种相关。目前,在逻辑混淆技术研究中,研究人员还未对第三种进行正式定义和分析。也就是说,目前并不清楚在不先消除混淆的情况下,要检测出一个被混淆的乘法器仍然是乘法器到底有多难。同样,在混淆电路中寻找特定的连线和模块,目前也没有办法,其中部分原因是由于即使在未混淆电路上也难以进行功能识别。随着研究人员的不懈努力,目前该领域已取得一些进展[4,5,66]。下面将更详细地讨论 oracle-guided 攻击、oracle-less 攻击和顺序 oracle-guided 攻击。

7.3.3 oracle-guided 攻击

oracle-guided 攻击包括测试型攻击、SAT 攻击、近似攻击等。

1. 测试型攻击

这种 oracle-guided 攻击由 Rajendran 等人首次提出[10]。该攻击利用电路测试原理,主要利用了测试中的调整过程与敏化过程。在调整过程中,通过控制一个或多个门的输入,可使门的输出达到一个已知的值。比如,或门的输出可通过将其任意一个输入值设为 1,从而将输出调整为 1。在敏化过程中,通过设置特定路径上逻辑门的输入,使得一个内部信号可以通过这个路径在电路的输出端被观察到,具体而言就是将逻辑门上的与该信号传输无关的输入设置成非控制值。

由于逻辑混淆电路一般都是基于密钥混淆的,因此测试型攻击通常通过将电路输出敏化到单个密钥位来泄露密钥位的值。为了将密钥位泄露到输出,从该密钥位到输出路径上的所有逻辑门都必须对该密钥位敏感。这需要将这些门上的其他输入设置为非控制值。比如,以图 7.4 (a) 中的电路为例,通过将 i_3 和 i_4 均设为 0,可将密钥—门 G_5 的输入设为 0。同时,将 i_1 或 i_2 设为 0 之后,密钥门 G_5 的输出可在主输出端 o_1 观察到。因此,在应用输入向量 $\{0,0,0,0,X\}$ 或 $\{0,1,0,0,X\}$ 之后,如果输出向量为 $\{0,1\}$,则可以得到 $k=1$;否则得到 $k=0$。

不难看出,在测试型攻击中,只要给定的泄露路径上有两个密钥位,而其中一个密钥位不能用选择的输入向量进行控制,那么输出将同时取决于两个密钥位的值。面对这样的多密钥路径,最初的测试型攻击采用简单枚举法。因为测试型攻击只能用一个未知的输入—输出方程推理。不可解析网表的示例见图 7.4 (b)。笔者会在本章 7.4 节讨论针对这种弱密钥位的防御。

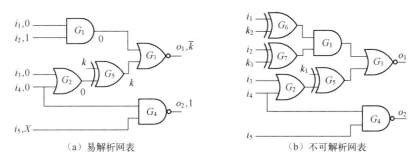

(a) 易解析网表　　　　　　　　(b) 不可解析网表

图 7.4　测试型攻击示例

2. SAT 攻击

文献 [29,30] 中被提出的基于 SAT 的攻击显著提高了去混淆效率。与测试型攻击不同，SAT 攻击可处理具有任意数量密钥位的输入—输出方程系统。SAT 攻击会迭代搜索输入向量，且保证会删除不正确的密钥组合，还伴随一个终止条件，如果原始假设空间包含正确的电路功能，则该攻击能在有限的时间内找到这一功能。

以图 7.4（b）为例，假设 k_1、k_2、k_3 的正确密钥分别为 0、1 和 0，由于无法满足每个密钥位的敏化和调整条件，因此必须利用枚举攻击，这至少需要 $2^3 = 8$ 个输入向量来删除所有不正确的密钥组合[26]。SAT 攻击的密钥组合示例如图 7.5 所示。针对 4-输入向量，图 7.5 给出了图 7.4（b）所有可能密钥组合的输出，假设正确密钥位是 (1,1)。图 7.5 中"×"表示此处的输入向量是错误的，应被排除。从图 7.5 中可以看出，通过 SAT 攻击只要有 3 个输入向量就已足够。SAT 攻击在过程的任何点都只选择密钥不一致的输入向量，可确保无冗余查询。因此，SAT 攻击首先选择 $\{1,1,0,0,X\}$ 和 $\{1,0,0,0,X\}$ 来查询，返回结果都为 (1,1)。根据目前查询的模式，任何产生错误输出的密钥组合都将被删除。将这些与观察结果不一致的行删除之后，可继续下一个查询，其中不一致的行应该是 $\{0,0,0,0,X\}$，而不是 $\{0,0,1,0,X\}$ 或 $\{1,0,1,0,X\}$。

		Input Patterns				
		(1,1,0,0,X)	(1,0,0,0,X)	(0,0,0,0,X)	(1,0,1,0,X)	(0,0,1,0,X)
Key Vectors	(0,0,0)	(0,1) ✗	(1,1)	(1,1)	(0,1)	(0,1)
	(0,0,1)	(1,1)	(0,1) ✗	(1,1)	(0,1)	(0,1)
	(0,1,0)	(1,1)	(1,1)	(1,1)	(0,1)	(0,1)
	(0,1,1)	(1,1)	(1,1)	(0,1) ✗	(0,1)	(0,1)
	(1,0,0)	(0,1) ✗	(0,1)	(0,1)	(1,1) ✗	(1,1) ✗
	(1,0,1)	(0,1) ✗	(0,1)	(0,1)	(0,1)	(1,1) ✗
	(1,1,0)	(0,1) ✗	(0,1)	(0,1)	(1,1) ✗	(1,1) ✗
	(1,1,1)	(0,1) ✗	(0,1)	(0,1)	(1,1) ✗	(0,1)

图 7.5　SAT 攻击的密钥组合示例

将这样的攻击表明确地枚举出来，效率会非常低。因此，SAT 攻击通过使用简明的布尔公式或电路来表示，从而避免繁琐的枚举过程。图 7.6 给出了 SAT 攻击的具体过程，可将 SAT 攻击[9]过程视为用于电路的一组转换步骤。该电路表示一个布尔条件。该条件将被细化，以最终解析为正确的密钥。第一步：使用密钥变量对网表中的模糊内容建模，即使用锁定公式。第二步：先通过复制电路创建一个 mitter 电路，再将复制电路的输出连接到比较器进行比较，得到 mitter 输出 $M=(c_e(i,k_1) \neq c_e(i,k_2))$。这种攻击对初始化为 M 的电路/公式 F_0 有效。不难看出，如果存在 $\hat{i}$、$\hat{k}_1$ 和 $\hat{k}_2$，则 M 将为真，因此，当输入为 $\hat{i}$ 时，逻辑混淆电路针对 $\hat{k}_1$ 和 $\hat{k}_2$ 将得到不同的输出。

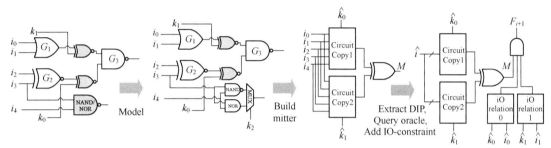

图 7.6 SAT 攻击的具体过程

当 $\hat{i}_0$、$\hat{k}_1$ 和 $\hat{k}_2$ 满足 F_0 时，攻击开始。该 $\hat{i}_0$ 被称为识别输入向量（DIP）。在 oracle 上查询 DIP，可得到 $\hat{y}_0 = c_o(\hat{i})$。通过观察 oracle 上的正确输出 $c_o(\hat{i}_0)$ 后，$c_e(\hat{i}_0, \hat{k}_1)$ 和 $c_e(\hat{i}_0, \hat{k}_2)$ 中至少有一个值与 $c_o(\hat{i}_0)$ 不同。因此，$\hat{i}_0$ 能保证删除至少一个不正确的密钥组合。所以，将该输入—输出条件加入 F_0 后可生成新的求解公式 F_1，如下所示：

$$F_1 = F_0 \wedge (c_e(\hat{i}_0, k) = c_o(i_0)) \wedge (c_e(\hat{i}_0, k_0) = c_o(\hat{i}_0)). \tag{7-2}$$

在满足 F_1 后，将搜寻一个新的 DIP，可进一步删除已满足 $(\hat{i}_0, c_o(\hat{i}_0))$ 的密钥空间。在 F_i 不再满足之前，该过程可一直进行。此时，可以从 F_i 中删除 M，只解决 I/O-约束。如果 c_e 一开始就包含正确的密钥，就会返回正确的密钥。从算法 7.1 中可以看出 SAT 攻击的流程。

算法 7.1 SAT 攻击算法

Algorithm 7.1 Given oracle access to c_o and the expression for c_e return a correct key $k_1 \in K_*$.

1: **function** SATDECRYPT(c_e, c_o as black-box)
2:     $j \leftarrow 0$
3:     $M \leftarrow c_e(i, k_1) \neq c_e(i, k_2)$
4:     $F_j \leftarrow true$
5:     **while** $F_j \wedge M$ is solvable **do**
6:        Solve $F_j \wedge M$ with $\hat{i}_j, \hat{k}_1, \hat{k}_2$
7:        $o_j \leftarrow c_o(\hat{i}_j)$
8:        $F_{j+1} \leftarrow F_j \wedge (c_e(\hat{i}_j, k_1) = o_j) \wedge (c_e(\hat{i}_j, k_2) = o_j)$
9:        $j \leftarrow j + 1$
10:    **end while**
11:    satisfy F_j with k_1 and k_2
12:    **return** k_1 as exact key
13: **end function**

虽然 SAT 攻击所涉及的 SAT 问题通常是一个 NP 完全问题[67]，但经布尔电路推导出的 SAT 问题，可使用现代 SAT 求解器来高效求解[67]。对于传统的混淆方案，如 EPIC 方案，与穷举的复杂性相比，SAT 攻击所需的 DIP 查询非常少。图 7.7 显示了 21 个 ISCAS 和 MCNC 基准电路集合在 SAT 攻击时的运行结果，可以看到 21 个基准电路的运行时间、6 种不同的锁定算法和 4 种不同的开销等级[75]。这些电路均采用各种传统的锁定方案进行了混淆处理。可以看出，SAT 攻击能在几分钟到几小时内解析出正确的密钥。从文献［30］中可以看出，识别输入的平均数量不到 50，而且平均攻击时间不到 2500 s，这与可能需要数万年才能完成的枚举攻击的估计结果形成了鲜明的对比。

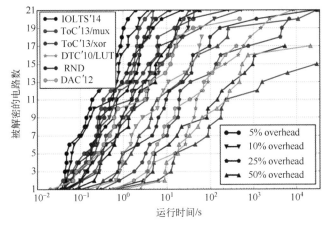

扫描二维码，查看该图的彩色图片

图 7.7　21 个 ISCAS 和 MCNC 基准电路集合在 SAT 攻击时的运行结果

3. 近似攻击

前面介绍的 SAT 攻击为准确攻击，只有在无法找到更多的 DIP 时才终止。也就是说，如果将恢复的密钥 k_* 编入 c_e，将产生一个与 c_o 完全等价的电路。在传统的混淆方法中，其主要模式是将密钥结构随机插入电路，对于传统的高错误率混淆方法非常有效。但是，准确的 SAT 攻击并不知道这类逻辑混淆的错误率，因此，当面对错误率较低的混淆时可能会出现问题。参考图 7.8 中的示例，图 7.8（a）为采用高错误率方案产生的混淆电路真值表。由于每个不正确密钥的输出错误率很高，因此通过识别输入而删除的不正确密钥的数量可能非常多。比如，在图 7.8（a）中，输入 i^6 可删除 4 个不正确密钥。但是，当不正确密钥的输出错误率较小时，不太可能通过一个 DIP 就能删除大量的错误密钥。如图 7.8（b）所示，每个输入（如 i^1）只能删除一个不正确的密钥。

为提高 SAT 攻击的适用范围和计算效率，攻击者提出了以 AppSAT 为代表的近似攻击。最初提出 AppSAT 攻击是为了让 SAT 攻击能跟踪中间密钥的错误率。与算法 7.1 中的 SAT 攻击相比，AppSAT 同样包含相同的步骤，包括搜索和存储 DIP。二者的主要区别在于输出错误率估计步骤。在 AppSAT 攻击中，在每次执行一定次数的迭代之后，会先从 SAT 求解

（a）高错误率方案产生的　　　　（b）低错误率方案产生的　　　　（c）高错误率和低错误率混合
　　混淆电路真值表　　　　　　　　混淆电路真值表　　　　　　　　方案产生的真值表

图 7.8　三个不同混淆电路的真值表（有 4 个密钥位和 3 个输入）

器中提取一个满足所有现有输入—输出对的密钥。然后，通过随机抽样估计该密钥的输出错误率。如果错误率大于给定的阈值，则 AppSAT 将继续搜索识别输入。如果小于阈值，则算法停止并返回该密钥。

AppSAT 的一个重要思想是，在随机抽样步骤中，每次 oracle 和 c_e 对某随机输入不匹配时，都会发现新的 DIP。其中一些 DIP 会存储到 k^1 SAT 中，导致首先删除高错误率密钥。以图 7.8（c）为例，i 在 k^2 下的错误率较低，而在 k^{13}、k^{14} 和 k^{15} 下的错误率较高。在 AppSAT 进行首次迭代时，所有输入模型（i^7 除外）均为识别输入。因此，当从 $i^0 \sim i^6$ 中随机选出一个输入时，k^{13}、k^{14} 和 k^{15} 被删除的概率为 4/7，该数值比 k^1 和 k^2 的删除概率高得多。由于这一属性，具有低错误率的密钥可在少量的迭代中获得。

AppSAT 可用于攻击使用低错误率方案和高错误率方案组合的复合型混淆方案中。图 7.9

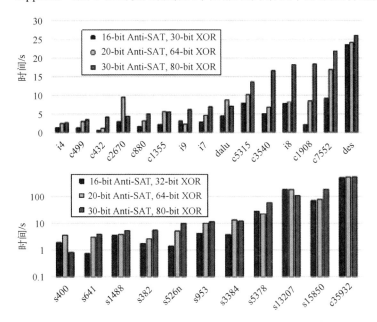

扫描二维码，查看
该图的彩色图片

图 7.9　AppSAT 攻击在 ISCAS 和 MCNC 基准电路上评估的
　　　　去混淆时间（Anti-SAT + EPIC）[33]

显示了 AppSAT 攻击在 ISCAS 和 MCNC 基准电路上评估的去混淆时间。其中，ISCAS 和 MCNC 基准电路采用此类复合方案进行混淆。DDIP[34] 和绕开攻击[68] 采用 AppSAT 技术来攻击特定的复合方案。DDIP 在 SAT 公式中添加了一个属性，使得 DIP 可取消至少两个不正确密钥，只在低错误率模式恢复时终止。在文献 [64] 中，研究人员对类似的终止条件进一步研究，并将该条件添加到 AppSAT 中。此外，AppSAT 又增加了去除攻击[35] 和连线分歧分析攻击[64]。这些攻击都是在去混淆过程中的中间错误率上定位电路中的攻击点。从算法 7.2 中可以发现 AppSAT 和各种中间分析步骤。DDIP 的流程类似于算法 7.1 中的原始 SAT 攻击，不同的是 mitter M 有 4 个或更多的密钥，而不是 2 个。文献 [69] 中被提出的可满足性模块理论 (satisfiability-modulo-theory, SMT) 求解器，增加了各 DIP 取消不正确密钥资格的数量，以提高效率。

算法 7.2　增加了线路分歧分析和终止条件检查的 AppSAT 算法

Algorithm 7.2　Given oracle access to c_o and the expression for c_e return an approximate key k_1.

```
1:  function ApproxSATDecrypt(c_e, c_o as black-box)
2:      j ← 0
3:      M ← c_e(i, k_1) ≠ c_e(i, k_2), F ← true
4:      while F ∧ M is solvable or term do
5:          Solve F ∧ M with î, k̂_1, k̂_2
6:          ô ← c_o(î)
7:          F ← F ∧ (c_e(î, k_1) = ô) ∧ (c_e(î, k_2) = ô)
8:          every d rounds do
9:              term ← AnalyzeError(F, k_1, c_e, c_o)
10:             term ← CheckTermination(F, c_e, c_o)
11:             WireDisagreement(i_j, k_1, k_2, c_e)
12:     end while
13:     satisfy F with k̂_1, k̂_2
14:     return k̂_1 as key
15: end function
```

另一种可归类为近似攻击的攻击是在 SAT 攻击创建之前提出的，被称为 hill-climbing 攻击[65]。该攻击定义了一个密钥假设 k_h 和一个最佳密钥假设 k_{bh}。以 k_h 中的密钥位为参数来解决优化问题，在这一优化问题中，成本函数表示 $c_e(i, k_h)$ 和 $c_o(i)$ 不一致的概率。由于无法有效地计算出准确的不一致概率，因此采用类似于 AppSAT 的随机抽样进行估计。在每次迭代中，k_h 总是通过更改 k_{bh} 派生得到后，再对 k_h 的错误率进行估计，如果错误率优于最佳密钥假设 k_{bh} 的错误率，那么 k_h 将成为新的 k_{bh}。hill-climbing 攻击使用模拟退火法使 k_h 由 k_{bh} 派生，首先使用模拟退火公式推导位翻转概率，然后根据所得概率，将 k_h 的位翻转。在攻击开始时，k_{bh} 的错误率很高，此时位以较高的速率翻转。随着错误率的下降，得到了一个更好的密钥假设，翻转率呈指数下降，最终收敛在一个低错误率密钥上。hill-climbing 攻击的一大优点是，不像 SAT 攻击那样依赖于 NP-完全的 SAT 查询。

7.3.4 oracle-less 攻击

oracle-less（OL）攻击假设攻击者只能访问 c_e 的电路网表，而且了解所使用的混淆方案。考虑到攻击者不一定能获取 oracle 电路，因此 oracle-less 攻击非常具有吸引力。oracle-less 攻击者必须研究混淆电路本身在结构和功能上的微小统计差异，以恢复原始电路。

到目前为止，oracle-less 攻击的主要目标是逻辑锁定，而不是 IC 伪装，因为 OL 攻击更适合攻击逻辑锁定方案。此类攻击的一大主要工作是研究插入密钥结构的邻近区域，因为密钥逻辑插入通常只影响插入位点的位置，这个位置被称为"电路切面"。在电路切面位置，可以有各种可能的密钥插入，当错误的密钥插入后，该电路切面很可能因为电路优化而被删除，因此可以分辨输入的密钥是否正确。El massed 等人[57]曾提出首个 oracle-less 攻击。他们认为，简化后的切面不应与去除密钥结构的原始电路有较大差距，以此为基础来删除不可能的密钥。在文献[70]中，研究者认为有些密钥会产生测试性较低的电路，并以此为基础将这类密钥删除，因为原始电路通常是综合而成的电路，具有很高的可测试性。

另一个想法是借助于统计分析和机器学习。假设原始电路的全部或部分的统计数据为 $P(c_o)$，而混淆电路的统计数据为 $P(c_e)$，那么在理想情况下，这些统计数据应是独立的，也就是说，$P(c_e)=P(c_e|c_o)$。而在实际使用中，简单地将固定密钥结构插入电路中，并在插入后进行有限的随机化操作，往往会使混淆前和混淆后的电路显示出相关联的统计信息。这意味着，如果 $P(c_e)$ 本身不提供额外的信息，可能的 c_o 电路空间会缩小。这些统计信息可使用各种统计推断工具（包括机器学习方案）挖掘。Chakraborty 等人曾在文献[56]中针对随机插入的 XOR/XNOR 做过此项工作，结果证明，在 ISCAS 基准电路的子集上，成功密钥位恢复率约为 90%。

7.3.5 顺序 oracle-guided 攻击

oracle-guided（OG）攻击模型可通过扩展，成为顺序 oracle-guided（SOG）攻击模型。在 SOG 攻击模型中，攻击者虽然无法观察或控制 oracle c_o 的内部状态，但可重置 IC，并通过向 IC 中输入测试信息观察输出。Meade 等人在文献[49]中首先提出了一种新方法，可通过电路按照时序周期运行的原理展开，然后针对拓展的时序电路进行 SAT 攻击。其思想是简单地将时序电路 c_e 展开，使之达到 b 个拷贝。因此，展开后的电路（表示为 $c_e^b(I,r,k)$）有 b 个输入向量 I 和 b 个输出向量。拷贝 i 中的寄存器输入与拷贝 $i+1$ 中的寄存器输出相连，但第一轮初始化后的寄存器数据除外（重置状态为状态 r）。该展开的电路为一个组合电路，可以直接应用 SAT 攻击。对于未知的初始状态可通过附加的虚拟密钥变量建模。

通过展开电路并将其传递给 SAT 求解器来检查布尔属性一直是验证领域的研究课题，研究人员将其称为有界模型检测（bounded-model-checking，BMC）问题，而且针对该问题存在一系列工具和技术。El Massad 等人[50]首次使用模型检测公式对 SOG 攻击进行了深入分析，提出了几个验证终止的标准，以了解何时退出攻击。这些细节是 Meade 等人在文献［49］的研究中所缺少的。El Massad 等人展示了不会将内部状态泄露到输出电路的，攻击运行时间是如何急剧增加且错误率又是很高的。然而，与组合的 SAT 攻击相比，只需增加少量的运行时间就可对大型的时序电路做去混淆处理。算法 7.3 展示了针对 SOG 攻击模型的去混淆模型检测攻击算法。其第 6 行调用带有 $G(\neg M)$ 属性的 BMC 求解器，第 5 行检查终止条件，比如检查下一个状态和输出函数在当前 DIP 集下是否唯一。El massad 等人在文献［50］中展示的测试数据见表 7.1。在文献［71］中，研究人员通过对展开时电路条件进行动态简化，显著减少了模型检测攻击运行时间。在进行攻击之前，一些研究论文[72,73,74]提出了通过扫描链完成激活、修改和混淆操作，专门针对 oracle-guided 攻击进行安全锁定。虽然限制扫描链访问是一种显而易见能提高整体安全性的低成本方法，但是对于具有高熵及低深度的小型混淆电路来说，仍然容易受到 SOG 攻击。

算法 7.3 针对 SOG 攻击模型的去混淆模型检测攻击算法

Algorithm 7.3 Given sequential-oracle access to c_o and the expression for the sequential c_e return an exact key k_1.

```
1:  function SEQDECRYPT(c_e, c_o as black-box)
2:      j ← 0, b ← 1
3:      M ← c_e(i, s_1, k_1) ≠ c_e(i, s_2, k_2)
4:      F_j ← true
5:      while !TERMINATION(F_j) do
6:          if BMC(F_j ∧ M, G(¬M), b) → Fail then
7:              Ô_j ← c_o(Î_j),  Î_j ← CEX(G(¬M))
8:              F_{j+1} ← F_j ∧ (c_e^b(Î_j, k_1) = Ô_j) ∧ (c_e^b(Î_j, k_2) = Ô_j)
9:              j ← j + 1
10:         else
11:             b ← b * 2
12:         end if
13:     end while
14:     satisfy F_j with k_1 and k_2
15:     return k_1 as key
16: end function
```

表 7.1 测试数据

基准电路	识别输入个数		步 长		运行时间/s		终止条件
	最小值	最大值	最小值	最大值	最小值	最大值	UC/CE/UMC
s344	3	5	10	10	11	37	10/0/0
s349	3	7	10	10	15	69	10/0/0
s382	25	36	50	60	3482	41129	10/0/0
s400	18	34	50	90	4921	526499	6/0/1
s444	16	35	50	90	3379	52984	2/0/5
s510	7	15	30	40	300	29121	10/0/0
s526	29	39	120	120	37979	139252	10/0/0
s820	14	20	10	10	506	1030	10/0/0
s832	12	21	10	10	370	1211	10/0/0

续表

基准电路	识别输入个数		步　　长		运行时间/s		终止条件
	最小值	最大值	最小值	最大值	最小值	最大值	UC/CE/UMC
s953	10	22	10	10	365	1709	10/0/0
s1196	14	44	10	10	795	2386	10/0/0
s5378	7	—	—	—	1350	—	0/1/0
s9234	—	—	—	—	—	—	0/0/0
b04	4	9	10	10	31	151	10/0/0
b08	26	117	20	20	619	10527	10/0/0
b14	14	21	10	10	14308	34273	10/0/0

注：表中为针对 ISCAS 时序基准电路的查询深度测试数据（时钟周期数）；UC 代表特定的终止条件；CE 代表等价组合逻辑；UMC 代表无边界模型检测。原始表格参见文献［50］。

7.4　关于防御的介绍

本节将通过锁定技术和伪装技术讨论防御方法。首先讨论实现这些技术的电路结构，然后深入研究用于将这种结构插入原始电路的网表级算法。在讨论过程中，还将介绍针对特定混淆方案的攻击方法。

7.4.1　伪装单元和元器件

任何能给基于显微镜的逆向工程过程带来模糊性的电路基本单元，都可被称为伪装纳米结构，简称伪装单元。这类结构可通过特殊的制造流程得以实现。本节先回顾一些制造技术。需要注意的是，理论上虽然有许多方法可以创建模糊的纳米结构，但是这些方法应根据诸如制造成本开销（根据添加的掩模和制造步骤）、逆向工程技术的弹性以及它们创建的模糊量的大小等度量标准来评估。实际上，很难完全将伪装纳米结构与使用该结构的电路隔离开来。因此，在讨论伪装纳米结构时，还要对使用这些结构的电路单元设计进行探讨。

建立伪装单元的一个主要方法是利用材料掺杂[25]。一种典型的掺杂方法是创建具有相似金属和多晶结构，但是具有不同掺杂方式的伪装结构[48,75,76]。晶体管的掺杂会影响导通和断开电阻值。这种电阻差异有可能通过电流感应放大器检测到。不同功能的 2-输入阈电压定义的逻辑门设计示例如图 7.10 所示。在图 7.10（a）所示的伪装单元中，当右支路的电阻大于左支路时，通过选择各支路中晶体管的掺杂程度，电流感应放大器可实现一组功能。根据掺杂情况不同，node1 和 node2 中的 16 个晶体管可实现 16 个不同的 2 输入布尔函数。但该单元引入了较高的开销。比如，当这个单元作为一个 AND 门时，与现有的设计相比，该单元引入了 70% 的延迟开销和 160% 的面积开销。

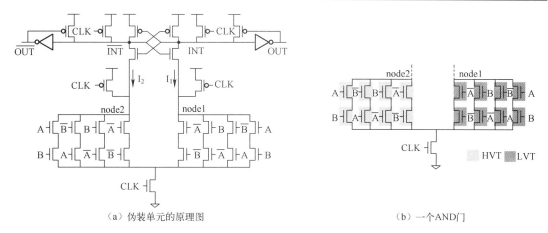

(a) 伪装单元的原理图　　　　　　　(b) 一个AND门

图 7.10　不同功能的 2-输入阈电压定义的逻辑门设计示例[25]

但基于掺杂类型（包括 p 型和 n 型）的伪装单元并不能有效抵御利用扫描电子显微镜（SEM）和聚焦离子束（FIB）成像的攻击。由于基片中的掺杂与来自 SEM 的电子束相互作用，因此通过改变电子束的强度水平即可区分基片的掺杂程度。图 7.11 显示了在光学显微镜、扫描电子显微镜和聚焦离子束显微镜下的掺杂型伪装电路。在 SEM 或 FIB 下，如果掺杂强度的变化较小（利用轻 n 掺杂而不是重 n 掺杂），则被检测到的可能性会减小[77]。

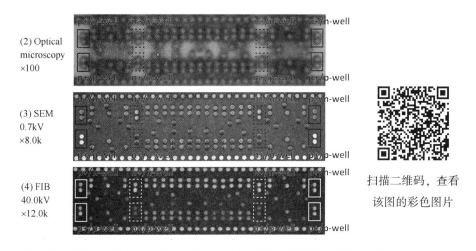

扫描二维码，查看该图的彩色图片

图 7.11　在光学显微镜、扫描电子显微镜和聚焦离子束显微镜下的掺杂型伪装电路[6]

构建伪装基元的一种更安全的轻量级方法是基于虚拟触点或通孔实现伪装。虚拟触点是一个特殊类型的通孔。该通孔从顶视图看似乎是一个正常通孔，但事实上并不导电。这可以通过一个带有中间间隙或绝缘体的通孔来实现，或通过一个带有非导电材料的通孔来实现，文献［78］中提出利用材料 MgO 来构建此类通孔。虚拟触点可用来建立伪装单元，也可以用来混淆电路内部的连线，具体做法是在电路中添加额外的连线和虚拟通孔。图 7.12 给出了利用这种通孔伪装单元的示例。根据图 7.12（b）中 A、B 和 C 组中通孔的连通性，该单元可作为 INV 或 BUF 工作。单元的各种开销取决于其功能，具体情况见图 7.12（c）。虚拟通孔可造成普遍模糊的环境。在普遍模糊的环境下，攻击者会怀疑设计中的所有通孔均是假通孔。

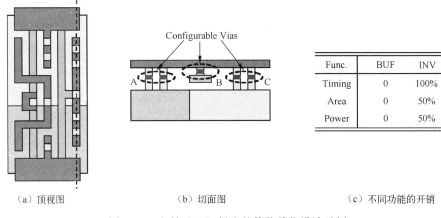

（a）顶视图　　　　　　　（b）切面图　　　　　　　（c）不同功能的开销

图 7.12　文献 [13] 提出的伪装单位设计示例

7.4.2　锁定单元和元器件

与伪装技术不同，锁定技术要求电路要具有可编程性。因此，锁定技术要求在电路层面实现可编程性。将密钥位编程到一个锁定的电路中的方法有很多，而且不同的方法实际上所具有的安全含义也大不相同[54,63]。因此，在分析网表级安全性时，考虑可编程性至关重要。

一个简单的密钥编程方法是使用传统的易失性 CMOS 电路，例如锁存器或寄存器扫描链。采用这种方法，可编程逻辑与 CMOS 电路的其余部分类似。这就可能创建一个场景，攻击者不知道电路的哪些部分是密钥。但由于密钥逻辑具有易失性，因此必须在每次启动芯片时对密钥进行编程，如果使用非易失存储器，则能克服这个问题。

这里有一系列关于电路激活的关键问题需要回答[63]：编程者应该是谁？供应链中的哪个节点将把解锁密钥编程到电路中？这些问题的答案会影响到电路的安全性，并且和电路锁定使用的单元或元器件有关。有几种可能的情况值得考虑。如果最终用户要对密钥逻辑编程，则可使用外部非易失性储存器来存储密钥。若是如此，则应将密钥透露给最终用户。如果该用户与代工厂合作，就会破解逻辑锁定这一保护方案。密钥也可以由受信任的系统设计人员（比如印刷电路板设计人员和装配人员）编程，他们可将外部非易失性储存器装在印刷电路板上，对密钥逻辑编程，再将系统卖给不受信任的最终用户。在这种情况下，如果要向最终用户隐藏密钥，非易失性外部储存器则必须具有防读取和篡改的功能，同时，电路板级通信必须用加密等方式进行保护。但是，如果系统设计人员和代工厂进行协同攻击，那么仍将打破这一方案的安全性。

可以看出，如果激活方不可信，而且与代工厂合作，则该方案几乎总会被破解。为了避免这种情况，可以考虑向激活人员提供一个加密版本的密钥，并让生产的 IC 将加密密钥解密为一个内部密钥。但这种操作需要将另一个用于解密的秘密字符串存储在 IC 上，而 IC 本身必须由受信任方编程，成为一个非易失性且防篡改的电路。此外，为了防止用一个密钥解锁所有其他芯片，每个芯片都需要一个唯一的签名，生成该签名就需要有一个物理不可克隆函数（PUF）。同样，需要一个可信的设备对生产的 PUF 提取特性。不过，PUF 和密钥解密设备也可能被代工厂移除或篡改。

根据以上讨论可以看出，在利用锁定技术的供应链中，必须要有可信的激活方和非易失性的防篡改存储电路。此外，将这种非易失性存储插入芯片内（而不是放在芯片外），将避免与芯片外密钥存储相关的许多问题。由此，防止芯片篡改的非易失性技术对于安全和低开销锁定至关重要。本节余下部分将就这些技术展开讨论。

基于浮栅器件的嵌入式闪存（flash）和 EEPROM 是密钥存储的理想选择[79,80,81]。利用这类设备存储密钥的一种方法是将这类设备放置在一个阵列中，使用电流感应放大器读出数据后，反馈给密钥扫描链。另一种方法是将这类设备直接整合到电路中，比如多层电阻，而且可用一种类似于图 7.10（a）的树形结构放大电路在本地读取密钥。目前，嵌入式闪存的制造工艺标准是一个行业标准，可以很好地扩展到深亚微米制造技术。目前利用受控的电子束可通过繁琐的逆向工程过程来恢复闪存和 EEPROM 单元的状态[82]，但随着存储技术的发展，这种反向操作会变得越来越困难。

另一种存储逻辑锁定密钥的设备是新型忆阻存储器（RRAM），简称忆阻器。忆阻器是用金属—绝缘—金属（MIM）结构实现的可编程电阻。如果忆阻器单元的 R_{on}/R_{off} 比值较高，同时 R_{on} 较低，则可以直接将忆阻器单元置于信号通路上[83]。图 7.13 所示单元利用这一原理实现了 INV/BUF 单元。此外，磁隧道结（MTJ）也可以实现双态电阻。但是该结元器件的 R_{on}/R_{off} 比值很小，R_{on} 却较高。因此，很难将磁隧道结元器件插入信号路径，相反，需要基于电流感应放大器来读取元器件值。此外，MTJ 的数值也可使用磁力显微镜（MFM）读出。如果设计人员可以接受使用感应放大树形结构带来的面积开销，则 CMOS 和 FinFET 器件本身可通过特定的热载流子注入（HCI）作为可编程电阻[84]。

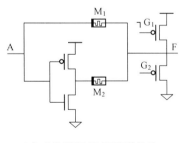
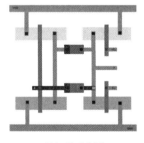

（a）功能类似INV或BUF的单元　　　　（b）单元布局

图 7.13　利用忆阻器实现的伪装单元设计[44]

熔丝和反熔丝装置是采用一次性可编程（OTP）技术的装置。由于在电路锁定操作中通常不需要多次编程，因此这类装置非常适合用于电路锁定。当前，熔丝和反熔丝装置设计形式多样,而且各装置均有不同的封装和安全级别。例如,平面熔丝可能不安全,原因是从顶视图来看,电迁移现象会导致其状态非常容易被观察。金属—金属反熔丝[85]是一款用于互连混淆的有效结构。该结构不占用芯片面积,设计布局类似于一个正常通孔,其状态在显微镜下很难确定[85,86]。采用先进工艺的电路节点中采用的熔丝技术似乎正朝着一种新趋势发展,即使用 CMOS 和 FinFET 晶体管中的门极氧化物作为熔丝[87]。这一发展趋势可能是为解决金属—金属反熔丝的结垢问题。考虑文献[28]中提出的金属—金属反熔丝给锁定带来的独特好处,这可能是工业界重新审视大规模可靠的金属—金属可编程开关的一个原因。

7.4.3 网表级混淆方案

防御者需要将原始的电路网表和基本的混淆单元合成一个混淆的新电路网表,以最小功耗、性能和面积成本来最大限度地提高抗攻击(比如去混淆攻击)能力。本节将介绍典型的网表级方案,包括逻辑门随机插入[9]、团集型方案[10,88]、故障型方案、点函数方案[12,13,16]、环路互连混淆(包括循环混淆方案[27,28]等)、参数混淆中的延时混淆方案、时序电路混淆、模拟和混合信号混淆等[15]。

1. 随机插入

第一个系统的混淆方案(EPIC)在文献[9]中被提出。EPIC 方案的主要设计目标是实现大量可能的密钥组合,同时保证只有一个唯一的密钥组合才能成功激活芯片。该设计目标可通过在目标电路中随机插入受密钥控制的 XOR/XNOR 门来实现[9]。如果插入 XOR 门,则控制该门的密钥位必须为零时才能进行正确的操作。XNOR 则正好相反。事实上,XOR/XNOR 插入逻辑门中正确的密钥位会影响所插入的门的类型,而这本身就是 oracle-less 攻击中所利用的秘密信息泄露源。

在文献[9]被发表之后,文献[89]的作者提出了查找表(LUT)插入策略。在该策略中,电路中的 k-输入逻辑由使用密钥位编程的 k-输入 LUT 取代。由于这种方法削减了电路的结构(将电路中的一部分进行了移除和替换),因此能更好地对抗 oracle-less 攻击。

2. 团集型方案

研究人员在提出测试性攻击时发现,在一个大型的电路网表中随机插入少量的受密钥控制的门,会导致许多关键密钥位被相互隔离,容易受到测试型攻击。因此,Rajendran 等人提出了一个团集型方案,旨在确保不同的密钥位彼此相互依赖[10,88]。该方案以构造一幅密钥依赖图为基础,密钥位作为节点,如果各节点在从主输入到输出的路径上相互干扰,就有一条边将其连接起来。该图中的团集表示一组彼此互相干扰的密钥。这一概念在文献[88]中被拓展,以解决以下这个问题:即使两个密钥位相互干扰,也可能存在一个输入向量,该输入向量可减弱其中一个密钥位,同时对另一个隔离。因此,研究人员进一步将每对互相干扰的密钥门分为并发可变收敛密钥门、时序可变收敛密钥门和不可变收敛密钥门。各分类的示例如图 7.14 所示。图 7.14(a)中,两个密钥门分别为 K1 和 K2 均为并发可变收敛密钥门,因为 K1 密钥位的确定可通过将信号 B 设为 0 以削弱 K2 来实现,而 K2 的密钥位可通过将信号 A 设为 1 以削弱 K1 来确定。因此,对于并发可变的密钥门,攻击者可选择能削弱两个密钥门中的任何一个并使另一个变敏感的输入向量。图 7.14(b)中,两个密钥门均为时序可变收敛密钥门,因为 K2 可通过将信号 A 设为 1 以削弱 K1 来确定,而对于 K1,如果不知道 K2,则无法确定。对于时序可变收敛密钥门,攻击者必须先削弱 K1 使 K2 变得敏感,然后才能确定 K1。图 7.14(c)中,两个密钥位均为不可变收敛密钥位,因此攻击者无法削弱 K1 和 K2 中的任意一个。因此对于不可变收敛密钥门,必须进行枚举攻击,从而为对抗测试型攻击提供最佳韧性。因此,在团集型方案中,通过迭代插入密钥门来形成一个团集,从而最大限度地增加不可变收敛密钥门对,增加对抗测试型攻击的韧性。

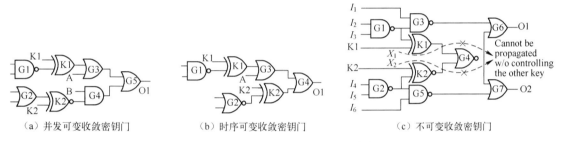

图 7.14 相互干扰密钥门的示例[88]

后来,在文献[90]中,作者通过对计算量大的团集方案进行分析,发现可能没有必要创建这种干扰,因为在输出附近插入一个密钥门就意味着不可能有密钥位在不与至少一个密钥互相干扰的情况下通过输出。而且,由于这个电路锥体中的所有密钥在输出时都会相互收敛,所以它们会相互干扰。

3. 故障型方案

Rajendran 等人[91]对混淆处理中错误率的概念进行了研究。他们定义了混淆方案的汉明距离。该距离通过翻转一个密钥位所影响到的平均输出位的数量来确定。之后,他们又提出使用故障分析将 XOR 和 MUX 密钥门插入能最大限度地提高故障影响的位置(故障影响是一个描述特定线路中的故障对输出影响程度的度量标准)。由于电路的输出对这些位置的变化更敏感,因此会导致更高的错误率。

上述方案的提出时间均早于 SAT 攻击,因此,这些方案均归类为传统逻辑锁定方案。这些方案对 oracle-less 攻击和测试型攻击具有不同的韧性级别。而且,各类方案也有不同的性能开销。但是其中没有一个能够以较低的开销在组合电路中抵御 SAT 攻击。Subramanyan 等人[30]演示了将上述所有方案应用于 ISCAS 基准电路时,在开销价值不到 25% 的情况下,在几分钟到几小时内被攻破。

4. 点函数方案

首个 SAT-弹性锁定及伪装方案是以使用点函数为基础的[12,13,16,42]。点函数实际值上是一个比较器电路,表示为函数 $P(x,x_*)$。当 $x=x_*$ 时,输出为 1;否则,输出为 0。该比较器可通过 AND-tree(与门树)来实现,输入为 x 和 x_* 按位的异或值。以特定的方式将这些点函数合并到一个电路中之后,可创建至少需要指数次查询才能精确解析的混淆电路。该点函数方案及其真值表示例如图 7.15 所示,其中的真值表表明,SAT 攻击必须查询所有的输入向量,以取消所有可能的密钥(红色单元)。从图 7.15 中可以看出如何使用两个点函数来创建低错误率的混淆。在这种混淆中,需要查询大部分输入空间才能恢复准确的功能。

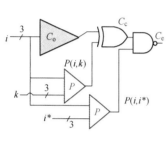

扫描二维码,查看该图的彩色图片

图 7.15 点函数方案及其真值表示例[64]

虽然错误率和查询计数之间的权衡看似很直观,但也有一个问题:该权衡是否可通过严格的界限来描述。在文献[92]中,研究人员将这种权衡建模成一个矩阵覆盖问题,并得到错误率和最小查询数乘积的最大值。后来,在文献[64]中,作者表示该界限是不精确的。由于存在超越此界限的方案,因此在特殊情况下求出精确界限可以简化为正则化超图上的一个开放性研究课题。

Li 等人[13] 提出了一种基于原始电路本身搜索的点函数方案,通过在输入端以类似的方式插入 XOR(异或门)来寻找自然产生的 AND/OR-树,并对其进行混淆处理。在文献[13]中,研究人员所提出的方法对于在结构中本身含有此类点函数的电路很有吸引力,但是不是所有的电路都包含此类点函数。不同结构的点函数方案如图 7.16 所示。其中:图 7.16(a)方案是插入并使用比较器来纠正输出错误;图 7.16(b)方案是带双密钥向量的 Anti-SAT 类型;图 7.16(c)方案通过插入点函数,重新综合电路,再使用基于点函数的校正器对被破坏的电路进行修正;图 7.16(d)方案是一般化地对电路进行破坏然后修正的方法,其中 c_o 先破坏选定的输入向量,再使用修正块进行修正。在这些方案中,防御者必须要隐藏被破坏或修正输入的电路位置。Anti-SAT 是首个将该结构加入电路的点函数方案[16],如图 7.16(b)所示,通过取两个不同密钥向量点函数的和,实现了指数最小 DIP 计数。文献[64,92]中包括基于树的方案,文献[41]中被提出一个基于汉明距离的电路模块,以增加 SAT-弹性方案的误差率,而代价是在不同的折中情况下降低查询计数。如在文献[64]中,错误率按3^t速度上升,而查询计数则以2^t速度下降。一般情况下,如果函数$h(i,k)$用来破坏输出,其中每个固定k的$h(i,k)$的起始大小为M,则可期望最小查询计数至少为$2^n/M$。[64,92]

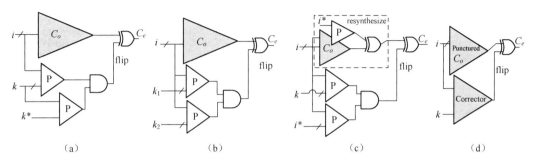

图7.16 不同结构的点函数方案

点函数方案存在的一个主要问题就是容易受到去除攻击[35]。由于Anti-SAT方案和Li等人提出的方法都是将结构插入电路,而不是从原始电路中移除任何元素,因此,倘若攻击者能找到这些结构,则可以从混淆电路中将其移除,从而得到原始电路。对抗这种攻击的一个建议是将点函数结构本身进行混淆处理。要实现这点,可通过如图7.17(a)所示的方法向AND-树中添加额外的密钥逻辑;或者通过可变的密钥逻辑(通过配置密钥,以终止信号传播的密钥门)将内部树节点连接到其他电路位置,如图7.17(b)所示。

目前,AND-树混淆方案对抗去除攻击的有效性尚待论证,主要是因为AppSAT的连线分歧分析能很好地在去混淆过程中发现低错误率电路块的输出[64],导致AND-树混淆的密钥位可能被解析。CamouPerturb[12]是首个采用"破坏—修正"方法来解决去除攻击问题的方案。CamouPerturb方案的核心理念是先在一小组输入向量上翻转电路输出以破坏原电路,通过这种方式,攻击者很难恢复翻转后的位置。然后插入树逻辑以补偿翻转模式,见图7.16(c)。通过这种方式,即使攻击者能识别校正电路,并将其删除,也会留下一个在某些未知输入向量情况下发生错误的电路。CamouPerturb方案后来在文献[42,93,94]中得到了拓展,研究人员使用查询表来纠正电路中的特定输入向量。这使得图7.16(d)中所示的破坏—纠正方案成为对抗精确攻击的一般策略。此后的几项研究通过结构或功能分析来发现被破坏的电路结构,从而攻击"破坏—修正"方法[38,95-97]。鉴于此,笔者得出以下猜测,即只要满足下列条件,就能证明破坏—修正方案的安全性:①能够破坏c_o输出的输入向量的数量很小;②被破坏的电路不会泄露具体的错误位置;③在精确攻击模型中,修正电路本身不会泄露被破坏的电路位置。

如果被锁定电路在精确攻击模式下是安全的,就表明攻击者无法复原功能完善的电路。也就是说,在整个输入空间中存在一部分输入向量会使电路表现异常。这种安全方案本身其实也是一种有用的水印技术,因为防御者可以利用这部分输入向量对电路进行测试。但是如果攻击者的目标是更容易达到的近似目标,那点函数方案将非常脆弱。事实上,点函数方案

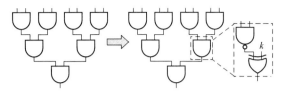
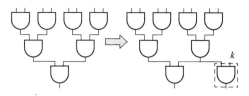

(a) 在树结构中插入密钥逻辑　　　　　　　　(b) 将内部树节点连接到其他电路位置

图 7.17　混淆插入的 AND-树结构

对精确攻击的弹性与其对于近似攻击的弹性成指数级的反比。对于 p-位点函数而言,要想准确恢复原始功能,至少需要 2^p 次查询,但该方案的错误率为 $1/2^p$。同时由于存在 AppSAT 和 DDIP 等攻击,将这些方案与传统的高错误率方案组合在一起并不能解决问题。

5. 环路互连混淆

环路互连混淆主要通过循环混淆[27,28]的方法实现逻辑混淆。Shamsi 等人首先提出了循环混淆方案[27]。循环混淆是将目标电路混淆为无法用有向无环图(directed-acyclic-graph,DAG)来表示的电路。该方案可通过插入由密钥位控制的反馈路径来实现。其基本思想是,即使混淆电路是带环路的,但如果给出正确的密钥,该环路也会被打开而且电路的行为也会以组合电路的方式展现出来。但是,如果密钥不正确,则会生成振荡电路。循环混淆的示例如图 7.18 所示。

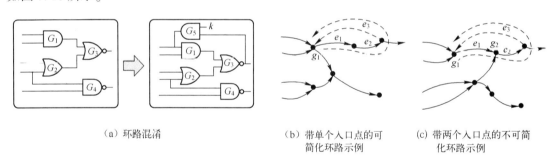

(a) 环路混淆　　　　(b) 带单个入口点的可　　　(c) 带两个入口点的不可简
　　　　　　　　　　　简化环路示例　　　　　　化环路示例

图 7.18　循环混淆的示例

注:每个节点表示一个门,每条边表示两个门之间的连接。图片来自文献[27]。

Shamsi 等人认为这样的环路能阻止 SAT 攻击。当一个循环电路通过 Tseitin 变换转换成一个 SAT 公式时,有几种可能。如果电路有内部振荡节点,那么表示该电路的 SAT 公式不能满足要求,而且该电路不是组合电路。另一种可能性是电路中没有振荡节点,但电路的输出并不由输入决定。在这种情况下,循环电路中会有内部接线,而且对接线初始值的选择会影响函数的输出,这种电路也不是组合电路。如果将这样的电路添加到 SAT 攻击的 mitter 中,那么 SAT 分析将陷入无限循环,因为内部接线的选择会使 SAT 求解器始终满足 mitter,只需通过翻转内部接线即可,不考虑密钥和输入的选择情况。

Shamsi 等人提出了两个结构标准,以确保不能通过简单图遍历算法来删除反馈路径。第一个标准为环路结构需要有多个入口点,否则这些环路可被移除。比如,图 7.18(b)中的环路可以简化,因为该环路只有一个入口点,即 g_1。因此,通过破坏边 e_3,可以安全地移除该环路。相比而言,图 7.18 (c) 中的环路则不可简化,因为该环路有两个入口点,分别是 g_1 和 g_2。第二个标准是,一个环路中,至少有两条以上的边"可被移除",可确保有多种方法来打破该环路。如果攻击者能在不创建具有悬空输入或输出的门的情况下修改密钥,从环路中将边删除,则边是可移除的。比如,在图 7.18 (c) 中,只有 e_3 可以移除,因为如果将 e_1 或 e_2 移除了,则 g_1 或 g_2 输出将变成悬空状态。

Zhou 等人[36]随后提出了 CycSAT 攻击。这种攻击针对环路混淆电路。CycSAT 攻击使用预处理步骤来提取密钥 NC(k) 上的"非环路"条件。NC(k) 条件可由导致 c_e 非环路解的密钥来满足。在此条件下,通过对 SAT 攻击中的 mitter 进行"与"操作,攻击保持在非环路密钥空间,并以非环路的正确解决方案终止。这里首先要找到一个反馈弧集(feedback-arc-set, FAS)来提取条件,FAS 是一组边,如果在环路图中将这些边打开,则会形成非环路图。在 FAS 中,将每条连线都打开得到 w 和 w',其中 w' 上的传递系数包括 w。然后,通过确保每个 w' 与 w 相互独立来构造出 NC 条件,即表示反馈弧已打开。利用 CycSAT 攻击,对与 Shamsi 等人提出的循环混淆方案[36]类似的基准电路进行攻击,能在较短时间内对其进行去混淆处理。

根据 Rezaei 等人[44]和 Roshanisefat 等人[45]分别发表的论文,在 CycSAT 攻击过程中出现了一个问题:在研究 w 和 w' 的连接以提取部分 NC 条件的电路锥体时,该锥体本身是一个环路。当 w' 和 w 两者相关时,通过环路电路来分析两者的独立性并不直观。他们在论文中主张,解决这个问题要求对电路中所有简单的环路都必须进行枚举,并在非环路条件下显式打开。这两篇论文[44,45]都提出了利用 CycSAT 攻击的局限性来构造环路混淆方案。此外,如果原始电路本身是带有环路的组合型电路(这种电路的确存在,而且最初由文献[98]提出),那么 CycSAT 攻击会变得更加复杂。事实上,针对这类电路,研究者提出了一种叫"环路+环路"(双环路)的方案,进一步加强环路防御机制。在文献[46]中,研究人员采用不可达的 FSM 状态来实现环路+环路锁定方案,后来在文献[47]中提出了行为级 SAT 攻击(Behavioral SAT attack, BeSAT)来解决 CycSAT 的局限性。通过检测环路密钥,并随着攻击的推进动态地禁止环路密钥从 SAT 求解器中消失,以此实现攻击目标。

环路混淆方案展示了互连混淆的力量,不同于之前的插入逻辑门的方案。从互联混淆的芯片实现角度来看,Shamsi 等人提出了一种基于反熔丝横杆(crossbar)的混淆方案,将反熔丝元器件插入金属层。这种混淆方案可产生非常密集的环路互连混淆而且面积开销很小[28]。该方案如图 7.19 所示。其中,交叉线是用于编写反熔丝装置的二维阵列,可节省编程晶体管所需要的面积。交叉线也可以用多路器和扫描链来实现,但这可能需要更多的面积开销。至于伪装方案,可使用更小的开销来创建互连混淆。相比之下,伪装方案只需使用虚拟触点和额外连线插入布局中的空白连线空间即可。Patnik 等人[99]提出了全芯片伪装,通过大量插入虚拟触点和连线来实现伪装。研究者在大型电路上进行了测试,结果显示,在组合 oracle-guided 模型下,环路混淆以极小的开销抵抗精确和近似 SAT 攻击。

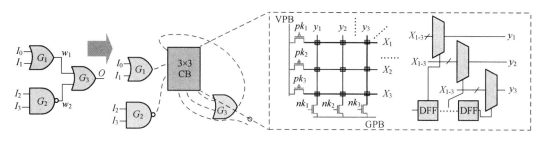

图 7.19　利用交叉线结构的环路金属丝混淆方案[28]

6. 参数混淆中的延时混淆方案

研究人员认为参数混淆（parametric obfuscation）是一种对抗 oracle-guided 攻击的方法。其思想原理是创造一个混淆电路。该电路在功能上等同于原来的电路，并且密钥只改变电路的电气特性（如电路延时等）。如果使用不正确的密钥，则电路将需要更长的时间来处理输入，这样就会导致延时。这种实现混淆的方案就是参数混淆中的延时混淆方案。

在文献［19］中，除了常规的基于 XOR/XNOR 的混合构造块，研究人员还在电路中插入了可通过设置密钥位来调整延迟值的逻辑门。如果攻击者不知道正确的密钥，则无法使用芯片，因为不正确的密钥可能会导致电路违反时钟设定或保持时间，从而影响输出结果。但是，该方案实际上只能防止攻击者激活一个锁定的芯片。事实上，由于可调延时单元不会改变电路的布尔表达式，因此该方案根本不会隐藏布尔函数。攻击者能简单地将所有延时单元设置为可能的最大延迟后，调慢时钟，操作电路。在此基础上，另有两部文献［69,100］对 oracle-guided 攻击进行了研究，利用基于密钥的方程对延时差值建模，并使用基于 SAT 和 SMT 求解器的算法对电路进行查询进而去除混淆。

针对这类无法隐藏布尔函数的参数混淆及锁定方案，攻击者要做的就是将恢复的布尔表达式重新合成为一个快速且定时精确的逻辑。只要有先进的综合和优化工具，这项合并工作就非常简单直接，这就是为什么文献［19］的方案被认为是不安全的原因。但如果是对于较大型的时序设计，综合工作就不那么容易了。在文献［101］中，研究人员提出了这样一种方法：为 FSM（有限状态机）增加失速周期，如果攻击者使用了错误的密钥，就会激活失速周期。也就是说，使用错误的密钥会导致电路变慢，类似的方案后来在文献［102］中被讨论。这些方案并没有像文献［19］中的方案那样容易成为攻击的对象。文献［103］中，研究人员还提出，可以使用点函数破坏设计中的密钥信号，并损害其性能，加强防御效果。

文献［15］中，研究人员提出了一种延时型参数锁定方案。该方案避免了文献［19］中的缺陷，通过引入多环路路径来混淆电路的延时。如图 7.20（a）所示，在通常情况下，一个组合逻辑块中的所有路径都在一个时钟周期内运行，文献［15］中的方案故意去掉了部分触发器，将单周期路径转换成波流水线（wave-pipelining）路径。在一条波流水线路径上，例如图 7.20（b）中从 F_1 到 F_3 的组合路径，有多个数据波在没有触发器分隔的情况下传播。为了保持与原来的单环路电路拥有相同的功能，在图 7.20（c）中可以看出，在传播过程中

的任何时候,第二个波都不能赶上第一个波。因此,对于所有具有两个逻辑波的波流水线路径,必须满足以下延时限制:

$$T_{clk}+t_h \leq d_p \leq 2\times T_{clk}-t_{su} \qquad (7-3)$$

其中,d_p 为波流水路径的时延;T_{clk} 为时钟周期;t_h 和 t_{su} 分别表示触发器的保持时间和设定时间。

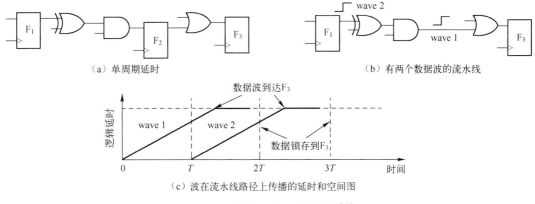

图 7.20 常规延时和波流水线[15]

精确地将触发器移除并将逻辑门的大小调整好之后,文献[15]中的方案保持了原电路的功能,创建了单周期和波流水线路径的混合电路。由于存在波流水线路径,攻击者只能改变时钟周期,无法恢复正确的电路功能,因此,攻击者必须决定每条路径的延时方案,从而确定是单环路还是波流水线。

确定路径延时,单靠物理逆向工程远远不够,因为通常很难准确地测量门和电路连线的延时[15]。假设延时提取技术产生了不准确因素 $\tau(0<\tau<1)$,对于延迟 d_p 的路径,如果 d_p 满足公式

$$(1-\tau)d_p \leq T_{clk} \leq (1+\tau)d_p \qquad (7-4)$$

那么,攻击者就无法通过物理逆向工程来判断路径是否为波流水线。

尽管现有的 SAT 攻击不能直接应用于这种参数混淆方案,但 Li 等人提出了一种转换过程,可使 SAT 攻击绕过这一限制[48]。该攻击被称为 TimingSAT 攻击。该方案的安全性在很大程度上取决于两大因素:时间不确定性 τ 和波流水线路径上逻辑波的数量。图 7.21 展示了 TimingSAT 攻击的运行时间和这两个参数的关系,运行时间具有不确定性,且对波流水线路径上的波数有依赖性。

7. 时序电路混淆

这里首先需要说明,在文献中,"时序混淆"一词被用于描述两个截然不同的概念。第一类概念针对组合锁定电路,攻击者无法访问由 sequential-oracle-guided (SOG) 攻击模型建模的一些电路内部状态。由于 SOG 模型中的攻击相当新颖,因此目前还没有针对这种攻击模型的防御研究。第二类概念是在这里讨论的基于 FSM 的混淆。虽然两者都称为"时序

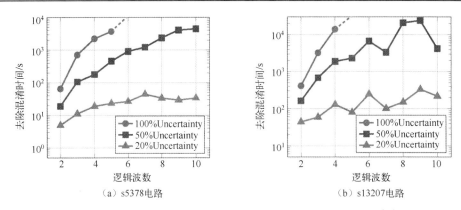

(a) s5378电路 (b) s13207电路

图 7.21 在 ISCAS'89 基准电路上 TimingSAT 攻击的运行时间[48]

混淆",但读者需要根据上下文判断文献中时序混淆具体是指哪一类。

不同的混淆 FSM 研究工作有很多,大致可以这样描述:从原始电路中提取一个 FSM,并在该 FSM 中加入一些额外的冗余状态,但前提是不会破坏原始 FSM。通过这种方式,原始 FSM 将被嵌入大量的冗余状态。另外,也可构造出各种转换形式,但要确保存在从冗余状态到原始 FSM 的转换路径。还有一些冗余状态没有路径转到原始 FSM,一旦到达这些冗余状态中的一个,便意味着再也无法回到原始 FSM。因此,这种状态通常被称为黑洞状态。在这样一个 FSM 中,若是有人想用其原来的功能来运行电路,那么考虑到电路从一个冗余状态中启动,攻击者需要遍历冗余状态才能到达原始 FSM。图 7.22 展示了基于 FSM 的混淆方法。原始 FSM 被许多冗余状态扩充,由 PUF 决定启动状态后,电路设计者会告知最终用户从启动状态到原始 FSM 的正确路径。

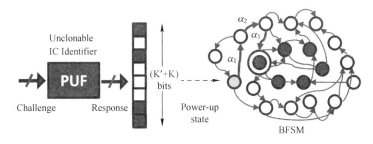

图 7.22 基于 FSM 的混淆方法

基于 FSM 的混淆方法还有几种不同的延伸扩展。其中一个就是著名的"硬件计量"[104],使用 FSM 混淆来创建硬件 IP 保护协议。以图 7.22 为基础,首先通过添加冗余状态,包括黑洞状态来扩展原始 FSM,然后从 PUF 中提取唯一的随机字符串,用于启动随机状态的 FSM。这一状态很有可能是一个冗余状态而不是原始 FSM 中的状态。之后,最终用户将这个状态发送给硬件 IP 的所有者。该所有者是唯一拥有整个 FSM 结构的一方,可向用户发送必要的输入序列,以遍历虚拟状态回到原始 FSM。这样,各芯片独特的解锁协议被成功创建,所有者可跟踪每个制造的 IC,而无需向最终用户公开整个 FSM 结构(主密钥)。

HARPOON 是另一种混淆处理方法[51]。HARPOON 的工作原理是将一个具有冗余状态序列的 FSM 插入一个时序电路或组合电路。之后，该 FSM 用于输入组合锁定方案的密钥序列。仅当 FSM 转移到解锁状态时，方可为组合锁定电路输出正确的密钥。这样，组合电路就拥有了时序电路的特点，即电路在开始正确工作之前需要一串密钥来解锁。基于 FSM 的性能锁定[101]也可看作是基于 FSM 的混淆方案。

与组合混淆方案相比，从攻击的角度来看，时序电路混淆方案受到的关注较少。因此，针对这些方案的成熟攻击模型一直缺乏详细的讨论。最近，在 oracle-less 的攻击模型下，研究人员针对这些方案进行了研究[49,105]。目前提出的攻击方案大都依赖于 FSM 枚举。FSM 混淆的一个核心假设是，攻击者无法提取和枚举 FSM（或者至少是 FSM 中的重要部分），只有假设成立，防御才能成功。比如一个 b-位 FSM 具有 2^b 个不同的状态，并不是所有这些状态都可以从启动状态就能到达。事实上，大多数 FSM 混淆方案都是通过在 HDL 代码中显式写入新状态，并进行综合，生成扩展后的 FSM。因此，就有了基本的悖论：能以显式状态的形式融入 HDL 代码并进行综合，就需要插入的 FSM 足够小；但是如果 FSM 足够小，攻击者就能方便地通过状态枚举来恢复 FSM。通常，这些 FSM 的构造都采用固定风格。因此，一旦攻击者获得了 FSM 示意图，他们就可以简单地观察到图中的解锁路径。

文献［105］中，研究人员对各种 FSM 混淆处理方案进行了广泛的分析，证明 FSM 混淆的假设不一定成立，而且攻破了各种基于 FSM 的混淆处理方案。文献［105］中，研究人员提出了一种基于 FPGA 局部重构的新方法，可实现电路的逐点加载，而且能避免 FSM 枚举攻击。但是，FPGA 并不是逻辑混淆的天然对象，因为使用锁定或伪装技术的原因首先就是防御者不想使用 FPGA 引起额外开销。不然的话，由于 FPGA 是一个完全可编程的电路，FPGA 本身就是一个高度安全的混淆电路，具有最强大的逻辑锁定形式，因此如果不考虑开销，则完全可以使用 FPGA 来保障电路安全性。这方面的问题也是笔者在 7.5 节会讨论的逻辑混淆研究中众多陷阱中的一个。

总而言之，到目前为止，研究人员提出的时序混淆方案甚至无法抵御 oracle-less 攻击。估计今后的 oracle-guided 攻击也将进一步削弱这些时序混淆方案。尽管如此，时序逻辑拥有丰富的语义，显然可帮助更复杂的混淆电路和硬件 IP 保护协议的发展。当然，这反过来也会带来更复杂的去混淆攻击。

8. 模拟和混合信号混淆

涉及到混淆处理时，模拟电路很少受到关注。尽管模拟电路在整个电子市场中所占的份额较小，但模拟电路实现的硬件 IP 价值往往比许多数字电路模块都要高，特别是在目前开源 RTL 越来越多地用于数字电路设计的情况下。此外，现代模拟设计成果往往是工作人员成千上万小时分析和模拟的结果。也就是说，模拟设计与数字布尔逻辑大不相同。在布尔逻辑中，电路的功能性可以很容易地重新综合成为不同的工艺节点；而模拟设计与特定的工艺节点紧密相关，即便可能，也很难将一个工艺节点的设计复制到另一个工艺节点上，甚至无法复制到不同代工厂的同一工艺节点上。究其原因，主要是对模拟电路设计影响很大的电路特性（如电阻、电容和晶体管的跨导等）在不同的代工厂以及不同的流片工艺之间的差异很大[106,107]。

鉴于上述原因，有针对性地保护模拟设计的文献不多，这也不足为奇。现在只有很少的文献介绍了创建数字可编程的电阻、电容或电流源并在模拟设计中使用[108-110]的方案。通过这种方案，数字密钥将在电路中配置模拟属性。这种方案的优点是不仅能提供安全性，还可以改善可重构性，从而调整模拟电路的后处理，减小工艺变化带来的影响，提高电路的可靠性。通过将电路建模为实函数而不是布尔函数，可对锁定的模拟电路进行 oracle-guided 或 oracle-less 攻击。回归分析、机器学习、非线性优化和 SMT 求解等方法均可用来找到满足不同标准的密钥值，同时满足各类要求，比如 oracle-less 攻击的稳定性和 oracle-guided 攻击中黑盒电路的一致性等要求。

现有的模拟锁定方案存在一个限制，即这些方案侧重于参数隐藏。如前所述，由于工艺变化和代工厂不同，这种参数隐藏事实上已经实现了。笔者希望未来能有新型的方案被提出。新方案要能够隐藏模拟电路块的高层拓扑结构和体系架构，降低开销，并提供其他额外的电路保护。这对模拟电路保护将是一个很大的进步。

7.5 研究陷阱和未来方向

电路逻辑混淆技术的发展框图如图 7.23 所示。其中重要的攻击和防御思想分别用灰底和白底方框标记。这些攻击均使用攻击模型（OG、OL 和 SOG）标记。由图 7.23 可知，锁定和伪装方案均从在电路中随机插入密钥结构（XOR/MUX/LUT）开始发展。这些方案均受到不同程度的 SAT 攻击，但仅限于 oracle-guided 攻击模型中。在 oracle-less 模型中，这些攻击在破解某些形式的 XOR/XNOR 密钥插入上取得了一定程度的成功。点函数方案成功地防止了精确攻击模型。但在近似攻击模型中，似乎没有有效的方法来保护大多数电路。由于嵌套环路能很好地抵御 CycSAT 攻击，因此密集的环路电路是一个很有希望的研究方向。大规模电路伪装是指在电路中添加大量的互连线和虚拟线，从而产生了普遍的模糊性。这种方式基本能解决电路伪装问题。尽管基于 FSM 的混淆方案很有可能作为未来的发展方向，但就目前而言，即便在较弱 oracle-less 的攻击模型中，这种混淆方案也多被成功地破解了。

下面笔者将列出一些电路混淆方面的经验和陷阱，在设计更为先进的锁定和伪装方案时，这些内容对研究人员和设计人员会有所帮助：

（1）攻击模型的重要性：在研究电路混淆时，对攻击模型的定义非常重要。在此背景下，虽然目前已有针对 oracle-less 攻击和精确的 oracle-guided 攻击的低开销方案，但研究人员仍然需要努力以合理的开销来实现近似弹性，而且研究人员也需要了解目前在 t-probed-oracle 模型中实现电路保护难度很大。因此，设计人员必须在采用混淆方案之前要确定所要面对的攻击威胁，建立攻击模型，这样可以帮助设计人员了解在特定的开销情况下能获得的最大电路防护程度。

（2）FPGA/PLA 结构是最安全的锁定和伪装形式：完全可编程结构（如 FPGA/PLA）的布局几乎不会提供任何关于编程到该布局中的电路信息。与 ASIC 不同，FPGA 将电路的全部功能编码成电信号，而不是物理特性。不过，在设计中采用 FPGA 实现电路安全性要求会给设计本身带来很大的开销，而这点成了锁定和伪装 ASIC 的动机，但同时也意味着可以把 FPGA 作为开销分析的参考框架。如果在特定 ASIC 设计上采用锁定和伪装方案产生的开销大于在 FPGA 上实现该设计所产生的开销，则该方案不可能成为低开销解决方案。

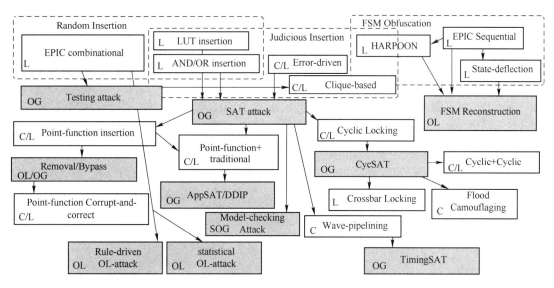

图 7.23 电路逻辑混淆技术的发展框图

注：顶部虚线框中的方框列出的是早期技术，底部方框列出的是新技术。灰底方框表示攻击，白底方框表示防御。OG（oracle-guided）、SOG（sequential-oracle-guided）和 OL（oracle-less）标签为攻击模型。C（伪装）和 L（锁定）标签表示防御分类。

（3）主动探测将使 oracle-guided 防御失效：如果攻击者能利用光子激发、激光探测或其他主动探测方法来探测 oracle 电路的内部线路，正如文献［60,111］中所提到的，防御者就无法实现有效的电路锁定或伪装。也就是说，对于采用 oracle-guided 攻击模型的设计人员，防御探测攻击应优先混淆处理。当前，预防探测攻击本身就是一个热门的研究领域，可能会在未来几年得出各种低成本且普遍的物理解决方案。

（4）扫描链安全：对于不需要在 IC 测试之外访问的内部状态元素，要想阻止对这类元素的访问，可通过迫使攻击者解析在计算上更为复杂的 sequential-oracle-guided 攻击，提高电路锁定和伪装方案的弹性，从而抵御 oracle-guided 的攻击。鉴于保护扫描链的设计成本较低，可在锁定和伪装两方面进行实践。一个有效且直接的扫描链保护方案是简单地使扫描链失效（也就是使扫描输出归零）。除非用户收到一个"扫描—解锁"密钥，该密钥可通过比较器和防篡改的秘密字符串进行检查，以解锁扫描链。任何试图通过将扫描输出与扫描—解锁密钥混合来混淆扫描输出的行为都会导致不必要的密钥信息泄露。

（5）IC伪装与逻辑锁定：在IC伪装中，由于无需将编程电路连接到所有的模糊单元，因此布局中的空白区域可用虚拟触点、连线和逻辑门来填充。在这种情况下，这种普遍的模糊使得oracle-guided攻击变得非常复杂。设计人员可使用这种伪装技术来防止最终用户进行逆向工程。这一方法被证明十分有效，因为目前的研究攻击尚未证明针对该方案出现过成功的逆向工程。另外，这些方案通常对设计造成的开销也很少。这种方案有可能解决伪装问题阻止探测攻击。

（6）oracle-less锁定：对于设计人员而言，知道阻止oracle-guided攻击的难度，是确保对手无法进入oracle-guided线路的可行方法。虽然对于IC伪装几乎是不可能的，但对于锁定情况，则有可能实现。如果设计采用批量生产，而且每批次设计都使用不同的随机种子进行混淆处理，那么设计人员可以提高免受oracle-guided攻击的概率。

（7）逻辑混淆和硬件木马：逻辑锁定是否能防止硬件木马的插入在很大程度上取决于特定的设计。大多数木马只需要连接到关键模块的端口就能完成攻击。因此，如果某模块已被锁定，攻击者要是能找到该模块的端口，依然可以成功插入木马。文献[112]中显示了在RISC-V处理器上实现逻辑混淆和硬件木马弹性的案例研究。

（8）功能保密与芯片不可操作性：确保制造的IC不能被激活和确保逆向工程攻击者不能学习电路的功能在本质上是不同的。锁定和伪装的目标是后者，如果该任务能安全实现，则前者也会自动实现。这里需要注意的是，在锁定方案中，任何只针对密钥而不与输入相结合的操作（仅依赖密钥输入而非主输入的线路）都不会帮助实现功能保密，而且可被攻击者从电路中移除。锁定和伪装是指以一种不可被移除的方式将混淆电路与被保护电路的功能和结构紧密地混合在一起。

（9）功能保密与不可分辨性混淆：不可分辨性混淆（indistinguishability obfuscation，iO）在密码学领域是一个研究热点[113]。iO被表示成一个操作符，可将电路c_1转换为电路iO(c_1)。iO(c_1)在统计上与iO(c_2)无法区分。其中c_2是实现与c_1相同功能的任何电路。换言之，iO的任务是破坏c_1的"唯一性"，使其类似于任何其他实现相同功能的电路。比如，任何电路的二进制决策图（BDD）都是该电路的完全不可分辨性混淆。BDD是电路的表示规范，对于实现相同功能的所有电路都一样。iO在功能上与锁定有一定差别。在iO中，功能可直接向攻击者展示，只是设计实现功能的独特方式是iO隐藏的部分。锁定则需要额外的步骤来混淆功能，要有一定的前提条件，即一组密钥，并拥有向攻击者隐藏内部连接的能力，但iO并不需要这些条件[92,101]。虽然对于小型组合电路，iO并不能满足锁定的目标，但对于较大的时序和算法硬件，iO和结构转换均可用来隐藏电路或程序的独特实现[101,114]。

与这些电路混淆的经验和陷阱相对应的是电路混淆和锁定领域尚未解决的难题，笔者认为这些难题包括：

（1）物理安全：芯片上电信号的主动读取是对各种硬件安全措施（包括但不限于混淆）的严重威胁。防篡改纳米电路单元和结构与这一物理安全问题紧密相关，而且纳米单元和结构对锁定和伪装的开销有巨大影响。

（2）近似弹性：到目前为止，对于组合电路的近似弹性如何推理的问题，研究人员都没有一个清晰的概念。在使用传统的低开销方案的情况下，大多数小型组合电路似乎都不能承受近似攻击。小型电路要想实现这一属性根本不可能，但对于这点的正式论证或数学论证目前还是一个学术问题。

（3）环路攻击：研究人员在环路攻击领域提出了各种混淆方案，而且现有的 CycSAT 攻击仍有其局限性，所以就需要设计出更快的 CycSAT 攻击，以揭示环路混淆电路的弹性是否真正具有计算复杂度，或者只是因为目前没有合适的攻击算法而已。

（4）安全性的形式化证明：现代理论密码学在很大程度上依赖于形式化进行安全性推理。安全特性在数学术语中有明确的定义，并用来简化解决问题的难度。要想将这一概念成功地应用于逻辑混淆，目前还有很大难度。许多高效的密码设计，如分块密码，都依赖于启发式安全，但对于此类设计的形式化推理都有着丰富的数学框架。尽管非常相关，但锁定和伪装技术中却尚不存在此类数学框架。

（5）时序混淆及去混淆：虽然目前的研究主要集中在组合电路上，但非常有必要对时序电路的混淆进行研究推理。在处理时序设计时，对威胁和混淆的目标进行更好的建模将有助于避免过去方案中的一些错误。时序混淆及去混淆将直接转化为设计更高层次的混淆推理，如 RTL 级、SoC 级，甚至是软、硬件接口层面的混淆推理。

（6）新的安全概念：本章主要讨论了功能保护，这是安全属性的一部分。但这并不阻碍研究者提出新型的安全概念和目标，以及与之相关的实施方案。比如 iO 和参数混淆就是两类不同功能保护的安全技术，在特定的场景中将有广泛的应用。

7.6 结论

IC 供应链的全球化推动了半导体行业的发展，使其成为现代计算系统的支柱。但由于逆向工程的存在，使其在发展的同时要以硬件 IP 隐私风险为代价。因此，近十年来，基于逻辑混淆的硬件 IP 保护得到了广泛的关注。本章对这一领域的最新进展做了详细介绍。首先通过对各种攻击模型的研究，为这些方案的安全性推理奠定基础。然后，对每个攻击模型中去混淆攻击的最新技术进行了讨论，包括测试型攻击、SAT 攻击及其变体攻击、oracle-less 攻击等。之后，通过剖析锁定和伪装，将其分解为不同的抽象层（包括单元级和网表级），对防御技术的最新研究进展进行了讨论，包括典型的网表级方案，并探讨了典型攻击的防御方案。尽管已有大量研究，但逻辑混淆技术仍需要开展新的研究方向，包括新的攻击模型、理解更高层次的混淆概念以及安全性的形式化证明等。通过这些新的方向，必将在未来吸引更多研究人员对这一领域展开研究。

参考文献

[1] IMESON F, EMTENAN A, GARG S, et al. Securing computer hardware using 3d integrated circuit (ic) technology and split manufacturing for obfuscation [C]//Proceedings of the 22nd USENIX Security Symposium (USENIX Security 13). Washington, D. C.: USENIX Association, 2013: 495-510.

[2] LI M, YU B, LIN Y, et al. A practical split manufacturing framework for trojan prevention via simultaneous wire lifting and cell insertion [C]//Proceedings of Asia and South Pacific Design Automation Conference. [S. l.]: IEEE, 2018: 265-270.

[3] TORRANCE R, JAMES D. The state-of-the-art in IC reverse engineering [C]//Proceedings of International Conference on Cryptographic Hardware and Embedded Systems. [S. l.]: Springer, 2009: 363-381.

[4] LI W, GASCON A, SUBRAMANYAN P, et al. Wordrev: Finding word-level structures in a sea of bit-level gates [C]//Proceedings of IEEE International Symposium on Hardware Oriented Security and Trust. [S. l.]: IEEE, 2013: 67-74.

[5] SUBRAMANYAN P, TSISKARIDZE N, LI W, et al. Reverse engineering digital circuits using structural and functional analyses [J]. IEEE Transactions on Emerging Topics in Computing, 2014, 2 (1): 63-80.

[6] SUGAWARA T, SUZUKI D, FUJII R, et al. Reversing stealthy dopant-level circuits [C]//Proceedings of International Conference on Cryptographic Hardware and Embedded Systems. [S. l.]: Springer, 2014: 112-126.

[7] QUADIR S E, CHEN J, FORTE D, et al. A survey on chip to system reverse engineering [J]. ACM Journal on Emerging Technologies in Computing Systems, 2016, 13 (1): 6: 1-6: 34.

[8] CHIPWORKS. Intel's 22-nm Tri-gate Transistors Exposed [EB].

[9] ROY J A, KOUSHANFAR F, MARKOV I L. Epic: Ending piracy of integrated circuits [C]//DATE '08: Proceedings of the Conference on Design, Automation and Test in Europe. [S. l.]: IEEE, 2008: 1069-1074.

[10] RAJENDRAN J, SAM M, SINANOGLU O, et al. Security analysis of integrated circuit camouflaging [C]//CCS'13: Proceedings of the 2013 ACM SIGSAC Conference on Computer & Communications Security. [S. l.]: ACM, 2013: 709-720.

[11] COCCHI R P, BAUKUS J P, CHOW L W, et al. Circuit camouflage integration for hardware ip protection [C]//Proceedings of the 51st Annual Design Automation Conference. [S. l.]: ACM, 2014: 1-5.

[12] YASIN M, MAZUMDAR B, SINANOGLU O, et al. CamoPerturb: Secure IC camouflaging for minterm protection [C]//Proceedings of International Conference on Computer Aided Design. [S. l.]: IEEE, 2016: 1-8.

[13] LI M, SHAMSI K, MEADE T, et al. Provably secure camouflaging strategy for ic protection [C]//Proceedings of the International Conference On Computer Aided Design (ICCAD). Austin, TX, USA: IEEE, 2016: 28: 1-28: 8.

[14] SHAMSI K, LI M, MEADE T, et al. Circuit obfuscation and oracle-guided attacks: Who can prevail? [C]//Proceedings of the GLSVLSI. Banff, Alberta, Canada: ACM, 2017: 357-362.

[15] ZHANG L, LI B, YU B, et al. TimingCamouflage: Improving circuit security against counterfeiting by unconventional timing [C]//Proceedings of Design, Automation and Test in Europe. [S. l.]: IEEE, 2018.

[16] XIE Y, SRIVASTAVA A. Mitigating SAT attack on logic locking [C]//Proceedings of International Conference on Cryptographic Hardware and Embedded Systems. [S. l.]: Springer, 2016: 127-146.

[17] YASIN M, MAZUMDAR B, RAJENDRAN J, et al. SARLock: SAT attack resistant logic locking [C]//Proceedings of IEEE International Symposium on Hardware Oriented Security and Trust. [S. l.]: IEEE, 2016: 236-241.

[18] WANG X, JIA X, ZHOU Q, et al. Secure and low-overhead circuit obfuscation technique with multiplexers [C]//Proceedings of IEEE Great Lakes Symposium on VLSI. [S. l.]: ACM, 2016: 133-136.

[19] XIE Y, SRIVASTAVA A. Delay Locking: Security enhancement of logic locking against ic counterfeiting and overproduction [C]//Proceedings of IEEE/ACM Design Automation Conference. [S. l.]: IEEE, 2017.

[20] BECKER G T, REGAZZONI F, PAAR C, et al. Stealthy dopant-level hardware trojans: extended version [J]. Journal of Cryptographic Engineering, 2014, 4 (1): 19-31.

[21] CHOW L W, CLARK JR W M, BAUKUS J P. Covert transformation of transistor properties as a circuit protection method: 7,217,977 [P]. 2007.

[22] CHOW L W, BAUKUS J P, CLARK JR W M. Integrated circuits protected against reverse engineering and method for fabricating the same using an apparent metal contact line terminating on field oxide: 7,294,935 [P]. 2007.

[23] VIJAYAKUMAR A, PATIL V C, HOLCOMB D E, et al. Physical design obfuscation of hardware: A comprehensive investigation of device and logic-level techniques [J]. IEEE Transactions on Information Forensics and Security, 2017, 12 (1): 64-77.

[24] MALIK S, BECKER G T, PAAR C, et al. Development of a layout-level hardware obfuscation tool [C]//Proceedings of IEEE Annual Symposium on VLSI. [S. l.]: IEEE, 2015: 204-209.

[25] ERBAGCI B, ERBAGCI C, AKKAYA N E C, et al. A secure camouflaged threshold voltage defined logic family [C]//Proceedings of IEEE International Symposium on Hardware Oriented Security and Trust. [S. l.]: IEEE, 2016: 229-235.

[26] LEE Y W, TOUBA N A. Improving logic obfuscation via logic cone analysis [C]//Proceedings of IEEE Latin-American Test Symposium. [S. l.]: IEEE, 2015: 1-6.

[27] SHAMSI K, LI M, MEADE T, et al. Cyclic obfuscation for creating sat-unresolvable circuits [C]//Proceedings of the GLSVLSI. Banff, Alberta, Canada: ACM, 2017: 173-178.

[28] SHAMSI K, LI M, PAN D, et al. Cross-lock: Dense layout-level interconnect locking using cross-bar architectures [C]//Proceedings of the GLSVLSI. Chicago, IL, USA: ACM, 2018: 147-152.

[29] EL MASSAD M, GARG S, TRIPUNITARA M V. Integrated circuit (IC) decamouflaging: Reverse engineering camouflaged ICs within minutes [C]//Proceedings of Network and Distributed System Security Symposium. [S. l.]: Internet Society, 2015.

[30] SUBRAMANYAN P, RAY S, MALIK S. Evaluating the security of logic encryption algorithms [C]//Proceedings of IEEE International Symposium on Hardware Oriented Security and Trust. [S. l.]: IEEE, 2015: 137-143.

[31] WANG X, ZHOU Q, CAI Y, et al. Is the secure ic camouflaging really secure? [C]//Proceedings of IEEE International Symposium on Circuits and Systems. [S. l.]: IEEE, 2016: 1710-1713.

[32] YU C, ZHANG X, LIU D, et al. Incremental SAT-based reverse engineering of camouflaged logic circuits [J]. IEEE Transactions on Computer-Aided Design of Integrated Circuits and Systems, 2017, 36 (10): 1647-1659.

[33] SHAMSI K, LI M, MEADE T, et al. AppSAT: Approximately deobfuscating integrated circuits [C]// Proceedings of the IEEE Symposium on Hardware Oriented Security and Trust (HOST). McLean, VA, USA: IEEE, 2017: 46-51.

[34] SHEN Y, ZHOU H. Double DIP: Re-evaluating security of logic encryption algorithms [C]//Proceedings of the on Great Lakes Symposium on VLSI 2017. [S. l.]: ACM, 2017: 179-184.

[35] YASIN M, MAZUMDAR B, SINANOGLU O, et al. Removal attacks on logic locking and camouflaging techniques [J]. IEEE Transactions on Information Forensics and Security, 2017.

[36] ZHOU H, JIANG R, KONG S. CycSAT: SAT-based attack on cyclic logic encryptions [C]//Proceedings of International Conference on Computer Aided Design. [S. l.]: IEEE, 2017: 49-56.

[37] WANG X, ZHOU Q, CAI Y, et al. A conflict-free approach for parallelizing sat-based de-camouflaging attacks [C]//Proceedings of Asia and South Pacific Design Automation Conference. [S. l.]: IEEE, 2018: 259-264.

[38] SHEN Y, REZAEI A, ZHOU H. Sat-based bit-flipping attack on logic encryptions [C]//Proceedings of Design, Automation and Test in Europe. [S. l.]: IEEE, 2018: 629-632.

[39] Shen Y, Li Y, Kong S, et al. Sigattack: New high-level sat-based attack on logic encryptions [C]//2019 Design, Automation Test in Europe Conference Exhibition (DATE). [S. l.]: IEEE, 2019: 940-943.

[40] BAUMGARTEN A, TYAGI A, ZAMBRENO J. Preventing ic piracy using reconfigurable logic barriers [J]. IEEE Design Test of Computers, 2010, 27 (1): 66-75.

[41] YASIN M, MAZUMDAR B, RAJENDRAN J J, et al. Ttlock: Tenacious and traceless logic locking [C]// Proceedings of IEEE International Symposium on Hardware Oriented Security and Trust. [S. l.]: IEEE, 2017: 166-166.

[42] YASIN M, SENGUPTA A, NABEEL M T, et al. Provably-secure logic locking: From theory to practice [C]// Proceedings of ACM Conference on Computer & Communications Security. [S. l.]: ACM, 2017: 1601-1618.

[43] SHAMSI K, MEADE T, LI M, et al. On the approximation resiliency of logic locking and ic camouflaging schemes [J]. IEEE Transactions on Information Forensics and Security (TIFS), 2019, 14 (2): 347-359.

[44] REZAEI A, SHEN Y, KONG S, et al. Cyclic locking and memristor-based obfuscation against cycsat and inside foundry attacks [C]//Proceedings of Design, Automation and Test in Europe. [S. l.]: IEEE, 2018: 85-90.

[45] ROSHANISEFAT S, MARDANI KAMALI H, SASAN A. Srclock: Sat-resistant cyclic logic locking for protecting the hardware [C]//Proceedings of IEEE Great Lakes Symposium on VLSI. [S. l.]: Association for Computing Machinery, 2018: 153-158.

[46] REZAEI A, LI Y, SHEN Y, et al. Cycsat-unresolvable cyclic logic encryption using unreachable states

[C]// Proceedings of the 24th Asia and South Pacific Design Automation Conference. [S.l.]: ACM, 2019: 358-363.

[47] SHEN Y, LI Y, REZAEI A, et al. Besat: behavioral sat-based attack on cyclic logic encryption [C]//Proceedings of the 24th Asia and South Pacific Design Automation Conference. [S.l.]: ACM, 2019: 657-662.

[48] LI M, SHAMSI K, JIN Y, et al. Timingsat: Decamouflaging timing-based logic obfuscation [C]//Proceedings of the International Test Conference (ITC). Phoenix, AZ, USA: IEEE, 2018: 1-10.

[49] MEADE T, ZHAO Z, ZHANG S, et al. Revisit sequential logic obfuscation: Attacks and defenses [C]// Proceedings of the IEEE International Symposium on Circuits and Systems (ISCAS). Baltimore, MD, USA: IEEE, 2017: 1-4.

[50] EL MASSAD M, GARG S, TRIPUNITARA M. Reverse engineering camouflaged sequential circuits without scan access [C]//Proceedings of International Conference on Computer Aided Design. [S.l.]: IEEE, 2017: 33-40.

[51] Chakraborty R S, Bhunia S. Harpoon: An obfuscation-based soc design methodology for hardware protection [J]. IEEE Transactions on Computer-Aided Design of Integrated Circuits and Systems, 2009, 28 (10): 1493-1502.

[52] CHAKRABORTY R S, BHUNIA S. Security against hardware trojan through a novel application of design obfuscation [C]//Proceedings of the 2009 International Conference on Computer-Aided Design. [S.l.]: ACM, 2009: 113-116.

[53] OLIVEIRA A L. Techniques for the creation of digital watermarks in sequential circuit designs [J]. IEEE Transactions on Computer-Aided Design of Integrated Circuits and Systems, 2001, 20 (9): 1101-1117.

[54] ALKABANI Y, KOUSHANFAR F. Active hardware metering for intellectual property protection and security [C]//Proceedings of USENIX Conference on Security. [S.l.]: USENIX Association, 2007: 291-306.

[55] YUAN L, QU G, VILLA T, et al. An FSM reengineering approach to sequential circuit synthesis by state splitting [J]. IEEE Transactions on Computer-Aided Design of Integrated Circuits and Systems, 2008, 27 (6): 1159-1164.

[56] CHAKRABORTY P, CRUZ J, BHUNIA S. Sail: Machine learning guided structural analysis attack on hardware obfuscation [C]//Asian Hardware Oriented Security and Trust Symposium (AsianHOST). [S.l.]: IEEE, 2018: 56-61.

[57] MASSAD M E, ZHANG J, GARG S, et al. Logic locking for secure outsourced chip fabrication: A new attack and provably secure defense mechanism: arXiv: 1703.10187 [R]. [S.l.]: arXiv preprint, 2017.

[58] YASIN M, SINANOGLU O. Transforming between logic locking and ic camouflaging [C]//Proceedings of the 10th International Design & Test Symposium (IDT). [S.l.]: IEEE, 2015: 1-4.

[59] TAJIK S, LOHRKE H, SEIFERT J P, et al. On the power of optical contactless probing: Attacking bitstream encryption of fpgas [C]//Proceedings of the 2017 ACM SIGSAC Conference on Computer and Communications Security. [S.l.]: ACM, 2017: 1661-1674.

[60] LOHRKE H, TAJIK S, BOIT C, et al. No place to hide: Contactless probing of secret data on fpgas [C]// Proceedings of the International Conference on Cryptographic Hardware and Embedded Systems. [S.l.]: Springer, 2016: 147-167.

[61] ROY D, KLOOTWIJK J H, VERHAEGH N A, et al. Comb capacitor structures for on-chip physical uncloneable function [J]. IEEE Transactions on Semiconductor Manufacturing, 2009, 22 (1): 96-102.

[62] TUYLS P, SCHRIJEN G J, SKORIC B, et al. Read-proof hardware from protective coatings [C]//Proceedings of the International Workshop on Cryptographic Hardware and Embedded Systems. [S.l.]: Springer, 2006: 369-383.

[63] YASIN M, SAEED S M, RAJENDRAN J, et al. Activation of logic encrypted chips: Pre-test or post-test? [C]//Proceedings of the 2016 Conference on Design, Automation & Test in Europe. [S.l.]: IEEE, 2016: 139-144.

[64] SHAMSI K, PAN D Z, JIN Y. On the impossibility of approximation-resilient circuit locking [C]//Proceedings of the IEEE Symposium on Hardware Oriented Security and Trust (HOST). McLean, VA, USA: IEEE, 2019: 161-170.

[65] PLAZA S M, MARKOV I L. Solving the third-shift problem in ic piracy with test-aware logic locking [J]. IEEE Transactions on Computer-Aided Design of Integrated Circuits and Systems, 2015, 34 (6): 961-971.

[66] GASCON A, SUBRAMANYAN P, DUTERTRE B, et al. Template-based circuit understanding [C]//Proceedings of the 14th Conference on Formal Methods in Computer-Aided Design. [S.l.]: IEEE, 2014: 83-90.

[67] EEN N, SORENSSON N. An extensible sat-solver [C]//Proceedings of the International Conference on Theory and Applications of Satisfiability Testing. [S.l.]: Springer, 2003: 502-518.

[68] XU X, SHAKYA B, TEHRANIPOOR M M, et al. Novel bypass attack and bdd-based tradeoff analysis against all known logic locking attacks [C]//Proceedings of International Conference on Cryptographic Hardware and Embedded Systems. [S.l.]: Springer, 2017: 189-210.

[69] AZAR K Z, KAMALI H M, HOMAYOUN H, et al. Smt attack: Next generation attack on obfuscated circuits with capabilities and performance beyond the sat attacks [J]. IACR Transactions on Cryptographic Hardware and Embedded Systems, 2019, 2019 (1): 97-122.

[70] Li L, Orailoglu A. Piercing logic locking keys through redundancy identification [J]. 2019: 540-545.

[71] SHAMSI K, PAN D Z, JIN Y. IcySAT: Improved sat-based attacks on cyclic locked circuits [C]//Proceedings of the International Conference On Computer Aided Design (ICCAD). Westminster, CO, USA: IEEE, 2019: 1-7.

[72] GUIN U, ZHOU Z, SINGH A. A novel design-for-security (dfs) architecture to prevent unauthorized ic overproduction [C]//Proceedings of the 2017 IEEE 35th VLSI Test Symposium (VTS). [S.l.]: IEEE, 2017: 1-6.

[73] GUIN U, ZHOU Z, SINGH A. Robust design-for-security architecture for enabling trust in ic manufacturing and test [J]. IEEE Transactions on Very Large Scale Integration (VLSI) Systems, 2018, 26 (5): 818-830.

[74] SHAKYA B, TEHRANIPOOR M M, BHUNIA S, et al. Introduction to hardware obfuscation: Motivation, methods and evaluation [M]//FORTE D, BHUNIA S, TEHRANIPOOR M M. Hardware Protection through Obfuscation. Cham: Springer, 2017: 3-32.

[75] RONALD P, JAMES P, BRYAN J. building block for a secure cmos logic cell library: 8111089 [P]. 2012.

[76] SHIOZAKI M, HORI R, FUJINO T. Diffusion programmable device: The device to prevent reverse engineering.: 109 [R]. IACR Cryptology ePrint Archive, 2014.

[77] SHAKYA B, SHEN H, TEHRANIPOOR M, et al. Covert gates: Protecting integrated circuits with undetectable camouflaging [J]. IACR Transactions on Cryptographic Hardware and Embedded Systems, 2019, 2019 (3): 86-118.

[78] CHEN S, CHEN J, FORTE D, et al. Chip-level anti-reverse engineering using transformable interconnects [C]// Proceedings of IEEE International Symposium on Defect and Fault Tolerance in VLSI and Nanotechnology Systems. [S.l.]: IEEE, 2015: 109-114.

[79] GREENE J, KAPTANOGLU S, FENG W, et al. A 65nm flash-based fpga fabric optimized for low cost and power [C]//Proceedings of the 19th ACM/SIGDA international symposium on Field programmable gate arrays. [S.l.]: ACM, 2011: 87-96.

[80] KUON I, TESSIER R, ROSE J, et al. Fpga architecture: Survey and challenges [J]. Foundations and Trends® in Electronic Design Automation, 2008, 2 (2): 135-253.

[81] KONO T, SAITO T, YAMAUCHI T. Overview of embedded flash memory technology [M]//Embedded Flash Memory for Embedded Systems: Technology, Design for Sub-systems, and Innovations. [S.l.]: Springer, 2018: 29-74.

[82] COURBON F, SKOROBOGATOV S, WOODS C. Reverse engineering flash eeprom memories using scanning electron microscopy [C]//Proceedings of the International Conference on Smart Card Research and Advanced Applications. [S.l.]: Springer, 2016: 57-72.

[83] CONG J, XIAO B. Fpga-rpi: A novel fpga architecture with rram-based programmable interconnects [J]. IEEE Transactions on Very Large Scale Integration (VLSI) Systems, 2014, 22 (4): 864-877.

[84] AKKAYA N E C, ERBAGCI B, MAI K. A secure camouflaged logic family using post-manufacturing programming with a 3.6 ghz adder prototype in 65nm cmos at 1v nominal v dd [C]//Proceedings of the IEEE International Solid-State Circuits Conference (ISSCC). [S.l.]: IEEE, 2018: 128-130.

[85] Design security in nonvolatile flash and antifuse fpgas [R]. [S.l.: s.n.].

[86] BIRKNER J A, CHAN A, CHUA H, et al. A very-high-speed field-programmable gate array using metal-to-metal antifuse programmable elements [J]. Microelectronics Journal, 1992, 23 (7): 561-568.

[87] ADUSUMILLI P, REZNICEK A, VAN DER STRATEN O, et al. Metal finfet anti-fuse: 15/968, 235 [P]. 2018.

[88] RAJENDRAN J, PINO Y, SINANOGLU O, et al. Security analysis of logic obfuscation [C]//Proceedings of IEEE/ACM Design Automation Conference. [S.l.]: IEEE, 2012: 83-89.

[89] BAUMGARTEN A C. Preventing integrated circuit piracy using reconfigurable logic barriers [D]. Ames, Iowa, USA: Iowa State University, 2009.

[90] WANG X, ZHOU Q, CAI Y, et al. Towards a formal and quantitative evaluation framework for circuit obfuscation methods [J]. IEEE Transactions on Computer-Aided Design of Integrated Circuits and Systems, 2019, 38 (10): 1844-1857.

[91] RAJENDRAN J, ZHANG H, ZHANG C, et al. Fault analysis-based logic encryption [J]. IEEE Transactions on Computers, 2015, 64 (2): 410-424.

[92] ZHOU H. A humble theory and application for logic encryption: 696 [R]. IACR Cryptology ePrint Archive, 2017.

[93] SENGUPTA A, NABEEL M, YASIN M, et al. Atpg-based cost-effective, secure logic locking [C]//Proceedings of the IEEE 36th VLSI Test Symposium (VTS). [S. l.]: IEEE, 2018: 1-6.

[94] SENGUPTA A, ASHRAF M, NABEEL M, et al. Customized locking of ip blocks on a multi-million-gate soc [C]//Proceedings of the IEEE/ACM International Conference on Computer-Aided Design (ICCAD). [S. l.]: IEEE, 2018: 1-7.

[95] Sirone D, Subramanyan P. Functional analysis attacks on logic locking [J]. IEEE Transactions on Information Forensics and Security, 2020, 15: 2514-2527.

[96] YANG F, TANG M, SINANOGLU O. Stripped functionality logic locking with hamming distance based restore unit (sfll-hd) -unlocked [J]. IEEE Transactions on Information Forensics and Security, 2019, 14 (10): 2778-2786.

[97] ZHOU H, SHEN Y, REZAEI A. Vulnerability and remedy of stripped function logic locking: 139 [R]. Cryptology ePrint Archive, 2019.

[98] BACKES J, FETT B, RIEDEL M D. The analysis of cyclic circuits with boolean satisfiability [C]//Proceedings of the IEEE/ACM International Conference on Computer-Aided Design. [S. l.]: IEEE Press, 2008: 143-148.

[99] PATNAIK S, ASHRA M, KNECHTEL J, et al. Obfuscating the interconnects: Low-cost and resilient full-chip layout camouflaging [C]//Proceedings of International Conference on Computer Aided Design. [S. l.]: IEEE, 2017: 41-48.

[100] CHAKRABORTY A, LIU Y, SRIVASTAVA A. Timingsat: timing profile embedded sat attack [C]//Proceedings of the International Conference on Computer-Aided Design. [S. l.]: ACM, 2018.

[101] LI L, ZHOU H. Structural transformation for best-possible obfuscation of sequential circuits [C]//Proceedings of IEEE International Symposium on Hardware Oriented Security and Trust. [S. l.]: IEEE, 2013: 55-60.

[102] YASIN M, SENGUPTA A, SCHAFER B C, et al. What to lock?: Functional and parametric locking [C]//Proceedings of IEEE Great Lakes Symposium on VLSI. [S. l.]: ACM, 2017: 351-356.

[103] ZAMAN M, SENGUPTA A, LIU D, et al. Towards provably-secure performance locking [C]//Proceedings of Design, Automation and Test in Europe. [S. l.]: IEEE, 2018: 1592-1597.

[104] KOUSHANFAR F. Hardware metering: A survey [M]//TEHRANIPOOR M M, WANG C. Introduction to Hardware Security and Trust. [S. l.]: Springer, 2012: 103-122.

[105] FYRBIAK M, WALLAT S, DECHELOTTE J, et al. On the difficulty of fsm-based hardware obfuscation [J]. IACR Transactions on Cryptographic Hardware and Embedded Systems, 2018, 2018 (3): 293-330.

[106] POLIAN I. Security aspects of analog and mixed-signal circuits [C]//Proceedings of the IEEE 21st International Mixed-Signal Testing Workshop (IMSTW). [S. l.]: IEEE, 2016: 1-6.

[107] ANTONOPOULOS A, KAPATSORI C, MAKRIS Y. Security and trust in the analog/mixed-signal/rf domain: A survey and a perspective [C]//Proceedings of the 22nd IEEE European Test Symposium (ETS). [S. l.]: IEEE, 2017: 1-10.

[108] JAYASANKARAN N G, BORBON A S, SANCHEZ-SINENCIO E, et al. Towards provably-secure analog and mixed-signal locking against overproduction [C]//Proceedings of the International Conference on Computer-Aided Design. [S.l.]: ACM, 2018: 1-7.

[109] RAO V V, SAVIDIS I. Protecting analog circuits with parameter biasing obfuscation [C]//Proceedings of the 18th IEEE Latin American Test Symposium (LATS). [S.l.]: IEEE, 2017: 1-6.

[110] WANG J, SHI C, SANABRIA-BORBON A, et al. Thwarting analog ic piracy via combinational locking [C]//Proceedings of the IEEE International Test Conference (ITC). [S.l.]: IEEE, 2017: 1-10.

[111] LOHRKE H, TAJIK S, KRACHENFELS T, et al. Key extraction using thermal laser stimulation [J]. IACR Transactions on Cryptographic Hardware and Embedded Systems, 2018, 2018 (3): 573-595.

[112] LINSCOTT T, EHRETT P, BERTACCO V, et al. Swan: mitigating hardware trojans with design ambiguity [C]//Proceedings of the IEEE/ACM International Conference on Computer-Aided Design (ICCAD). [S.l.]: IEEE, 2018: 1-7.

[113] GARG S, GENTRY C, HALEVI S, et al. Candidate indistinguishability obfuscation and functional encryption for all circuits [J]. SIAM Journal on Computing, 2016, 45 (3): 882-929.

[114] SENGUPTA A, ROY D, MOHANTY S P, et al. Dsp design protection in ce through algorithmic transformation based structural obfuscation [J]. IEEE Transactions on Consumer Electronics, 2017, 63 (4): 467-476.

第8章 防止 IC 伪造的检测技术

不单单是电子行业，伪造产品给每一个行业的健康发展都带来了严重威胁。这类威胁的严重程度通常取决于特定的应用。根据各个行业的报告，伪造产品给全球经济带来的损失高达数十亿美元甚至更多[1,2]。半导体行业也不例外。在关于防止伪造电子产品的文献[3-5]中，研究人员介绍了伪造电子产品的分类、主动检测和被动检测措施等。其中许多研究都从介绍广义的伪造定义开始，并最终覆盖了供应链安全的很大一部分内容。例如，文献[5]中，作者讨论了逻辑锁定和硬件计量作为防止芯片伪造问题的解决方案。本章在讨论伪造问题时，将主要涉及二手、回收或"恶意"的电子器件和芯片等问题。这些是严重的伪造问题，威胁到了绝大多数电子器件的安全，涵盖了商用器件和军事应用器件。为了更全面地了解二手、回收或"恶意"的电子器件和芯片对电子产品的影响，笔者认为必须从整个集成电路供应链中的角度，结合其他各种攻击向量，系统地分析电子器件伪造所特有的挑战以及相应的防护措施。

具体而言，本章将提出一个具体的威胁模型，分析伪造电子产品进入供应链的各种途径，总结针对 IC 伪造的主动和被动防伪措施，讨论可行的最佳措施、权衡做法以及实施这些措施的难点。

8.1 伪造电子器件的问题

8.1.1 什么是伪造电子器件

要避免伪造电子器件的产生及其所带来的不良影响，首先要定义什么是伪装电子器件。2010 年，美国商务部工业与安全局（Bureau of Industry and Security，BIS）技术评估办公室（Office of Technology Evaluation，OTE）发布了一份关于国防应用供应链的报告，报告名为 *Defense Industrial Base Assessment*（《美国国防工业基础评估》）[6]。该报告聚焦解决伪造电子产品的问题，对各种"伪造"组件如何进入美国国防供应链进行了深入审查，并将符合以下条件的器件定义为伪造电子器件：①未经授权的器件；②不符合原始组件制造商（original component manufacturer，OCM）的设计、型号或性能标准；③非 OCM 制造或由未经授权的承包商制造；④作为"全新"或有效产品出售的不合格、有缺陷或已经被使用过的

OCM 产品；⑤具有不精确或错误的型号或器件文档[6]。根据该定义，原始组件制造商（OCM）是器件的真正制造商。该定义是一个相当宽泛的概念，涵盖了供应链的各个部分。

通过引入以下符号，可以提出一个更为具体的概念框架：OCM 制造电子器件的设计 D，直接或间接地将其制造成物理器件 X，其规格和说明文档 S 来源于设计和器件运行的物理和数学原理。伪造产品是一种以 (D', X', S') 形式出售的器件 (D, X, S)。这里一种情况是 $D' \neq D$，对某些 D' 来说，意味着 $X' \neq X$。另一种情况是 $D = D'$（设计等效），但是 $X' \neq X$，因为 X' 是 X 的循环利用、未经授权或过量制造的版本。如果只有 S' 不同（具有某些错误文档的正规器件），则该类器件往往会被排除在伪造器件之外，因为似乎很难出现这种情况（如果有，也是 OCM 厂商的疏忽，不是恶意伪造）。

根据这些定义，还有关于 D 和 X 的其他重要因素，最重要的是设计的类型。此处主要关注半导体器件的情况。这些器件由纳米级电路制造而成。另外，印刷电路板（PCB）也可能出现伪造现象，对此本章也会做简单的讨论。表 8.1 显示了文献［5］中报告的各类器件和伪造事件发生率。稍后本章将进一步讨论这些不同类型如何影响防御措施的适用性。这些器件可以在 OCM 的工厂制造，也可以在海外的代工厂制造。

表 8.1 各类器件和伪造事件发生率

伪造等级	器件类型	伪造事件发生率
1	模拟 IC	25.2%
2	微处理器 IC	13.4%
3	存储器 IC	13.1%
4	可编程逻辑 IC	8.3%
5	独立晶体管	7.6%
6	其他器件	32.4%

8.1.2 伪造途径

根据伪造电子器件的定义，可以列举伪造电子器件的来源及进入供应链的途径。需要注意的是，伪造途径是建立在消费者和伪造产品及正品供应商之间的交易之上。因此可以将伪造器件进入供应链定义为任何区别于 OCM 制造商制造器件并将其交付给最终用户的途径。根据这一定义，可以有以下伪造途径。

回收及二手器件：电子废物处理以及回收电子组件，是目前发生电子产品伪造的重灾区。这些回收的器件被从电路板上取下，恢复甚至更改器件上的标记后，被作为新品重新出售。这就是 $D = D'$（功能设计等效），但 X' 是 X 的旧版本。因此，伪造 X' 的功能完整性取决于半导体器件的老化过程，以及 X' 出现严重故障导致其无法使用的可能性，同时也需要考

虑 X' 在回收过程中受损的情况。

恶意器件：将一个完全不同的设备 X' 作为 X 出售。与回收的情况不同，这种恶意器件可能为全新器件，但却是在 OCM 的合法供应链之外制造而来的。在这种情况下，伪造 X' 的功能差异取决于伪造 D' 的设计与原始设计的匹配程度，以及地下供应链的制造和测试质量。其中的差异变化范围可以从电气属性变化（但是依旧具有功能等效性）到完全不同的设计或功能。

除了上述两种主要的伪造途径，其实还有其他的途径。

恶意篡改：一个器件的设计被修改后，再按照原始设计制造和出售。硬件篡改实际上属于硬件木马问题。正如本书其他部分所述，成功的硬件木马插入需要对器件的内部操作有一定程度的了解，同时还需要具有能够避开检测方法的隐蔽木马设计。任何能够阻止或检测硬件木马插入的技术都有助于阻止恶意篡改威胁。

设计盗窃、制造过剩和克隆：器件 D 的原始设计由于某种原因泄露给了攻击者，比如对已经制造的 IC 进行精确逆向工程，或者 HDL 代码被泄露，攻击者就可以通过合法的 OCM 制造器件。这里的几种情况都需要在 OCM 的合法供应链或昂贵的芯片逆向工程器件中拥有一定的访问权限。在这种情况下，拥有器件精确设计的一方可以制造任意数量的器件。这就再次印证了攻击者器件伪造行为的成功与否取决于所拥有的资源是否能帮助克服伪造过程中的障碍。例如，由于工艺不兼容，其他代工厂可能无法使制造出的盗版设计在性能上与原始设计相媲美。当然，如果设计被 OCM 的合法代工厂窃取，那么就更容易出现过量制造，但这要求 OCM 的代工厂也是攻击者之一。与硬件木马插入模型相同，这也是一个强大的威胁模型。

区别于之前提到的回收、二手器件和恶意伪造器件的威胁，上述威胁需要具有特殊权限的访问，例如访问设计布局或从代工厂中获取设计。但是读者需要注意的是，这些伪造途径同时也被集成电路安全的其他领域所涵盖，比如 IP 保护、防篡改、硬件木马研究等。考虑到这些领域在本书的其他章节中已经有详细描述，在本章中就不再赘述了。总之在试图制定对策时，首先应该考虑不同的威胁模型。

根据伪造电子器件的定义，伪造器件的其他分类还包括"不合规格"的电子产品。但是伪造器件和原始器件之间的规格差异其实是一个很大的变量，在现实场景中具有很大的不确定性，很难被量化。另外，"规格"本身也往往没有被严格遵守，同时现代芯片制造过程中的工艺误差也会引入规格上的差异。即便如此，研究人员还是致力于量化"不合规格"这一评判标准。一种将设备的不合规格程度进行形式化描述的方法是，声明 OCM 生产的器件与对应的规格 S 服从统计分布 δ（这一分布可以是具有多个参数的向量函数）。通过其他路径生产或获取的伪造器件与对应规格的统计学一致性 δ' 最终可能与原来的 δ 相差甚远。基于这个定义，电路的恶意篡改也部分属于"不合规格"，只是电路恶意篡改比轻微的性能变化更为严重。

综合而言，基于电子产品的芯片回收和恶意制造的威胁并不需要一个不受信任的芯片代工厂，其他伪造威胁则需要某种形式的不受信任的代工厂。即使是利用反向工程对芯片克隆，也仍然需要一个代工厂来构建克隆布局。此处的重点在于，一旦假设存在一个能够调用代工厂的攻击者，就需要采取非常严厉的安全措施。例如，如果在设计中插入老化传感器以帮助检测二手器件，那么不受信任的代工厂可以很方便地移除或更改此传感器，使其提供错误的读数。不受信任的代工厂比回收或恶意制造攻击者要强大得多。因此，用于处理不受信任的代工厂的措施（如逻辑锁定或入侵逆向工程）同样也可以检测回收情况，反之则不然。检测二手器件的方法对于阻止不受信任的代工厂的攻击往往用处不大。

8.2 电子器件伪造检测

本节将讨论现有的检测方案以如何对伪造电子器件进行检测。方案的分类将依据下面几项重要因素。

器件类型：器件类型直接影响到适用的检测方案，特别是集成到芯片上的检测方案，比如单晶体管或小型运算放大器等分立组件的芯片面积非常小、一个三端 MOSFET 根本无法容纳大型的计数器（所以采用计数器的办法不能被用到这类小型器件上）。即使对于芯片面积稍微大一些的情况，比如对有几百个晶体管的多运算放大器芯片而言，虽然能插入用于检测的数字计数器，但会引入数字噪声，影响模拟芯片的性能。考虑到一个重要的伪造器件类别是模拟、离散或小型电路，一定要根据目标器件类型来制定检测策略，而不能照搬大型数字电路的检测方法。

主动防御和被动防御：检测方案的另一个需要重点考虑的因素是其主动性，要确定是在设计阶段就主动增加防御，还是仅局限于制造后做被动分析。文献［5］中把主动防御称为伪造规避，把被动防御称为伪造检测。由于目前电子产品市场上的大部分器件缺乏主动防伪措施，所以现在的主流检测手段基本上是被动措施。当然，防御措施的有效性也要根据攻击者策略的变化而调整，比如在器件封装上进行简单的油墨标记一度是一种有效的防伪措施，但是现在随着芯片封装上打印标记成本的下降，这种方法的有效性显著降低。

8.2.1 被动检测措施

被动检测措施针对的是那些没有经过精心设计或封装修改的器件，消费者拥有 $N \geqslant 1$ 个产品，并且想要检测其中是否有伪造产品。鉴别伪造产品要求消费者了解，对于特定的器件，确实存在具有给定规格的 OCM。

被动检测措施的成功率取决于伪造产品的质量、威胁类型和器件类型。

被动检测措施主要包括物理检查、电气测试、材料分析。

1. 物理检查

检测二手器件最为直观的方法或许就是物理检查,以下为可能的物理检测方法。

(1) 器件的外包装(包装盒、芯片底座的方向等)可以显示伪造迹象。

(2) 可见光成像:对于 IC 和分立组件,如果它们之前安装在印制电路板上,则引脚上可能会有未移除的焊料或弯曲的迹象。引脚的表面可能会有颜色边界,这是由于焊接热量带来的不均匀氧化所致。低放大率的光学显微镜足以检测这种缺陷。伪造产品的其他光学标志包括封装上的凹痕、标签错位和裂缝等现象。

(3) X 射线成像:X 射线可以用于研究芯片的内部结构。X 射线成像的分辨率会随射线能量的增加而提高。因此,如果要能看到微小的细节,那么需要的 X 射线能量可能会对组件造成永久性损坏。利用较低能量的 X 射线可以观察封装内芯片的方向,也可检测是否存在引线键合[5]。X 射线断层成像是一种从不同深度的二维 X 射线图像中重建三维图像的技术,可以提高内部检查的有效性。

(4) 太赫兹成像:太赫兹电磁(EM)辐射的频率低于 X 射线和可见光,高于微波,可以在短距离内穿透材料,但生成图像的分辨率远低于 X 射线,也没有 X 射线的破坏性。利用太赫兹成像技术检测芯片,会使芯片内部具有更高的非侵入性,但分辨率更低,文献[7]指出利用太赫兹成像技术可以检测芯片摆放位置的不匹配性。

(5) 声学成像:与声像图类似,声学成像技术使用声波来建立固体内部结构的图像。与电磁波相比,声波的波长较长,所以成像的分辨率会受到一定影响。

(6) 抗攻击性测试:可以使用多种技术来测试 IC 封装的抗攻击性。如果认为伪造产品的封装抗攻击性较低,则可使用相应的测试进行验证。例如,如果 IC 封装上的标记是在没有激光雕刻的情况下打印的,则可以使用各种溶剂去除标签。溶剂也可用于溶解封装本身,以显示封装的材料特性,并与原始零件比较,也揭示裸片,有助于对恶意制造的器件进行视觉检测。

2. 电气测试

这种方法可以测试器件的电气性能,以检测伪造产品。下面列出了一些电气测试方法。

(1) 基于测试向量的检测方法:这一方法主要适用于数字电路。如果伪造产品在功能上不等同于原始零件,则至少会有一种输入模式产生不同的输出。因此,使用这种技术的检测概率取决于这些测试向量的数量,以及它们在正常操作期间被访问的概率。这将需要一个参考电路(黄金设计或仿真模型)来帮助判断输出是否正确。例如,对于单个芯片来说,可以将产品说明书中说明的行为作为测试参考;对于在主板上的 CPU 来说,能够在不发生致命崩溃的情况下启动操作系统可能是该器件符合数字功能的标志。

(2) 时序分析:这一方法同样主要适用于数字电路。几乎每个数字电路都有时钟信号。许多伪造器件都是原始设计的副本,往往具有较低的时钟频率。这可以通过在设计规格允许的范围内提高时钟频率来测试。如果观察到计时故障,则可能说明检测到了伪造产品。

(3)模拟电路属性:除了输入、输出引脚和时钟频率的二进制值之外,几乎所有其他电气属性都可以被表示为模拟电路属性:①器件的静态和动态电流消耗;②电源阈值;③电源的电压—电流曲线图;④引脚(包括电源引脚)的频率响应,可以使用网络分析仪或示波器进行测试;⑤通过电源引脚的电流分布。测试这些属性的优点在于可以检测其他各种故障源,即便 OCM 器件有时也会有不合规格的属性,也可以进行检测。

3. 材料分析

材料分析是另一种可用于检测伪造产品的方法。分析化学中的有些技术,如质谱[8]、X 射线光谱[9]、扫描电子显微镜(SEM)和蚀刻反应测试等技术,都可以归为材料分析技术。质谱技术使器件表面的物质离子化,并使产生的离子在磁场和电场的作用下加速通过弯曲的路径。离子根据电荷质量比可以落在路径末端探测器的不同位置上。因此,在不同的电荷质量比点上,可以看到探测器不同尖峰上的材料聚集图。这有助于确定材料的化学成分。当电子从原子的高能态跃迁到低能态时,X 射线光谱将帮助确定发射 X 射线的材料。扫描电子显微镜也有助于进行材料分析,因为不同材料对电子束的反应不同。

8.2.2 主动检测措施

主动检测措施是指在设计阶段要包含一个精心设计的、用于日后检测伪造产品的阶段。从理论上讲,制定主动检测措施是一个更加容易的问题。主动检测措施的难题在于减少开销。在此讨论的是可能采取的主动检测措施。

1. 唯一 ID 数据库

也许最简单的避免伪造产品的方法就是为每个制造的器件指定一个唯一 ID,并将其记录到数据库中。该 ID 可以蚀刻在封装上,也可以通过电子方式编程到器件中。如果用户或消费者可以读取该 ID,那么用户可以查询 OCM 的唯一 ID 数据库,以查看其是否有效。就芯片面积而言,封装阶段 ID 的开销几乎为零。一个 n 位的电子 ID 将需要 n 个(一次性)可编程数字器件和额外的读和写电路开销。

在流片中获得唯一 ID 的方法之一是使用物理不可克隆函数(PUF)。PUF 可以产生一个随机的 n 位签名,其随机性及唯一性通过放大纳米级器件结构中存在的工艺偏差得到。例如,没有两个晶体管能拥有完全相同的阈值电压,这可以用来为每个制造的器件导出签名。该签名可以设计得具有足够的随机性,以使其稳定且不可复制。除了各种硬件和电路级的 PUF,还可以在封装中创建 PUF。例如,可以将文献[10]中介绍的纳米棒或各种基于磁性的 PUF[11]添加到封装中。另一类重要的物理签名是基于 DNA 的标记。非 PUF 封装级的身份识别方法是使用 DNA 材料。特定的 DNA 结构可以嵌入 IC 的封装,之后可以通过测序或荧光标记及检测技术对其进行验证[12]。

2. 老化传感器

几乎所有的芯片和电子器件都有老化现象。换言之，器件的各种特性会随着时间的推移而减弱。这主要是由于操作的结果。半导体器件具有多种老化机制[13,14]，主要过程包括热载流子注入（hot-carrier-injection，HCI）、偏压温度不稳定性（bias-temperature-instability，BTI）、电迁移和时变击穿（timing-dependent-dielectric-breakdown，TDDB）。所有这些机制都源于基于量子力学过程的固态物理。固态器件的典型量子力学行为表现在电子和空穴占据不同能量的状态。这些状态代表了电子或空穴的统计最佳位置及能量。

当高能光子撞击器件产生高能电子或空穴时，或由于更复杂的光子—电子相互作用而自发产生高能电子或空穴时，就会发生 HCI[15,16]（当然，本书不会深入讨论这些物理现象的技术细节）。然后，这些载流子可以逃离器件中的各种边界，最终进入通道、栅极或栅极氧化层，从而在过程中产生额外的载流子。所有这些都会导致阈值电压和其他电气参数的永久性减弱。当晶体管中存在源—漏电流时，通常会出现这种情况。

BTI[17,18]发生在晶体管的栅极相对于漏极偏压的情况下，这可能导致电荷被困在通道或栅极中，使绝对阈值电压增加，从而使晶体管更加缓慢。正 BTI（Positive-BTI）出现在 nMOS 器件中，而负 BTI（Negative-BTI）则出现在 pMOS 器件中。后者更为常见。

电迁移是一个困扰早期半导体器件的问题。当带电荷的载流子移动芯片上导线晶体中的离子时就会发生这种情况。方向性、电流强度、晶体方向、材料类型和导线尺寸都会影响电迁移。当晶体管中的栅极氧化层或其他绝缘路径由于过程中的持续应力而发生故障时，就会发生 TDDB。

从伪造的角度来看，电迁移和 TDDB 是可能导致二手器件出现严重故障的机制。这增加了使用伪造器件出现早期故障的风险，但也使此类器件的检测变得更为容易。另一方面，由于 BTI 和 HCI 具有更连续的特性，它们已被用于设计芯片"里程表"和老化传感器[19-22]。这些传感器的典型结构是环形振荡器，其中反相器（非门）链中的 pMOS 器件可以将其偏置到低电压，同时保持源极和漏极端子连接，在高电压下承受应力。这种退化使得反相器（非门）的反应速度变得更加缓慢，从而降低了环形振荡器的频率。如果应力机制与芯片的工作电源相关，则这种可测量的漂移就可以转换为器件的老化程度。因此，老化传感器可以用来有效地确定芯片已经上电的时间，从而有助于检测二手器件。

如果所测的电子器件具有非易失性存储器，则设计者可以构建各种老化检测器。例如，具有 N 位的非易失性计数器可用于计 2^N 个时钟周期，也可以用 2^N 个时钟周期来对时钟频率进行分频，这将延长计数器所能实现的计时长度。现代 IC 中有各种非易失性介质，包括嵌入式闪存、平面熔丝、晶体管熔丝、反熔丝、利用新型器件的非易失性存储器等[23-27]。平面熔丝和晶体管熔丝可用于任何 CMOS 工艺，因为它们使用晶体管和导线作为熔丝。其他非易失性介质则可能需要不同的工艺步骤。基于非易失性或熔丝的芯片"里程表"比基于晶体管老化的"里程表"更为精确，也更可靠。事实上，环形振荡器晶体管老化的最初设计是用于研究晶体管老化机理，而非提供准确的芯片上电时间。

8.3 讨论

这一节将讨论现有的芯片伪造研究工作，同时还将对电子防伪研究中更有价值和更为合理的途径进行一些深入的探讨。

8.3.1 被动伪造检测

因为不需要在设计和制造阶段进行修改，所以被动伪造检测措施将可能继续成为打击伪造器件的重要工具。几乎可以肯定，这是一个仍然存在巨大挑战的领域。在众多的被动检测方案中，成本最低的方案显然最有价值。因此，用户可以从封装检查或引脚检查等方法开始进行电气测试。这些测试在检测恶意制造器件时应该非常有效。对于老化的器件，则可以进行更加复杂的测试，可以采用更为昂贵的方法（如材料分析和 X 射线或太赫兹扫描成像）。

8.3.2 主动防伪

1. 唯一 ID 的挑战

关于主动防伪检测措施，先讨论唯一 ID 方法。唯一 ID 面临的第一个挑战是，伪造者可以使用合法器件的一组 ID，并将其赋予伪造器件。这意味着市场上将有多个器件共享同一 ID。因此，对于一个拥有 N 个伪造器件和 N 个克隆合法 ID 的用户，如果用户查询服务器，则所有的 N 个 ID 都将存在于数据库中。对于根据各种参数随机克隆 ID 的伪造者来说，可以推导出失败的概率。当然，如果伪造者卖给单一用户的器件越多，需要克隆的唯一合法 ID 也就越多。一个极端的情况是，一个伪造者窃取了一个 ID，再将 M 个具有相同 ID 的不同器件卖给 M 个不同的消费者，而他们并未互相检查器件的 ID 是否重叠。

对抗伪造 ID 问题的一种方法就是对攻击者隐藏 ID。如果将 ID 置于防篡改存储器中，那么伪造者就不能对 ID 进行逆向工程。然而，这会使 ID 无法访问，因此在进行验证时无法使用。此处的问题在于最终用户如何在不访问 ID 的情况下验证 ID 的正确性。在这种情况下，加密技术可能会有所帮助。设计者可以将 ID 加密存储在芯片中，或者使用内部密码对 ID 加密，并将其发送给用户，再由用户将 ID 转发给 OCM 服务器。在这种情况下，伪造者就只能克隆加密的响应。当然，如果希望合法用户也可以用这种方法验证他们购买器件的

ID，伪造者还是有可能克隆 ID（克隆加密的相应 ID）的。要避免这种攻击，就需要器件本身有安全的通信通道进行查询。

防止伪造 ID 的另一种方法是扩展数据库中的信息。如果除了记录器件，数据库还跟踪器件的所有权、历史记录等其他信息，则 ID 克隆的成功率将大大下降，因为攻击者现在必须克隆所有其他信息。这就要求 OCM 跟踪私人交易。此技术已用于其他领域，例如汽车交易等。如何以合理的成本将其扩展到半导体市场，是一个有待讨论的问题。

如果成功，芯片 ID 就可以防止回收、二手和恶意制造的伪造情况。回收器件将具有之前的交易记录。如果消除伪造器件的 ID，则数据库中就可能不存在恶意制造器件的 ID。在半导体领域，ID 面临的每一个挑战都几乎与其他商品和服务的序列号及许可证面临的挑战相同。半导体器件的纳米级尺寸并不能帮它们避免其他伪造产品所面临的类似挑战。

2. 电路老化探测器

现在已经了解了如何建造更高分辨率的芯片"里程表"。接下来的问题是，用户是否需要关于伪造检测的精确老化信息。事实上，最终用户通常对二元问题更感兴趣：这个器件是二手复制品还是全新产品？避免购买伪造或二手产品对于一些关键应用影响更为严重，比如医疗保健或军事用途，在这些应用中，用户面对的问题是他们是否愿意购买一个二手器件，虽然该器件的老化传感器读数显示该器件只使用了很短一段时间。

鉴于上述的实用性论点，将复杂的老化传感器作为一种主动的防伪策略是一种过度考虑。先不考虑像上述老化传感器这样的复杂电路可能无法很好地适应大多数组件的事实，现在大多数人关注的问题是，购买的器件是否被使用过，对于这个二元问题，最佳的可靠回答是什么？

这个问题可以用两个非易失性一次性可编程（OTP）位来回答，可以用 2 个数据位来表示 4 种不同的一次性可转移状态，当器件制造完成时，应处于状态 00（两个位都未编程）。在测试过程中，可以使用前两种状态。测试后，芯片被编程成第三种状态，并将器件卖给最终用户。状态机的设置方式必须是，如果器件处于第三种状态，则激活电源电压并操作芯片，烧断一段熔丝，使芯片进入第四种状态。状态机的状态可识别器件是否已在测试设施外开启。熔丝烧断所需的时间就是器件的使用后时间，时间滞后器件就被认为是二手产品。

8.4 结论

本章讨论了现代 IC 设计面临的伪造威胁以及相应的对策。许多伪造威胁与其他硬件安全问题（如硬件木马）相同。因此，针对其他硬件安全防护提出的对策也可应用于对伪造 IC 的检测。鉴于伪造威胁的复杂性，特别是其对整个 IC 供应链的影响，建议读者在考虑所有硬件安全技术的情况下，从更高的层次来看待这个问题。

参考文献

[1] HARDY J. Estimating the global economic and social impacts of counterfeiting and piracy [R]. 2017.

[2] SIA Anti-Counterfeiting Task Force. Winning the battle against counterfeit semiconductor products [R]. 2013.

[3] VILLASENOR J, TEHRANIPOOR M. Chop shop electronics [J]. IEEE Spectrum, 2013, 50 (10): 41-45.

[4] LIVINGSTON H. Avoiding counterfeit electronic components [J]. IEEE Transactions on Components and Packaging Technologies, 2007, 30 (1): 187-189.

[5] GUIN U, HUANG K, DIMASE D, et al. Counterfeit integrated circuits: A rising threat in the global semiconductor supply chain [J]. Proceedings of the IEEE, 2014, 102 (8): 1207-1228.

[6] U. S. Department of Commerce. Defense industrial base assessment: Counterfeit electronics [R]. Washington, DC: Department of Commerce Bureau of Industry and Security Office of Technology Evaluation, 2010-01.

[7] AHI K, ASADIZANJANI N, SHAHBAZMOHAMADI S, et al. Terahertz characterization of electronic components and comparison of terahertz imaging with x-ray imaging techniques [C]//Proceedings of the Terahertz Physics, Devices, and Systems IX: Advanced Applications in Industry and Defense: volume9483. [S. l.]: International Society for Optics and Photonics, 2015.

[8] COTTER R J. Laser mass spectrometry: an overview of techniques, instruments and applications [J]. Analytica chimica acta, 1987, 195: 45-59.

[9] AGARWAL B K. X-ray spectroscopy: an introduction: volume 15 [M]. [S. l.]: Springer, 2013.

[10] KUEMIN C, NOWACK L, BOZANO L, et al. Oriented assembly of gold nanorods on the single-particle level [J]. Advanced Functional Materials, 2012, 22 (4): 702-708.

[11] BOOTH J R, CANNON R S, DENTON G A, et al. Methods of making physical unclonable functions having magnetic and non-magnetic particles: 10,410,779 [P]. 2019.

[12] PROUDNIKOV D, MIRZABEKOV A. Chemical methods of DNA and RNA fluorescent labeling [J]. Nucleic acids research, 1996, 24 (22): 4535-4542.

[13] AMROUCH H, VAN SANTEN V M, EBI T, et al. Towards interdependencies of aging mechanisms [C]//Proceedings of the IEEE/ACM International Conference on Computer-Aided Design (ICCAD). [S. l.]: IEEE, 2014: 478-485.

[14] SAPATNEKAR S S. What happens when circuits grow old: Aging issues in CMOS design [C]//Proceedings of the International Symposium on VLSI Technology, Systems and Application (VLSI-TSA). [S. l.]: IEEE, 2013: 1-2.

[15] MIN-LIANG C, CHUNG-WAI L, COCHRAN W, et al. Suppression of hot-carrier effects in submicrometer CMOS technology [J]. IEEE Transactions on Electron Devices, 1988, 35 (12): 2210-2220.

[16] MOMOSE H S, IWAI H. Analysis of the temperature dependence of hot-carrier-induced degradation in bipolar transistors for bi-CMOS [J]. IEEE Transactions on Electron Devices, 1994, 41 (6): 978-987.

[17] DENAIS M, HUARD V, PARTHASARATHY C, et al. Interface trap generation and hole trapping under NBTI and PBTI in advanced CMOS technology with a 2-nm gate oxide [J]. IEEE transactions on device and

materials reliability, 2004, 4 (4): 715-722.

[18] ALIDASH H K, CALIMERA A, MACII A, et al. On-chip NBTI and PBTI tracking through an all-digital aging monitor architecture [C]//Proceedings of the International Workshop on Power and Timing Modeling, Optimization and Simulation. [S. l.]: Springer, 2012: 155-165.

[19] AKKAYA N, ERBAGCI B, MAI K. Combatting IC counterfeiting using secure chip odometers [C]//Proceedings of the IEEE International Electron Devices Meeting (IEDM). [S. l.]: IEEE, 2017: 39-5.

[20] KEANE J, WANG X, PERSAUD D, et al. An all-in-one silicon odometer for separately monitoring HCI, BTI, and TDDB [J]. IEEE Journal of Solid-State Circuits, 2010, 45 (4): 817-829.

[21] KIM T H, PERSAUD R, KIM C H. Silicon odometer: An on-chip reliability monitor for measuring frequency degradation of digital circuits [J]. IEEE Journal of Solid-State Circuits, 2008, 43 (4): 874-880.

[22] TSAI M C, LIN Y W, YANG H I, et al. Embedded SRAM ring oscillator for in-situ measurement of NBTI and PBTI degradation in CMOS 6T SRAM array [C]//Proceedings of the VLSI Design, Automation and Test. [S. l.]: IEEE, 2012: 1-4.

[23] HOEFLER A, HENSON C, LI C N, et al. Analysis of a novel electrically programmable active fuse for advanced CMOS soi one-time programmable memory applications [C]//Proceedings of the European Solid-State Device Research Conference. [S. l.]: IEEE, 2006: 230-233.

[24] RAO K K, VOOGEL M L. One-time programmable poly-fuse circuit for implementing non-volatile functions in a standard sub 0.35 micron CMOS: 6,208,549 [P]. 2001.

[25] CASTAGNETTI R, TRIPATHI P P, VENKATRAMAN R. Method of forming metal fuses in CMOS processes with copper interconnect: 6,664,141 [Z]. [S. l.: s. n.], 2003.

[26] XUAN P, SHE M, HARTENECK B, et al. Finfet sonos flash memory for embedded applications [C]//Proceedings of the IEEE International Electron Devices Meeting. [S. l.]: IEEE, 2003: 26-4.

[27] LI X, YANG B, KANG S H. Logic finfet high-k/conductive gate embedded multiple time programmable flash memory: 9,406,689 [P]. 2016.

第 9 章 集成电路网表级逆向工程

当今 IC 市场发展的背后主要驱动力来自于全球化的发展动力。全球化的一大好处是提供了一个便利的机会，能让 IC 开发者与有意愿、有能力的 IC 制造商相匹配。因此，IC 设计和制造的水平模式在全球化的大背景下成为主流。在这种模式下，IC 开发的每一个步骤都可由不同的团队执行（这些团队往往分布在不同的国家和地区）。水平模式允许企业将资源集中在他们擅长的专业领域。基于这些因素，全球化降低了芯片的成本和上市时间（Time-To-Market，TTM）。从经济角度看，目前的 IC 开发流程已经不适合任何一家企业来独立完成，现实更是如此，除了极少数企业，几乎所有的 IC 供应商都依赖于第三方代工厂以合同的方式来生产 IC，即便是这极少数的企业，也开始讨论如何依赖第三方资源生产芯片[1]。总体而言，全球化大大增加了 IC 的供应量和多样性。

随着全球化进程的加快，IC 的出货量不断增加，一种新的服务形式逐渐被引入 IC 领域，即第三方 IP（third-party IP，3PIP）供应商的服务形式[3]。这些供应商将为客户提供定制的 IC 设计。这些产品的质量和细节水平差别很大。3PIP 可以提供 Verilog 的高层表述，也可以直接提供布局布线等后端服务。在一定程度上，由于全球化，大部分的片上系统开发严重依赖于这些服务。第三方设计和生产的优点包括减小设计开销、降低制造成本和缩短上市时间。

然而，全球化是一把双刃剑。与任何涉及很多步骤的流程一样，IC 也出现了安全问题。考虑到每个步骤的贡献者和参与者不同，出现安全问题以及设计漏洞的几率也不同，而芯片制造中涉及的复杂供应链也增加了及时发现此类缺陷的难度。尽管诸如自动测试向量生成（automated test pattern generation，ATPG）等技术已经帮助改进了测试阶段的质量控制环节[2]，但是那些只在很偶然情况下被触发的设计错误和缺陷，往往很难在测试过程中被检测到，而这些问题很可能缩短产品的使用周期。全球化带来的多步骤的芯片设计增加了兼容性问题的发生几率，也使测试过程变得更难以发现此类设计问题。在这种情况下，由不同团队开发的硬件知识产权（intellectual property，IP）可能无法正常或按预期协同工作，而且考虑到企业为了保护潜在的敏感设计信息，即使有安全的通信渠道，企业也不愿意过多分享设计细节，甚至不会透露某些必要的测试条件，防止 IP 用户通过这些信息反向提取设计细节，而这些测试条件是对由大量 IP 构成的大型片上系统（system-on-chip，SoC）进行调试所必需的。更糟糕的是，如果构建 SoC 的 IP 模块本身就是有缺陷的 IP 模块，甚至带有可被触发的恶意逻辑，那么即使提供了测试向量，也很难发现这些漏洞。这就需要在使用或整合设计之前，除了基本的功能测试之外，还需要对 IP 进行安全审查，而这往往是现代测试技术所欠缺的，而且 IP 用户和 SoC 设计者的安全背景往往不足，也导致 IC 安全性检查任务难以完成。

如果大型片上系统开发确实出了问题，那么确定问题的根源就变得更加困难。由此产生的相互指责可能会让那些符合设计规范的小企业付出高昂代价，使得 IC 产业从一开始就可能阻止更多诚实的芯片设计和生产商进入市场。所有这些问题都可能导致政府的介入，让企业接受更多的监管，从而使中小企业付出更多的金钱和时间成本。此外，所有这些问题又不可避免地受到媒体关注，所以从最终用户的角度来看，虽然全球化降低了采购成本，但也降低了消费者对 IC 的信任。

事实上，各国政府已经开始对某些电子零件供应商展开调查。已经有供应商因涉嫌销售假冒军用级产品而受到调查[4]。调查结果相当令人不安，不仅旧零件会当作新零件出售，而且很多待出售的零件在现实中并不存在，只是伪造了零件编号。所幸有一系列的测试可以帮助确定这些产品的质量，可以对付恶意的零件供应商。然而，目前缺少识别 IC 设计和 IP 模块本身就含有恶意电路的方法，增加了恶意 IP 供应商把安全隐患带入设计的风险。本书前几章详述了在已经生产出的芯片中检测这类安全隐患（硬件木马）的方法。本章会从逆向工程的角度来审视这个问题，基本思想是如何建设性地利用逆向工程的方法，帮助设计人员分析第三方 IP 模块。这里需要说明，逆向工程本身是一门技术，由它所带来的创造性和破坏性都由使用这个技术的人员来控制。笔者希望研究人员能更多地利用这门技术来检测 IC，提高 IC 的安全性。

9.1 逆向工程与芯片安全

逆向工程泛指通过对对象的分析，推断并创建对象的过程。从电路和芯片角度而言，逆向工程是指对产品进行分析，进而恢复出原始设计的过程。由于与盗版的联系，逆向工程通常在业内受到轻视。即便对产品进行逆向工程的方式可能是合法的，但利用逆向工程获得的信息进行其他工作常常是非法的。然而，在本章中，笔者想强调的是如何利用现有逆向工程的发展成果对芯片安全和 IC 产业链进行保护（而不是破坏）。这种工作是合法且有益的。

硬件木马的威胁是影响早期芯片级逆向工程开发的一个重要因素。在本书第 2 章已经提到过，研究人员对制造后的芯片进行逆向工程，从而检测可能被植入的硬件木马。本章将重点讨论网表级的逆向工程技术以及如何利用这一技术对第三方 IP（考虑到对设计的保护，此类 IP 往往是以网表的形式提供的）进行安全分析和检测，或通过物理逆向工程对从布局布线后的版图中提取的网表进行安全分析和检测。

一个典型的例子是电路中的时序硬件木马。这类木马被插入芯片的有限状态机（finite state machine,FSM),可能导致（在某些状态转换下）不符合原始 IC 规范的行为或旁路而泄露敏感信息。为了帮助检测此类木马，研究者提出了利用逆向工具在电路网表中寻找逻辑结构的方法。一种典型的解决方案是使用拓扑结构和信号控制将信号聚类成词[5]。理论上，每个词都会形成自己的 FSM。这个想法源于这样一个概念，即网表中词的数据路径将由一组类似的或完全相同的信号来控制。利用这种方法，用户能很快还原出网表中的控制逻辑，通过对控制逻辑的分析，可以发现可能存在的时序硬件木马。

9.2 电路网表提取

要对电路网表进行逆向工程分析，首先需要获取电路的网表文件。很多时候用户可能只能访问非常低层次的 IC 描述，如布局或已经制造的芯片。这促使研究人员寻找将制造后的芯片转换成网表或类似级别描述的方法。所幸已经有各类方法和服务可用于获取这样的网表[6,7]，比如具有破坏性的逆向工程，如截面、分层等。经过这种方法分析后的 IC 就无法正常工作了。所还原的设计描述可能是晶体管的布局，也可能是包含各类逻辑门信息的门级网表。如何从这种低级描述中还原更高层次的信息需要大量的额外工作。这是目前的一个研究热点，也是本章的关注重点。

对于许多芯片而言，在进行逆向工程获得详细的 IC 图像前，需要大量的准备工作。比如分层，虽然对印制电路板（printed circuit board, PCB）进行分层以完整分析电路相对容易，但是对芯片进行分层难度就大大增加了。可以先通过交替使用氢氟酸和丙酮清洗芯片，然后通过使用高分辨率的扫描电子显微镜（scanning electron microscopes, SEM）还原各层布局[7]。另外，可以使用激光、电磨、砂纸或计算机数控（computer numerical control, CNC）铣刀去除扫描部分，以显示需要分析的下一层。其精确度和成本因每种方法而异[8]。

这一方法的最大缺点在于破坏性。在酸浴之后，大部分金属会被腐蚀掉，使得电路基本上已无用处。好处是这类酸相对容易获得，扫描电子显微镜的租用费也不贵。这种方法的另一个优点是还原小电路所需的时间短。在分层过程中，借助扫描电子显微镜使用化学和成像技术，已有的木马检测方法已经初显成效[9]。

聚焦离子束（focused ion beams, FIB）已可被用来进行精确的截面分析[10]。借助截面，SEM 等工具可发现潜在的芯片缺陷。FIB 也可以用来切割 IC 的一部分，从而探测 IC 的内部信号。借助这种微探测技术，测试人员能够确定潜在的伪装或混淆的 IC 功能。针对 FIB 攻击，研究者已经提出了防止芯片敏感信息的还原方法，比如把信号传输线整体覆盖[11]。这些信号传输线在切断时会损坏部分电路，使信号无法还原。这种方法具有较高的功率和面积开销，并且已经有基于 FIB 的技术攻击此类方法[12]。

一种既能保持芯片功能又能同时还原芯片信息的方法是使用 X 射线进行微控制下的断层扫描。与扫描电子显微镜和微探测相比，这种方法使芯片能保持完整状态，可以在检测后继续使用[10,13,14]。这种方法的成本也可与扫描电子显微镜相媲美。如果是样品制备，则进行 IC 扫描的成本可以算在 IC 的制造成本中。另外，X 射线也可用于创建高分辨率的芯片三维结构[15]。但是这种方法的分辨率是一个大问题。为了获得高分辨率，IC 需要靠近 X 射线发射器。IC 还需要能够旋转，而考虑到 IC 的大小，这几乎不可能实现[16]。第二个问题是 IC 设计本身可能存在耐 X 射线的材料（高 Z 材料）。这就需要高强度的 X 射线来穿透这些材料，但长时间暴露在高能 X 射线下可能破坏 IC 的内部结构[14]。另外，如果 X 射线太强，会使生成的扫描图像缺乏对比度，从而难以分辨不同的材料，使这一过程失去意义。无论如何，物理逆向工程是本章要讨论的网表级逆向工程的基础，无论是破坏性还是非破坏性的 IC 还原都会继续受到研究人员的关注。

9.3 网表级逆向工程概述

9.3.1 研究问题

虽然研究人员已经在许多论文中提出如何帮助用户对硬件木马进行检测，但在实际应用中，如果 IC 的功能不能精确或者部分还原，就几乎不可能确定硬件木马的存在。有一些非常成功的方法试图分析芯片的侧信道信息，但这需要一个精确的黄金模型，否则这类检测就缺乏比较对象。考虑到实际情况下不是总能获取电路的黄金模型，如何利用功能还原进行硬件木马检测就成了一个可替代方案。但是即使在功能还原之后，考虑到 IC 的描述仍然可能相当复杂，也还是需要由经验丰富的 IC 设计师进行设计分析。

完整的功能还原相当困难，其过程可以分为多个部分。第一个需要解决的问题是控制逻辑与数据电路的拆分，归根到底是从电路网表中提取控制逻辑（剩下的就都是数据电路）。控制逻辑直接决定了电路的工作过程，所以如何拆分出控制逻辑对后续的功能还原影响巨大。如果不能很好地分辨控制逻辑，硬件木马就容易被忽略，因为硬件木马的组成更接近控制逻辑。以一个泄露加密密钥的木马为例，在特定输入下，木马被激活，从而泄露密钥。这个木马就需要一个复杂的比较器，并且要对输入信号进行分路。这些都是控制逻辑的组成部分。

完整的功能还原所面临的第二个问题是确定数据电路的结构，即数据如何流经网表。这里一个重要的子问题是将网表内的信号划分为词（需要注意的是，在电路高层描述中，所有信号都以词的方式出现，但是在网表和随后的布局中，所有信号都以比特的形式出现）。信号划分为词的过程可以被称为网表划分，但是读者需要区别于文献 [17] 或 [18] 中所提出的网表划分优化问题。两者都叫网表划分：前者主要是从逆向分析的角度划分网表，重建高层表述；后者主要是指对网表进行分块以便实现电路优化。了解了词的知识和数据流经网表的方式，就可以推断出更多的信息，比如词的处理以及电路子模块的结构等。已经有技术能够仅仅根据门级模块描述来还原模块功能[19]。

另外一个重要的问题是对高层功能描述的提取。当电路控制逻辑被确定后，可能仍然需要更高级别的功能来发现潜在的逻辑缺陷。考虑到控制逻辑能够处理信号、改变模块功能，如何从网表中提取高层信息就变得尤为重要。为了达到这一目的，研究人员主要着眼于有限状态机（FSM）的恢复。FSM 可以简单直观地显示复杂网表结构的控制逻辑。如果仅靠研究人员手动分析，往往需要很长时间才能完全理解这些控制逻辑。恢复出来的 FSM 包含的每个状态都代表网表中控制逻辑的状态。状态之间的转换根据当前状态和输入的变化可能到达的状态生成。因此，提取高层功能描述的第一步往往是恢复控制逻辑的 FSM，包括恢复所有可到达状态，以及 FSM 中从一个状态转移到另一个状态的条件和顺序。

生成一个完整的从网表到高层功能描述的反向工具链并不容易，而且现有的商用工具并不支持此类功能。好在学术界已经开始研究这个问题，目前一个较为成熟的用于功能还原的网表反向工具链如图 9.1 所示。在这个工具链中：RELIC 用于将网表分类为逻辑或数据，REBUS 用于提取数据路径，划分网表由工具 REPCA 完成，高级逻辑提取（FSM 恢复）交由工具 REFSM 来处理。

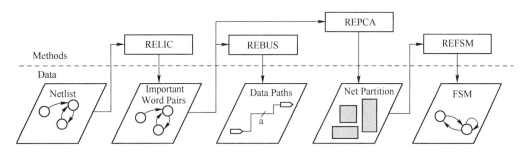

图 9.1　用于功能还原的网表反向工具链

9.3.2　逻辑划分及归类

逻辑划分及归类是实现完整功能还原的主要目标之一，也是本章讨论的一个重点。硬件木马倾向于模拟控制逻辑的行为。因此借助检测控制逻辑，IP 用户可以检测到最有可能构成木马模块的电路。早期的逻辑分类解决方案的基本思想是，如果电路中的某些寄存器在几个时钟周期之后会直接或间接影响自身，那么就认为这些寄存器属于控制逻辑[20]。这是一种直接而有效的方案，但是电路设计往往为了达到面积优化，把控制逻辑和数据逻辑进行了混合，比如单轮的 AES 电路，用一个计数器来确定当前加密的轮次。这个计数器就兼具了控制逻辑和数据逻辑的特点，难以区分出控制逻辑和数据逻辑。

为了防止误分类，研究者提出了一种从网表学习的新方法。这个想法基于这样一个观察：如果两个寄存器属于同一个多比特数据（又称词），那么这两个寄存器会在同一组控制信号的作用下流经同一条从扇入到扇出的路径。这两个寄存器的输入又来自先前时钟周期的类似逻辑结构，从这种类似的逻辑结构中可以一直推导到电路的主输入信号。通过利用数据逻辑寄存器扇入结构的相似性，可以准确地分析出数据路径以及对这个数据路径进行控制的控制逻辑。这样做可以先分离电路中的数据逻辑部分，剩下的就可以推断是控制逻辑了。

9.3.3 网表划分和评估

复杂的 SoC 设计往往由许多不同的 IP 组成。每个 IP 又可能会包含许多不同的模块。这些模块共同组成了 SoC 庞大而复杂的结构，很难将这样复杂的结构作为一个整体对 SoC 进行逆向工程，需要采用简化方法来减少分析电路所需的工作量。因此，研究人员并没有试图一下子确定整个 SoC 的所有功能，而是首先试图分析网表的各个部分，然后把各个组成部分拼合起来尝试确定完整的电路功能。要实现这个部分分析的过程，首先需要精确地或至少把电路分解成有意义的部分。如前所述，一个 SoC 可以分成很多 IP 和子模块，简化的 SoC 层次结构如图 9.2 所示。每个层级都可以被划分，并且可以为每个生成的划分执行功能和结构匹配。本章将重点研究门级网表中的词级划分。为了解决前面提到的困扰其他词划分方法的问题，研究者提出了一个基于现有集群技术的形式化过程，利用的是原始网表中的确切词级信息。也就是说，使用此划分方法生成的词集将与原始设计的预期词集进行比较，可确保一致性。

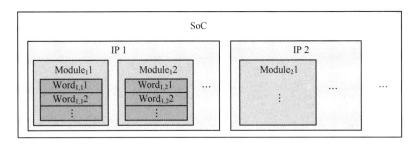

图 9.2 简化的 SoC 层次结构

现在有多种方法来对各类划分方法进行数值评估。但是这些方法的有效性以及对各类电路的适用性一直没有得到很好的评估，使得某些可能有缺陷的方法对特定电路看起来很有效。一个例子是确定从网表中恢复的词的数量，如果通过合并词 A 和词 B 的所有比特位找到词 A 和词 B，就可以宣称说找到了词 A 和词 B。但是，这种划分方法会丢失词分隔的信息，所以虽然从数值评估角度来看，该方法可能有效，但实用性还需要进一步分析。按照这个思路，研究人员需要明白，在评估一个划分方法时，还应该考虑划分过程的粒度，包括粗粒度和细粒度。这些差异会影响到划分方法的实用性。

考虑到 IC 之间在层次结构上的巨大差异，研究者很难开发出中立的评估方法。为了使评估方法更有效，研究者常常使用归一化互信息方法（normalized mutual information，NMI）。这种方法源于信息论领域，但已被证明是一种相对有效的评估网表划分的方法[21]。

评估网表划分方法是否有效的另一个难点来源于对基本事实的多种解释。当使用 HDL 或类似的高级语言时，由于对语义的不同理解，可能在不改变观察到的网表的情况下得出不同结论，因此网表划分变得更加困难。只有先排除多重解释的可能性，才可以使对每个门级网表的划分具有唯一性。

还有一个与网表划分相关的问题是多成员问题。当一个信号在两个词之间共享时，就会出现这种情况。在大型电路中，为了提高 IC 的性能，采用电路综合工具进行电路优化时总是有可能合并或消除冗余信号。当根据某些控制信号，一条线路具有不同的行为时，就可能出现多成员的情况。

一种用于寻找词内信号之间可能相似性的方法是比较信号图信息方法[22]。这种方法的主要缺点是会产生某些图或结构信息的冗余。这种冗余是由于在芯片综合过程中通常按照确定的规则来优化网表结构而造成的。由于用户往往只是选择特定的参数进行设计优化，综合工具很有可能选择类似的电路结构来实现设计，因此造成优化过程中不同变量之间的结构差异可能很小，进而影响词的查找。文献［22］的作者基于图的点乘积来进行维度和信息的缩减。这种缩减可以消除可能导致错误分类的无关信息，同时仍然保留潜在的区分信息，从而实现较精确的匹配。另外一种常用的方法是主成分分析（principal component analysis，PCA）方法。这是最常用的降维统计方法之一，可作为一个潜在的网表划分解决方案。

9.3.4　高层网表表述提取

考虑到 FSM 状态转换的隐蔽性，许多早期硬件木马均使用 FSM 来实现。木马触发条件往往是 FSM 内的状态转换。这种极小概率的状态转换需要大量特定的输入条件、精确的状态转换时序或预先设置的时钟周期来实现，使得 IP 用户很难察觉到这些木马的存在。然而，使用特定的命令序列或输入组合，恶意 IP 提供者可能获得对 IP 的控制。为了帮助检测此类木马，研究者试图在网表中提取 FSM，来帮助 IP 消费者发现潜在的转换或可疑状态，同时通过检查电路行为，确定芯片的完整性。对 FSM 的提取可以通过对部分网表进行模拟来完成。在不同的时钟周期，FSM 的状态由若干 FSM 寄存器的值组合而成。转换状态的集合根据 FSM 可能达到的状态（在不同的输入条件下）组成。

当提取电路高层描述时，一个问题是如何恰当地选择需要被模拟的电路信号，信号线路的数量越少，运行时间就越短（当然错过部分功能的可能性就越大）。为获得较快的整体运行时间，在还原网表的控制逻辑时往往只跟踪控制逻辑寄存器。但是也不能完全忽略数据寄存器，数据寄存器可以确定访问了哪些状态，并可以更改转换条件。虽然数据寄存器可能不会直接影响状态寄存器，但数据寄存器有可能在未来的时钟周期中对状态寄存器值产生影响。而另外一些寄存器可能与电路所处或所能访问的状态无关，例如，只影响输出引脚的寄存器的值就无需考虑，因为它不会影响状态寄存器，可以将其从仿真网表中删除。这样可减少需要被仿真的寄存器数量，以免提取高层网表描述时运行时间过长。

9.4 基于逆向工程的逻辑识别与分类

作为网表高层描述提取的重要步骤，如何对网表中的逻辑进行识别和分类是一个需要重点研究的问题。这里笔者会重点介绍一种新型的线路分类算法。这一方法被命名为基于逆向工程的逻辑识别和分类（reverse engineering logic identification and classification，RELIC）。这一方法以及由这个方法设计的自动化工具先将门级网表作为输入，然后输出可能的控制逻辑和数据逻辑，以及可能携带恶意信号的电路连线。

9.4.1 RELIC 方法

RELIC 方法通过计算网表中任意两个寄存器之间的相似性，将其量化为一个分数，以确定给定信号承载逻辑的相似性。这些分数允许对重要的寄存器进行分类（例如木马寄存器或预期的芯片控制逻辑寄存器）。RELIC 方法的基本思想是通过混合使用动态编程技术和高级图形算法来生成相似性分数，从而创建一种伪同构图。不同于以往的图形算法，这里生成的伪同构图并不与其他的图结构比较，而是将寄存器所在的电路结构相互比较。不过这个技术也可以用于将任意网表与原始网表比较，从而允许自定义模块库的标识。通过查找那些不属于任何数据路径上数据信号的寄存器，RELIC 方法还可识别可能的控制逻辑寄存器。由于木马逻辑寄存器在扇入结构、运算过程等方面通常与其他已有的寄存器存在不同，因此该方法还可以帮助查找人为插入的恶意逻辑。

RELIC 方法的开发是为了通过松散地比较扇入逻辑的拓扑结构，从而用一个更快的启发式方法代替普通的图同构方法。利用伪同构图带来的逻辑模糊，RELIC 方法可以匹配与同一个词对应的寄存器，其准确性高于传统的词检查方法（传统方法要求逻辑满足特定的结构）。图 9.3 为 RELIC 方法的工作流程图。它可以识别寄存器，甚至是相似的词，但是如果有一个词在芯片中连接不当，RELIC 可能会忽略对它的检测。此工具可与其他功能测试工具结合使用，以验证其检测结果。下面介绍 RELIC 工作过程的基本步骤。

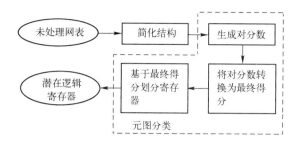

图 9.3 RELIC 方法的工作流程图

1. 预处理

获取任意一对逻辑顶点（可以是寄存器或逻辑门），RELIC 将生成表示扇入逻辑结构相似程度的值。最直接的操作是检查逻辑顶点使用的逻辑功能是否相等。如果这个初步检查失败，则这对逻辑顶点的得分将接近于零。但这种检查过于严格。例如，NOR 和 AND 具有相似的输出类型，因此最好将它们相互匹配。同样，XOR 可以由一个 OR 和两个 AND 门来模拟。在这两种情况下，寄存器很可能具有相同的逻辑，但是具有不同的结构。因此 RELIC 使用预处理步骤来降低结构的复杂性。为简单起见，所有 XOR 门将被简化为 AND-OR-INV 逻辑。

在设计电路和生成网表时，可能会有意或无意地生成一些门级混淆。图 9.4 展示了门级混淆的简单示例。主要有两种情况：第一种情况是，输入逻辑顶点具有与其上一层逻辑顶点相似的 AND-OR 逻辑，输出未反转（见图 9.4（a））；第二种情况是，输入逻辑顶点被反转，具有不同的 AND-OR 功能（见图 9.4（b）），可以使用德摩根定律（DeMorgan's Law）合并下一层逻辑顶点。预处理的第一部分是检查扇入是否存在可以组合的潜在输入。如果是，则可以合并所有连接。重复此过程，直到逻辑顶点无法与任何未合并的子节点合并为止。这里只考虑同步电路，而且假设寄存器只在时钟上升沿更新，所以不会出现寄存器的输入逻辑与扇入寄存器合并的情况。

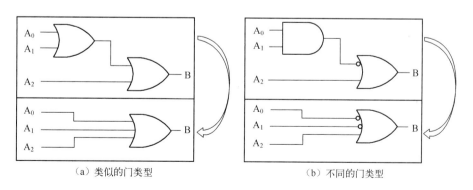

图 9.4 门级混淆的简单示例

给输入、AND、OR、寄存器 AND 和寄存器 OR 的逻辑顶点标注颜色。此外，在检查两个逻辑顶点时，可能还需要检查第一个顶点的结构是否与第二个顶点取反的结构相似。通过交换 AND 和 OR 的顶点，可以得到取反逻辑的扇入子图。这种逻辑交换（又称颜色交换）可以帮助验证一个顶点是不是和另一个顶点的取反逻辑具有很高的相似性。

2. 评分函数

RELIC 为任意一对逻辑顶点生成相似性分数。每一个分数都会介于 0~1 之间：1 分表示相同的扇入结构；0 分表示不存在类似的结构。这些分数将通过确定相关逻辑顶点之间的所有输入对的相似性来获得。如果分数高于预先设定的阈值，则将连接添加到二部图（bipartite graph）中后，使用匹配算法，求出在构造的二部图中分析逻辑顶点之间相似的最大不相交子对。图 9.5 展示了两条线路的二部图匹配示例。

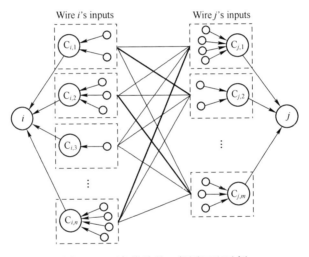

图 9.5　两条线路的二部图匹配示例

注：两条线路 i 和 j 的概念加权匹配，粗线代表最大加权匹配。

在找到二部图的最大匹配之后，给定线对的相似性得分（扇入对的潜在加权匹配）要根据两个逻辑顶点之间的最大输入值进行归一化处理，最大值为 $(\max(n,m))$。其中，n 和 m 分别表示被比较的每条线路的扇入大小。考虑到重复计算相似性分数会影响 RELIC 的性能，特别是在逻辑顶点具有较大扇出集的情况下。为了防止重复计算，研究人员建议采用编程中的优化技术，比如动态编程技术。

这里还需要解决无限递归的情况。根据当前的评分功能，一对逻辑顶点（每个顶点包含受各自输出影响的扇入路径）在运行时可能不会收敛。为了防止无限循环，还需要一个由用户定义的深度值 d。这个值会传递到每个评分函数中。在每次递归功能调用中，d 将减小 1，如果当前 d 为 0，则返回值为较小的子节点数（$\min(n,m)$）除以较大的子节点数（$\max(n,m)$）。算法 9.1 描述了 RELIC 主程序运行时的伪代码。

算法 9.1

Algorithm 9.1 Compute similarity score between two logic vertexes in a *graph*, with indexes *i* and *j*, using a given depth, *d*, of their fan-in subgraphs.

```
1:  function GETSIMILARITYSCORE(graph,i,j,d)
2:      max ← MAX(graph[i].numChildren, graph[j].numChildren)
3:      min ← MIN(graph[i].numChildren, graph[j].numChildren)
4:      if graph[i].color ≠ graph[j].color then return 0
5:      end if
6:      if d = 0 then return min / max
7:      end if
8:      Let G be a graph with a node for each child of i and j
9:      for a ∈ graph[i].children do
10:         for b ∈ graph[j].children do
11:             simScore ← GETSIMILARITYSCORE(graph,a,b,d−1)
12:             if simScore ≥ Threshold then
13:                 Add edge from a to b in G
14:             end if
15:         end for
16:     end for return MAXMATCHING(G) / max
17: end function
```

这个算法的运行时间和运行复杂度很容易确定。每对逻辑顶点最多检查 d 次。如果已经计算了分数 (i,j,k)，那么动态编程技术将从记录中返回先前计算的值。最坏的情况是运行时可以表示为 $d \times N^2 \times O(\mathrm{MAXMATCHING})$。其中 N 是网表中逻辑顶点的总数。由于最大匹配运行时为多项式，所以 RELIC 运行时为多项式时间。这是 RELIC 相对于传统的基于图同构方法的一个额外优势。

一旦获得相似度分数，就可以进行简单的分类来识别寄存器类型。每个寄存器都有一个初始化为 0 的计数值，对于每个相似的逻辑寄存器对（具有高于某些预设阈值的相似度得分的寄存器对），寄存器各自的计数器将会更新。选择具有高计数值的寄存器（高于某些预设值，比如 0）作为数据寄存器，表明其不影响控制逻辑。

9.4.2 RELIC 结果演示

研究人员使用了包括 AES-128、MC8051、RS232、RSA 和 s349 在内的一组电路网表来测试 RELIC 的性能。出于测试目的，除了 MC8051 网表使用深度为 5，RELIC 在每个网表上使用深度为 7。在还原控制逻辑寄存器为 100% 灵敏度条件下，除 RS232 外，总精确度约为 90%。详细结果见表 9.1。下面讨论 RS232 收发器和 MC8051 微处理器这两种低精确度情况。所有模拟环境都是具备 3.40GHz Intel i7-4770 处理器的台式机。

表 9.1 RELIC 运行时间和精确度

网表名称	寄存器数目	逻辑门数目	子图阈值	精确度（%）	运行时间（s）
RS232 收发器	59	168	0.8	79.6	2
32 位 RSA	555	2139	0.8	95.3	3
MC8051 微处理器	578	6950	0.9	89.1	10
AES-128	3968	12576	0.8	100	240

分析 MC8051 设计难度较大，非常具有挑战性。考虑到扇入树的大小，所以选择了一个更小的深度。这个小的深度导致许多寄存器对的得分高于实际值，为了减少这个影响，需要选择更高的阈值。在修改这些参数后，利用启发式的 RELIC 可以确定 63 个可能的控制逻辑寄存器，所有真正的控制逻辑寄存器都在这个子集中（再一次验证了 RELIC 工具的实用性）。由于 MC8051 为微处理器，大部分网表都用于控制逻辑，这就导致了电路许多独特的结构，比如很多寄存器是介于控制寄存器和数据寄存器之间的，如果仅仅是还原指令处理行为，那么只有 3 个寄存器是符合要求的控制寄存器。这就导致了实验结果中针对 MC8051 微处理器的分析所得的精确度较低。

RS232 收发器则是另外一个例子，证明网表在 RELIC 上运行时可能会产生不理想的结果。这个网表最值得注意的问题是，大约三分之一的寄存器被归类为潜在的控制寄存器，而事实上只有大约十分之一的寄存器是控制寄存器。这里可以尝试通过改变阈值来减少错误，但是仍然有相当一部分的寄存器存在分类错误。造成这个现象的主要原因是电路网表的规模太小，所以很大一部分寄存器不同程度地依赖控制寄存器。

另一个原因在于 RS232 电路本身的结构。RS232 是由两个独立模块（分别是发射模块和接收模块）连接成的一个收发器电路。这两个模块的结构非常相似，导致来自不同模块的寄存器被错误地标识为相似寄存器。这些误报会混淆实际的相似性。这里可以借鉴一些已有的方法来消除错误标识，比如利用 WordRev[23] 方法。这些方法和 RELIC 方法的兼容性还需要进一步研究。

9.5　对有限状态机进行逆向分析

许多时序硬件木马可以表示为 FSM 结构。此外，攻击者在植入硬件木马时也可能会使用一部分已经存在的 FSM 来辅助控制木马的触发。所以在验证门级网表的完整性时，一个重要的工作是还原完整的 FSM 逻辑和结构。有了精确还原的 FSM，有经验的测试人员就可以检查网表的安全性，追踪难以触发的硬件木马。为了达到此目的，研究人员开发了一个自动化工具，称为对有限状态机进行逆向分析（reverse engineering finite state machines, REFSM）。接下来将详细介绍这个工具及其具体工作过程。

9.5.1　REFSM 的基本原理和方法

REFSM 尝试从门级网表中还原整个控制逻辑和结构，并最终提供控制功能的高层描述。REFSM 的工作流程如图 9.6 所示。REFSM 的输入是从芯片级逆向工程或 IP 提供商处得到的电路门级网表，有了网表之后就开始整个 REFSM 流程（如果运行时间过长，则可以调节递归深度）。由于电路可以包含数十万个或更多的逻辑门，所以先要通过识别和隔离 FSM 寄存器来减少需要分析的门数量。

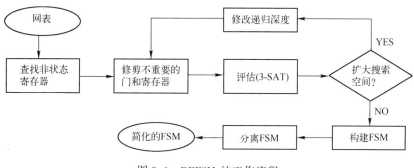

图 9.6 REFSM 的工作流程

1. 逻辑图和状态寄存器

REFSM 首先从扁平化的电路网表中创建逻辑图。这个图包含各类边,从输入到输出、从输入到寄存器、从寄存器到寄存器以及从寄存器到输出。由于 REFSM 只需要确定控制寄存器的可能状态,不需要考虑电路输出,所以任何只和输出相关的逻辑都将从图中删除。这时剩下电路逻辑就只与输入和寄存器相关。这些逻辑可以直接影响其他寄存器(在 t 时间寄存器的状态可以随 $t-1$ 时间寄存器的状态或输入而变化),也可以间接影响(在 t 时间寄存器的状态可以根据 $t-k$ 时间寄存器的状态或输入而变化,这里 $k>1$)。接着就是利用之前提到的 RELIC 工具来区分控制寄存器[24],也可以用文献 [5,20] 中提出的启发式算法。

2. 剪枝图

确定控制寄存器之后,也可以删减一些数据寄存器(从逻辑图的角度这一过程又被称为剪枝),以帮助降低 FSM 提取时间。但剪枝操作要极为慎重,所有直接或间接影响控制寄存器的寄存器都应被视为重要寄存器,只有当可能的状态量变得过大时,REFSM 才会删除一些对状态影响较小的寄存器。

具体而言,剪枝过程通过对网表进行广度优先搜索(breadth first search,BFS)。这一搜索覆盖从控制寄存器集到最大距离为 δ 的逻辑门。这一过程可以生成网表的较小子集,使得在合理的时间和内存使用量的情况下估计寄存器状态图。但是如果当前 δ 仍然导致计算量过大,则用户可以降低 δ,重新运算,直到生成寄存器状态图后,再对生成的结果图进行分析,以还原控制流并且检测恶意逻辑。

3. 评估状态空间

在生成剪枝图之后,REFSM 使用算法 9.2 中的 GETREGISTERSTATES 函数搜索寄存器的所有可能状态。给定的网表由一组布尔逻辑表达式(表示为 EXPS)和一组 false 和 true

值（"0"和"1"）来表示寄存器可以接受的每个状态。在每个状态中列出的寄存器是那些在剪枝步骤中确定为重要的寄存器。整个队列使用重置状态（resetState）初始化。同时，所看到的状态集（N）还包含重置状态，以防止被再次使用，通过遍历队列中的所有元素，生成所有可能的寄存器状态。单个迭代从取出队列中的第一个元素开始，通过填充当前处于寄存器状态的所有值，生成一组新的表达式。例如，如果在当前状态下将寄存器设置为真（"1"），则在从网表生成新表达式时，相应地重新计算依赖寄存器输出的所有变量。这个新表达式发送到 3-SAT 函数 FETCH 中进行计算，并使用给定的表达式返回所有可能实现的寄存器状态集。GETREGISTERSTATES 函数通过搜索图中未包含的任何状态后，评估它们可以达到的状态，从而构造 FSM 图。每个新状态都添加到队列和 N 中。根据算法 9.2，整个过程的运行时间复杂度为 $O(|N|^2 + |N| \times 2^{(\#inputs)})$。

算法 9.2

Algorithm 9.2 Find an FSM graph given a set of expressions $EXPS$ from a flattened netlist and a starting expression set $resetState$

```
1:  function GETREGISTERSTATES(EXPS, resetState)
2:      Let FSM be an empty graph G(N, E)
3:      Add the resetState to the Queue; Set N to {resetState}
4:      while Queue ≠ ∅ do
5:          Get a currentState from Queue
6:          currentExp ← EXPS.LastState(currentState)
7:          F ← FETCH(currentExp)
8:          for nextState ∈ F do
9:              if nextState ∉ N then
10:                 Queue.add(nextState)
11:                 N ← N ∪ {nextState}
12:             end if
13:             E ← E ∪ {(currentState, nextState)}
14:         end for
15:     end while return FSM
16: end function
17: function FETCH(exps)
18:     if exps contains no variables then return {exps}
19:     end if
20:     x ← first variable in exps
21:     newExps ← exps.set(x, false)
22:     F ← Fetch(newExps)
23:     newExps ← exps.set(x, true)
24:     F ← Fetch(newExps) ∪ F return F
25: end function
```

作为函数 GETREGISTERSTATES 的关键部分，FETCH 函数首先检查未赋值变量的表达式。如果有一个变量尚未赋值，而该变量可能会影响表达式的结果，那么 FETCH 函数将需要决定使用哪个值。否则，它将按原样返回表达式。如果存在未赋值的变量，那么 FETCH 函数将随机选择其中一个，将其值设置为"0"，递归地检查结果并将其添加到结果表达式中后，该函数将变量设置为"1"，再次检查结果，并将结果表达式添加到输出中。在遍历所有变量之后，函数将返回所有被标识的状态。

在最坏的情况下，FETCH 函数运算复杂度为 $O(2^n)$。其中 n 是可以修改的变量。但在实际应用时，考虑到网表的结构，很少有变量对下一个状态的结果影响显著，所以在大部分实验中，需要状态搜索的深度都小于 8，使得访问状态的数量小于 256。此外，许多输入执行类似的功能，因此如果将其中一个输入设置为"1"，那么其他的输入就不再需要检查。例如，给定 x 个变量，通过 AND 逻辑或 OR 逻辑组合在一起，需要做出的决策数量就变成了 $x+1$（而不是 2^x）。虽然 FETCH 函数的计算复杂度从理论上看非常高，但在实际应用中可以在较快的时间内完成，这样整体的 REFSM 运行时间就会变得可控（表 9.2 中展示的运行时间就是一个例子）。

表 9.2　REFSM 运行结果

网表名称	寄存器数目	逻辑门数目	运行时间
RS232 收发器	59	168	1s
32 位 RSA	555	2139	<1s
MC8051 微处理器	578	6950	39s
SPARC 微处理器	119911	232978	600s

4. FSM 分解

在导出全局 FSM 之后，有些设计需要一些额外的步骤来进一步分析还原其控制逻辑，比如确定转换条件，使得用户能够找到可疑的状态转换。另外一个更重要的任务是将局部 FSM 与全局 FSM 分离，又称为 FSM 分解。这一情况往往出现在较复杂的电路上，多个子模块分别包含各自的 FSM，当导出全局的 FSM 时，这些子模块的 FSM 就会混叠在一起，增加了分析 FSM 的难度，所以首先需要把全局 FSM 分解为各自模块的 FSM。

出于演示目的，这里考虑两个独立 FSM（分别为 F_1 和 F_2）的组合情况。这导致合并的 FSM 有成对的状态 (α,β)。其中，α 来自 F_1；β 来自 F_2。任何一对源于各自状态机的状态转换都能被遍历到。从状态 (α,β) 离开的边至少包含来自 α 状态和 β 状态的可到达状态的笛卡儿积，其数学表达式可以用以下不等式来表示。

$$\{\alpha,\beta \mid \alpha \in V(F_1) \wedge \beta \in V(F_2)\} \subseteq V(F_1 \times_F F_2)$$

$$\{((\alpha_i,\beta_i),(\alpha_j,\beta_j)) \mid (\alpha_i,\alpha_j) \in E(F_1) \wedge (\beta_i,\beta_j) \in E(F_2)\} \subseteq E(F_1 \times_F F_2)$$

其中，$\times_F$ 表示 FSM 的组成。由于子模块的 FSM 相互独立，所以合并后 FSM 中的任何节点都应该与原始图中的两个 FSM 相关联，否则原始 FSM 将不包含所有可能的可达状态。同样，来自合并 FSM 的任何边必须与来自原始独立 FSM 的转换相关。这样上面的公式可以转化为

$$V(F_1 \times_F F_2) \subseteq \{\alpha,\beta \mid \alpha \in V(F_1) \wedge \beta \in V(F_2)\}$$

$$E(F_1 \times_F F_2) \subseteq \{((\alpha_i,\beta_i),(\alpha_j,\beta_j)) \mid (\alpha_i,\alpha_j) \in E(F_1) \wedge (\beta_i,\beta_j) \in E(F_2)\}$$

利用这些结果可以推断合并后的 FSM 将是原始 FSM 的张量积。虽然已经有一些算法可以在多项式时间内将无向、无标记、连通图上的张量积分解为唯一素因子分解（unique prime factor decompositions，UPFD）[25]，但是分解合并后的 FSM 涉及到有向图。这是一个更困难的问题。因此，一种基于启发式的方法被用来利用寄存器标记将图形分割成

UPFD。这一方法的基本思想是首先假设每一对寄存器最初相互独立，然后寻找互不兼容的独立寄存器集（通过顶点标记或拓扑转换），并将找到的寄存器集合并在一起，直到所有寄存器集都可以使用它们的张量积正确地构造出原始 FSM。算法 9.3 列出了这种算法的详细描述。

算法 9.3

Algorithm 9.3 Returns a partition of an FSM given a set of registers, R, and an FSM graph $G(N,E)$

```
1:  function SPLITFSM(R, G(N,E))
2:      Let ℙ = {P_i|P_i is the Partition containing register i}
3:      Assume no register depends on a register other than itself.
4:      for i, j ∈ R such that P_i ≠ P_j do
5:          Let G_i(N_i, E_i) be the FSM dependent on i
6:          Let G_j(N_j, E_j) be the FSM dependent on j
7:          Let G'(N', E') be the FSM dependent on i and j
8:          if there exists u ∈ N_i and v ∈ N_j and (u,v) ∉ N' then
9:              P_i ← P_i ∪ P_j; P_j ← P_i
10:         else
11:             if there exists e ∈ E_i and l ∈ E_j and (e,l) ∉ E' then
12:                 P_i ← P_i ∪ P_j; P_j ← P_i
13:             end if
14:         end if
15:     end for return ℙ
16: end function
```

9.5.2 利用 REFSM 进行逻辑提取

REFSM 能够为逆向工程实现多种功能，比如能够提取网表逻辑的高层次细节，在门级网表中查找硬件木马，还可为顺序加密电路确定解锁序列等。下面详细介绍它的各种用法。

为了验证所开发的 REFSM 工具的有效性和可扩展性，研究人员将该工具应用于从小规模 ASIC 设计到中等规模和大规模的微处理器等各种电路设计中，所有这些测试电路中的控制逻辑都以有限状态机的形式成功地还原。表 9.2 列出了不同电路的平均运行时间（实验测试的运行环境是具备 Intel i7 四核和 16GB 内存的台式电脑）。

对于中小规模电路，算法 9.3 可以在不到 1min（大多数情况下不到 1s）的时间内从扁平网表中重构电路控制逻辑。即使是大规模电路，运行时间也不到 10min。从表 9.2 中还可以发现，在一般情况下，对于较大规模的电路，REFSM 的计算时间会更长。然而，控制逻辑的复杂性也会影响计算时间。例如，32 位的 RSA 加密[26]电路中比较小的 RS232 收发器完成得更快，因为 RSA 电路的结构更规则。

RS232 收发器包括数据传输和数据接收两个子模块。包括发射器和接收器在内的各子模块独立工作，互不干扰。它们在顶层模块有独立的输入和输出端口。扁平化的网表没有保持电路这一层次的结构，模块之间也没有明确的边界。因此，RS232 收发器是验证 REFSM 从扁平网表中隔离不同 FSM 能力的一个理想测试电路。

在实际测试中，REFSM 工具使用扁平化的 RS232 网表作为输入，以整个电路的 FSM 为输出还原控制逻辑。图 9.7 显示了还原的全局 FSM，包含 25 个独特的状态。这些状态之间的传输条件相当复杂。这种 FSM 虽然包含 RS232 收发器控制逻辑的全部功能，但由于具有的复杂性，所以对用户和测试人员几乎毫无意义。REFSM 的 FSM 分解成分有助于简化 FSM 结构。

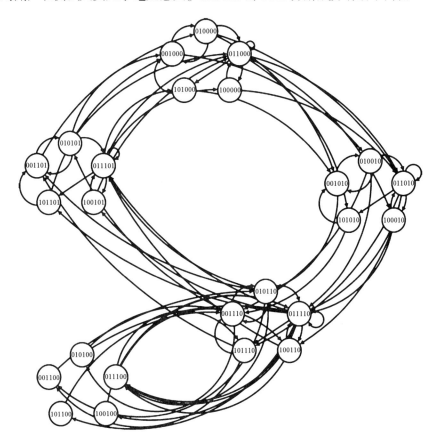

图 9.7　利用 RS232 收发器中还原的全局 FSM

使用图 9.7 中还原的全局 FSM，利用 REFSM 中的 FSM 分解工具可以从整个 FSM 中分离出独立的状态。在这种情况下，图 9.8（a）和图 9.8（b）分别展示了两个分解而成的独立 FSM。

为了验证 FSM 分解结果的正确性，研究人员根据 RS232 收发器的 RTL 代码构建接收器和发射器子模块的原始 FSM，分别如图 9.9（a）和图 9.9（b）。它们的所有可到达状态和状态转换条件都与还原后的 FSM 相同。

测试电路 8051 微处理器可以显示 REFSM 在处理高度复杂的电路结构方面的潜力。8051 微处理器的源代码采用 VHDL 语言编写。每条指令需要三个时钟周期才能完成[27]。基于 RTL 代码，在处理不同的指令时，首先构造了真正的 FSM（见图 9.10（a））。然后综合电路并生成 8051 微处理器的扁平网表作为 REFSM 的输入，从中还原控制逻辑。还原后的控制逻辑如图 9.10（b）所示。对图 9.10（a）和图 9.10（b）比较表明，两个 FSM 具有相同的结构，转换条件也相同。

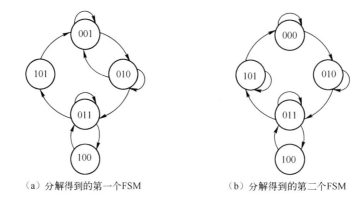

（a）分解得到的第一个FSM　　　　（b）分解得到的第二个FSM

图 9.8　两个从 RS232 网表中分解的独立 FSM

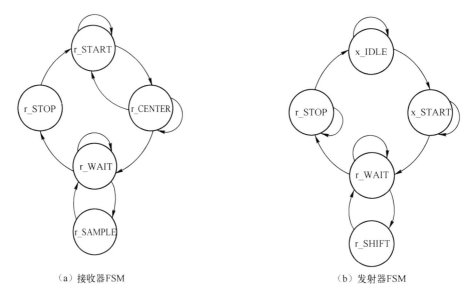

（a）接收器FSM　　　　　　　　　（b）发射器FSM

图 9.9　从 RS232 收发器的 RTL 中提取的两个原始 FSM

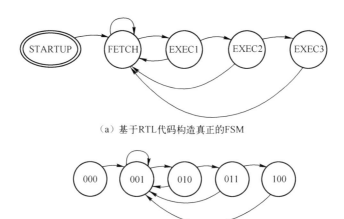

（a）基于RTL代码构造真正的FSM

（b）利用REFSM从电路网表中还原的FSM

图 9.10　8051 微处理器的真实 FSM 和还原 FSM

9.6 基于网表逆向工具的集成电路安全分析

9.6.1 木马检测

网表逆向工具，如 REFSM，可以用于控制逻辑还原。这一功能可以帮助检测由特定输入序列触发的硬件木马，即所谓的时序木马。与只依赖组合逻辑触发的组合木马相比，时序木马更难被激活，可以规避文献 [28-30] 中所提出的多种硬件木马检测方法。

由于时序木马触发机制的行为可以建模为以特定输入序列作为转换条件的 FSM，因此利用 REFSM 可以帮助重建并隔离触发木马所需的 FSM。通过 FSM，用户或测试人员可以轻松识别木马逻辑和木马触发条件。

文献 [31] 中，研究人员使用了被植入时序木马的一个加密通信电路。该电路在 FPGA 平台上实现，包含的加密操作能保证通过公开信道传输密文。用户通过连接到 PS2 接口的键盘输入数据。这些数据通过 VGA 端口显示在连接到电路的显示器上后，用户通过 FPGA 板上的按钮对输入的数据加密。所使用的加密模块是一个 128 位 AES 加密模块。用户还可以在启动加密序列之前通过改变 FPGA 上四个开关的组合来选择多达 16 个不同的加密密钥。一旦加密完成，用户就可以通过机载串行端口发送加密数据。

以这个电路为平台，研究人员在顶层模块中植入了一个时序木马。该模块使用有限状态机通过键盘从用户处读取特定的输入序列。一旦输入特殊序列，被激活的硬件木马程序将通过串行端口泄露 AES 加密密钥。木马的触发看似简单，但是这种硬件木马可以逃避很多检测方法[28]。

如果能够识别激活木马所需 FSM 的所有状态，那么确定木马的实际行为就变得很明显了。利用状态空间提取技术，REFSM 能够快速地识别 FSM 的所有状态和转换，以及每个转换输入的正确条件。图 9.11 显示了已还原硬件木马的 FSM 及其触发条件。每个状态转换曲线上的字母表示对应的键盘输入。这一输入将触发这些状态之间的转换。虽然 REFSM 工具不能鉴别还原的 FSM 是属于原始设计的还是恶意插入的，但是用户或测试人员可以很容易地识别可疑的逻辑，并得出结论，在这种情况下，特殊的输入序列"New Haven"显然超出了设计规范，因此很可能是硬件木马触发器。用户可以进一步通过输入特殊序列触发这一个可疑电路来验证这部分可疑电路的功能。

除了上述示例，研究人员还将解决方案应用于 Trust Hub [3] 中的硬件木马测试集。表 9.3 显示了部分测试结果，从表中可以发现 REFSM 工具可以在几秒内帮助检测具有顺序触发器或顺序负载的时序硬件木马。

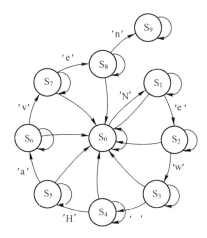

图 9.11 从案例分析中提取的木马逻辑

表 9.3 TrustHub 硬件木马测试集的运行时间和木马检测功能

测试电路名称	木马触发机制	是否被检测到	运行时间
AES-T100	始终激发	被检测到	18s
AES-T400	Plaintext = 128'hffffffffffffffffffffffffffffffff	被检测到	<1s
AES-T800	Plaintext = ① 128'h3243f6a8885a308d313198a2e0370734 ② 128'h00112233445566778899aabbccddeeff ③ 128'h0 ④ 128'h1	被检测到	<1s
b16-T400	Address = 8'hFF	被检测到	<1s
s38584-T100	扫描链使能	被检测到	<1s
MC8051-T200	pcon(control_mem) = 1'b1	被检测到	90s

9.6.2 解锁 FSM

在本书第 7 章中笔者曾介绍了逻辑加密方法，谈到了各类逻辑加密方案，一类主要的时序电路加密方案是对现有的 FSM 进行扩展。这种方法增加了 FSM 的状态空间，在没有密钥的情况下很难访问原始 FSM。因此，如果要访问电路的真正功能，就需要一个特定的输入向量序列。也有其他类似的方法，比如在原始 FSM 中增加特殊的锁定状态，这些状态可以在电路被重置时访问到，但是如果没有正确的密钥，就无法到达原始 FSM 的状态。

增加状态空间的方法主要有两种：第一种是改变寄存器的逻辑以利用以前不可到达的状态。另一种方法涉及到插入额外的寄存器，这些寄存器不一定参与 FSM 的真实功能。增加额外的寄存器从安全角度很有吸引力，因为状态空间随着插入寄存器的数量呈指数增长，当然还要考虑因为大量插入寄存器而带来的面积和功耗开销，解锁时间也是一个需要考虑的因素。

HARPOON 方法是时序电路加密的一个例子[32]，通过插入额外的状态元素（state element，SE）和相应的组合逻辑，在电路锁定时，会对网表的行为产生影响。插入的状态元素控制着插入的组合模块是否被激活。这些模块改变了电路网表的功能（从而达到逻辑锁定的目的）。HARPOON 的 FSM 状态空间一般划分为三个模式：混淆模式、验证模式和原始模式。混淆模式，确切地说是一部分混淆模式，破坏了目标电路的部分网表。验证模式只是为网表加上水印。原始模式就是电路正常运行时的状态转换空间。HARPOON 方法的创始人假定攻击者会随机地对网表进行逆向工程。基于这种假设，防御者能很轻易地抵挡大部分攻击。但是借助本章讨论的基于网表的逆向工具，事实上存在更强的攻击方式。

攻击 HARPOON 方案需要首先识别那些控制模式之间切换的相关寄存器，发现这些插入寄存器本身已经在一定程度上揭示了芯片内部的功能。可以使用以下几种技术从网表中提取这些寄存器。

第一种可以使用的方法是本章提到的寄存器分类工具 RELIC[24]。其具体方法是根据分析额外逻辑或电路时产生的隐含特征来分离网表的各个部分。RELIC 通过检查线路的结构变量（例如扇入宽度、到输入或输出的距离等）的相关性来发现重复的电路图案。根据综合工具所遵循的规则（比如数据词中的结构重复性），那些不存在重复电路结构的寄存器和连线可以被认为是控制逻辑。RELIC 可能无法通过一次尝试就找到所有插入的寄存器。作为补充，可以先利用 RELIC 查找部分寄存器集，然后通过寄存器依赖关系扩展这个寄存器集，直到找到所有的插入寄存器。

第二种方法源于第一种方法中提到的寄存器集扩展技术。随着寄存器提取过程的进行，寄存器依赖关系成为"分类"的主要依据。这可以通过 Tarjan 强连通分量（strongly connected components，SCC）算法实现[33]。该算法找到了通常所说的有向图的传递闭包（关于 SCC 算法及其属性参见其他文献，如文献 [33]）。返回的图包含一组表示原始图的 SCC 顶点集。这些顶点集可能由一组有向边连接。这些有向边包含原始图中的互连关系。该图本身是有向且非循环的（见图 9.12）。

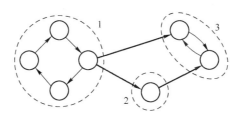

图 9.12 一个被划分成三个 SCC 的图

注：第一个是唯一的源 SCC，第三个是唯一的终端 SCC。

强连通分量图还可以用于攻击其他最新的电路保护方案，如文献 [34] 中所提出的动态状态偏转（dynamic state-deflection，DSD）。DSD 依赖于新插入的电路逻辑。这些电路不受原始逻辑（或原始数据）的影响。Tarjan 算法可以检测这些插入的状态触发器。当观察

FSM 和由这些插入寄存器所产生的转移概率时，正确的状态就变得非常明显。通常，所分析的分量是那些不包含输入边的分量（源 SCC）。因为该图是非循环的（并且可能是非空的），所以会存在源 SCC。

一旦找到插入的状态寄存器，REFSM 工具将使用这些寄存器来构造网表中部分的 FSM。对于 HARPOON 之类的保护方案，所需的 FSM 部分（原始模式）是认证序列的"终点"。最后使用 Tarjan 的 SCC 算法就可以找到这个终点。将 FSM 分解为若干个分量，并对没有输出边的分量（终端 SCC）进行分析。如果存在多个终端 SCC，那么选择的终端 SCC 通常是可达性最低的分量，因为其他分量可能处于黑洞状态（通常是为捕获错误序列而存在的状态）。这些黑洞状态通常包含在其他保护方法中后，通过生成最短的输入序列，从混淆模式进入到原始 FSM 内部，完成电路解锁。

为了抵御这种攻击，研究人员尝试改进 HARPOON，一种办法是在不彻底改变 HARPOON 基本思想的前提下增加 FSM 的复杂性。如果 FSM 足够大，则提取解锁序列变得不可行，但是这种改进的主要问题是会带来额外的开销。除了由于额外增加的状态元素会导致功耗和面积增加这个缺点，这种改进方法的另一个主要缺点是用户需要更长的时间来解锁电路。

另外一种可能的防御方式是将 HARPOON 方案和其他防御技术相结合。虽然这也不一定能确保提供有效的保护，但肯定会加大攻击者逆向工程的难度。目前研究中流行的一种典型的防御方法是使用伪装逻辑门，即便是存在可以攻击伪装逻辑门的方法，多种方法的搭配至少也可以减缓甚至阻止 IP 盗版。这个研究方向也是目前一个热门的集成电路安全的研究方向。

9.7 结论

由于 IC 供应链的多元化状态和出于各种经济利益的考量，硬件木马的威胁在过去几年显著增长。恶意 IC 开发商可以使用许多不同的方法来实现和插入硬件木马。确定 IP 核安全性的任务落在了消费者的肩头。目前有很多预防和检测的方法，本章着重介绍了基于网表逆向工程的安全检测方法，完整的功能还原已经成为木马检测的重要手段。然而，与完整的功能还原相关的诸多子问题尚未得到很好的定义、记录或分析。为此，本章讨论了几种最新的基于启发式的方法，通过解决与完整的功能还原相关的常见子问题来帮助进一步实现硬件木马的检测和预防。

研究人员还尝试将这些方法自动化，并在有硬件木马和没有硬件木马的情况下，对照常见的门级网表进行测试。在搜索硬件木马时，从数据中区分控制逻辑是一项非常困难的任务。由于许多木马的设计涉及到 FSM 的操作，所以确定网表的逻辑可以缩小对最常见木马类型的搜索范围。为了解决这个问题，研究人员提出了一种名为 RELIC 的工具。它先使用门级扇入结构上的循环比较来确定一个网表中不同信号之间的相似度,然后对返回的分数求和,并使用这些求和对逻辑和数据进行分类。通过利用各种动态编程技巧,RELIC 能够达到一个合理的运行时间。

本章讨论的另一个主要逆向工程问题是高层次控制逻辑提取问题。由于许多木马模拟 FSM 的逻辑,所以就有了 REFSM 工具,在给定网表、库描述和所需的词时,这种方法以 FSM 的形式返回网表中相对于该词的行为。为了降低所得到 FSM 的复杂性(因为某些 FSM 可能是多个独立 FSM 的组合),REFSM 采用了一种启发式方法,将 FSM 分解成更小的部分,可进行更准确的分析。为了证明该方法的有效性,研究人员使用该方法从受木马感染的网表中提取 FSM,发现 REFSM 能够准确地提取出木马的状态转换和激活电路。此外,对于利用 FSM 混淆技术而锁定的电路网表,REFSM 也能准确提取完整的 FSM。这些网表分析方法使业内人员相信,硬件锁定研究人员在开发解决方案时需要考虑更强大的攻击模型。

参考文献

[1] CHAKRABORTY R S, NARASIMHAN S, BHUNIA S. Hardware trojan: Threats and emerging solutions [C]//Proceedings of the IEEE International High Level Design Validation and Test Workshop (HLDVT). [S.l.]: IEEE, 2009: 166-171.

[2] DWORAK J, GRIMAILA M R, LEE S, et al. Modeling the probability of defect excitation for a commercial ic with implications for stuck-at fault-based atpg strategies [C]//Proceedings of the International Test Conference (ITC). [S.l.]: IEEE, 1999: 1031-1037.

[3] TEHRANIPOOR M, SALMANI H, ZHANG X. Hardware trojan detection: Untrus tedthird-party ip cores [M]//Integrated Circuit Authentication. [S.l.]: Springer, 2014: 19-30.

[4] HILLMAN R J. Dod supply chain: Preliminary observations indicate that counterfeit electronic parts can be found on internet purchasing platforms [R]. 2011.

[5] SHI Y, TING C W, GWEE B H, et al. A highly efficient method for extracting fsms from flattened gate-level netlist [C]//Proceedings of IEEE International Symposium on Circuits and Systems (ISCAS). [S.l.]: IEEE, 2010: 2610-2613.

[6] Tech insights [EB].

[7] COURBON F, LOUBET-MOUNDI P, FOURNIER J J, et al. Semba: A sem based acquisition technique for fast invasive hardware trojan detection [C]//Proceedings of the European Conference on Circuit Theory and Design (ECCTD). [S.l.]: IEEE, 2015: 1-4.

[8] GRAND J. Printed circuit board deconstruction techniques [C]//Proceedings of the 8th USENIX Workshop on Offensive Technologies (WOOT). [S.l.]: USENIX Association, 2014: 1-11.

[9] BAO C, FORTE D, SRIVASTAVA A. On application of one-class SVM to reverse engineering-based hardware Trojan detection [C]//Proceedings of the 15th International Symposium on Quality Electronic Design (ISQED). [S.l.]: IEEE, 2014: 47-54.

[10] CASON M, ESTRADA R. Application of x-ray microct for non-destructive failure analysis and package construction characterization [C]//Proceedings of the 18th IEEE International Symposium on the Physical and Failure Analysis of Integrated Circuits (IPFA). [S. l.]: IEEE, 2011: 1-6.

[11] BEIT-GROGGER A, RIEGEBAUER J. Integrated circuit having an active shield: 6,962,294 [P]. 2005.

[12] SHI Q, ASADIZANJANI N, FORTE D, et al. A layout-driven framework to assess vulnerability of ics to microprobing attacks [C]//Proceedings of the IEEE International Symposium on Hardware Oriented Security and Trust (HOST). [S. l.]: IEEE, 2016: 155-160.

[13] ALAM M, SHEN H, ASADIZANJANI N, et al. Impact of x-ray tomography on the reliability of integrated circuits [J]. IEEE Transactions on Device and Materials Reliability, 2017, 17 (1): 59-68.

[14] DOGAN H, ALAM M M, ASADIZANJANI N, et al. Analyzing the impact of x-ray tomography on reliability of integrated circuits [C]//Proceedings of the 41st International Symposium for Testing and Failure Analysis (ISTFA). [S. l.]: IEEE, 2015: 1-10.

[15] HOLLER M, GUIZAR-SICAIROS M, TSAI E H, et al. High-resolution non-destructive three-dimensional imaging of integrated circuits [J]. Nature, 2017, 543 (7645): 402-406.

[16] PACHECO M, GOYAL D. X-ray computed tomography for non-destructive failure analysis in microelectronics [C]//Proceedings of the IEEE International Reliability Physics Symposium (IRPS). [S. l.]: IEEE, 2010: 252-258.

[17] AREIBI S, VANNELLI A. Tabu search: A meta heuristic for netlist partitioning [J]. VLSI Design, 2000, 11 (3): 259-283.

[18] BUNTINE W L, SU L, NEWTON A R, et al. Adaptive methods for netlist partitioning [C]//Proceedings of the IEEE/ACM international conferenceon Computer-aided design. [S. l.]: IEEE Computer Society, 1997: 356-363.

[19] DAI Y Y, BRAYTON R K. Circuit recognition with deep learning [C]//Proceedings of the IEEE International Symposium on Hardware Oriented Security and Trust (HOST). [S. l.]: IEEE, 2017: 162-162.

[20] MCELVAIN K S. Methods and apparatuses for automatic extraction of finite state machines: 6,182,268 [P]. 2001.

[21] LANCICHINETTI A, FORTUNATO S, KERTESZ J. Detecting the overlapping and hierarchical community structure in complex networks [J]. New Journalof Physics, 2009, 11 (3): 033015: 1-18.

[22] SUBRAMANYAN P, TSISKARIDZE N, LI W, et al. Reverse engineering digital circuits using structural and functional analyses [J]. IEEE Transactions on Emerging Topics in Computing, 2014, 2 (1): 63-80.

[23] LI W, GASCON A, SUBRAMANYAN P, et al. Wordrev: Finding word-level structures in a sea of bit-level gates [C]//Proceedings of IEEE International Symposium on Hardware Oriented Security and Trust. [S. l.]: IEEE, 2013: 67-74.

[24] MEADE T, JIN Y, TEHRANIPOOR M, et al. Gate-level netlist reverse engineering for hardware security: Control logic register identification [C]//Proceedings of the IEEE International Symposium on Circuits and Systems (ISCAS). Montreal, QC, Canada: IEEE, 2016: 1334-1337.

[25] IMRICH W. Factoring cardinal product graphs in polynomial time [J]. Discrete Mathematics, 1998, 192 (1-3): 119-144.

[26] TrustHub [EB/OL]. [2020-08-10]. https://www.trust-hub.org/.

[27] Oregano Systems. 8051 IP core [EB].

[28] JIN Y, SULLIVAN D. Real-time trust evaluation in integrated circuits [C]//Proceedings of the Design, Automation and Test in Europe Conference and Exhibition (DATE), 2014. Dresden, Germany: IEEE, 2014: 1-6.

[29] CHAKRABORTY R, WOLFF F, PAUL S, et al. MERO: A statistical approach for hardware Trojan detection [C]//Proceedings of the Cryptographic Hardware and Embedded Systems. [S.l.]: Springer, 2009: 396-410.

[30] CHAKRABORTY R S, BHUNIA S. Security against hardware trojan through a novel application of design obfuscation [C]//Proceedings of the 2009 International Conference on Computer-Aided Design. [S.l.]: ACM, 2009: 113-116.

[31] JIN Y, KUPP N, MAKRIS Y. Experiences in hardware Trojan design and implementation [C]//Proceedings of the IEEE International Workshop on Hardware-Oriented Security and Trust (HOST). Francisco, CA, USA: IEEE, 2009: 50-57.

[32] Chakraborty R S, Bhunia S. Harpoon: An obfuscation-based soc design methodology for hardware protection [J]. IEEE Transactions on Computer-Aided Design of Integrated Circuits and Systems, 2009, 28 (10): 1493-1502.

[33] TARJAN R. Depth-first search and linear graph algorithms [J]. SIAM journal on computing, 1972, 1 (2): 146-160.

[34] DOFE J, ZHANG Y, YU Q. Dsd: a dynamic state-deflection method for gate-level netlist obfuscation [C]//Proceedings of the IEEE Computer Society Annual Symposium on VLSI (ISVLSI). [S.l.]: IEEE, 2016: 565-570.

第 10 章 物联网（IoT）的硬件安全

物联网（Internet of Things，IoT）的快速发展推动了人与物之间的交流与互动，使人们的生活发生了翻天覆地的变化。物联网的安全也愈发受到重视。目前大量对物联网安全的研究都侧重于软件攻击对物联网的影响，然而硬件攻击对物联网的影响并不亚于软件攻击。这方面的漏洞不仅仅局限于由硬件木马和旁路攻击等引起的安全问题，还包括硬件防御机制固有的设计缺陷。攻击者可以利用这些漏洞构建一系列攻击向量来恶意修改物联网设备的功能。不同于传统的网络和软件安全，硬件安全会对物联网带来更大的危害，威胁到关键基础设施，如工业控制系统、电信、交通和能源等。事实上，硬件攻击[1-12]已经出现在多个安全事故中。比如文献［2,9,11,12］中所提到的硬件攻击可以利用硬件中的后门和漏洞引入攻击向量，破坏系统后，提取有价值的信息或修改物联网系统的功能。

考虑到芯片在物联网中的广泛使用，从军事装备到智能设备，都会暴露在硬件攻击者的进攻范围内。例如，如果军事对手控制了防御者的一组雷达，就可在战争中占据上风。考虑到芯片产业链遍布世界各地，意味着攻击者可能在全球任何角落发起攻击。此外，许多电子设备依赖于现场可编程门阵列（FPGA）。使用 FPGA 的优点是可以及时纠正硬件错误。然而，这种机制也给了攻击者重新配置硬件结构的机会（这比修改软件造成的危害更大）。

物联网设备根据功能可以分为多个层次，每一层都有自己的功能。物联网中大部分设备都是嵌入式设备，所携带的软、硬件资源有限，因此在这些设备中部署复杂的安全机制不太可能。此外，物联网设备安全机制和硬件本身可能也存在漏洞。除了军用芯片，攻击者还可能在商用芯片中植入所谓的"自毁开关（kill switch）"来发动攻击。目前在智能家居中常见的威胁是远程网络攻击，这种攻击如果配合上硬件攻击，危害会更大。

硬件攻击比软件攻击更具有破坏性，也更隐蔽。硬件中的漏洞可能会为软件攻击提供帮助。鉴于此，硬件攻击已逐渐引起了学术界和业界的广泛关注。考虑到物联网结构的复杂性，研究人员往往将物联网首先分为若干层。本章使用文献［13］中所提出的物联网基础架构来讨论硬件攻击对物联网设备的影响。物联网的基础架构如图 10.1 所示。

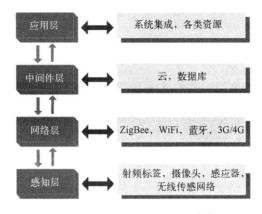

图 10.1 物联网的基础架构[13]

10.1 感知层安全

物联网的感知层主要由大量节点构成。这些节点通常是配备一个或多个传感器的低成本嵌入式互联设备,可以收集环境数据,如位置、温度、光照条件或其他信息。此外,该层设备通常部署在恶劣环境,需要低功耗才能确保更长的使用周期。目前,感知层主要使用的技术和设备有 RFID（radio frequency identification,射频识别）、NFC（near field communication,近场通信）、WSN（wireless sensor network,无线传感器网络）、低成本微控制器等。

10.1.1 RFID

RFID 系统以其低廉的成本和广泛的适用性成为最普及的计算技术之一[15]。一个典型的 RFID 系统由标签（又称应答器）和读取器（又称接收器）组成[16]。图 10.2 显示 RFID 系统的基本及通用架构。标签是一个基于微芯片的应答器。每个标签都有一个唯一的电子码,将其附加到对象上以识别目标对象。读取器是一种读取（有时是写入）标签信息的设备。应用程序可以进一步处理收集到的数据。针对 RFID 发起的常见攻击包括永久禁用标签、暂时禁用标签及中继攻击。

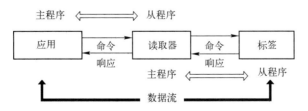

图 10.2 RFID 系统的基本及通用架构[14]

因为标签通常不会被嵌入到设备中,所以只需移除这些标签即可禁用 RFID 标签。此外,环境因素(如温度变化、高湿度、静电)也可能损害和破坏标签。一些非盈利组织,如 Auto-ID Center[17]和 EPC Global 指定了一组用于 RFID 标签的命令,其中包括 KILL 命令,它可以用来禁用标签。攻击者可以利用这一功能来破坏基于 RFID 的系统。

暂时禁用标签主要通过干扰来进行。无线传感器网络(Wireless Sensor Network,WSN)和 RFID 网络都可以部署在恶劣环境。网络中的节点或标签在通信过程中很容易发生信号冲突和干扰[18-20]。同时,这类网络中的节点或标签也很容易受到环境的影响,容易被攻击者直接访问。这些因素都会降低通信的质量和效率。攻击者可以在一个频率范围内监控某些信号后,发起中继攻击,例如对汽车无线开锁发起中继攻击[6]。

在中继攻击中,攻击者充当节点之间的桥梁,可以监听和修改节点间转发的消息和数据。文献[21]展示了一个对公共交通系统发起的中继攻击。文献[6]中,研究人员构建了两种高效且廉价的攻击:有线和无线物理层中继。借助这两种攻击,攻击者能够获取汽车和智能钥匙之间传递的消息后进入,非法启动汽车。文献[22]描述了另外一种攻击,即使用自行设计的代理设备将射频通信从读取器转发到支持 NFC 的现代智能手机。攻击者可以在没有许可的情况下访问相应的设备,如智能锁等。因此,任何未经授权的用户都可以轻松进入由智能锁保护的目标建筑。攻击者也可以利用 RFID 标签进行隐蔽的数据传输[23],比如植入人体的 RFID 标签可以被用来获取人体的信息,包括医疗数据或社交活动等。

除了上述攻击,由于这一层设备的结构非常简单,因此对这一层设备或节点的旁路攻击也层出不穷。旁路攻击主要利用系统的电路实现发起一系列的攻击(本书第 3 章有详细的旁路攻击的介绍)。攻击者利用旁路信息(如延时信息、功耗信息等)来获取设备的运行状态。文献[5]中,研究人员提出了一种攻击早期版本 CASCADE 智能卡的方法,该方法可以在几小时内破解 512 位密钥。文献[24]介绍了智能卡中的传统 SPA 攻击。文献[25]中,研究人员提出了一种新的方法。与传统 SPA 相比,该方法不需要选择明文或其他信息。差分功耗分析(differential power analysis,DPA)[26]是一种特殊的功耗分析攻击,依靠的是 RFID 读取器与标签通信过程中的电流变化。此外,攻击者可能使用 RFID 标签启动未经授权的通信通道来秘密传输信息[27]。

10.1.2 NFC

近场通信(near field communication,NFC)是另外一种无线通信技术,支持近距离电子设备之间相互通信[28]。作为一种颇具前景的解决方案,NFC 被逐渐应用于各种行业,包括医疗保健、电子支付、访问控制和营销[29]等。目前,NFC 主要有三种方案:①卡模拟模式;②读取器模式;③点对点模式。图 10.3 显示 NFC 的读取器模式。

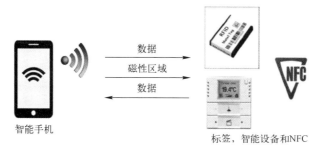

图 10.3　NFC 的读取器模式

针对 NFC 的攻击类似于 RFID 中的攻击，因为 NFC 标签的部署类似于 RFID 标签。许多针对 RFID 的攻击会转移到支持 NFC 的设备上。这些攻击方式包括删除标签、物理破坏标签或用其他标签替换、辐射压印、破坏电路等[30]。另一种相关的攻击是标签屏蔽攻击。这是一种拒绝服务式攻击（denial of service, DoS）。攻击者通过构建一个强大的电磁场，阻止合法用户读取信息。

中继攻击也可以利用 NFC。攻击者向标签出示一个伪造的代理读取器。该读取器就能获取标签内容，并通过通信信道将修改后的数据转发给代理标签。最后，原始读取器会收到代理标签的数据[7]。这种攻击可以绕过应用程序安全协议，如转发用于身份验证的设备激励信息，从而导致严重的安全隐患，而受害者却无法察觉这些攻击。

为了保护 RFID 和 NFC 系统免受物理层的攻击，人们提出了很多应对措施。传统的方法包括增加警卫、围栏、大门、加锁和安装摄像头等[31]。但是，这些方法并不能有效地防御攻击。为了解决上述中继攻击，研究人员提出了多种对策，比如对响应施加更严格的时间约束、限制两个通信设备之间的距离等。Hancke 等人提出的基于超宽带（ultra-wide band, UWB）脉冲通信的距离边界协议[9]就是一种针对中继攻击的对策。

10.2　网络层安全

网络层主要负责连接物联网中的基础设施，从感知层收集数据并传输到通信协议的更高层。传输介质可以是有线的，也可以是无线的。由于不同的网络使用不同的设备和协议，因此会遭受到不同的网络攻击。

在无线传感器网络中，攻击者可以利用通信协议中的漏洞发起一系列攻击，通过破坏无线传感器网络中的节点或标签获取合法身份。此外，攻击者可以向 WSN 发送数据包，并封锁整个网络导致 DoS 攻击。图 10.4 为 WSN 中的攻击节点图。

由于无线传感器网络中的节点和标签部署在开放环境，因此攻击者可以通过逆向工程从节点处获取信息。为了避开常规检查，攻击者可以利用节点克隆方法。这一方法也可以是发起攻击的先决条件。文献 [15] 描述了研究人员通过标签克隆攻击传送端口的过程。也就是说，这些克隆的标签可以欺骗读取器，让攻击者可以访问整个系统。此外，为了获得与合法标签相同的权限,攻击者需要访问与原始标签相同的通信信道。这也可能导致数据包在传输过程中丢失,需要节点重新发送数据,从而增加网络流量。这些行为还会增加节点功耗,进而缩短被攻击节点的使用周期。

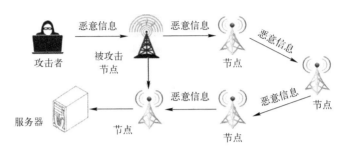

图 10.4　WSN 中的攻击节点图

攻击者也可以利用工业用通信协议及协议实现中的漏洞实施攻击。比如,MODBUS是一种常用的工业设备之间的通信协议,由于它具有简单和高效的特点,因此常被用作关键基础设施领域的通信标准。文献 [3] 描述了基于通用 MODBUS 协议栈的攻击方式,可用于攻击和分析工控系统的监控和数据采集系统(supervisory controls and data acquisition,SCADA)。

除了攻击无线传感器网络中的节点,攻击者还可以通过车载网络攻击汽车。文献 [4] 中,研究人员分析了车载媒体播放器中的固件,攻击者可利用媒体播放器中的漏洞直接访问车载 ECU 等设备。

除了对车载网络发起攻击,攻击者还可以利用通信过程中的漏洞发起攻击。许多汽车制造商引进了被动式无钥开门和启动(passive keyless entry and start,PKES)系统。该系统可以使用户不使用传统方法打开车门。当用户携带智能钥匙进入车辆的感知范围内时,车门将自动解锁。在文献 [6] 中,攻击者在智能钥匙和车辆之间建立中继攻击,使用放大器作为智能钥匙和车辆之间的桥梁,由智能钥匙发出的信号通过放大器传输到车辆的有效识别范围内。图 10.5 为这种中继攻击的过程。

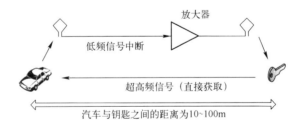

图 10.5　针对车载 PKES 系统的中继攻击过程[6]

在医疗保健领域,医生使用植入式医疗器械(implantable medical device,IMD)监测和治疗患者。这些器械包括心脏起搏器、植入式心律转复除颤仪(implantable cardioverter defibrillator,ICD)等。文献 [32] 中,研究人员使用软件无线电技术攻击和破坏 ICD。攻击者通过分析射频轨迹对 ICD 通信协议和数据进行逆向工程后,实施一系列基于软件无线电的攻击方法。考虑到医疗保健从业者可以通过访问体外编程器读写个人数据,还可以修改特定患者的各项治疗设置,因此恶意配置 ICD 将影响患者的心脏跳动,进而可能危及患者的生命安全。

与一些简单的嵌入式设备相比,高端设备的安全机制往往更全面。比如针对智能电网,任何物理攻击都很容易被发现和被防御。但是相对应的,攻击者也提出了更高级的攻击方式。文献[33]中,研究人员提出了协同网络物理攻击(coordinated cyber-physical attack,CCPA)。该攻击利用网络攻击掩盖物理攻击。最近的一次针对乌克兰电网的攻击,导致22.5 万用户断电,就是利用了多种攻击方式。在智能电网系统中,相量测量单元(phasor measure unit,PMU)能够对网络进行准确的监控,如果攻击者能够远程侵入 PMU,就可以对电网进行准确监控,并通过精心设计的数据掩盖物理攻击,使物理攻击更不容易被发现,造成更长时间的影响。与之类似,文献[34]中,研究人员提出了一种协同接管攻击模型,并在模拟环境中进行了测试。

10.3 中间件层安全

中间件层从网络层获取数据,将系统连接到云和数据库,并执行数据处理和存储[35-38]。随着云计算和物联网的不断发展,中间件层可以提供更强大的计算和存储能力,并提供 API 来满足应用层的需求。数据库安全和云安全是中间件层的主要问题,影响着应用层的服务质量[13]。本节将主要讨论基于云平台的针对微体系架构的攻击,例如使用缓存的旁路攻击。此外还会描述基于设备环境的旁路攻击。

10.3.1 针对微体系架构的攻击

微体系架构攻击主要针对指令集架构(instruction set architecture,ISA)的实现。这一攻击方式绕开了许多软件安全机制所需的一些安全假设,比如虚拟地址空间隔离等。现有的很多软件安全机制很难防御此类攻击。

一个比较著名的攻击被称为 Meltdown[12]。其基本原理是根据体系结构层面的竞争条件对许多最先进的 CPU 发起缓存旁路攻击。利用此漏洞,攻击者可以绕过虚拟地址空间隔离,访问特权进程和其他进程中的数据,比如密码或其他敏感数据。此漏洞利用 CPU 中一些提升性能的机制,比如即使执行访问的指令缺少所需的特权,无序执行部件也会帮助缓存数据,这样做本意是为了降低 ISA 每条指令的执行时间。因此,数据访问是与特权检查并行执行的,而往往前者更先完成,形成了一条可被攻击的旁路。这一漏洞几乎存在于所有的现代处理器和微处理器,包括英特尔和 ARM 的许多处理器都容易受到这种攻击。

在文献[11]中，攻击者可以根据分支预测和推测执行发起微处理器架构的时序旁路攻击，又称 Spectre 攻击。攻击者使用一段专门编写的代码检查对数组的访问是否在适当范围内，如果检查通过，则对数组执行数据访问。这将训练 CPU 中的分支预测器，选择跳转（或不跳转）的条件。但是，在访问数组时，可以通过更改偏移量，使分支预测器发生预测错误，在这种情况下，CPU 将推测性地访问数组边界之外的数据。攻击者可以从这种访问中泄露内存中的任意数据。此外，文献[39]中，研究人员还提出了 BranchScope 攻击。这是一种基于共享定向分支预测器的旁路攻击，允许攻击者代替 CPU 制定指令执行决策。通过这种方式，攻击者就可以获得内存特定区域的敏感信息。

上述硬件漏洞目前已经有一些修复和防御方法。这些方法所带来的性能开销也不尽相同，所以在具体实现时还需要考虑相应方法的成本。比如：基于软件的防御机制往往会产生较高的性能开销，从而导致严重的性能下降；基于硬件的方法可能无法像基于软件的方法那样提供灵活的安全保护；硬件防御可能无法抵御新型的攻击变体。

10.3.2 其他缓存旁路攻击

缓存旁路攻击主要利用缓存访问时由于缓存命中或缓存失配造成的时间差开展攻击。这方面的研究成果已经有一些。研究人员提出并演示了不同的缓存攻击技术。比如：攻击者可使用 Evict+Time 和 Prime+Probe 作为测量方法获取加密信息，破解 AES 加密[40]；Flush+Reload 是一种利用共享、非独占性最后一级缓存的攻击方法，适合攻击单缓存线粒度[41]系统；攻击者可以通过频繁使用 cflush 指令刷新特定的内存区域，确定其他进程是否正在访问已刷新的内存区域；Flush+Reload 攻击经常被用于涉及各类计算的环节，如密码算法[1,41,42]、Web 服务器函数调用[43]、用户输入[8,44]和内核寻址信息[45]。

10.3.3 环境旁路攻击

物联网的快速发展对数据处理的要求越来越高，通过物联网收集到的数据最终将传输到服务器。针对数据中心发起的旁路攻击可能会影响数据的可用性，并造成巨额损失。

比如：为了提高电力设施的利用率，数据中心设备的总功耗往往会超过电力设施的总负荷（考虑到实际使用中并不是每台设备都同时使用，所以在正常运行时，数据中心不会出现问题）。当然，在极端情况下，当数据中心的过载时，可能会导致电力安全问题。随着多租户数据中心的蓬勃发展，针对多租户数据中心的攻击也在增加。例如，恶意租户可能在数据中心的配电系统处于高负载、不平衡负载的情况下启动自己的服务器。

此外，研究人员还发现了其他利用环境因素的旁路攻击。文献[46]中，研究人员提出了一种与热空气循环相关的旁路信道。如图 10.6 所示，攻击者（往往是数据中心的恶意租户）可以获得正常用户的用电量，并在高负载下启动自己的服务器，从而使数据中心超载。攻击者可以根据热再循环启动精确的计时通道。攻击者先利用温度传感器分析正常租户的用电量，接下来，建立热再循环模型以分析时间和用电量之间的关系。此外，还有一种利用冷却风扇噪声作为旁路发起攻击的方法[9]。攻击者可以分析噪声和负载之间的关系，确定数据中心的负载。

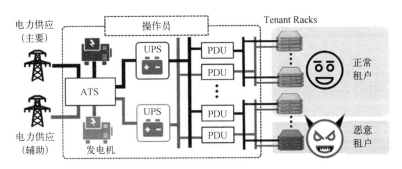

图 10.6　恶意租户对多租户数据中心实施攻击[46]

注：PDU 表示供电单元；UPS 表示不间断电源；ATS 表示电源切换管理单元。

10.4　应用层安全

应用层用于处理来自其他通信层的数据，将系统功能交付给用户，并向用户提供服务。这一层包含许多高价值设备，如云服务器。这使它成为一个高价值目标。针对应用层发起的攻击主要围绕访问和修改敏感数据展开。

应用层的很多设备用于与用户交互，例如通过用户的手机交互。但是这一层的设备不仅需要呈现处理结果，还负责分析结果，在处理的基础上，根据收集到的信息（如火灾报警）进行响应，从而立即通知用户，并在发现火灾时报警。作为互连设备的一部分，这一层的设备还会通知其他设备，例如当发现室内温度急剧变化时，温度调节器将通知空调做出相应调节。

10.4.1　针对智能设备的旁路攻击

攻击者还可以对目标设备发起旁路分析（side-channel analysis，SCA）攻击。其理论基础是不同操作对目标设备造成的功耗变化不同。利用这种思路，攻击者可以分析目标功耗变化的波形后，建立相应的攻击。文献［47］证明了复杂智能设备可以被价格低廉且容易购买的旁路攻击设备攻击，攻击者在受害者的笔记本电脑上构建一个旁路信道，并在电脑附近放置一个无线电调幅收音机，如图 10.7 所示。收音机输出连接到智能手机的输入。攻击者可以通过分析无线电信号跟踪并推断出敏感信息，如密钥等。在文献［24］中，粗粒度功耗监控也可以用于分析和识别手机上运行的应用程序。

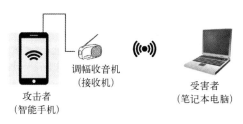

图 10.7　基于无线电的旁路攻击[48]

智能手机通常用于连接其他低端物联网设备，如智能手环和暖通空调恒温器。智能手机上的应用程序可以有效地处理从其他设备收集的信息。与此同时，相关控制信息被发送回各个设备后，将相关信息传递给用户。智能手机的普及以及人们对智能手机的依赖，都使得针对智能手机的攻击越来越频繁[49,50]。手机包含大量的个人用户信息，例如用户密码等。触摸屏可以作为对智能手机发起各种旁路攻击的载体。文献［48］展示了一种新颖的攻击方式，利用智能手机触摸屏发出的声音来破译输入的文本。攻击者首先利用由智能手机自带的麦克风捕获的音频信号进行处理，确定一组候选密钥，然后使用自然语言处理技术估测最可能的单词或句子。实验结果表明，该攻击能够较准确地猜测包含密码的输入文本。

除了上述攻击，文献［49］还演示了如何利用触摸屏上留下的污渍来推断设备的解锁模式和相关信息。攻击所使用的污迹很难清除，即便已经被清理过，污渍仍然存在。除了利用污渍进行分析，攻击者还可以利用使用触摸屏后留下的热痕。此外，手机触摸屏上显示的内容与手机所处的环境有很大关系。视觉表现与环境中物体的反射密切相关。文献［51］展示通过观察软件键盘在触摸屏上的视觉反射，可以分析输入到触摸屏上的内容；还可以从用户的太阳镜反射分析用户输入的内容。当然，如果观察目标与环境目标之间的距离过大，上述方法就不适用了，但是可以借助更先进的相机来辅助分析。环境温度也可能被作为旁路信号。微控制器的工作状态也与它所在环境的温度有关。如果温度过热或过冷，则在运行微控制器时就可能出现故障。文献［52］中，研究人员提出了针对 AVR 微控制器的加热故障注入，利用温度传感电路分析了处理数据的泄露与设备散热的关系。温度泄漏与功耗泄漏模型呈线性相关性。当然，温度泄漏不能超过相应物理属性的极限，不然会损坏设备。

10.4.2　针对智能设备的物理攻击

当攻击者可以物理接触智能设备时，物理攻击就成了一大威胁。这类攻击主要针对硬件，通过硬件层面的攻击泄露敏感信息等。这种类型的威胁基本上适用于任何类型的设备和基础设施，也适用于互联网基础设施。其攻击源可以是设备的调试接口和存储媒体等。

1. 调试接口

调试接口用于在开发阶段测试和调试设备，常用的协议包括 JTAG 和串口（UART）协议。开发人员和工程师可以通过 JTAG 访问微控制器。攻击者也可以利用 JTAG 发起恶意攻击[53]。因此，在产品正式发布之前，理论上，设计人员需要禁用所有调试接口。禁用的方式有很多，比如供应商可以通过设置密钥来锁定设备上的 JTAG 接口。如果攻击者启用了调试接口（或者调试接口没有被保护），则攻击者就可以通过 JTAG 控制整个设备或节点。

在应用层，用户可以利用调试接口上的漏洞发起一系列攻击。比如攻击者可以利用调试接口获取将要发送到受害设备的密钥（或受害设备中包含的密钥），还可以收集测试向量及响应。在获取上述信息或密钥之后，攻击者可以发起更复杂的攻击，还可以通过相关寄存器更改芯片的状态，获得设备的信任，并以此获取敏感数据。攻击者可以进一步选择合并上述攻击方式以形成更复杂的攻击。以下是一些对物联网设备进行物理攻击的实例。

Nike+Fuelband 是一款搭载 STM32L 芯片的健康监测类可穿戴设备。尽管 STM32 文档表明，微控制器在闪存上包含锁定外部读/写的功能，使得用户无法直接访问固件，但是早期的 Fuelband 并没有开启这种机制。因此，任何人都可以通过访问设备自由修改片上闪存的内容。研究人员展示了通过 USB 连接设备实施攻击[54]，首先在设备的电路板上搜索测试点，找到相关引脚，通过这些引脚，攻击者可以使用 USB 与设备直接通信，从而获得设备的固件。然后，攻击者就可以发起其他攻击来获取用户的个人信息，如睡眠模式、血压和心率等。

针对 UART 的攻击也在增加。UART 引脚为行业标准引脚。芯片制造商通常都在芯片上配备支持 UART 协议的编程接口。在文献 [55] 中，攻击者对硬件接口和软件协议进行逆向工程，找到了可能的串行端口引脚。这里用到的逆向工程可以是简单的对引脚行为进行粗略判断，也可以是较复杂的利用引脚电压判断引脚是不是支持 UART 协议。

攻击者还可以分析设备的软、硬件边界，找到硬件后门后，利用硬件后门更改系统启动过程，并在绕过固件验证的同时植入恶意程序。在文献 [27] 中，研究人员对 Nest 恒温器（nest learning thermostat）进行了拆解，并对其内部功能进行了研究。当设备启动时，首先执行 ROM 中的代码，初始化最基本的外围设备并执行初始化脚本。当执行初始化脚本时，系统启动。Nest 恒温器及其拆卸图如图 10.8 所示。经过对电路进行检查后，研究人员发现，如果拔出特定引脚，则处理器将从外围接口（包括 USB 或 UART）启动。这样，攻击者可以先将恶意代码加载到外围设备中，然后通过硬件攻击使 Nest 恒温器从外围设备中执行启动代码，绕开内部固件验证。

研究者还在文献 [2] 中提到了对付费电视智能卡的攻击。攻击者快速切换系统的时钟信号或者电源供应，导致 CPU 执行错误的指令。当发生故障时，智能卡中的内容可以通过串行端口被读取，即攻击者可以直接从串行端口读取智能卡中的内容。在有些低端产品中，

RAM 会长期（甚至在关闭电源之后）保存一些值，这就有可能被攻击者利用，比如一些 ATM 机的密码防篡改系统就存在类似漏洞。

图 10.8　Nest 恒温器及其拆卸图[27]

研究人员在文献［56］中对人机交互（human-robot interaction，HRI）接口的安全性进行了分析，操作人员需要通过 HRI 接口来访问被操控的机器人，并对其进行编程。如果攻击者也能物理接触这些接口，比如 RJ-45 端口，就可以进行物理攻击。类似的，汽车和飞机中许多嵌入式部件通过网络连接，以监控设备和运行状态，如监控耗油量等。同时，控制系统也是一个非常复杂的系统，由多个相互连接的电子控制单元（electronic control unit，ECU）组成，如图 10.9 所示。ECU 很容易受到基于硬件的攻击，包括木马攻击，而检测此类木马攻击往往非常困难。攻击者也可以针对硬件上的漏洞发起软件攻击。文献［57］提出，攻击者可以利用车辆上的车载诊断（on-board diagnostics，OBD-II）端口直接访问车辆的内部网络。此外，攻击者还可以将恶意组件插入汽车的内部网络。对这类系统的物理攻击，不但会造成信息泄露，还可能对人身安全造成影响。比如当攻击者控制车载 ECU 之后，就可以实施诸如禁用刹车或停止发动机等危险操作。

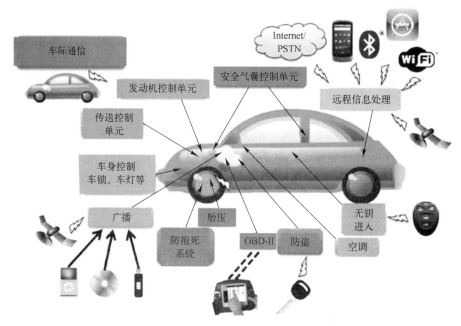

图 10.9　汽车中包含了大量的 ECU[4]

2. 存储媒介

图 10.10 展示了 ItronCentron CL200 智能电表**实物图及其内部电路板**。智能电表主要用于监测用户的用电量,并通过射频信道将收集到的信息报告给附近的读取器或变电站。在文献 [54] 中,研究人员通过对硬件平台的分析,发现智能电表生产商使用一块特殊电路板来实现主要功能,而且 JTAG 调制接口并没有被保护。攻击者可以通过 JTAG 接口来获取微控制器对存储媒介的写入权限,通过分析片外 EEPROM,可以找到设备 ID 的位置并将其更改为任意值,使得读取器读取到错误的 ID。

图 10.10　Itron Centron CL200 智能电表实物图及其内部电路板[2]

在许多低端嵌入式设备中,程序镜像往往存储在片外闪存中。如果这些存储在片外的程序包含敏感信息,如密钥等,攻击者就可以读取片外存储器来获取这些信息[58]。最直观的方法是直接使用逻辑分析器监听出入外部存储器的信息。这种方法不会中断设备的正常运行,很难被发现。文献 [59] 中,研究人员提出了一种更复杂的攻击。该攻击将另一个微控制器直接连接到片外闪存的输入、输出(I/O)引脚。攻击者可以冒充存储器和处理器之间的桥梁而不会被发现,可以很容易地修改外部闪存中的内容,干扰设备的正常运行。

此外,攻击者还可以组合上述攻击方式来创建复合式攻击。比如网络打印机,作为一台共享设备,就有很大的安全隐患。文献 [60] 中,研究人员对网络打印机进行了一系列研究,分析了可能被利用的攻击方式。通过这些分析,研究人员发现并建立了一种通用方法,并对应设计了一套工具来检测和发现这些针对打印设备的攻击。这里的威胁模型包括三种攻击媒介:网络、互联网浏览器和物理端口。对于基于网络的攻击,攻击者可以通过端口 9100 注入恶意打印作业。对于基于浏览器的攻击,攻击者可以在没有任何物理连接的情况下远程访问打印机,并通过受害者的网络浏览器搜索打印任务,也可以通过打印恶意脚本使打印机不可用。对于物理端口,本地攻击者可以使用 USB 线提取系统文件或更改控制面板设置来禁用打印功能。可能由打印机物理访问引起的攻击如图 10.11 所示。

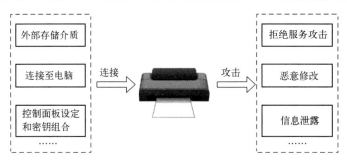

图 10.11 可能由打印机物理访问引起的攻击

10.5 基于硬件的安全机制

物联网嵌入式设备的防御机制主要分为两个方面：局部保护[61-63]和安全认证[64-66]。局部保护主要用于完成四种功能：①实现严格的访问控制，保护关键数据，防止隐私泄露；②确保任务的完整性；③作为保密通信的基础；④为安全认证提供可信根。安全认证主要用于远程确认嵌入式设备的安全性。本节将详细介绍现有的针对物联网的硬件安全防御机制。

10.5.1 本地保护

安全架构近年来无论在学术研究还是在工业应用领域均颇受青睐。当前的主流处理器架构均集成了本地保护功能，如 ARM TrustZone。因此，研究人员也提出了一些易于在架构之间迁移的硬件保护设计，如 TrustLite 和 TyTAN。

1. TrustZone

TrustZone 是 ARM 提出的安全架构扩展。设备资源（包括硬件和软件）所处的环境被分为普通环境和安全环境。这种机制为需要保护的数据（如敏感数据和代码）提供了一个有效的安全隔离环境。目前 TrustZone 分为 TrustZone-A（TZ-A）和 TrustZone-M（TZ-M）两个版本[56,61]，如图 10.12 所示。TZ-A 主要针对智能手机的处理器，通过特殊的监控模块帮助系统在普通环境和安全环境之间切换。TZ-M 是在 ARMv8-M 架构中提出来的新型安全技术，主要针对资源有限的低端嵌入式系统。这两者最大的区别是，TZ-M 需要根据设备初始化时建立的存储器映射完成安全状态与非安全状态之间的转换。除此之外，TZ-A 和 TZ-M 在功能上非常相似。安全状态与非安全状态之间的转换是根据安全存储器或非安全存储器中的程序代码自动完成的。另外，TZ-M 还可以与 ARM-M 架构中包含的 MPU 结合起来，以加强存储器访问控制。

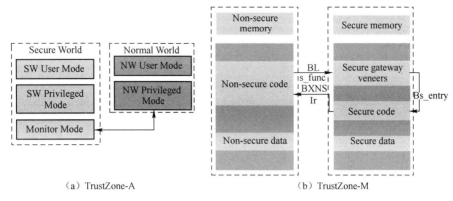

图 10.12　TrustZone-A[67] 和 TrustZone-M[68] 的架构

最近研究人员发现 TrustZone 没有对旁路信号（电压、功率、时间、频率）进行保护，无法抵御旁路攻击[69]。其次，现有的安全操作系统或安全应用程序中也可能包含漏洞，攻击者可以利用这些漏洞进行攻击。此外，TrustZone 也可能受到特权升级攻击[10,70]、降级攻击[71]和错误注入[72]等。

2. TrustLite 和 TyTAN

鉴于低端嵌入式设备的安全越来越受到重视（针对此类设备的攻击也越来越多）。为了保证安全，研究人员开始涉足新的低成本硬件安全机制。最近有研究人员提出了名为 TrustLite[63] 和 TyTAN[62] 的安全架构。TrustLite 主要包括基于执行的内存保护单元（execution aware-memory protection unit，EA-MPU）、异常处理引擎、安全启动和任务之间的安全通信。

TrustLite 通过 EA-MPU 实现基于硬件的访问控制和软件模块之间的隔离。异常处理引擎能实现不同安全级别的程序之间的切换，例如操作系统与安全相关的任务之间的切换。安全启动确保启动过程的安全，避免系统复位后出现信息泄露，验证了固件和加载过程中的安全风险。任务之间通过安全的进程间调用实现安全通信，可以确保秘密通信，即使不可信的操作系统，也可以与可信的任务之间进行交互。

当然，TrustLite 本身还并不完善，比如 EA-MPU 支持的存储器保护区域有限，而且 EA-MPU 的配置只能在初始化过程中进行，不能支持动态的任务加载。如果需要修改存储器保护区域，则需要重置设备。研究人员随后提出了新的 TyTAN 架构来解决此问题。TyTAN 扩展了 EA-MPU 并支持 EA-MPU 的动态配置，还增加了 ELF 安全加载程序，所以在加载（或卸载）新任务时增加（或减少）了 MPU 的配置项。此外，TyTAN 还提供了基于 FreeRTOS 的软件设计解决方案，可完全支持 TrustLite 的硬件架构，并提供实时保护。

10.5.2 安全认证

为了确保物联网设备的安全，嵌入式设备的安全认证是必不可少的。远程认证通常用于验证远程设备上运行软件的完整性。下面介绍动态认证、基于硬件的安全认证和安全隐患。

1. 动态认证

目前常用的认证方法大致可以分为静态认证方法和动态认证方法。静态认证方法侧重于目标平台的静态属性，如静态程序的哈希值、编程语言特有的属性等。相反，动态认证方法依赖于运行时动态属性的完整性，所有动态属性都在运行时进行验证。目前，大多数认证方法本质上是局部认证，通常由加密签名和二进制代码检测来实现。但是，静态认证方法不能确保程序执行过程不被修改或劫持，例如受到 ROP 和 JOP 攻击。为解决这个问题，研究人员提出了 C-FLAT 架构[64]。C-FLAT 是一种基于 ARM TrustZone 和 CFI 的远程认证方案。为了减少硬件修改，C-FLAT 使用 TrustZone 作为安全基础，以确保认证过程的安全。另外，通过构建目标程序的控制流图（control-flow graph，CFG），并在程序运行时对其进行监控，保证了程序控制流在运行过程中的正确性。但是，基于 CFI 的认证机制仍存在一些隐患，包括 C-FLAT 需要首先静态构建 CFG（需要注意的是所有基于 CFG 的验证方法对于 JIT 编译的程序都不适用）、攻击者可以通过构建与目标程序相同的 CFG 来逃避检测[66]。

2. 基于硬件的安全认证

基于硬件的安全认证对于低端嵌入式设备来说成本太高。除了上述认证方法，研究人员还提出了一种对硬件要求极低的认证机制，称为 SMART 架构[65]。整个 SMART 架构依赖基于安全检测向量的协议。SMART 通过计算相应的哈希值来验证指定的存储器区段后，将哈希结果发送给验证者做进一步处理。与 TrustLite 和 TyTAN 不同的是，SMART 不提供复杂的动态功能，也缺乏必要的灵活性（这当然也与 SMART 适用低端设备这一前提有关）。

3. 安全隐患

目前，无论是动态认证还是基于硬件的安全认证，在认证过程中都存在一些隐患。比如，研究人员发现利用检查—使用的时间间隔（time of check time of use，TOCTOU），攻击者可以成功绕过上述认证机制[66]。软件在使用目标程序之前会检查该目标程序的状态，但是攻击者可以将目标程序的状态在检查和执行之间切换，这样检查到的目标程序和实际执行的程序不一致，导致检查结果无效。这一类目标程序的不确定性，会导致认证过程无效。比如，对于 C-FLAT[64] 和 SMART[65]，攻击者可以用恶意块替换基本块，也可以重构不违反认证方案的控制流图。为了应对这种类型的攻击，研究人员提出了 ATRIUM 框架[66]。这种新型框架基于运行时远程认证设计方式,在相应硬件的支持下,使目前程序的验证和执行同时进行,这样就能确定被验证的程序,避免了 TOCTOU 攻击。需要注意的是,这里介绍的防御机制都只考虑控制流,而不考虑非控制数据攻击,比如最新的面向数据的编程(data oriented programming,DOP)攻击等。

10.6 结论

本章旨在强调物联网平台面临的硬件安全威胁,从常见的硬件攻击和硬件防御机制两个方面分析物联网受到硬件安全的影响。攻击者可以利用硬件漏洞发起不易被检测到也不易被修复的复合型攻击。

硬件攻击几乎涉及物联网运算和通信的各个层。攻击者可以针对每一层的不同特点建立不同类型的攻击。感知层是数据收集的起始点,通过破坏感知节点,攻击者可以破坏数据收集的过程,甚至传输虚假数据。网络层可以有效地将感知层收集的数据传输到目的地,无线通信(如 WSN)则更容易受到此类攻击。而且,网络层攻击往往会带来更严重的影响。一方面,收集到的数据无法被传输到更高层;另一方面,来自上层的反馈信息无法及时传送到底层。这将导致物联网无法正常工作。中间件层和应用层更侧重于提供服务和处理数据。攻击者有可能访问相关设备,因此也是攻击的热点。这里相关的攻击向量主要集中于敏感数据和隐私信息的窃取,在影响数据可用性的同时,还会影响服务质量(quality of service,QoS)。

除了上述攻击,攻击者也可能利用现有硬件防御机制的漏洞发动一系列攻击,例如针对基于软件的认证方案发起 TOCTOU 攻击。防御机制的初衷是防范某些特定的攻击向量,但是防御机制本身存在的漏洞也可能被攻击者用来发起新的攻击。防御者还需要考虑针对硬件电路的旁路攻击,因为这也可能泄露隐私信息。总而言之,物联网的硬件安全是一个需要重点关注的研究领域。笔者也希望优秀的防御方式不断涌现,保护物联网安全。

参考文献

[1] BENGER N, VAN DE POL J, SMART N P, et al. "ooh aah… just a little bit": A small amount of side channel can go a long way [C]//Proceedings of the International Workshop on Cryptographic Hardware and Embedded Systems. [S. l.]: Springer, 2014: 75-92.

[2] BERKES J. Hardware attacks on cryptographic devices [R]. 2006.

[3] BYRES E J, FRANZ M, MILLER D. The use of attack trees in assessing vulnerabilities in scada systems [C]//Proceedings of the International Infrastructure Survivability Workshop. [S. l.]: Citeseer, 2004: 3-10.

[4] CHECKOWAY S, MCCOY D, KANTOR B, et al. Comprehensive experimental analyses of automotive attack surfaces [C]//Proceedings of the USENIX Security Symposium. [S. l.]: USENIX Association, 2011.

[5] DHEM J F, KOEUNE F, LEROUX P A, et al. A practical implementation of the timing attack [C]//Proceedings of the International Conference on Smart Card Research and Advanced Applications. [S. l.]: Springer, 1998: 167-182.

[6] FRANCILLON A, DANEV B, CAPKUN S. Relay attacks on passive keyless entry and start systems in modern cars [R]. IACR Cryptology ePrint Archive, 2010.

[7] FRANCIS L, HANCKE G P, MAYES K, et al. Practical relay attack on contactless transactions by using nfc mobile phones [C]//Proceedings of the Radio Frequency Identification System Security Asia Workshop (RFIDsec). [S. l.]: IOS Press, 2012: 21-32.

[8] GRUSS D, SPREITZER R, MANGARD S. Cache template attacks: Automating attacks on inclusive last-level caches. [C]//Proceedings of the USENIX Security Symposium. [S. l.]: USENIX Association, 2015: 897-912.

[9] ISLAM M A, YANG L, RANGANATH K, et al. Why some like it loud: Timing power attacks in multi-tenant data centers using an acoustic side channel [J]. Proceedings of the ACM on Measurement and Analysis of Computing Systems, 2018, 2 (1): 6: 1-6: 33.

[10] KAYAALP M, ABU-GHAZALEH N, PONOMAREV D, et al. A high-resolution side-channel attack on last-level cache [C]//Proceedings of the Design Automation Conference. [S. l.]: ACM, 2016: 1-6.

[11] KOCHER P, GENKIN D, GRUSS D, et al. Spectre attacks: Exploiting speculative execution [J]. 2019: 1-19.

[12] LIPP M, SCHWARZ M, GRUSS D, et al. Meltdown: Reading kernel memory from user space [C]//Proceedings of the USENIX Security Symposium. [S. l.]: USENIX Association, 2018.

[13] CHEN K, ZHANG S, LI Z, et al. Internet-of-things security and vulnerabilities: Taxonomy, challenges, and practice [J]. Journal of Hardware and Systems Security (HASS), 2018, 2 (2): 97-110.

[14] JIA X, FENG Q, FAN T, et al. Rfid technology and its applications in internet of things (iot) [C]//Proceedings of the International Conference on Consumer Electronics, Communications and Networks. [S. l.]: IEEE, 2012: 1282-1285.

[15] MITROKOTSA A, RIEBACK M R, TANENBAUM A S. Classification of rfid attacks [C]//Proceedings of the International Workshop on RFID Technology-Concepts, Applications, Challenges (IWRT), in Conjunction with ICEIS 2008. Barcelona, Spain: Citeseer, 2015: 73-86.

[16] FINKENZELLER K. Rfid handbook: Fundamentals and applications in contactless smart cards and identification, second edition [M]. [S. l.]: John Wiely & Sons Ltd, 2003.

[17] FLOERKEMEIER C, LAMPE M. Rfid middleware design: addressing application requirements and rfid constraints [C]//Proceedings of the Joint Conference on Smart Objects and Ambient Intelligence: Innovative Context-Aware Services: Usages and Technologies. [S. l.]: ACM, 2005: 219-224.

[18] HANCKE G P. A practical relay attack on iso 14443 proximity cards [R]. University of Cambridge Computer Laboratory, 2005.

[19] URIEN P, PIRAMUTHU S. Elliptic curve-based rfid/nfc authentication with temperature sensor input for relay attacks [J]. Decision Support Systems, 2014, 59: 28-36.

[20] HEYDT-BENJAMIN T S, BAILEY D V, FU K, et al. Vulnerabilities in first-generation rfid-enabled credit

cards [C]//Proceedings of the International Conference on Financial Cryptography and Data Security. [S. l.]: Springer, 2007: 2-14.

[21] TANENBAUM A. Dutch public transit card broken [EB]. 2007.

[22] SILBERSCHNEIDER R, KORAK T, HUTTER M. Access without permission: A practical rfid relay attack [C]//Proceedings of the 21st Austrian Workshop on Microelectronics (Austrochip). [S. l.]: Elsevier, 2013: 651-659.

[23] KARYGIANNIS A, PHILLIPS T, TSIBERTZOPOULOS A. Rfid security: A taxonomy of risk [C]//Proceedings of the First International Conference on Communications and Networking in China (ChinaCom). [S. l.]: IEEE, 2006: 1-8.

[24] MESSERGES T S, DABBISH E A, SLOAN R H. Investigations of power analysis attacks on smartcards [J]. Smartcard, 1999, 99: 151-161.

[25] JIA F, XIE D. A unified method based on spa and timing attacks on the improved rsa [J]. China Communications, 2016, 13 (4): 89-96.

[26] MESSERGES T S. Using second-order power analysis to attack dpa resistant software [C]//Proceedings of the International Workshop on Cryptographic Hardware and Embedded Systems. [S. l.]: Springer, 2000: 238-251.

[27] ARIAS O, WURM J, HOANG K, et al. Privacy and security in internet of things and wearable devices [J]. IEEE Transactions on Multi-Scale Computing Systems, 2015, 1 (2): 99-109.

[28] BODHANI A. New ways to pay [J]. Engineering & Technology, 2013, 8 (7): 32-35.

[29] CSAPODI M, NAGY A. New applications for nfc devices [C]//Proceedings of the Mobile and Wireless Communications Summit. [S. l.]: IEEE, 2007: 1-5.

[30] RAHMAN M, ELMILIGI H. Classification and analysis of security attacks in near field communication [J]. International Journal of Business and Cyber Security, 2017, 1 (2).

[31] PHILLIPS T, PHILLIPS T, PHILLIPS T, et al. Sp 800-98. guidelines for securing radio frequency identification (rfid) systems [R]. National Institute of standards and Technology, Technology Administration U. S. Department of Commerce, 2007.

[32] HALPERIN D, HEYDT-BENJAMIN T, RANSFORD B, et al. Pacemakers and implantable cardiac defibrillators: Software radio attacks and zero-power defenses [C]//Proceedings of the IEEE Symposium on Security and Privacy (SP). [S. l.]: IEEE, 2008: 129-142.

[33] DENG R, ZHUANG P, LIANG H. Ccpa: Coordinated cyber-physical attacks and countermeasures in smart grid [J]. IEEE Transactions on Smart Grid, 2017, 8 (5): 2420-2430.

[34] LIU S, FENG X, KUNDUR D, et al. Switched system models for coordinated cyber-physical attack construction and simulation [C]//Proceedings of the IEEE First International Workshop on Smart Grid Modeling and Simulation (SGMS). [S. l.]: IEEE, 2011: 49-54.

[35] FAROOQ M U, WASEEM M, KHAIRI A, et al. A critical analysis on the security concerns of internet of things (iot) [J]. International Journal of Computer Applications, 2015, 111 (7): 1-6.

[36] KHAN R, KHAN S U, ZAHEER R, et al. Future internet: the internet of things architecture, possible applications and key challenges [C]//Proceedings of the 10th International Conference on Frontiers of Information

Technology (FIT). [S. l.]: IEEE, 2012: 257-260.

[37] WU M, LU T J, LING F Y, et al. Research on the architecture of internet of things [C]//Proceedings of the 3rd International Conference on Advanced Computer Theory and Engineering (ICACTE): volume 5. [S. l.]: IEEE, 2010: 484-487.

[38] ZHANG W, QU B. Security architecture of the internet of things oriented to perceptual layer [J]. International Journal on Computer, Consumer and Control (IJ3C), 2013, 2 (2): 37-45.

[39] EVTYUSHKIN D, RILEY R, CSE N, et al. Branchscope: A new side-channel attack on directional branch predictor [C]//Proceedings of the Twenty-Third International Conference on Architectural Support for Programming Languages and Operating Systems (ASPLOS). [S. l.]: Association for Computing Machinery, 2018: 693-707.

[40] OSVIK D A, SHAMIR A, TROMER E. Cache attacks and countermeasures: The case of aes [C]//Proceedings of the Cryptographers' Track at the RSA Conference. [S. l.]: Springer, 2006: 1-20.

[41] YAROM Y, FALKNER K. Flush+reload: A high resolution, low noise, l3 cache side-channel attack [C]//Proceedings of the USENIX Conference on Security Symposium. [S. l.]: USENIX Association, 2014: 719-732.

[42] IRAZOQUI G, INCI M S, EISENBARTH T, et al. Wait a minute! a fast, cross-vm attack on aes [C]//Proceedings of the International Workshop on Recent Advances in Intrusion Detection (RAID). [S. l.]: Springer International Publishing, 2014: 299-319.

[43] ZHANG Y, JUELS A, REITER M K, et al. Cross-tenant side-channel attacks in paas clouds [C]//Proceedings of the ACM SIGSAC Conference on Computer and Communications Security (CCS). [S. l.]: ACM, 2014: 990-1003.

[44] LIPP M, GRUSS D, SPREITZER R, et al. Armageddon: Cache attacks on mobile devices. [C]//Proceedings of the USENIX Security Symposium. [S. l.]: USENIX Association, 2016: 549-564.

[45] GRUSS D, MAURICE C, FOGH A, et al. Prefetch side-channel attacks: Bypassing smap and kernel aslr [C]//Proceedings of the ACM SIGSAC conference on computer and communications security (CCS). [S. l.]: ACM, 2016: 368-379.

[46] ISLAM M A, REN S, WIERMAN A. Exploiting a thermal side channel for power attacks in multi-tenant data centers [C]//Proceedings of the ACM SIGSAC Conference on Computer and Communications Security (CCS). [S. l.]: ACM, 2017: 1079-1094.

[47] KIM T, LEE S, CHOI D, et al. Protecting secret keys in networked devices with table encoding against power analysis attacks [J]. Journal of High Speed Networks, 2016, 22 (4): 293-307.

[48] GUPTA H, SURAL S, ATLURI V, et al. A side-channel attack on smartphones: Deciphering key taps using built-in microphones [J]. Journal of Computer Security, 2018, 26 (2): 255-281.

[49] AVIV A J, GIBSON K, MOSSOP E, et al. Smudge attacks on smartphone touch screens [C]//Proceedings of the 4th USENIX conference on Offensive technologies. [S. l.]: USENIX Association, 2010: 1-7.

[50] GUO C, WANG H J, ZHU W, et al. Smart-phone attacks and defenses [C]//Proceedings of the third Workshop on Hot Topics in Networks (HotNets-III). [S. l.]: ACM, 2004: 1-6.

[51] MAGGI F, GASPARINI S, BORACCHI G. A fast eavesdropping attack against touchscreens [C]//Proceed-

ings of the International Conference on Information Assurance and Security. [S. l.]: IEEE, 2012: 320-325.

[52] HUTTER M, SCHMIDT J M. The temperature side-channel and heating fault attacks [C]//Proceedings of the Smart Card Research and Advanced Applications-Cardis. [S. l.]: Springer, 2013: 219-235.

[53] ROSENFELD K, KARRI R. Attacks and defenses for jtag [J]. IEEE Design & Test of Computers, 2010, 27 (1): 36-47.

[54] ARIAS O, LY K, JIN Y. Security and privacy in iot era [M]//YASUURA H, KYUNG C M, LIU Y, et al. Smart Sensors at the IoT Frontier. Cham, switzerland: Springer, 2017: 351-378.

[55] Craig. Reverse engineering serial ports [EB]. 2012.

[56] QUARTA D, POGLIANI M, POLINO M, et al. An experimental security analysis of an industrial robot controller [C]//Proceedings of the IEEE Symposium on Security and Privacy (SP). [S. l.]: IEEE, 2017: 268-286.

[57] KOSCHER K, CZESKIS A, ROESNER F, et al. Experimental security analysis of a modern automobile [C]// Proceedings of the IEEE Symposium on Security and Privacy (SP). [S. l.]: IEEE, 2010: 447-462.

[58] FOURNARIS A, POCERO FRAILE L, KOUFOPAVLOU O. Exploiting hardware vulnerabilities to attack embedded system devices: a survey of potent microarchitectural attacks [J]. Electronics, 2017, 6 (3): 52:1-52:15.

[59] BECHER A, BENENSON Z, DORNSEIF M. Tampering with motes: Real-world physical attacks on wireless sensor networks [C]//Proceedings of the Third International Conference on Security in Pervasive Computing (SPC). York, UK: Springer, 2006: 104-118.

[60] MULLER J, MLADENOV V, SOMOROVSKY J, et al. Sok: Exploiting network printers [C]//Proceedings of the IEEE Symposium on Security and Privacy (SP). [S. l.]: IEEE, 2017: 213-230.

[61] ARM. Building a secure system using trustzone technology [R]. 2009.

[62] BRASSER F, EL MAHJOUB B, SADEGHI A R, et al. TyTAN: Tiny trust anchor for tiny devices [C]// DAC '15: Proceedings of the 52nd Annual Design Automation Conference. [S. l.]: ACM, 2015: 34:1-34:6.

[63] KOEBERL P, SCHULZ S, SADEGHI A R, et al. Trustlite: a security architecture for tiny embedded devices [C]//Proceedings of the European Conference on Computer Systems. [S. l.]: ACM, 2014: 1-14.

[64] ABERA T, ASOKAN N, DAVI L, et al. C-flat: control-flow attestation for embedded systems software [C]// Proceedings of the ACM SIGSAC Conference on Computer and Communications Security (CCS). [S. l.]: ACM, 2016: 743-754.

[65] DEFRAWY K E, PERITO D, TSUDIK G. Smart: Secure and minimal architecture for (establishing a dynamic) root of trust [C]//Proceedings of Network and Distributed System Security Symposium. [S. l.]: Internet Society, 2012.

[66] ZEITOUNI S, DESSOUKY G, ARIAS O, et al. ATRIUM: Runtime attestation resilient under memory attacks [C]//Proceedings of the International Conference On Computer Aided Design (ICCAD). Irvine, CA, USA: IEEE, 2017: 384-391.

[67] SANTOS N, RAJ H, SAROIU S, et al. Using arm trustzone to build a trusted language runtime for mobile applications [C]//Proceedings of the International Conference on Architectural Support for Programming Langua-

ges and Operating Systems (ASPLOS). [S. l.]: ACM, 2014: 67-80.

[68] NYMAN T, EKBERG J E, DAVI L, et al. Cfi care: Hardware-supported call and return enforcement for commercial microcontrollers [C]//Proceedings of the International Symposium on Research in Attacks, Intrusions, and Defenses (RAID). [S. l.]: Springer, 2017: 259-284.

[69] ZHANG N, SUN K, SHANDS D, et al. Truspy: Cache side-channel information leakage from the secure world on arm devices. [R]. IACR Cryptology ePrint Archive, 2016.

[70] ROSENBERG D. Qsee trustzone kernel integer over flow vulnerability [R]. Black Hat conference, 2014.

[71] CHEN Y, ZHANG Y, WANG Z, et al. Downgrade attack on trustzone: arXiv: 1707.05082 [R]. arXiv preprint, 2017.

[72] TANG A, SETHUMADHAVAN S, STOLFO S. Clkscrew: Exposing the perils of security-oblivious energy management [C]//Proceedings of the USENIX Security Symposium. [S. l.]: USENIX Association, 2017: 1057-1074.

第 11 章 基于硬件的软件安全

虽然美国阿波罗飞船中用来引导指令和登月舱的计算机的运算能力仅相当于当今的袖珍计算器,却不能因此贬低人类在 20 世纪 60 年代末和 70 年代登月所取得的巨大成就,而应该说明技术已经取得了巨大进步。在人类登上月球前十几年,一台计算机能轻易占满整个房间甚至一个建筑。到阿波罗计划时期,计算机控制系统可以小到足以装进航天器。如今,智能手机这样的袖珍计算机的计算能力能轻易超过本世纪初的计算机,价格却只是那时计算机价格的一小部分。

技术的爆炸性进步直接影响了保护这些新计算设备的必要性。智能手机很容易成为恶意软件的攻击目标[1]。数以百万计的物联网(IoT)设备也正在遭受各种威胁,包括遍及全球的僵尸网络。这些由 IoT 设备组成的僵尸网络已被用来攻击互联网上的主干网络[2,3]。

针对新的攻击目标和攻击方式,研究人员提出了大量的网络安全解决方案。其中一些解决方案直接依赖软件,但正如研究人员指出的那样,其性能开销往往太高,很多无法投入实际应用[4-8]。此外,基于软件的安全机制又常常受到可用硬件功能的限制,例如代码指针完整性[8]依赖计算平台的地址空间布局随机化(address space layout randomization,ASLR)[9]的可用性和内存保护机制来保护存储指针的页面。软绑定及 CETS 技术[7]也有类似的要求,因为这些技术需要在专门分配的内存页面来隐藏指针和数组元数据。虽然这些要求在现有的标准计算设备中很容易得到满足,但物联网设备中的嵌入式处理器却很难满足这些要求。

因此,无论是学术界还是工业界都推出了大量新型的外围硬件电路,旨在提高嵌入式设备的安全性。本章将讨论其中一些外围电路和外围设备,对其目标应用程序及可提供的防御类型进行介绍。此外,本章还将讨论最新提出的硬件扩展,以进一步扩展嵌入式物联网设备的安全空间。通过学习本章的知识,研究人员可以了解学术界和工业界如何应对现有威胁,以及为应对未来威胁所应做的准备。

11.1 硬件原语

本节主要介绍一些商业化的安全硬件原语设计,很多片上系统(system-on-chip,SoC)供应商已经将这些硬件设计和硬件原语包含在系统中了,设备制造商可以有选择地利用这些硬件原语构建系统防御措施。

11.1.1 ARM TrustZone

上一章中笔者已经介绍了 ARM 的 Trust Zone 技术保护物联网设备，这里对技术细节进行展开。ARM TrustZone 是一种硬件支持的对程序数据和代码进行隔离的机制[10]，通过在 CPU 中定义新的操作模式或区域实现。这种新的模式或区域被称为安全模式或安全区域。为了支持这一新的操作模式，AMBA/AXI 总线结构也相应进行了扩展，允许总线外设根据 CPU 所处的模式正确响应请求。SoC 供应商需要首先从 ARM 公司获得安全扩展（security extension）的授权，然后就可以选择当 CPU 工作在安全模式时，限制可以访问的外围设备。在正常模式下，访问这些预定义的内存区域会违反访问限制，进而触发中断。

当包含 TrustZone 的 SoC 启动时，CPU 将首先以安全模式执行代码，可以为少数内存区域设置属性，以便从非安全模式或常规区域进行访问，可定义的区域大小和数量取决于 CPU 的内存管理单元，而且软件还必须为安全区域创建一个中断向量表；然后，软件将权限降到正常模式并继续执行代码，通过安全监视器（secure monitor）调用 smc 指令，非安全模式可以请求对安全区域进行访问。

实际上，使用 TrustZone 的计算平台可以被视为有两个并行运行的操作系统：常规区域操作系统和安全区域操作系统。安全区域操作系统通常规模比较小，提供的安全服务数量有限，用于减小潜在的攻击面。相比之下，常规区域操作系统要大得多，功能也更为丰富。安卓操作系统就是这项技术的一个应用实例。安全区域软件管理着诸如指纹存储、指纹验证和数字权限管理（digital rights management，DRM）等相关任务和操作。常规区域中应用程序向安全区域请求服务，例如检查指纹以前是否已被存储或回放加密媒体。

11.1.2 ARM TrustZone-M

通常，ARM TrustZone-M 指的是 ARMv8-M 配置文件中的安全扩展版本[11]。虽然 SoC 中的总线结构与 TrustZone 中的结构类似（相对于普通总线做了类似的修改），但 TrustZone-M 的总体操作模式却与其他 CPU 不尽相同。TrustZone-M 使用了安全属性单元（secure attribute unit，SAU），还有一个可选的基于实现的定义属性单元（implementation defined attribute unit，IDAU）。SAU 和 IDAU 在地址空间定义了一组基于 ARMv8-M 的微控制器区域，并将其标记为安全、非安全、安全和非安全均可调用等三类。顾名思义，安全区域只能由安全软件访问，非安全区域只能由非安全软件访问，安全和非安全均可调用区域可以在任一模式下被访问。

当启动软件时，CPU 处于安全模式后，软件负责建立 SAU，如果有 IDAU，则还要建立 IDAU。接着，软件为非安全程序设置堆栈指针，并采用单板蹦床（veneer trampoline）方式跳转到该堆栈指针。此区域被标记为安全和非安全均可调用。非安全软件可以通过使用单板蹦床向安全软件请求服务。这些蹦床包含一个安全指令，即 sg 指令，可以改变 CPU 运行的模式并允许状态之间的转换。因为 sg 指令还充当所有安全软件的入口点，所以还能起到一个基本的保护作用，防止安全软件被意外调用。

11.1.3 可信平台模块

可信平台模块（trusted platform module，TPM）本身是一系列规范，用来建立底层独立的集成电路，为应用程序提供加密和安全存储服务[12]。TPM 提供的服务包括随机数的产生、加密密钥的安全生成、远程认证以及密钥的绑定和密封等。高层软件需要了解 TPM 的机制和实现才能有效利用 TPM。

TPM 规范定义了一系列寄存器，通过调用 TPM 专用例程，可以由软件修改寄存器的内容，通常利用级联的哈希存储原语来实现。具体过程如下：软件首先将 TPM 寄存器的内容重置为零，然后计算一个哈希值，并发送到 TPM，TPM 将此哈希值级联到某个内部寄存器，执行整个级联的哈希值计算过程，并存储计算结果。随着加载和执行的代码增加，新的哈希值被发送至 TPM，TPM 继续以相同的方式进行处理。当软件向 TPM 请求密钥时，寄存器的内容必须与密钥生成时的内容相同。否则，TPM 将无法解锁和发送密钥。该过程的原理是，如果软件处于未知的执行状态，就无法从 TPM 中泄露任何机密信息。

11.2 基于硬件的物联网防御

本节将描述一些针对物联网设备所受的攻击而提出的基于硬件的防御方法。需要注意的是，这些防御方法的提出往往针对不同类型的攻击，所以很难将其进行横向比较。

11.2.1 控制流完整性

控制流完整性（control-flow integrity，CFI）是一种强大的防御策略，旨在通过强制应用程序的控制流图（control-flow graph，CFG）防止代码重用攻击（code-reuse attacks，CRAs）。根据 CFI 策略，如果程序偏离预期的 CFG，就会导致运行错误。该错误可以由硬件或特定的监控软件来处理。主要的 CFI 实现可以分为基于启发式和基于插装两类。基于启发式的 CFI 策略检查软件的行为，以确定代码重用攻击是否正在进行。基于插装的 CFI 策略向程序代码添加检查点或指令，以跟踪控制流变换，并通知 CPU 或特定监控程序。虽然已经有相应的软件实现，但是如果使用专门的硬件支持这些操作，收集必要的运行时信息，就可以提高效率，降低检测开销。下面介绍一些具体的软、硬件 CFI 策略。

1. HAFIX 及其衍生设计

HAFIX[13]及其衍生设计[14,15]在包括嵌入式 LEON3 SPARC 处理器和 Intel Siskiyou Peak 处理器在内的多种处理器核上得到实现。这些方法添加了新的指令和专用程序，动态跟踪已经被插装的程序在运行时的控制流，同时将状态元数据保存在安全的存储位置。

研究人员接着强化了 HAFIX 架构，新的架构被称为 HAFIX++。HAFIX++ 架构引入了标签影子堆栈和标签状态寄存器。操作系统可以直接对其进行访问，但运行中的进程无法访问。也就是说，非特权代码只能通过 CFI 指令修改标签影子堆栈和标签状态寄存器的内容，而操作系统可以使用移动、加载和存储指令来更改这两个组件中的状态。本章后续内容会以 HAFIX 和 HAFIX++ 为例详细介绍基于硬件的 CFI 策略。

2. CFI CaRE

Nyman 等人提出将 CFI CaRE[16]作为一种无需任何硬件修改就能为 ARM 微控制器提供中断感知的 CFI 策略。CFI CaRE 要求对代码进行插装，用对分支监视器的调用替换所有控制流指令。此外，它还利用 ARMv8-M 架构中引入的安全扩展来存储控制流元数据。

CFI CaRE 插装的二进制文件将所有分支和交换（bx）、分支和链接（bl）以及其他控制流指令替换为指向分支监视器的中断指令。调用目标保存在调用目标表中。该表保存在只读存储中（防止被恶意修改）。安全扩展中有一部分受保护的存储区域用于保存 CFI 元数据。分支监控器利用蹦床方式访问该受保护的存储区域，获取必要的分支行为后，将控制流重定向到正确的跳转目标。

图 11.1 中显示了一个指令插装示例。图中左侧显示了原始代码，右侧是经过插装的代码。在插装后的代码中，分支和链接指令、返回指令❶和❷均被管理程序调用所代替。在执行时，这些管理程序调用指令会跳转到管理程序调用处理程序❸。处理程序检查中断指令是否由潜在的控制流指令生成（步骤❹），如果是，则通过步骤❺和步骤❻跳转到 TrustZone-M 中保存 CFI 元数据的区域。

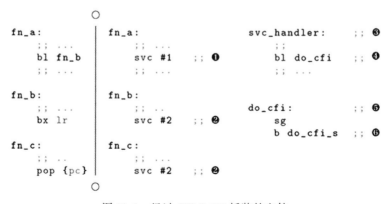

图 11.1　经过 CFI CaRE 插装的文件

11.2.2 固件验证

验证是一类最基本的安全机制，旨在对设备或程序的属性进行显式声明。在这个定义下，固件验证是指对设备的软件和固件的属性进行验证。一个验证方案会涉及验证者（verifier）和证明者（prover）。验证者是一个可信方，可根据证明者收集到的测量结果对设备的操作状态做出最终判断。由于证明者往往就位于设备本身，因此验证方案的设计和实现就成为对验证机制的最大挑战。与之相对应，如果验证者位于设备外部，则验证方法就属于远程验证，否则就属于本地验证。

根据证明者收集设备信息的方式，可将验证方法分为静态验证方法和动态验证方法。如果证明者需要暂时停止设备以收集有关该设备的信息，则其验证方法为静态验证方法。如果证明者能够在不停止操作的情况下收集有关设备的信息，则其验证方法为动态验证方法。下面介绍一些最新的固件验证方法。

1. SMART：安全的且具有极小架构的信任根

SMART 由 El Defrawy 等人在文献［17］中提出，即将一个软件证明者集成到一个小型片上 ROM 中，为嵌入式设备提供一种静态的远程验证机制。这里的软件证明者基于远程验证者的验证请求针对特定区域的代码进行哈希加密并计算 HMAC 值[18]。一旦计算出 HMAC 值，证明者就会将其发送给验证者，以确保被验证代码的正确性。当需要计算 HMAC 时，证明者会使用安全存储在设备中的预先共享密钥，以及由验证者发送（作为验证请求一部分）的随机数，分别确保证明者在响应过程中的机密性和唯一性。同时，存储在 ROM 的预先共享密钥也需要受到进一步保护，防止发生代码重用和信息泄露等攻击。

图 11.2 显示了 SMART 机制的基本工作流程。远程验证者向设备发送请求，证明者通过使用预先共享密钥以及安全哈希计算程序计算被请求部分的 HMAC 值。当证明者从远程验证者收到验证请求时（步骤❶），证明者将暂停当前正在运行的任务，并计算所请求的内存部分中代码的哈希值（步骤❷）。哈希运算的结果将发送给验证者（步骤❸）。通过对比返回的 HMAC 值，验证者可以确定设备上的程序代码是否被恶意替换了。

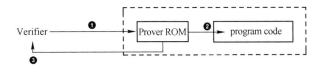

图 11.2 SMART 机制的基本工作流程

2. C-FLAT：控制流验证

Abera 等人在文献［19］中提出，利用对非安全代码进行代码重用攻击，可以绕过

SMART 这一保护机制。作为应对策略，研究人员引入了控制流验证（C-FLAT）来解决此问题。C-FLAT 静态聚合了在嵌入式设备中运行的程序执行路径，包括分支和函数返回等。

证明者在代码执行时收集控制流信息，并对其进行散列运算以计算设备的测量结果。在验证请求期间，证明者向验证者发送控制流信息的哈希值，验证者使用该信息实现程序的预期行为。为了避免由于多个可能的控制流路径而导致哈希值过多的问题，C-FLAT 将循环和条件分支视为"子程序"，当进入这个"子程序"时，会提供独立的哈希值。

C-FLAT 的实现模型如图 11.3 所示。蹦床（trampolines）机制用于进入安全区域及执行控制流验证。

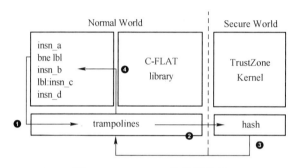

图 11.3 C-FLAT 的实现模型

C-FLAT 在基于 Raspberry Pi 3 的嵌入式系统中被实现和验证。图 11.3 中显示了该实现的一个简化流程。首先需要插装代码，使控制流指令都指向蹦床部分，蹦床部分又同时是运行时跟踪器的一部分。需要验证的分支指令以蹦床区域为目标（步骤❶）。蹦床允许软件转换到位于信任区环境中的 BLAKE2[20] 测量引擎（measurement engine），即图中的步骤❷。测量引擎是设备证明者的一部分，负责计算控制流的哈希值，在完成运算后，会将控制权交还给蹦床（步骤❸），蹦床最终将控制流返回给程序（步骤❹）。当远程验证者向设备发送验证请求时，证明者将使用收集到的信息回应。随着控制流事件数的增加，验证过程所需的开销将呈线性增长。

3. ATRIUM：内存攻击下的弹性运行时验证

Zeitouni 等人阐述了检查时间与使用时间（time of check time of use，TOCTOU）攻击。这种攻击可以绕过先前介绍的验证方案，影响验证结果。为了防止此类攻击，研究人员提出了 ATRIUM 方案[21]。ATRIUM 借鉴了 C-FLAT 和 SMART 的设计理念，将控制流和被执行代码作为证明者收集的信息，生成验证所需的测量结果。与 C-FLAT 和 SMART 不同的是，ATRIUM 在处理器的指令流水线阶段提取控制流和指令信息，从而做到动态地收集这些信息，同时也允许对 CPU 正在执行的代码进行实时分析。ATRIUM 利用特定的 BLAKE2b 硬件加密算法模块对获得的信息计算哈希值。

为了验证 ATRIUM 方案的有效性，研究人员修改了一个开源的 RISC-V PULPino 核[22]来实现 ATRIUM 方案。修改后的核在 Virtex-7 XC7Z020 FPGA 上实现了综合测试。实验证明，ATRIUM 方案的硬件开销很小。具备了 ATRIUM 的 RISC-V 核，总共使用了 15% 的片上寄存器，20% 的片上 LUT 和 18kbit BRAM，同时，受测试算法中控制流指令的数量和频率的影响，性能开销为 1.7%～22.69%。

11.3 基于硬件的控制流完整性

11.3.1 控制流完整性

控制流完整性（Control-flow integrity，CFI）是一种针对控制流劫持攻击的防御策略[6,23]，对防御代码的重用攻击尤其有效，比如可以有效针对代码重用攻击中的返回导向编程（return-oriented programming，ROP）[24]。这类代码重用攻击普遍存在，具有图灵完整性，经常被用于攻击常用的应用程序，比如网页浏览器[25]和文档查看器[26]等。

CFI 通过确保应用程序遵循合法的控制流路径抵御这些攻击。合法路径在静态分析阶段导出的应用程序控制流图（CFG）中显示。每当攻击者试图破坏程序的执行，使程序遵循非法的控制流路径时，CFI 就会检测到恶意控制流，并终止该进程。

11.3.2 HAFIX：硬件辅助控制流完整性扩展

HAFIX 方案引入了两条新指令来帮助处理器跟踪程序的控制流。这两条指令的具体介绍见表 11.1。每个指令的语义略有不同。HAFIX 中的指令使用唯一的标签来描述控制流图的各个部分。

表 11.1 HAFIX 增加的扩展指令

扩展指令	功能描述
cfibr	在函数调用时执行，是函数的进入点，携带一个唯一标签作为预测
cfiret	在调用返回时执行，检查返回地址是否有效，携带一个唯一标签作为预测

图 11.4 中显示了一个经过 HAFIX 插装的代码示例。基于 HAFIX 的状态模型在调用指令执行之后强制引入 cfibr 指令，同时在返回指令执行之后强制引入 cfiret 指令。需要注意的是，指令的其他语义在不同的实现中略有不同。

1. HAFIX 在 Intel Siskiyou Peak 上的实现

HAFIX 在 Intel Siskiyou Peak 上的实现采用了活动集的策略，在跳转进入每个函数之前，

都会在一个 $n\times 1$ 大小的内存中被标记。这里的 n 表示可能的地址数量,每个函数都有一个用数字表示的唯一标识。

图 11.4　在 Siskiyou Peak（IA-32）和 LEON3（SPARC v8）的程序中使用 HAFIX 进行代码插装（新插装的指令位于函数的入口和返回中[13]）

在进入函数时,首先执行一条 cfibr 指令,这条指令的标签对应一个特定的函数标识,这个标识会对应 $n\times 1$ 内存中的地址,这个地址上的值设置为 1,表示这个函数处于活跃状态。

相对应的,当从该函数返回时,必须执行一条 cfiret 指令,不然系统就会报错。指令附带的标签用作 $n\times 1$ 内存中的地址。如果这个地址上的值为 1,那么就认为这个函数返回是有效的。也就意味着调用堆栈中的任何函数都至少有一个有效的返回目标。如果调用堆栈的规模变大,那么有效返回目标的数量就会增加,相对应的后向验证返回策略就会更加宽松。研究人员通过对一些具有代表性的程序进行分析,提取了在这些程序中一个函数在执行的任意阶段可以执行 cfiret 指令的百分比,如图 11.5 所示。

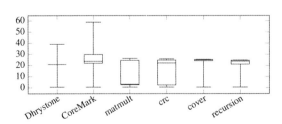

图 11.5　在基于 Siskiyou Peak 的测试集上,一个函数在执行的任意阶段可以执行 cfiret 指令的百分比[13]

2. HAFIX 在 LEON3 处理器上的实现

LEON3 处理器使用 LIFO（last in first out，后进先出）结构，而非基于活动集的策略，保证只有单个返回站点处于活跃状态，具体而言，使用了后进先出队列来处理 cfibr 和 cfiret 附带的标签。在执行前一条指令时，附带的标签被推入 LIFO，而后一条指令移除最后添加到 LIFO 的标签，并与插装指令的标签进行比较。以这种方式执行操作意味着只有最后一个调用中的返回站点才是有效的返回站点，从而在函数调用之间保持有效返回站点的数量相对固定，进程保证更严格的后向验证策略。

11.3.3 扩展 HAFIX：HAFIX++

研究人员进一步扩展 HAFIX 所支持的扩展指令，修改了先前 cfibr 和 cfiret 指令的语义以及 CFI 在执行中的状态模型，得到 HAFIX++ 方案[15]。新的方案支持细粒度的前向和后向验证策略。表 11.2 为 HAFIX++ 中的扩展指令。

表 11.2　HAFIX++ 中的扩展指令[15]

扩展指令	功能描述
cfibr	将指令标签添加到影子堆栈
cfiret	从影子堆栈中返回标签，同时与指令标签比较
cfiprj	将指令标签存入指令状态寄存器，插入间接跳转指令之前
cfiprc	将指令标签存入指令状态寄存器，插入函数调用指令之前
cfichk	比较在指令状态寄存器中的指令标签

同时，HAFIX++ 对 CFI 的状态模型进行了扩充。要求调用指令使用 cfibr 指令设置返回验证，并使用 cfiprc 指令设置调用目标，新加了标签影子堆栈（label shadow stack，LSS），用来存放前一条指令的标签。LSS 可以通过内存映射寄存器和特殊的 CFI 指令访问，内存映射寄存器仅在 CPU 以管理模式执行时才可访问。

一个基于 HAFIX++ 的指令插装示例如图 11.6 所示。编译器在函数调用和跳转指令之前和之后插入新指令，并在函数入口和间接跳转目标中插入新指令。

图 11.6 中，程序从主函数，即 main() 开始执行。所有函数均已插装了新指令。除主程序的入口点外，其他的标签值可以任意分配。以步骤❶为例，在程序运行时期望入口点的值为 2，这条指令将根据标签状态寄存器的内容检查标签。当软件继续执行时，就会开始函数调用。按照步骤❷，首先执行 cfiprc 指令，将值 3 存储在标签状态寄存器中。然后是步骤❸，执行 cfibr 指令，将值 4 推入标签影子堆栈，接着执行函数调用，调用对象是函数 fn_a()。在进入这个函数时，首先执行 cfichk 指令（步骤❺）。对照标签状态寄存器的内容检查标签，在这个例子中为即时值 3。函数返回后，在步骤❹中执行 cfiret。此指令将弹出标签影子堆

栈中的最后一个值，并将其与即时值 4 比较。如果比较成功，表明程序处于适当的返回站点。

```
                                    fn_a:
                                      cfichk 3    ;; ❺
                                      save %sp, -96, %sp
    int fn_a(void) {                  ;; ...
      int a, b;                       ret
      scanf("%d %d", &a, &b)←         restore
        ;
      return a + b;                 main:
    }                                 cfiprc 2    ;; ❶
                                      save %sp, -96, %sp
    int main(void) {                  cficall 3   ;; ❷
      int i = fn_a();                 cfibr 4     ;; ❸
      return i + 1;                   call fn_a
    }                                 nop
                                      cfiret 4    ;; ❹
                                      ;; ...
                                      ret
                                      restore
```

图 11.6　一个基于 HAFIX++ 的指令插装示例

在 HAFIX++ 模型中，如果比较失败，则表明程序可能遭受代码重用攻击。所以，正确地完成指令插装非常关键，同时要保证调用—返回、函数入口、跳转目标等有唯一的标签。为了处理多个调用指令指向同一个函数的情况，HAFIX++ 推荐使用蹦床技术，把可能复用的调用—返回转换成唯一的调用—蹦床，防止可能的代码重用攻击。

11.3.4　各类控制流完整性方案的比较

这里讨论一些最新的基于硬件的 CFI 方案，并从反向控制流、正向控制流、CFI 数据内存的完整性、指令编码（例如 CFI 标签）、添加的 CFI 指令数、指令扩展是否为 ISA 通用及性能开销等方面进行比较。表 1.3 显示了这一部分讨论的摘要。这里的通用 ISA 被定义为可以应用于任何架构而无需修改的 ISA。下面重点比较了以下 CFI 方案：

表 11.3　基于硬件的 CFI 防御方案比较

	反向策略	正向策略	中间变量处理	是否进行标签编码	添加指令数目	是否为通用 ISA	性能开销
Intel 开发的控制流强制技术（CET）[27]	细粒度	粗粒度	中等	否	19	否	N/A
CFI 架构支持[28]	细粒度	粗粒度	中等	是	1	否	3.75%
LandHere[29,30]	兼具细粒度和粗粒度	粗粒度	较低	否	3	是	N/A
HCFI[14]	细粒度	细粒度	较高	是	6	否	1%
HAFIX++[15]	细粒度	细粒度	较高	是	5	是	2%

① Intel 开发的控制流强制技术（CET）[27]；
② 文献［28］中提出的 CFI 的架构支持；
③ 由美国国家安全局（NSA）提出的硬件 CFI 架构及其被称为 LandHere 的实现[29,30]；
④ 文献［14］中提出的硬件强制 CFI（HCFI）[14]；
⑤ 硬件辅助流完整性扩展（HAFIX++）[15]。

1. Intel 开发的控制流强制技术

Intel 开发的控制流强制技术（CET）[27]实现了细粒度的反向 CFI 策略和粗粒度的正向 CFI 策略。反向验证使用影子堆栈并引入了新寄存器（影子堆栈指针 ssp）进行保护。调用指令被扩展，返回地址被送入影子堆栈；同样，返回指令也被扩展，以检查返回地址与存储在影子堆栈中的返回地址是否匹配，在不匹配的情况下将触发中断。影子堆栈通过分页页表进行保护，只有专用指令才能修改其内容。正向验证由新添加指令 endbranch 来处理，间接跳转和调用必须针对此指令提供的目标，不然就会触发中断。表 11.4 中介绍了这一方案中新添加的扩展指令。这些指令的机器编码在不支持 CET 扩展的 CPU 中被视为 nop 指令。Intel 还通过旧代码页位图（legacy code page bitmap）的技术增加了对旧应用程序和软件库的支持。硬件将读取该位图以确定正在传输控件的代码页是否支持 CFI。

表 11.4　Intel CET 规范 2.0 版新添加的扩展指令[27]

扩 展 指 令	功 能 描 述
incssp	影子堆栈指针上移
rdssp	读取影子堆栈指针
saveprevssp	保存之前的影子堆栈指针
rstorssp	恢复保存的影子堆栈指针
wrss	写入影子堆栈
wruss	写入用户影子堆栈
setssbsy	标记影子堆栈为"忙碌"
clrssbsy	重置影子堆栈的"忙碌"标识
endbr64	在 64-bit 模式下终止间接跳转
endbr32	在 32-bit 或兼容模式下终止间接跳转

Intel CET 实现的反向验证策略在概念上与 HAFIX++ 中的反向策略类似，两者都使用了影子堆栈，但有几个关键区别：
① 影子堆栈指针是 Intel CET 中的额外 CPU 寄存器，而 HAFIX++ 将其实现为内存映射寄存器；
② 在 Intel CET 中，返回地址被推入影子堆栈，而在 HAFIX++ 中则使用标签。前者通过修改调用指令的方式执行推入操作，而 HAFIX++ 引入了一个新指令来执行此操作；
③ 影子堆栈可由特殊指令直接访问，这些指令可以在 Intel CET 中的 Ring 0 和 Ring 3

上执行，而 HAFIX++ 的影子堆栈只能使用常规的加载或存储指令在 Ring 0 上访问。

虽然 Intel CET 的实现方法和 HAFIX/HAFIX++ 的方法相似，但是 Intel CET 修改了返回指令的行为，以访问堆栈和影子堆栈。这种方法和 Intel 的 ISA 绑定，是对地址本身进行比较，很难扩展到其他 ISA 或与其他防御方法一起使用，也很难叠加到其他安全机制上。与之相对应，HAFIX 是一种更通用的方法，利用专用指令访问专用硬件堆栈，以存储标签。这些标签与调用的返回站点相关联，不需要诸如影子页表之类的额外保护。新添加的指令将标签存储在标签状态堆栈中，当返回时，对应的专用指令弹出标签并执行比较。HAFIX 强制每个 cfiret 指令都有一个唯一的标签。该标签与每个函数返回时存储在标签状态堆栈顶部的内容相匹配。这种方法也可以很方便地被应用到其他安全机制的扩展上，包括程序验证和进程级的程序监控等，因为这里添加的标签状态可以帮助描述进程的运行时状态[31]。

Intel 方案的正向 CFI 策略允许每个调用或跳转指向程序中标记有 CFI 入口指令的任何入口点。这种粗粒度的方法已经被证明对较隐蔽的代码重用攻击不安全[32-35]。而 HAFIX 要求每个调用或跳转指令都以有效的 cfichk 指令为目标。与 Intel 正向 CFI 策略不同的是，HAFIX 在新添加的专用指令中将调用或跳转的预期控制流目标编码为标签。仅当间接跳转或调用的目标指令包含与存储在标签状态寄存器中的标签匹配时才允许继续执行。因此，HAFIX 提供了更细粒度的正向保护，提供更强大的安全保证。当然，为了实现最大限度的保护，HAFIX 方法要求所有正向跳转均应正确插装指令和标签。

另一个阻碍 Intel CET 方案成为一个通用指令集扩展方案的因素是内存访问。虽然 Intel CET 的正向策略要求指令顺序提交，但该方法还是会以更改 call 和 ret 指令的行为来提供额外的内存访问及比较操作。这种对内存进行两次访问的方式很难被扩展到 RISC 架构，因为在 RISC 架构中，通常只允许每条指令进行一次内存访问，所以如果要做到这一点，就需要对整个架构进行重大改进，往往工作量大且不现实。

2. 基于体系架构支持的 CFI 策略

Budiu 等人[28]引入了在体系架构层面对 CFI 的支持，具体而言，就是对 ISA 进行扩展从而对间接调用、间接跳转和返回进行编码。以 Alpha ISA 为例，上述指令均被扩展，使用操作码的低 16 位来编码一个有效的控制流目标。新加的指令只有一条，即 cfijmp。这条指令通过对特定目标的专用 CFI 标签寄存器中的标签引用解析（dereference）来验证预期的控制流。不过这种方法依赖于 Alpha ISA 中的指令编码，因此也不是一个通用指令集扩展。

这一基于标签的方法无论是正向策略还是反向策略均为粗粒度，而且只有与标签匹配的有效控制流目标可以作为跳转目标。考虑到只有一条指令可用于验证有效的控制流，所以在对跳转目标插装这条指令时，就要有大量的有效标签来对应所有合法的控制流。举例而言，假设程序中存在一个计算数字平方的函数，如果这个函数可以被五个独立的函数所调用，那么每个调用函数的返回站点都包含五个带有相关标签的 cfijmp 指令。另一种解决方法是为每个返回站点插装单条指令，并为每个函数分配相同的标签。但是无论哪种情况，也无论是对于前向还是后向控制流，研究人员都发现这一 CFI 策略并不安全[32-35]。

为了实现精确的返回地址验证，Budiu 等人[28]还在其方案中建议使用影子堆栈。但是研究人员目前尚未实现这种影子堆栈，反而是在程序中通过插装 NOP 指令来评估代码密度和运行时性能开销。即便如此，与在 HAFIX++[15]中的片上标签状态堆栈（label state stack，LSS）相比，影子堆栈也会带来更多的性能开销，因为访问 CFI 元数据至少需要从第一级（L1）缓存访问数据，这一访问可能没有命中，L1 缓存也能忙于处理其他等待的请求。相比之下，HAFIX 中的 LSS 是一个专用高效的存储器，允许立即访问存储的标签，无需等待任何其他的请求。

3. NSA 的硬件 CFI 和 LandHere

有意思的是，不仅学术界和工业界，美国政府也关注这个问题。比如 NSA 发布了一份硬件 CFI 方案的白皮书[29]，建议增加三条硬件指令，即 CLP、RLP 和 JLP，分别对直接或间接调用、返回和间接跳转进行插装。这些指令被插装在每个控制流的跳转目标上。当程序受到 CFI 方案保护时，要求每个分支指令跳转到正确的目标指令上，比如 CALL→CLP、RET→RLP 和 JMP→JLP。

与 HAFIX 相类似，NSA 提出的方案没有针对特定指令集，因此也是一个通用 ISA 扩展。这种方法对于正向策略和反向策略均为粗粒度。比如任何调用都可以以任意 CLP 指令为目标，任何跳转也都可以以任意 JLP 指令为目标，同时任何返回都可以以任意 RLP 指令为目标，所以研究人员很快发现这一方案也不安全[32-35]。与之相反，HAFIX 方案通过使用唯一标签对每个控制流传输目标进行唯一编码（使用 CFI 标签堆栈的 CALL/RET 对、CFI 标签寄存器的 CALL/JMP 目标和蹦床的多个调用方解析）来强制细粒度的正向和反向 CFI。如果检测到标签不匹配，则执行将被终止。作为改进，NSA 方法建议添加一个由 CLP/RLP 使用并由内存管理单元（MMU）来管理的程序控制流图（CFG）组成的影子页表，但这一扩展目前尚未实现。而通过 HAFIX 方案，可以实现一个完全基于硬件的 CFI 防御，并能够支持商业级代码，同时 HAFIX 还可兼容旧应用程序，并通过在进程控制块中支持的 CFI 语境来支持多个进程和线程。

LandHere 技术是 NSA 的 CFI 方案[29]的一个实现，添加了一个影子堆栈提供细粒度的反向 CFI 保护[30]。但是因为 LandHere 不支持任何 CFI 标签，所以正向 CFI 保护仍然为粗粒度。

4. 硬件强制 CFI

Christoulakis 等人提出硬件强制 CFI（HCFI）[14]。这种基于硬件的 CFI 保护能够处理细粒度的正向策略和反向策略，与 HAFIX 有许多相似之处。它增加了六条处理控制流指令和跳转指令的专用指令、一个影子堆栈（为反向策略服务）、一个影子寄存器（为正向策略服务）、一个影子内存数组（针对跳转指令）和一个递归位图。

HCFI 方案的组成部分包括指令集扩展、专用内存、基于有限状态机控制逻辑。这些都是实现 CFI 的常用组件。但是对指令集扩展进行的优化（如将 CFI 指令置于调用延迟槽中）是 RISC 指令集的特有功能，使得 HCFI 很难移植到其他指令集上。相比之下，HAFIX 在微架构和 ISA 扩展方面均更为通用。而且，HCFI 不支持尾调用和间接跳转，也不支持多进程、多线程且不兼容旧程序。最近研究人员还发现，使用同一标签标记多个调用目标的 CFI 策略还是不能防御恶意代码重用攻击[36]。与之相比，HAFIX 使用每个进程或线程的进程控制块中的 CFI 语境来管理这些特性，并且对函数调用-被调用对进行了唯一标记。总体而言，HAFIX 提供了比 HCFI 更完善、更安全的防御。

11.4 代码执行完整性

这一节将讨论代码执行完整性的概念。作为一种验证方案，代码执行完整性（有时候又称为执行完整性）往往被用来保护不常在线的设备。

11.4.1 指令集随机化

指令集随机化（instruction set randomization，ISR）最初是由 Gaurav 等人提出的。作为一种安全机制，其目的在于防止代码注入攻击[37]。相对于非执行位（NX）这一广泛采用的安全方法，即页面可以单独标记为可执行或不可执行，指令集随机化出现得更早。Gaurav 等人提出的最初方案是用静态密钥加密整个二进制文件。其原理是如果代码被注入到应用程序的内存空间后被执行，则注入的代码需要使用密钥加密。图 11.7 显示了这个概念。当程序被执行时，指令被解密，从而被正确执行。如果代码被添加到应用程序的内存空间，首先必须使用密钥对其加密，然后才能被解密并执行。这里密钥本身作为可执行文件头的一部分被存储，并在程序启动时被加载到内核中。在执行代码时，只有操作系统可以访问此密钥。

```
4883ec18                        b77c mov $0x7c,%bh
    sub $0x18,%rsp              13e7 adc %edi,%esp
488d3d990f0000                  b772 mov $0x72,%bh
    lea 0xf99(%rip),←           c266f0
        %rdi                        retq $0xf066
64488b042528000000              ff   (bad)
    mov %fs:0x28,%rax           ff9bb774fbda
4889442408                          lcall *-0x25048b49(←
    mov %rax,0x8(%rsp)                 %rbx)
31c0 xor %eax,%eax              d7   xlat %ds:(%rbx)
488d542404                      ff   (bad)
    lea 0x4(%rsp),%rdx          ff   (bad)
4889e6                          ffb776bbdbf7
    mov %rsp,%rsi                   pushq -0x824448a(←
e8c8ffffff                         %rdi)
    callq 1050                  ce   (bad)
                                ;; ...
```

图 11.7 指令集随机化尝试通过加密程序中的指令来防止代码注入攻击

自从 ISR 的概念被提出后，ISR 就成为了防御和攻击的拉锯战战场。一些新的 ISR 实现提供了比以往更好的性能，同时也提高了安全性，而同时新的攻击也被提出来，指出现有防御方式的不足。

比如 Gaurav 等人最初提出的方法被 Barrantes 等人在文献［38］中扩展。其目的是为了解决加密和解密过程中每个密码块使用一个密钥的不足。Barrantes 等人提出使用一次性密钥（one time pad，OTP）来加密内存，而 OTP 通过随机数发生器获得。很快，Sovarel 等人在文献［39］中提出了对 ISR 进行更强大的攻击。研究人员证明只需获得内存某些部分的密钥，就可以破坏整个系统。Portokalidis 等人扩展了文献［38］中所述的系统，增加了对动态库的支持，并利用文献［40］中提出的密钥管理方案。新的实现放弃了模拟器的使用，而是选择使用 Intel PIN 工具[41]。对由应用程序完成的写入操作进行了指令插装，以避免攻击者重写 PIN 使用的调用，从而泄露信息或系统中的任意代码。为了克服纯软件方法带来的性能开销，文献［42］中，研究人员提出了一种基于硬件的解决方案，被命名为 ASIST 机制，其平均开销降低到了 1.5%，而且只包含了很少的硬件修改。

目前主流的 ISR 往往倾向于支持 NX 位作为防止代码注入攻击的手段，但是这并不代表其他方案无效。事实上，通过对代码使用不同的加密原语，研究人员发现据此重新设计的 ISR 能有效提供对代码重用攻击和信息泄露的保护。接下去笔者以一类新型的 ISR 为例，说明 ISR 领域的研究依然值得关注。

11.4.2 地址空间布局随机化

在介绍新型 ISR 之前，还需要介绍一个重要的概念，即地址空间布局随机化（ASLR）[9]，这是用来隐藏关键程序代码和数据位置的一种软件技术。在 ASLR 下，应用程序每次启动都会显示不同的虚拟地址空间。这要求应用程序包含无需位置信息的代码，或者加载程序在加载时动态修补代码中的重定位。

在启用了 ASLR 的二进制文件中，代码和数据引用通常与程序计数器相关，这就要求 CPU 在其指令集架构中支持这种寻址模式。不支持这种类型寻址模式的架构（如 SPARCv8 架构）则利用在需要这种寻址模式的地方间接获得当前程序计数器的代码段。从图 11.8 中可以看出在不同架构中对程序计数器的引用方式。由于 SPARC 架构不支持位置无关代码，所以必须使用额外的代码来间接获得程序计数器的值。对于那些不支持位置无关代码（position independent code）的架构需要加入额外的代码段，所以需要考虑由此产生的性能开销。

ASLR 还借助了能够执行地址转换的内存管理单元（memory management unit，MMU）。当程序即将执行时，加载程序映射可执行页面，这些页面成为该进程地址空间的一部分。当映射这些页面时，内核选择空置的物理内存帧来分配程序的可执行代码（这些内存帧无需连续）后，内核会配置 MMU，将这些物理地址转换为进程中的虚拟地址。内核可以选择如何进行转换，意味着内核可以将程序的虚拟地址以及相关的数据区域对应到任何对齐的页面。

```
load_data:
    movq 0x1322(%rip), ←
        %rax
    ;; more code
```

```
load_data:
    call ←
        __sparc_get_pc_thunk.l7←
    xor %l7, %l7, %l7
    ld [ %l7 + 0x1322 ],←
        %l0
    ;; more code
__sparc_get_pc_thunk.l7:
    jmp %o7 + 8
    add %o7, %l7, %l7
```

图 11.8　在 AMD64 架构（左图）和 SPARC 架构（右图）中的位置无关代码

11.4.3　SCYLLA 设计

虽然指令集随机化（ISR）设计时考虑了代码注入攻击，但设计目标并不易于转化为防止代码重用攻击（code-reuse attack，CRA），因为 ISR 下的指令无论在程序代码中的位置如何，都会被正确解码。虽然有其他的方式来防御代码重用攻击，但研究人员还是在考虑是否可以扩展 ISR 的方法，使之具有防止代码重用攻击的能力。基于这一思路，笔者提出了在基本块中引入执行路径的概念来扩展 ISR，新的框架被命名为 SCYLLA。

基本块是一个顺序代码单元，其中不包含指向入口的分支指令，也没有指向出口的分支指令（出口本身除外）。在 SCYLLA 中，基本块中的每一条指令都相对于前一条进行解密，从而迫使基本块从适当的入口点执行，保证了代码执行的完整性。

但是，如果攻击者知道基本块的位置，则仍然可以在代码重用攻击中将整个基本块用作基本攻击单元（gadget）。为了防御这种攻击，SCYLLA 提供了细粒度代码多样化排列，包括对函数位置和函数中基本块位置的置换。此外，SCYLLA 还在基本块中插入与功能无关的指令，以防止因为重复的密码块而泄露信息。这里，用于确保基本块正确执行的加密算法具有双重目的，即隐藏函数的位置和隐藏函数中基本块的位置。

SCYLLA 系统结构如图 11.9 所示。

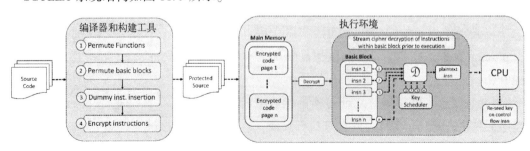

图 11.9　SCYLLA 系统结构

编译器（compiler）和构建工具（build tools）对函数和基本功能块进行置换操作，同时在函数和基本块中插入功能无关指令，生成一个基本块随机排列且不互相重复的多样化程序后，对这些基本块的代码使用流密码加密。这一代码执行环境确保受保护的应用程序始终在内存中加密。被执行的加密指令在进入 CPU 时使用流密码实时解密。一旦解密，明文指令将被发送到 CPU 并被正常执行，被解密的明文指令不会再被写入内存中。下面将详细介绍 SCYLLA 的工作过程。

1. 细粒度代码随机化

为了达到细粒度的代码随机化，SCYLLA 通过合并函数排列、基本块重新排序和插入功能无关指令使受保护程序的内存布局多样化。

首先是置换函数位置，以阻止通过读取数据页中的代码指针来泄露程序布局的攻击方式，具有读取任意位置能力的攻击者能够将代码指针与目标指令关联起来，利用函数排列可以降低攻击者猜测函数位置的能力。

其次是在函数内部置换基本块，以隐藏函数布局。这有两方面效果：一方面，通过二次随机化增加了函数的结构多样化；另一方面，可以保护加密程序免受已知的明文攻击。例如，如果发现一个函数的入口地址，攻击者就可以将加密的指令与本地程序关联起来计算密钥。如果不了解基本块排序，就无法实现这一点。

接着是在基本块内部随机添加功能无关指令，改变基本块内的地址偏移和指令顺序。功能无关指令的插入还通过将随机字符串连接到程序末尾来增强 SCYLLA 的加密机制。在这种情况下，基本块中插入指令的类型（mov、add、push/pop、nop）、数量和分布共同构成了基本块的随机性。

SCYLLA 提供的安全保证并不仅仅与多样化有关，还与随机化和基于基本块加密相结合。当将程序多样化时，单个或多个函数或基本块入口的泄露不会泄露周围的代码布局。但是，攻击者可以恢复部分代码布局，甚至整个代码布局。在这种情况下，基于基本块的加密可以确保程序的控制流只能以有效的基本块为入口，即使是已泄露地址的代码块也还是以密文方式被保护的。

2. 基本块加密

将二进制文件随机化后，接着就是对程序进行加密，以隐藏底层代码布局并保证代码执行的完整性。这一层保护的目的是强制控制流只流经基本块的入口和出口点，防止控制流劫持攻击。SCYLLA 特别使用流密码来加密程序中的每个基本块。基于这种方法，为了正确解密和执行应用程序，控制流必须以基本块的唯一入口点为目标，并按顺序执行，直至运行到终止的控制流指令。这种形式的隐式控制流完整性能保证执行完整性。SCYLLA 的加密与多样化相结合，使得读取代码位置不会泄露任何有关周围代码布局的信息，还可以防止泄露攻击。攻击者需要破坏底层加密算法才能显示程序的内存布局，如果直接读取代码页，只会返回密文。

3. 运行时解密

SCYLLA 的执行环境能确保对攻击者隐藏底层代码布局（包括控制流）。在图 11.9 中，指令被发送到 CPU 时被实时解密，这就确保内存或缓存结构的任何级别中都不会出现明文指令。CPU 前端的解密使用流密码执行。每当遇到控制流指令时，流密码更新加密种子，并为下一个基本块的解密做好准备。

在硬件实现中，SCYLLA 需要有 CPU 和指令缓存之间的解密引擎，这样指令就不会以明文形式存在于 CPU 之外的任何地方。这种执行模式比 Intel SGX[43] 或 AMD SEV[44] 更强大，信任范围只是 CPU 本身。与之相对应，Intel SGX 指令和数据在到达 L1 缓存之前被解密，外部程序无法访问 enclave。在 AMD SEV 中，物理帧在进入 CPU 之前被动态解密。Intel SGX 和 AMD SEV 这两种办法使得代码和指令在执行环境中可被访问。但在 SCYLLA 中，除了 CPU 执行的过程，其他任何时候代码都是被加密的。当然这里还需要一个存储单元来保存解密基本块所需的信息。

在指令执行过程中，解密引擎在 CPU 获取指令时主动解密指令。考虑到这一方案主要是保护用户空间的应用程序，所以即使 CPU 在管理模式时，解密引擎也都会保持活跃状态，每当任务切换发生时，操作系统必须为当前线程备份解密引擎的状态，并为下一个计划的进程恢复该状态。

11.4.4 实现 SCYLLA 架构

1. 细粒度代码随机化

为了实现代码随机化，SCALLA 选择修改 LLVM 编译器[45]来帮助生成一个多样化的程序，同时使用排列函数和基本块的组合，并在基本块中随机插入功能无关指令，以使程序的代码布局多样化。随机化并不一定需要源代码，类似的多样化技术已经在二进制代码中应用[46,47]。这里为了证明概念，也为了更方便实现，笔者选择对源代码程序进行多样化处理。

这一步在图 11.9 中已经展示。首先是函数置换（Permute Functions），然后置换函数中的基本块，虽然这可能会降低随机化的熵，但这一过程不会降低实现的安全性。对于给定的具有 m 个函数且每个函数包含 n 个基本块的应用程序，与每个函数基本块随机化相结合的函数轮排的排列数可以计算为 $m! \times \prod_{i=1}^{m}(n-1)!$。这一理论值在之后的实验中得到验证，使用 SPEC2006 基准测试集[48]能保证可能的置换数量足够高，能防御攻击者在多样化方案中推断代码布局。同时，程序中也插入了功能无关指令，通过在执行期间进一步改变偏移量改进布局多样化，并通过在基本块中添加额外的填充指令增强流密码的加密效果。

2. 加密代码页

代码重用攻击通常会将控制重定向到非预期代码位置，例如基本块或指令的中间位置，以便准确执行攻击者想要执行的指令（或一组指令）。对基本块进行流密码加密，就确保了该基本块的执行完整性。在流密码加密中，每一条指令均基于前一条指令加密，因为每条指令都依赖之前执行的指令，所以基本块中的指令不受非预期执行的影响。

为了支持代码页的指令集加密，从 GNU 二进制实用程序（binutils）包中扩展了 objcopy。objcopy 工具提供了在不同格式之间复制和转换对象文件的方法。利用这些功能在二进制文件中的基本块上使用流密码进行加密，以防止攻击者在内存扫描攻击（直接或间接代码指针泄露）下暴露程序的代码布局。使用流密码的一个重要原因是因为其易于集成至 CPU 的取指阶段，当指令进入 CPU 时即时解密指令。加密过程如图 11.10 所示。明文基本块（左图）被变换为加密指令（右图），同时改变基本块中的指令类型和指令大小。代码中的基本块使用流密码加密，并对底层指令的类型和大小进行变换。图 11.11 以 bzip2 代码为例来说明这一变换过程，在对基本块使用流密码加密后，bzip2 的一部分代码（上部）被转换成密文（下部）。如果攻击者利用内存泄露漏洞，就只会看到加密后的指令，由于没有用来生成流密码密钥所需的信息，因此攻击者无法推断基本块的行为。

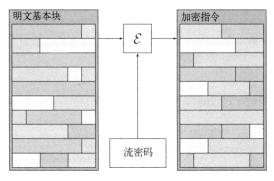

图 11.10　加密过程

```
48 31 ed            xor %rbp,%rbp
48 89 e7            mov %rsp,%rdi
48 8d 35 4b fd      lea -0x4002b5(%rip),%rsi
bf ff
48 83 e4 f0         and $0xfffffffffffffff0,%rsp

a9 e3 2e 38 60      test $0x60382ee3,%eax
86 f0               xchg %dh,%al
79 05               jns 4002b6
26 54               es push %rsp
5a                  pop %rdx
de 14 f9            ficom (%rcx,%rdi,8)
7c 46               jl 4002ff
```

图 11.11　加密代码示例

利用 objcopy 工具可以扩展二进制文件中的代码段。这个工具还提供了加密选项。当这一选项作为命令行参数的一部分传递时，该工具使用 libopcode 后端提供的工具先对代码页进行反汇编，然后使用流密码加密，在基本块这一粒度上实现指令集加密。接着使用基本块中的终止控制流指令重置流密码，并回到初始状态继续加密下一个基本块。因为需要在加密过程中捕获控制流指令，所以反汇编是该过程中的必要步骤。

需要注意的是，这一方案把加密操作限定在基本块层面上主要是因为要部署流密码链，否则加密过程就需要了解整个程序的确切执行路径才能执行。如果真想在执行路径上加密，那么会遇到的另外一个问题就是函数循环或多次调用。此类程序无法用执行路径加密。究其原因是需要对多次执行的基本块进行多次加密传递，编译时边界为常数的循环可以循环展开，虽然这会不必要地增加代码大小，但是这种展开无法应用到执行计数为变量的循环中。同样，流密码的应用也无法处理递归函数。

3. 流密码实现

SCYLLA 的实现中还需要对流密码进行选择，一个示例是使用计数器模式下的 128 位密钥的 AES 加密算法[49]。这一算法可以生成加密所需的随机数，并可以利用这些随机数加密指令流。使用 128 位密钥的 AES 有独特的优势：首先，它的数据块大小是 128 位，与 x86 架构中目前允许的最大指令位数一样；其次，AES 易于进行流水线操作，并且有许多现成可用的硬件实现，特别是先进的 CPU 都已经提供了 AES 硬件加速器。

同样的，SCYLLA 使用 AES 密码系统生成的数字对基本块中的每条指令进行解密操作。对于每条解密的指令，计数器递增 1，所得的数字用于取下一条指令。在进入基本块时，重置计数器到初始状态。

4. SCYLLA 方案在实施中的挑战

在应用 SCYLLA 时，也有很多挑战，比如编译器在发出代码时并不总是遵循基本块的经典定义。尽管按照代码基本块的定义，一个基本块在开始时包含唯一的入口点，并以控制流指令结尾，但是除非有显式的分支操作，编译器不一定会生成控制流指令。然而，SCYLLA 中要求所有被加密的基本块必须是符合要求的完整基本块，即以唯一入口开始，包含一条或多条顺序执行的指令，最后以分支指令结尾。基于此，就需要在代码编译生成之前进行代码检查。如果在代码检查过程中找不到控制流指令，就会插入一条直接跳转指令跳转到顺序执行的下一个基本块。

为了保证代码对齐，编译器也可以在函数的末尾加入功能无关指令作为填充。这意味着下一个函数的入口点不会在上一个函数的最后一条指令执行之后立即开始。为了避免在加密过程中丢失基本块，可使用修改后的 objcopy 工具读取二进制文件的符号表，并在函数入口处重置流密码。

5. 动态解密代码页

为了验证 SCYLLA 方案的安全特性及对性能的影响，需要有相对应的测试方法。目前，市场上还没有一个商用的硬件平台来实时转换即将执行的代码,之前提出的指令集随机化方案[37,38,40,50]使用动态二进制插装工具(如动态 RIO 或 Intel PIN 工具)来执行实时解密。但是,动态 RIO 和 Intel PIN 与正在插装的二进制文件共享自己的地址空间。在 SCYLLA 方案对应的攻击模型下,这就意味着任何多样化处理和加密都可以直接泄露给攻击者。当然,可以插装所有对内存的读和写操作来防止泄露机密。但先前的研究表明,这种方法的开销过于高昂[40]。

QEMU 或 MARSSx86 等系统模拟器代表了另外一种测试平台,但它们也有问题。比如这些工具都充当虚拟机管理器的角色,所以还需要一个运行在虚拟机之上的客户操作系统。与此同时,这些模拟器还需要处理多任务和其他一些不支持 SCYLLA 的应用程序。因此,基于这些模拟器的测试平台需要进行大量的修改工作。虽然 QEMU 能够模拟整个系统用户区域的应用程序,而不需要客户操作系统,但是当以这种方式使用时,它会将客户程序的指令转换为本机代码,并将其缓存在一组翻译块中。尽管该系统用于提高运行时性能,却直接违反了 SCYLLA 要求的在内存中对所有代码页进行加密的要求。

基于这些考虑,笔者开发了一个集成到操作系统运行时加载器中的执行封装器,创建加密程序的子进程。执行封装器结构如图 11.12 所示。执行封装器启动父进程。该父进程在监视模式下作为子进程执行多样化的加密应用程序。父进程利用 Linux 内核中的 ptrace( )工具单步执行子进程,读/写执行封装器的代码页,并将子进程的代码页以加密方式留在内存中。父进程遵循算法 11.1 中所示的过程。

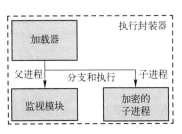

图 11.12 执行封装器结构

算法 11.1

Algorithm 11.1 Parent monitor process
  while child is running **do**
    $pc \leftarrow child_{\%rip}$
    $buf \leftarrow child._{\texttt{text}}\ @\ \texttt{pc}$
    if last isns is cflow **then**
      Reseed stream cypher
    else
      Forward stream cypher
    end if
    $buf \leftarrow buf \oplus key$
    Decode instruction
    $child._{\texttt{text}}\ @\ \texttt{pc} \leftarrow insn$
    Singlestep child
    $buf \leftarrow buf \oplus key$
    $child._{\texttt{text}}\ @\ \texttt{pc} \leftarrow buf$
  end while

执行封装器还允许使用者监视进程的其他信息，如执行子进程所花的时间、分析内存区域所需的时间以及指令的执行顺序。此外，由于加密后的程序作为子进程运行，因此无法泄露父进程使用的加密信息。如果需要处理多线程和需要调用其他线程的应用程序，就需要在执行封装器中使用更复杂的密钥调度器。出于简化测试的目的，实验分析部分只使用SPEC2006基准测试集中的单线程应用程序。

11.4.5 SCYLLA 评估

1. 安全

进行安全评估是首要条件。这里假设攻击者的目标是反汇编足够数量的代码页，或者推断足够数量的代码位置，以展开代码重用攻击。所以就需要分析和评估 SCYLLA 方案对于一个掌握了内存漏洞的攻击者的有效性。因为利用内存漏洞，攻击者可以泄露程序的地址空间，并且能够将程序的控制流重定向到任意选定的目标。这是一个常用的攻击假设模型[8,46,51-53]。这里遵循标准密码协议，假设攻击者知道流密码底层实现的工作原理，但不知道用于伪随机数生成器的密钥和初始向量。

（1）防御代码重用攻击

为了评估 SCYLLA 结构的安全性，这里首先假设由于使用了数据执行保护（data execution prevention，DEP），攻击者无法修改或在内存中注入代码。也正因为如此，很多现实中发生的 CRA 攻击以禁用 DEP 为目标，接着再发起代码注入攻击。这里另一个假设是攻击者掌握了内存泄露漏洞。利用这个漏洞，攻击者可以绕过细粒度的多样化，把多个函数和代码基本块链接起来，构建攻击来禁用 DEP。但是，如果要绕过 SCYLLA，攻击者仍需要破解每个加密的基本块，才能在进程中执行有意义的操作。所以对这类攻击，由于 SCYLLA 要求对指令进行解密，这样就提供了内在的保护，而且这种保护无论该进程的权限是否变化，都始终有效。

（2）防御传统 ROP 攻击

传统 ROP 攻击利用程序代码中已知的基本单元（gadget），并使用调度器（如跳转导向编程[54,55]）或通过破坏堆栈[56]中的返回地址链接。这里的基本单元是指在基本块中找到的任何指令序列。因为 x86-64 指令集允许有未对齐的指令，所以基本单元不需要全部由完整的指令组成，也可以包含部分解码的指令。

SCYLLA 可以防止控制流重定向到基本块内的任意指令，因为使用了流密码对基本块进行加密，直到基本块上的终止控制流指令。在加密过程中，当遇到新的基本块时，密钥调度器会使用新密钥。在执行过程中，当输入一个新的基本块时，指令将以类似的方式解密。将控制流重定向到基本块的中间位置时将会导致使用错误的密钥解密指令，直接导致 CPU 进行错误的指令解码，最终导致程序崩溃。已有的研究表明，平均四到五条指令被错误解码就足以终止进程[38]。

如果想要执行传统 ROP 攻击，攻击者就需要逆向流密码才能使恶意控制流重定向工作。比如使用 AES 的计数器模式（CTR Mode），攻击者必须知道用于 AES 引擎的密钥和初始化向量才能推断密钥并解密，而使用 AES 的计数器模式确保有足够安全的伪随机数来加密内存中的程序。

（3）防御控制流弯曲攻击

控制流弯曲（control-flow bending，CFB）[57]攻击是一种较新型的攻击方式，能绕过一些 CFI 保护。在 CFB 攻击中，攻击者破坏代码指针以调用由 CFI 策略确定的有效函数入口，被调用方还必须包含一个漏洞。该漏洞允许攻击者破坏返回地址，指向任何调用之前的站点。这就允许攻击者恶意弯曲控制流，并精心策划任意攻击。然而，由于 SCYLLA 对代码采用了细粒度的多样性处理，并对每个基本块代码进行加密，因此可以防止攻击者定位调用之前的目标。CFB 攻击还要求攻击者在程序中找到一个易受攻击的函数，让其能够重写返回地址。如前所述，由于 SCYLLA 细粒度地对代码进行多样化处理并对每个基本块进行加密，有效地防止了攻击者对程序的底层信息、控制流及代码布局的探测。

（4）防御 JIT-ROP 攻击

JIT-ROP[58]攻击是针对细粒度随机化技术的一类强大攻击。这类攻击利用单个代码指针的泄露，在运行时将其 ROP 负载调整为随机化程序布局和基本单元搜索空间。即使对于基于加载时间的防御方法，即在每次执行时重新随机化应用程序空间布局，攻击者也能够绕过这种防御方法。下面将讨论 JIT-ROP 的两种主要类型，以及 SCYLLA 如何应对此类攻击。

传统的 JIT-ROP[58]通过反汇编代码页，同时保留反汇编过程中发现的基本单元合集，作为直接调用或直接跳转的一部分，任何代码指针都能被用来查找新的代码页，从而绕过程序多样化防御方法。然而，在 SCYLLA 中，从代码页执行的任何读取操作都得到的是密文。尽管代码页本身可读，但如果不能破解密文，就难以进行反汇编。因此，攻击者无法利用传统的 JIT-ROP 攻击来泄露新代码页或在二进制文件中查找基本单元。

JIT-ROP 可以扩展为仅使用从数据页中泄露的代码指针，间接在代码页中生成反汇编的指令链[59]。尽管 SCYLLA 不能完全防止间接泄露，却能防止由于底层加密而导致的整个程序泄露，因为通过将细粒度代码多样化与每个基本块加密相结合，SCYLLA 的保护可以防止这类漏洞暴露周围的代码布局。

函数项或基本块的间接泄露为攻击者提供了基本块内潜在基本单元的位置。为了解决这种类型的泄露，Readactor[52]等其他方法利用蹦床机制隐藏基本块的位置，从而消除了对其中基本单元的任何间接泄露。另一方面，SCYLLA 通过程序执行的完整性来阻止攻击者使用基本单元，将控制流任意重定向到基本块中会导致程序执行错误解密的指令，从而导致程序崩溃。因此，利用 SCYLLA 进行防御，不仅不再需要利用蹦床，而且也不需要将代码与数据分离。此外，泄漏基本块的攻击者在尝试使用传统 JIT-ROP 泄露新代码页时也会遇到相同的问题。

（5） 抗崩溃导向编程攻击

抗崩溃导向编程（crash resistant oriented programming，CROP）[60]攻击也是一种强大的攻击，能够绕过客户端应用程序上的细粒度随机化、信息隐藏和控制流完整性等保护措施。该攻击利用特殊的抗崩溃原语。这些原语原本是针对错误的异常处理和系统调用行为而设计的，扫描内存原本是为了系统不崩溃。然而，攻击者将这些抗崩溃原语转换为所谓的内存预言，可推断出访问的内存边界。结合这种攻击方法，研究人员访问了在 Windows 系统中定位为不可访问的内存区域（如线程和进程环境块）、无法被引用的内存区域（如受代码指针完整性保护的安全区域[8]）、通过定位读取 Readactor[52]中使用的导出符号或蹦床地址破坏隐藏代码页，拥有了在控制流路径中发现函数或有效返回目标的能力。

虽然 SCYLLA 无法阻止攻击者使用内存预言读取代码页，但从代码页执行的任何读取操作都会返回密文。由于 SCYLLA 采用了密钥排列和代码多样化技术，因此攻击者无法将明文与密文关联起来。虽然攻击者可以使用抗崩溃内存预言将控制流重定向到密文，以定位有效的控制流目标，但是 CROP 中使用的内存预言只能抵抗分段错误导致的崩溃，内存预言无法处理总线错误或非法指令错误。而这正是在执行非法指令序列时，在 SCYLLA 保护下会使程序终止的主要原因。

（6） 与二进制 CFI 的比较

SCYLLA 的目标是通过二进制层面的代码插装来保护应用程序免受复杂的代码重用攻击。这意味着 SCYLLA 不需要受保护程序的源代码，适用范围广。虽然在示例中为了解释 SCYLLA 的基本流程，使用了 LLVM 编译器实现程序多样化，但是正如上文提到的，源代码不是实现 SCYLLA 所必须的[46,47]。此外，尽管控制流完整性（CFI）[23]最初是作为编译器扩展被提出的，但它也扩展到了二进制层面，研究人员提出了多种二进制 CFI[61,62]。然而，这些方案放松了 CFI 策略，主要是因为从程序的二进制表示重建程序的精确控制流图（CFG）有一定困难，所以容易受到攻击[32,63,64]。

与之相反，因为 SCYLLA 不需要将受保护程序的 CFG 作为输入，所以 SCYLLA 大大改进了二进制 CFI 方案的固有限制。SCYLLA 通过对每个基本块加密和随机化的有效组合来保护应用程序，以在运行时将程序限制在预期的路径上。因此 SCYLLA 不需要重建程序的 CFG。更重要的是，SCYLLA 的安全机制并不依赖于这类控制流图的精度。

需要指出的是，与二进制层面上的其他防御措施类似，SCYLLA 目前也无法防御伪造面向对象编程（counterfeit object-oriented programming，COOP）[65]或完整函数重用等攻击。不过，已有一些研究，比如文献［53］中提出的 Readactor++ 技术，通过蹦床增加虚拟表和函数保护的方案来提供针对此类攻击的保护。

2. 加密和多样化分析

（1） 猜对基本块的概率

使用流密码加密基本块为攻击者提供了恶意链接基本块执行的可能性。要恶意链接执行，攻击者必须泄露必要基本块的位置。因此，需要关注攻击者定位所需基本块的概率。SCYLLA 将二进制文件的布局随机化后，在基本块上应用加密，从而防止直接泄露代码。攻击者从代码中读取的只能是密文，并且随机化机制导致其无法了解底层指令流。SCYLLA 还需要确保生成的二进制文件的布局和大小不会在编译过程中过分不协调，考虑到 SCYLLA 中对函数和基本块的置换操作，整体熵的大小直接取决于二进制中函数和基本块的数量。

通过代码页的直接泄露，理论上攻击者能够定位单个基本块的概率为 $1/\sum_{i=1}^{m} n_i$。其中，m 表示程序中函数的数量；n_i 表示函数 i 中基本块的数量。m 个函数和函数 i 中 n_i 个基本块进程的随机化加载为随机化方案提供了最大理论熵，即 $\left(\sum_{i=1}^{m} n_i\right)!$。但是，在实际执行期间，这么做会丢失缓存的局部性，并且由于在这种随机化方案下基本块分布的随机性，使系统性能上的开销更高。这些本质上都不是实现 SCYLLA 的必要条件，因为现实中能够通过随机化函数和基本块的位置来获得较高的熵值，而且不会显著降低缓存性能，这种方式下提供的熵值为 $m! \times \prod_{i=1}^{m} n_i!$。

因此，在实际应用中，攻击者通过直接泄露定位单个基本块的概率可以估计为 $1/(n_{av} \times m)$。其中，m 表示函数的数量；n_{av} 是每个函数基本块的平均数目。从 SPEC CPU2006 基准测试集获得的数据见表 11.5。与每个函数基本块随机化相结合的函数混洗排列数目计算为 $m! \times \prod_{i=1}^{m} n!$。其中，$m$ 是函数数量；n 是基本块数量。使用表 11.5 可计算出定位基本块的概率，并将其与基准的代码空间大小相关联。其结果如图 11.13 所示。正如预期的那样，随着代码段长度的增加，推断特定基本块的概率会降低。

表 11.5 从 SPEC CPU2006 基准测试集获得的数据

程 序 名 称	基本块数量/函数数量（平均数）	函 数 数 量	代码段长度（Byte）
astar	7.5	213	55K
bzip2	28.5	100	94K
gcc	30	5577	3.3M
gobmk	11.65	2679	3.8M
h264ref	35.33	590	609K
hmmer	21	538	348K
libquant	10	115	82K
mcf	21.74	24	62K
omnetpp	4.35	602	885K
sjeng	39.8	144	182K
xalan	6	5633	8.2M

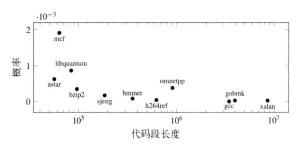

图 11.13 定位基本块的概率与代码段长度的关系

SCYLLA 还提供了一种机制，即通过在基本块中插入功能无关指令后对其加密，可防止类似的基本块被识别。因为原始程序已经有效地与随机字符串连接在一起，这就为直接内存泄露提供了一层额外的混淆。在程序中插入伪指令时，攻击者无法在泄露的密文中进行频率分析以识别基本块，也无法在不知道其分布的情况下执行已知明文攻击。

（2）假设攻击者获得基本块

这里讨论一种特殊情况，即攻击者获取了基本块。尽管在这种情况下还是不可能直接泄露指向代码的指针，但攻击者仍然可以通过间接方式泄露代码指针，比如利用虚拟表或从堆栈中返回地址的代码指针，从而获取某些基本块信息。接下来将分析在两种情况下如何处理此信息：第一种情况是攻击者没有匹配的明文；第二种情况是攻击者有匹配的明文。

如果攻击者没有匹配的明文，那么获取了密文的攻击者可能会试图通过更改代码指针来研究程序的行为，以强制从相邻位置执行。执行此新代码路径时，解密机制将返回错误的指令。攻击者可以观察此执行路径后所造成的影响[39]。以往的研究表明，在这种情况下进行有意义计算的概率很小，程序很可能由于非法内存访问或非法指令而崩溃[38]。此外，只有当程序重新获得像以前一样的完全随机化特性时（如从父进程克隆代码和数据页而没有对其进行重新加密和重新随机化），这种攻击才可行。如果新加载的代码页使用新的种子和密钥，则攻击者无法在此情况下进行侧信道分析。

假设攻击者有匹配的明文（这种假设其实并不严谨）。比如，攻击者获得了执行虚拟表入口的代码指针，就可以发现基本块的入口，并可以尝试利用二进制文件的明文副本获取密钥信息。在这些情况下，攻击者能够通过在加密块的前 n 位和基本块的第一个明文指令之间进行逐位异或获取密钥的 n 位。此后，攻击者可以尝试通过执行后续解密操作查找基本块上的其余密钥。利用此信息，攻击者可以反复尝试反转流密码所使用的密钥，直到到达基本块的终止控制流指令并获取目标地址。要有效地对抗这种攻击，就需要在基本块中随机分布一组功能无关指令，通过将一个随机字符串连接到明文后生成密文。但是如果使用可预测的密钥调度器，攻击者就可能会使用此信息推断下一个给定功能无关指令插入的密钥。由于在明文指令和密文指令之间执行逐位异或获得的密钥与预期密钥不匹配，因此攻击者可以检测这些插入的功能无关指令。攻击者可以借此解密整个基本块，直到到达终止控制流指令。此时，攻击者可以解密目标地址并启动新的解密链。这个过程实际上是对 JIT-ROP[58] 的扩展，当使用预测密钥调度器时,通过解密指令可以发现代码页。然而,如果在加密机制中采用安全的伪随机数生成器来生成密钥,就可以抵御这种攻击。

3. 性能

为了评估 SCYLLA 性能的影响,使用了 SPEC CPU2006 基准测试集(主要是一组在实际应用中常见的评估 CPU 的典型程序),同时使用 Arch Linux 进行评估。其中,内核版本是 4.8.4,评估在 Intel Core i7-2600 CPU 上运行,CPU 主频为 3.4GHz,一级 I/D 缓存为 32KB,三级缓存为 8MB,RAM 为 16GB。由于 LLVM 目前不支持 glibc 和 stdlibc++ 库扩展,所以使用 SCYLLA 修改过的 LLVM 编译器来构建带有 musl libc 和 libc++ 的 SPEC 程序。

整体的评估包括细粒度多样化方案,也包括多样化和基本块加密的结合方案。每个基准测试都在执行封装器中执行,并通过测量执行 2.5 亿条指令所需的时间来评估,限制指令计数主要是为了加快数据收集,最后将保护机制的有效 CPI 作为输出结果(在这一过程中,SCYLLA 的执行封装器会实时解密并单步执行程序代码)。图 11.14 显示了 SPEC CPU2006 性能测试结果,SCYLLA 架构在运行 SPEC CPU2006 程序时的平均开销为 20% 左右。

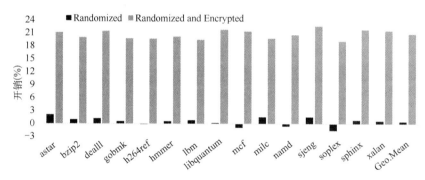

图 11.14 SPEC CPU2006 性能测试结果

使用执行封装器和 SCYLLA 保护程序的所有 SPEC CPU2006 基准测试的平均执行时间如图 11.15 所示。

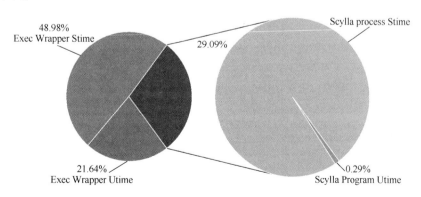

图 11.15 使用执行封装器和 SCYLLA 保护程序的所有 SPEC CPU2006
基准测试的平均执行时间

管理 SCYLLA 保护程序时封装器内执行时间的细分如图 11.16 所示。

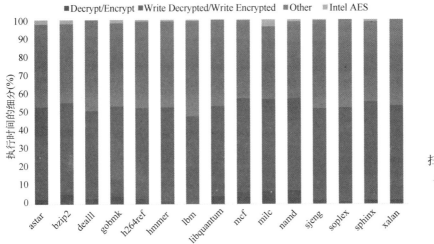

扫描二维码，查看该图的彩色图片

图 11.16　管理 SCYLLA 保护程序时封装器内执行时间的细分

(1) 细粒度多样化

代码多样化造成的性能影响不到计算平均开销的 1%。这一结果与随机化基本块的其他细粒度多样化方法相一致[46]。可以推断，性能下降是由于功能无关指令的插入导致的代码量增加，进而导致指令缓存局部性不完善，或由于基本块和函数排列导致的分支误预测增加。图 11.17 显示了 SCYLLA 由于分支误预测和指令缓存未命中率上升而导致的性能开销。分支误预测率很低，在某些情况下甚至有所改善，但平均会产生 11% 的开销。libquantum 程序和 xalan 程序的开销都高于平均水平。Libquantum 程序是一个用于模拟量子计算机的库，包含大量分支（约占 26%），因此可以预见其高昂的开销。Xalan 程序是一个 XML 处理器，与其他 SPEC CPU2006 基准测试相比，也包含大量的分支，因此也会导致分支误预测的增加。

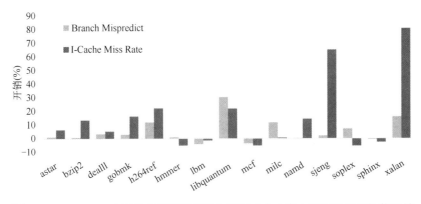

图 11.17　SCYLLA 由于分支误预测和指令缓存未命中率上升而导致的性能开销

根据评估，指令缓存未命中率受 SCYLLA 多样化的影响最大。Libquantum、sjeng 和 xalan 程序的未命中率最高。由于基本块、函数排列及大量的分支指令，libquantum 和 xalan

程序的时间局部性都比较差。先前分析已经证明，指令缓存性能对解释器（xalan）和人工智能（sjeng）测试程序都很敏感，这是因为在许多函数上执行的代码占用空间很大[66]。总体而言，SCYLLA 的多样化导致所有 SPEC CPU2006 基准测试的指令缓存未命中率都增加了 25%。

（2）细粒度多样化和指令加密

评估 SCYLLA 时，代码多样化和每个基本块的加密特性都在执行封装器中运行。平均而言，SCYLLA 造成的性能影响是产生 20% 的开销，在最坏情况下，产生 22.5% 的开销。SCYLLA 的原型实现使用一个执行封装器来监视加密进程，并在预定执行时解密指令，包括读取加密的子进程以取得多达 15 个字节的块、使用 Intel AES 引擎生成 128 位密钥、解密指令、将解密指令写入子进程、使用 ptrace( ) 以单步模式执行指令、重新加密指令后将加密指令写回子进程。SCYLLA 是一个模拟框架，旨在模拟基于硬件的实现所提供的安全性，将解密引擎置于指令缓存和 CPU 之间，以确保内存层次结构中的指令始终保持加密状态。

先前的指令集加密方法已经证实，硬件支持的运行时解密解决方案显著减少了系统的开销[42]。由于这种方案与 SCYLLA 没有冲突，所以可以认为图 11.14 所示的开销具有一定的误导性，其一部分开销是由于执行封装器造成的。图 11.15 体现了 SCYLLA 全面保护的平均执行时间，大约 71% 的基准执行时间花费在执行封装器中，其中的 50% 花费在内核中。图 11.15 还给出了子进程的分解图，以突出显示在用户区域执行解密指令所花费的执行时间少于 1%。

图 11.16 显示了在管理完整的 SCYLLA 保护程序时，执行封装器中执行时间的细分。评估使用 Intel AES 引擎生成密钥、解密和加密指令以及将修改后的指令写入子进程所花费的时间。执行封装器中的其他所有内容（包括读取 SCYLLA 保护程序、单步执行进程、记录执行和其他系统任务）均包含在其他项中。评估表明，密钥生成、解密和加密的执行时间可以忽略不计，而将解密和加密的指令写入子进程则占用了最多的执行时间。

11.5　未来工作和结论

毋庸置疑，随着技术的进步，人们将见证更多的由硬件辅助的软件安全方案，但也将看到针对嵌入式设备部署的更为复杂的新型攻击。所以研究人员必须具有前瞻性视野，尝试预测新的攻击方式，并事先做好防御准备。

本章提出并讨论了一些已有的且已经逐步被广泛使用的安全机制以应对各类攻击，同时也深入讨论了一些由笔者提出的新方案。毫无疑问，未来还将见证更多此类的新方案、新机制，以应对不断出现的针对嵌入式设备的安全威胁。考虑到计算已经深入到人们生活的方方面面，所以软、硬件相互辅助的安全方案一定是未来研究的一个重要方向。

参考文献

[1] Check Point. 25 million infected devices: Check point research discovers new variant of mobile malware [EB]. 2019.

[2] ANTONAKAKIS M, APRIL T, BAILEY M, et al. Understanding the mirai botnet [C]//Proceedings of the 26th USENIX Security Symposium. [S. l.]: USENIX Association, 2017: 1093-1110.

[3] KOLIAS C, KAMBOURAKIS G, STAVROU A, et al. Ddos in the iot: Mirai and other botnets [J]. Computer, 2017, 50 (7): 80-84.

[4] SEREBRYANY K, BRUENING D, POTAPENKO A, et al. Addresssanitizer: A fast address sanity checker [C]//Proceedings of the USENIX Annual Technical Conference (USENIX ATC). [S. l.]: USENIX Association, 2012: 309-318.

[5] MASHTIZADEH A J, BITTAU A, MAZIERES D, et al. Cryptographically enforced control flow integrity: arXiv: 1408.1451 [R]. arXiv preprint, 2014.

[6] ABADI M, BUDIU M, ERLINGSSON U, et al. Control-flow integrity principles, implementations, and applications [J]. ACM Transactions on Information and System Security (TISSEC), 2009, 13 (1): 4: 1-4: 40.

[7] NAGARAKATTE S, ZHAO J, MARTIN M M, et al. Cets: compiler enforced temporal safety for c [J]. ACM Sigplan Notices, 2010, 45 (8): 31-40.

[8] KUZNETSOV V, SZEKERES L, PAYER M, et al. Code-pointer integrity [C]//Proceedings of the 11th USENIX Symposium on Operating Systems Design and Implementation (OSDI). [S. l.]: USENIX Association, 2014: 147-163.

[9] PaX Team. Pax address space layout randomization (aslr) [EB]. 2003.

[10] ARM. Building a secure system using trustzone technology [R]. 2009.

[11] ARM Limited. ARMv8-M Architecture Reference Manual [R]. 2019.

[12] ISO/IEC. ISO/IEC 11889: 2015 Trusted Platform Module [R]. 2015.

[13] DAVI L, HANREICH M, PAUL D, et al. HAFIX: Hardware-assisted flow integrity extension [C]//DAC'15: Proceedings of the 52nd Annual Design Automation Conference. San Francisco, CA, USA: ACM, 2015: 74: 1-74: 6.

[14] CHRISTOULAKIS N, CHRISTOU G, ATHANASOPOULOS E, et al. Hcfi: Hardware-enforced control-flow integrity [C]//Proceedings of the Sixth ACM Conference on Data and Application Security and Privacy. [S. l.]: ACM, 2016: 38-49.

[15] SULLIVAN D, ARIAS O, DAVI L, et al. Strategy without tactics: Policy-agnostic hardware-enhanced control-flow integrity [C]//Proceedings of the IEEE/ACM Design Automation Conference (DAC'16). Austin, TX, USA: IEEE, 2016: 83.2: 1-6.

[16] NYMAN T, EKBERG J E, DAVI L, et al. Cfi care: Hardware-supported call and return enforcement for commercial microcontrollers [C]//Proceedings of the International Symposium on Research in Attacks, Intru-

sions, and Defenses (RAID). [S. l.]: Springer, 2017: 259-284.

[17] DEFRAWY K E, PERITO D, TSUDIK G. Smart: Secure and minimal architecture for (establishing a dynamic) root of trust [C]//Proceedings of Network and Distributed System Security Symposium. [S. l.]: Internet Society, 2012.

[18] BELLARE M, CANETTI R, KRAWCZYK H. Message authentication using hash functions: The hmac construction [J]. RSA Laboratories' CryptoBytes, 1996, 2 (1): 12-15.

[19] ABERA T, ASOKAN N, DAVI L, et al. C-flat: control-flow attestation for embedded systems software [C]// Proceedings of the ACM SIGSAC Conference on Computer and Communications Security (CCS). [S. l.]: ACM, 2016: 743-754.

[20] AUMASSON J P, NEVES S, WILCOX-O'HEARN Z, et al. Blake2: simpler, smaller, fast as md5 [C]// Proceedings of the International Conference on Applied Cryptography and Network Security. [S. l.]: Springer, 2013: 119-135.

[21] ZEITOUNI S, DESSOUKY G, ARIAS O, et al. ATRIUM: Runtime attestation resilient under memory attacks [C]//Proceedings of the International Conference On Computer Aided Design (ICCAD). Irvine, CA, USA: IEEE, 2017: 384-391.

[22] ETH Zurich and University of Bologna. PULP Platform [EB].

[23] ABADI M, BUDIU M, ERLINGSSON U, et al. Control-flow integrity [C]//Proceedings of the 12th ACM Conference on Computer and Communications Security (CCS). [S. l.]: ACM, 2005: 340-353.

[24] ROEMER R, BUCHANAN E, SHACHAM H, et al. Return-oriented programming: Systems, languages, and applications [J]. ACM Transactions on Information and System Security, 2012, 15 (1): 2: 1-2: 34.

[25] MARSCHALEK M. Dig deeper into the ie vulnerability (cve-2014-1776) exploit [EB]. 2014.

[26] The latest Adobe exploit and session upgrading [EB]. 2010.

[27] Intel Corporation. Control-flow enforcement technology preview, revision 2.0 [R]. 2017.

[28] BUDIU M, ERLINGSSON U, ABADI M. Architectural support for software-based protection [C]//Proceedings of the 1st Workshop on Architectural and System Support for Improving Software Dependability (ASID). [S. l.]: ACM, 2006: 42-51.

[29] NSA Information Assurance Directorate. Hardware control flow integrity for it ecosystem [EB].

[30] NSA Information Assurance Directorate. LandHere architecture [EB].

[31] DESSOUKY G, ZEITOUNI S, NYMAN T, et al. Lo-fat: Low-overhead control flow attestation in hardware [C]//Proceedings of the 54th ACM/EDAC/IEEE Design Automation Conference (DAC). [S. l.]: IEEE, 2017: 1-6.

[32] GOKTAS E, ATHANASOPOULOS E, BOS H, et al. Out of control: Overcoming control-flow integrity [C]// Proceedings of the 35th IEEE Symposium on Security and Privacy (SP). [S. l.]: IEEE, 2014: 575-589.

[33] DAVI L, LEHMANN D, SADEGHI A R, et al. Stitching the gadgets: On the ineffectiveness of coarse-grained control-flow integrity protection [C]//Proceedings of the 23rd USENIX Security Symposium. [S. l.]: USENIX Association, 2014: 401-416.

[34] CARLINI N, WAGNER D. ROP is still dangerous: Breaking modern defenses [C]//Proceedings of the 23rd

USENIX Security Symposium. [S. l.]: USENIX Association, 2014: 385-399.

[35] GOKTAS E, ATHANASOPOULOS E, POLYCHRONAKIS M, et al. Size does matter: Why using gadget-chain length to prevent code-reuse attacks is hard [C]//Proceedings of the 23rd USENIX Security Symposium. [S. l.]: USENIX Association, 2014: 417-432.

[36] EVANS I, LONG F, OTGONBAATAR U, et al. Control jujutsu: On the weaknesses of fine-grained control flow integrity [C]//Proceedings of the 22nd ACM SIGSAC Conference on Computer and Communications Security. [S. l.]: ACM, 2015: 901-913.

[37] KC G S, KEROMYTIS A D, PREVELAKIS V. Countering code-injection attacks with instruction-set randomization [C]//Proceedings of the 10th ACM conference on Computer and communications security. [S. l.]: ACM, 2003: 272-280.

[38] BARRANTES E G, ACKLEY D H, PALMER T S, et al. Randomized instruction set emulation to disrupt binary code injection attacks [C]//Proceedings of the 10th ACM conference on Computer and communications security. [S. l.]: ACM, 2003: 281-289.

[39] SOVAREL A N, EVANS D, PAUL N. Where's the feeb? the effectiveness of instruction set randomization [C]//Proceedings of the 14th conference on USENIX Security Symposium. [S. l.]: USENIX Association, 2005: 145-160.

[40] PORTOKALIDIS G, KEROMYTIS A D. Fast and practical instruction-set randomization for commodity systems [C]//Proceedings of the 26th Annual Computer Security Applications Conference. [S. l.]: ACM, 2010: 41-48.

[41] LUK C K, COHN R, MUTH R, et al. Pin: building customized program analysis tools with dynamic instrumentation [J]. ACM Sigplan Notices, 2005, 40 (6): 190-200.

[42] PAPADOGIANNAKIS A, LOUTSIS L, PAPAEFSTATHIOU V, et al. Asist: architectural support for instruction set randomization [C]//Proceedings of the 2013 ACM SIGSAC conference on Computer & communications security. [S. l.]: ACM, 2013: 981-992.

[43] MCKEEN F, ALEXANDROVICH I, BERENZON A, et al. Innovative instruction ans software model for isolated execution [R]. 2013.

[44] KAPLAN D, POWELL J, WOLLER T. Amd memory encryption [R]. AMD, 2016.

[45] LATTNER C, ADVE V. Llvm: A compilation framework for lifelong program analysis & transformation [C]//Proceedings of the International Symposium on Code Generation and Optimization (CGO). [S. l.]: IEEE, 2004: 75-86.

[46] WARTELL R, MOHAN V, HAMLEN K W, et al. Binary stirring: Self-randomizing instruction addresses of legacy x86 binary code [C]//Proceedings of the 2012 ACM conference on Computer and communications security. [S. l.]: ACM, 2012: 157-168.

[47] DAVI L V, DMITRIENKO A, NURNBERGER S, et al. Gadge me if you can: secure and efficient ad-hoc instruction-level randomization for x86 and arm [C]//Proceedings of the 8th ACM SIGSAC symposium on Information, computer and communications security. [S. l.]: ACM, 2013: 299-310.

[48] HENNING J L. Spec cpu2006 benchmark descriptions [J]. ACM SIGARCH Computer Architecture News, 2006, 34 (4): 1-17.

[49] OF STANDARDS N I, TECHNOLOGY U D O C. Advanced encryption standard (aes) [R]. 2001.

[50] BOYD S W, KC G S, LOCASTO M E, et al. On the general applicability of instruction-set randomization [J]. IEEE Transactions on Dependable and Secure Computing, 2010, 7 (3): 255-270.

[51] HISER J, NGUYEN-TUONG A, CO M, et al. Ilr: Where'd my gadgets go? [C]//Proceedings of the IEEE Symposium on Security and Privacy (SP). [S. l.]: IEEE, 2012: 571-585.

[52] CRANE S, LIEBCHEN C, HOMESCU A, et al. Readactor: Practical code randomization resilient to memory disclosure [C]//Proceedings of the IEEE Symposium on Security and Privacy (SP). [S. l.]: IEEE, 2015: 763-780.

[53] CRANE S J, VOLCKAERT S, SCHUSTER F, et al. It's a trap: Table randomization and protection against function-reuse attacks [C]//Proceedings of the 22nd ACM SIGSAC Conference on Computer and Communications Security. [S. l.]: ACM, 2015: 243-255.

[54] CHECKOWAY S, DAVI L, DMITRIENKO A, et al. Return-oriented programming without returns [C]// Proceedings of the 17th ACM conference on Computer and communications security. [S. l.]: ACM, 2010: 559-572.

[55] BLETSCH T, JIANG X, FREEH V W, et al. Jump-oriented programming: A new class of code-reuse attack [C]//Proceedings of the 6th ACM Symposium on Information, Computer and Communications Security. [S. l.]: ACM, 2011: 30-40.

[56] SHACHAM H. The geometry of innocent flesh on the bone: Return-into-libc without function calls (on the x86) [C]//Proceedings of the 14th ACM Conference on Computer and Communications Security. [S. l.]: ACM, 2007: 552-561.

[57] CARLINI N, BARRESI A, PAYER M, et al. Control-flow bending: On the effectiveness of control-flow integrity [C]//Proceedings of the 24th USENIX Security Symposium (USENIX Security). [S. l.]: USENIX Association, 2015: 161-176.

[58] SNOW K Z, MONROSE F, DAVI L, et al. Just-in-time code reuse: On the effectiveness of fine-grained address space layout randomization [C]//Proceedings of the IEEE Symposium on Security and Privacy (SP). [S. l.]: IEEE, 2013: 574-588.

[59] DAVI L, LIEBCHEN C, SADEGHI A R, et al. Isomeron: Code randomization resilient to (just-in-time) return-oriented programming [C]//Proceedings of Network and Distributed System Security Symposium. [S. l.]: Internet Society, 2015: 1-15.

[60] GAWLIK R, KOLLENDA B, KOPPE P, et al. Enabling client-side crash-resistance to overcome diversification and information hiding [C]//Proceedings of the Symposium on Network and Distributed System Security (NDSS). [S. l.]: Internet Society, 2016: 1-15.

[61] ZHANG M, SEKAR R. Control flow integrity for cots binaries [C]//Proceedings of USENIX Conference on Security. [S. l.]: USENIX Association, 2013: 337-352.

[62] ZHANG C, WEI T, CHEN Z, et al. Practical control flow integrity and randomization for binary executables [C]//Proceedings of the IEEE Symposium on Security and Privacy (SP). [S. l.]: IEEE, 2013: 559-573.

[63] DAVI L, SADEGHI A R, LEHMANN D, et al. Stitching the gadgets: On the ineffectiveness of coarse-

grained control-flow integrity protection [C]//Proceedings of the 23rd USENIX Security Symposium (USENIX Security). [S. l.]: USENIX Association, 2014: 401-416.

[64] CARLINI N, WAGNER D. Rop is still dangerous: Breaking modern defenses [C]//Proceedings of the 23rd USENIX Security Symposium (USENIX Security). [S. l.]: USENIX Association, 2014: 385-399.

[65] SCHUSTER F, TENDYCK T, LIEBCHEN C, et al. Counterfeit object-oriented programming: On the difficulty of preventing code reuse attacks in c++ applications [C]//Proceedings of the IEEE Symposium on Security and Privacy (SP). [S. l.]: IEEE, 2015: 745-762.

[66] JALEEL A. Memory characterization of workloads using instrumentation-driven simulation [R]. 2010.

第 12 章　基于体系架构支持的系统及软件安全策略

12.1　处理器及体系架构安全简介

现代的计算机系统为了实现高性能而进行了高度的优化，伴随着性能的提高，随之而来的安全隐患也逐渐显现出来。比如，体系架构层面的旁路攻击（side channel attack）可以被攻击者用来推断那些原本不能访问的敏感信息。除此之外，处理器为了提高性能而引入的乱序执行部件和推测执行部件，也因为可能产生漏洞而给程序的安全执行带来风险。有时为了提高指令的并行度，尽可能高效地利用处理器上所有的执行部件，程序中的指令会在没有经过有效性和合法性验证的前提下进行推测性运行和乱序执行，造成安全风险。尽管可以对这些操作进行回滚，但是会无法撤销微架构状态的影响。另外，虽然处理器在设计时为尽可能降低功耗和处理器的片上面积，很多硬件资源被共享使用，但这些硬件资源往往没有对各类操作进行合理性检查，从而为可能遭受攻击埋下隐患。

12.1.1　微架构部件

1. 缓存

缓存已经成为现代处理器中不可缺少的部件。随着处理器的时钟频率与内存延时之间差距的不断增大，缓存有效弥补了这一差距。缓存的效率依赖于缓存命中率，由于不同层级的缓存存在着较大的延迟差异，所以如果命中率降低，就会给系统带来非常明显的性能下降。攻击者利用访问缓存引起的时间差异可以建立泄露信息的通道。通常，找到缓存的信息泄露通道是基于体系架构攻击的基本环节。

2. 多核系统与多处理器系统

传统的对称多处理器系统和多核系统使得片上资源共享的方式更加复杂化，硬件资源可以在多个处理器核之间共享，也可以在同一个处理器核的多个线程之间共享。这种共享方式使得对共享资源的实时探测成为可能，从而可能引发多种新型的攻击。

3. 总线和互联

早期的计算机系统往往采用单一的总线结构，基于单一的总线，处理器、内存和片上模块被连接在一起。很显然，这种单一的总线结构很容易受到拒绝服务（denial of service, DoS）式攻击。随着技术的发展，当代的片上系统、片上互连变得越来越复杂。在单个芯片上可以集成各种模块，不同的模块之间形成一个复杂的网络，即片上网络。片上网络中的模块包含包缓冲、端口、通道等。复杂的结构使得片上网络很容易受到饱和攻击和其他类型的攻击。

4. 硬件多线程

随着对称多线程（symmetric multithreading, SMT）的出现，产生了粒度更细的资源竞争。SMT 中多个执行环境（线程）是同时有效的，其中包含了所属线程的私有状态。一旦一种资源被线程释放而进入空闲状态，那么下一个线程就可以马上占用这一资源，增加了资源的利用率。与此同时，来自多个线程的指令可以同时发射，竞争性地访问 CPU 的功能单元、L1 缓存及推测执行部件等，为更细粒度的攻击提供了可能。

5. 流水线

流水线的出现使得在一个 CPU 周期中可以同时处理多条指令，一条指令不会在一个时钟周期内完成，而是被分成多个操作，顺序在处理器的流水线上执行。不同的硬件功能单元在不同的时钟周期被不同的指令访问。多线程细粒度的硬件资源共享方式使得流水线上硬件功能单元间的资源竞争更加激烈，更容易被攻击者利用。

6. 共享型的微架构

当代处理器中的共享型硬件资源如图 12.1 所示。针对共享型硬件资源，不同程序的竞

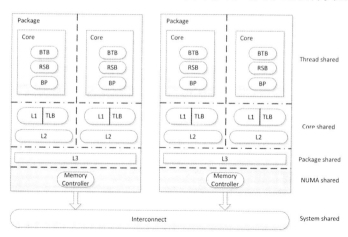

图 12.1　当代处理器中的共享型硬件资源

争激烈程度不同。低层级的共享资源，又称系统级共享资源，主要包含互联资源，可以被系统中的多个进程共享。高层级的共享资源，又称线程级共享资源，包含流水线中的各个功能单元。中间层级的共享资源，包含处理器核级共享资源（L1 缓存、L2 缓存、TLB）、封装级共享资源（末级缓存等）、非一致性内存访问级共享资源（内存控制器）。每个层级的共享资源都可能引入不同类型的攻击：高层级的共享资源可能引入更为精确的攻击；低层级的共享资源可能引入更粗粒度的攻击，如拒绝服务（DoS）攻击等。

12.1.2 商业处理器中的安全架构

1. Intel SGX 架构

Intel SGX（software guard extensions）是 Intel 处理器中的一个新的安全架构，允许特定应用创建一个受到保护的安全执行环境，即 enclave，可被翻译为"黑匣"。软件可以将自己的敏感数据（密钥、用户隐私数据、密码等）以及对数据的操作封装在"黑匣"中，进而保证恶意程序或软件无法访问"黑匣"中的数据。与其他安全技术不同的是，Intel SGX 的可信计算基础完全由硬件构成，从而避免了软件可信计算基础中自身可能包含漏洞这一安全威胁。

Intel SGX 的主要载体是 enclave，不依赖于固件和软件的安全状态，为用户空间提供了可信执行环境，通过一组新的指令集扩展与访问控制机制保障用户关键代码及数据的机密性和完整性。一个应用可以被完整地封装在一个 enclave 中，也可以被分成多个组件，将敏感组件存放在 enclave 中。enclave 与所属的应用处在相同的虚拟地址空间。当处理器进入 enclave 时，将自动切换到 enclave 模式。此时内存访问的语境将发生变化，需要执行额外的检查。Intel SGX 架构共包含三部分：新扩展的指令、新的处理器结构和新的执行模式。Intel SGX 架构及其简要说明如图 12.2 所示。

在 Intel SGX 架构中，扩展的硬件结构包括 Enclave Page Cache（EPC）和 Enclave Page Cache Map（EPCM）。其中，EPC 以页为基本管理单位；EPCM 中的每个表项对应一个 EPC 页，相关的控制信息都保存在 EPCM 表项中，包括 EPC 页的使用情况、页的所有者、权限属性等。EPCM 用于严格控制对 enclave 中 EPC 页的访问，一旦发生页缺失，会查询页表以及 EPCM 来完成内存访问过程中的地址映射和安全检查。EPCM 和 EPC 的结构如图 12.3 所示。Intel SGX 内存访问检查流程如图 12.4 所示。

Intel SGX 同时支持本地认证和远程认证。在本地认证时，认证方首先使用对称密钥验证当前报告的 enclave 是否和自己处于同一平台，然后将自己的身份信息、平台相关的信息、对方请求的数据添加到要生成的报告中。在远程认证时，认证方验证 enclave 身份信息的过程使用的是非对称密钥，enclave 利用自己的报告密钥生成消息验证码（message authentication code，MAC）后，经过封装和签名等操作发送给认证者。

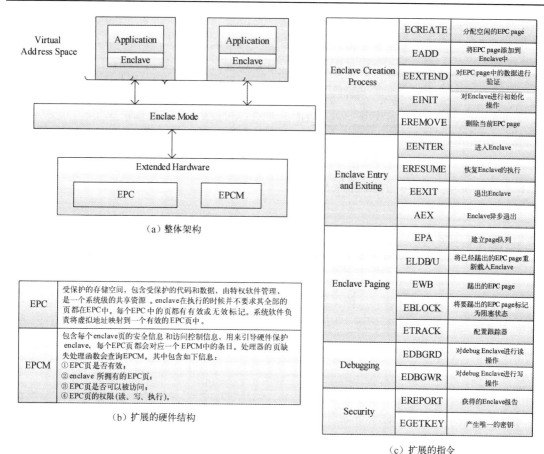

图 12.2 Intel SGX 架构及其简要说明

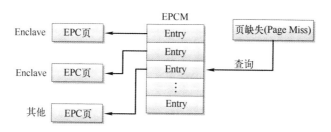

图 12.3 EPCM 和 EPC 的结构

2. ARM TrustZone

目前 ARM 处理器中支持两种版本的 TrustZone 安全架构,即 TrustZone-A(针对应用处理器核心)和 TrustZone-M(轻量级的 TrustZone)。对于这两种安全架构,笔者在本书的前面几个章节中已经有一定的论述。这里将对 TrustZone 的工作流程和涉及的软、硬件组建进行详细介绍。本质上说,TrustZone 的主要目标是提供一个安全框架,用来构建一个可以保证数据机密性和完整性的可信执行环境,在此基础上部署一系列安全解决方案,而且不会引入较高的运行开销。TrustZone 有如下三个特性：

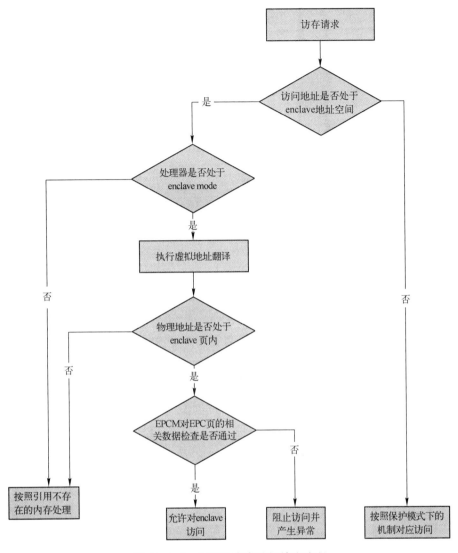

图 12.4　Intel SGX 内存访问检查流程

（1）片上系统（SoC）的硬件和软件资源被划分为两个环境：安全环境（secure world）和普通环境（normal world）。在支持 TrustZone 的 AMBA3 AXI 总线中添加了硬件逻辑，以确保普通环境中的程序不能随便访问安全环境中的资源。安全敏感的资源被放置在安全环境中，通过需要安全验证的软件机制来抵御各类攻击。

（2）通过对已有 ARM 架构的扩展，以时分的方式保证安全、高效地执行两个环境的代码，不需要提供一个专门的处理器核心来实现两个环境的隔离，高性能的安全软件可以与普通环境的软件以相同的运行环境执行，但是两个环境在切换时需要通过一系列的安全检查。

（3）安全相关的调试机制可以对安全环境和普通环境进行安全的调试访问，同时两个环境之间不会相互影响。

通过对总线进行扩展，即在总线中的读通道和写通道中增加额外的安全控制信号，以区分读操作和写操作是否是安全的。所有总线上的主模块在发起读、写请求时，都会对安全控制信号进行相应的设置，从模块的译码逻辑对这些信号进行翻译，可确保两个环境的安全交互。TrustZone 结构还对外设提供了相应的保护。这里的外设包括中断控制器、计时器以及 I/O 设备等。外设总线 APB 通过 AXI-to-APB 桥接设备连接到系统总线。与系统总线不同的是，外设总线没有扩展安全控制信号，而是通过桥接设备保证 APB 总线的安全。该桥接结构会阻止将不安全的请求发送到外设。

在 TrustZone-A 中，安全环境和普通环境的切换是通过一个特殊的运行模式来实现的。这种运行模式被称为监控器模式（monitor mode），架构如图 12.5（a）所示。TrustZone 可以通过软件指令（secure monitor call，SMC）和硬件中断（如 IRQ、FIQ、外部数据异常、外部预取异常等）进入监控器模式。当处理器处于监控器模式时，不同环境之间的切换需要由软件来完成，包括对当前操作环境进行存储、对将要切换到的操作环境进行恢复。ARM 公司的官方文档建议使用 IRQ 作为普通环境的中断源，使用 FIQ 作为安全环境的中断源。发生不同环境的切换时，会首先切换到监控器模式，然后进行执行环境的切换。所有支持 TrustZone 的处理器均维护三个异常向量表，分别用于安全环境、普通环境和监控器模式。

TrustZone-M 中有三种类型的内存，即安全内存（secure memory）、正常内存（non-secure memory）和用于不同环境切换的内存（secure non-secure callable），如图 12.5（b）所示。其中，安全内存只可以由安全软件访问；正常内存可以被所有软件访问；用于不同环境切换的内存专门用来存放从正常环境进入安全环境的入口点。总共有 3 条指令可以完成不同环境间的切换，分别是 SG 指令（secure gateway，从正常环境进入安全环境要执行的指令，位于 non-secure callable 内存）、BXNS 指令（从安全环境返回正常环境，不带链接寄存器）、BLXNS 指令（从安全环境返回正常环境，带链接寄存器）。

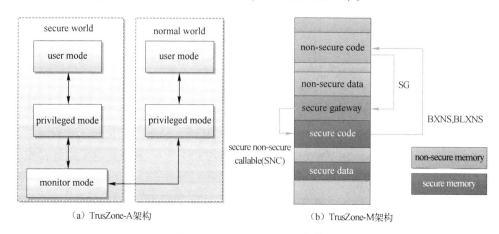

（a）TrustZone-A 架构　　　　　（b）TrustZone-M 架构

图 12.5　ARM TrustZone 架构

TrustZone-A 和 TrustZone-M 被应用到不同的场景。比如：TrustZone-A 主要针对的是应用级的 ARM 处理器，如 Cortex-A 系列；TrustZone-M 主要针对的是低功耗的微处理器，需要满足实时场景的要求,不需要通过监控器模式进行环境间的切换,可以有效降低不同环境之间的频繁交互开销。两种架构之间的区别见表12.1。

表 12.1 TrustZone-A 与 TrustZone-M 的区别

对比条目	TrustZone-A	TrustZone-M
对资源的限制访问	每个环境只能访问属于自己的资源	安全环境能访问所有的资源,正常环境只能访问属于自己的资源
是否支持监控器模式	支持	不支持,通过判断代码所在的内存区域来区分所属的环境
不同环境的切换	不同环境的切换必须通过监控器模式	正常环境的应用可以直接调用安全环境的应用,但是只能从指定的入口点进入
对中断的支持	执行安全环境的函数时,只有来自安全环境的中断会被响应	为了满足实时场景的要求,任何中断在任何环境都会被响应

在支持 TrustZone 的处理器中,通常拥有两个虚拟内存管理单元(virtual memory management unit),每个环境都拥有属于自己的页表,每个环境又都可以独立地控制从虚拟地址到物理地址的映射。同时为了实现在两个环境中的快速切换,ARM 处理器允许在转换检测缓冲区(TLB)中同时保存来自不同环境的表项(对不同安全属性的表项进行标记),使得在两个环境中进行切换时不需要对转换检测缓冲区中的表项刷新。

12.1.3 学术界提出的安全架构

除了工业界已经开始广泛采用的安全架构,学术界也提出了很多安全架构。需要注意的是,虽然这些架构并没有被大规模采用,但很多设计理念正在越来越多地被工业界所借鉴。下面介绍一些此类安全架构,希望读者能设计出更多的类似架构,拓展安全架构的边界。

1. 基于硬件隔离的安全架构

隔离机制(isolation),又称隔离执行,主要针对与安全相关的代码和数据,保护机密性和完整性,确保恶意的高特权程序也不能对其产生影响。不管是 Intel SGX 还是 TrustZone,它们的隔离机制都会正交于处理器的特权模型。TrustZone-A 的一个缺陷就是需要由安全内核来管理安全环境的软件,变相地把 OS 放入到 TCB(trusted computing base,可信计算基础)中,从而为 TCB 引入了不确定性。相比较来说,Intel SGX 就不需要通过特权软件(包括可信内核和监控器)管理 enclave,因此其 TCB 只包含 CPU 和 enclave。但是 Intel SGX 仍会受到其他类型的攻击,如基于推测执行部件的攻击。

现代处理器设计往往采用的是包含性的内存权限,即高特权软件可以直接访问低特权软件中的数据和代码。例如,操作系统可以访问用户级的内存,监控器(hypervisor)可以访问操作系统和用户的内存。因此一旦发现高特权软件中的漏洞,就可以用来建立破坏性极大的攻击。基于此，在文献［1］中，研究人员提出了基于非包含性内存权限的管理机制，为每个权限层级分配最小数量的权限，并保证可以正常地运行所对应的任务，同时不允许隐式地向其他的权限层级授予权限。系统中指定了一系列严格的规则来管理权限的申请和分配。权限管理是以物理内存页为基本粒度进行管理的，每个物理内存页的权限被存放在 PS（permission store）Table 中，如图 12.6 所示。PS Table 位于一段不能由软件直接访问的安全内存区域。为了保证一个权限层级可以管理另一个层级，权限的改变伴随着物理页的申请和分配。物理页权限改变是由一系列规则指定的，一旦发出权限更改请求，就会根据规则进行检查。

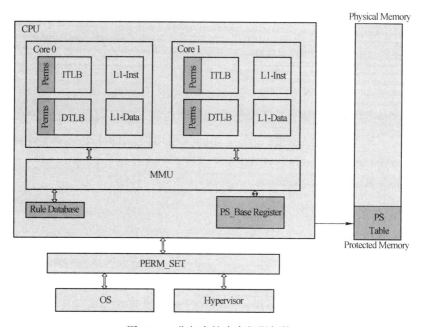

图 12.6 非包含性内存权限架构

每个物理页面具有的权限包括读、写、执行、共享。一个物理页面的权限一旦被分配，那么在物理页的整个生命周期就都不会发生改变。一个权限层级只能给低权限层级分配权限，低权限层级的页面只能向高权限层级请求权限变更，同时由高权限层级验证。对代码页面，不能同时具有写和执行权限，只允许从写权限到执行权限的转换，而不允许其他的转换。

2. 基于硬件分隔划分的安全架构

在文献［2］中，研究人员提出了 Iso-X 架构。这是一种基于程序分割划分（compartment）的方案，基本思路是将程序划分为两部分：可信部分（trusted partition，TP）和不可信部分（untrusted partition，UP）。可信部分与 Intel SGX 中的 enclave 类似，包含与安全相关的代码和数据，以及程序的堆栈区。不可信部分包含普通的代码和数据。

Iso-X 的基本思想是通过一系列受保护的硬件结构来实现安全性。其核心是内存保护，即用于管理 Iso-X 的基本数据结构都存储在预留的内存中，只能被 Iso-X 的可信硬件部分访问。该内存区域在系统启动时初始化，在系统运行时是无法改变的。未预留的内存区域在系统运行时可以被动态保护。Iso-X 的物理内存分布格局如图 12.7（a）所示，虚拟内存分布格局如图 12.7（b）所示。在预保留的内存中存放了两个与 Iso-X 控制相关的结构：一个是分隔成员矢量队列（compartment membership vector, CMV），其本质是一个位图，位图中的每一位对应于一个分隔页（compartment page），表示该页是否已被分配，保证该页不会被重复映射，只有当内存访问发生页缺失的时候才会对该位进行检查；另一个是分隔表（compartment table, CT），该表中包含了所有用来描述与当前分隔控制相关的元数据（metadata）。在普通内存中包含了在运行时用来管理分隔页的结构，分隔页表（compartment page tables, CPT）完成对分隔页的地址翻译，类似于普通的页表。该结构需要能够阻止恶意软件的修改，因此对分隔页表的管理只能由硬件完成。

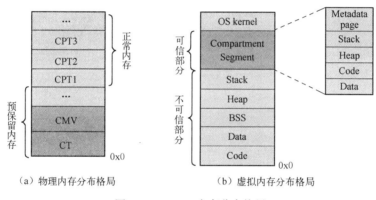

（a）物理内存分布格局　　（b）虚拟内存分布格局

图 12.7　Iso-X 内存分布格局

除了通过专门的硬件结构来实现分隔，Iso-X 架构还增加了对内存访问的严格控制，包含对指令预取时的指令地址和访问缓存时的数据地址进行判断。对于支持虚拟地址管理的系统，需要对 TLB 中条目进行扩展，以判断当前页是否是分隔页。Iso-X 架构内存访问控制流程如图 12.8 所示。

3. 基于动态信息流跟踪的安全架构

在文献［3］中，研究人员提出了一个基于 RISC-V 指令集架构的动态信息流跟踪（dynamic information flow tracking, DIFT）框架，称其为 TIMBER-V。该框架针对的是低端的嵌入式设备，使用标记内存（tagged memory）来提供灵活和高效的数据和代码隔离，适用于不同的 CPU 模型，如已有的商业处理器核心 Intel SGX 和 ARM TrustZone，可以与这两种商业处理器安全架构兼容。TIMBER-V 架构如图 12.9 所示。TIMBER-V 支持两种隔离的执行环境，即正常环境（normal domain, N-domain）和安全环境（trusted domain, T-domain）。这与 TrustZone 非常相似，支持两种权限模式，即用户模式（user mode, U-mode）和特权模

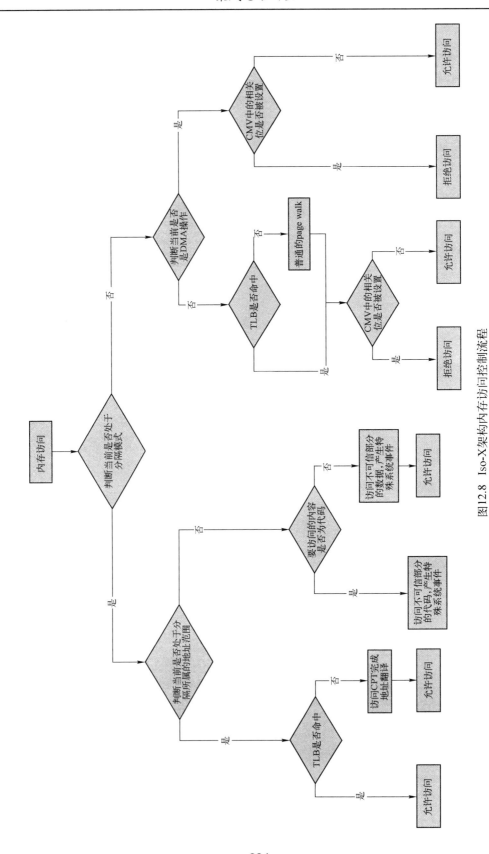

图12.8 Iso-X架构内存访问控制流程

式（supervisor mode，S-mode）。该框架将隔离的执行环境与保护模式结合在一起，共支持四种安全模式，即可信用户模式（TU-mode）和可信特权模式（TS-mode）、普通用户模式（U-mode）和普通特权模式（S-mode）。T-domain 是通过标记内存（tagged memory）来实现严格访问控制的，具体对内存的标记策略是由 TagRoot 进行管理的，TagRoot 只有在可信特权模式下才能访问。可信用户模式用来实现对执行环境的隔离，通过对嵌入式处理器中的内存保护单元（memory protection unit，MPU）进行配置，实现对应用程序和 enclave 之间的物理隔离，通过在正常环境和安全环境之间的切换来限制对 enclave 的访问。

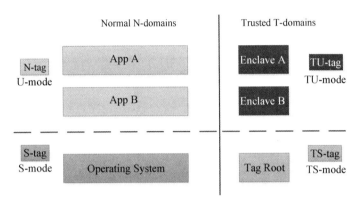

图 12.9 TIMBER-V 架构

该框架包含两种类型的安全模式切换，即纵向切换（不同权限模式间的切换，即 U-mode 和 S-mode 之间的切换）和横向切换（不同执行环境间的切换，即 T-domain 和 N-domain 之间的切换）。对于横向切换，N-domain 中的程序只能通过特定的入口点进入 T-domain，当前的权限模式不会发生变化。对于纵向切换，对应的场景是处于用户模式的程序通过系统调用来请求操作系统服务。在 T-domain 中，enclave 通过可信的系统调用来请求 TagRoot 的服务。上述的两种切换是通过不同的内存标记来实现的，对应于 Intel SGX（支持与应用处于同一地址空间的 enclave）和 ARM TrustZone（通过内存标记实现两种执行环境的隔离）两种安全架构。

12.2 处理器微架构漏洞

单核 CPU 性能虽然在过去的几十年有了明显的提高，但是受到制造工艺和物理极限的限制，性能很难再大幅提高。为了继续提高处理器的性能，大部分处理器生产厂商将注意力转向多核技术和对指令流水线的优化技术。现代处理器中采用了大量的并行运算硬件逻辑，使得大量指令可以推测执行，甚至乱序执行。

在处理器流水线中，一旦一个操作遇到数据依赖或控制依赖，那么当前正在执行的指令就需要暂时停顿，在依赖问题解决后才可以继续执行。为了尽可能减少流水线中的停顿，提高处理器流水线的并发性能，需要提前对控制流和数据依赖进行预测。现代的商业处理器依赖于复杂的处理器微架构优化，通过对指令流的预测和重排序获得性能的极大提升。然而，如果这些预测被证明是错误的，即所谓的错误预测（misprediction），就需要刷新整个流水线（pipeline flush）。为了保证代码执行的正确性，任何通过预测而执行的指令，都需要按照程序原有的指令序列顺序提交（instruction commit），结合流水线刷新和丢弃受到错误预测影响的指令结果，就能保证即便是乱序执行的程序，最终的运行结果也与顺序执行的一致。

当然，这种并行运算硬件逻辑也成为针对推测执行部件和乱序执行部件攻击的基础。这些攻击通过利用推测执行部件和乱序执行部件所引入的副作用作为一个隐式通道（covert channel）来泄露系统中的敏感信息，如密钥、用户的隐私数据等。

除了推测执行部件和乱序执行部件中存在的漏洞，攻击者还可以利用数据缓存（data cache）作为泄露敏感数据的一个通道。当前的商业处理器往往采用的都是全包含缓存（inclusive cache）的设计，即私有缓存（private cache）中的内容是共享缓存（shared cache）的一个子集。共享缓存可以被多个处理器核所使用。私有缓存可以被多个逻辑处理器（logical hyperthreading core）共享。缓存的基本单元是由多个缓存行组成的，以组相连的方式管理。一旦共享缓存上的缓存行被替换，则私有缓存上的缓存行也会被替换，从安全角度看，这样的缓存设计引入了一个可测量的访问时间差异。

下面以 Intel 处理器架构为例，介绍处理器乱序执行和推测执行的具体情况，同时分析可能存在的安全漏洞。Intel 处理器架构示意图如图 12.10 所示。处理器的流水线由三部分组成，分别是前端（front-end）、执行阶段（execution engine）、内存子系统（memory subsystem）。Intel 处理器支持的 x86 指令首先被从内存中取出，并被翻译成多个微操作（micro operation，uOP），然后被送到执行阶段。其中重排序缓冲（reorderbuffer）负责寄存器的分配（register allocation）、寄存器的重命名（register renaming）和寄存器的注销（register retiring）。微操作被推送到调度器中后，根据当前所有功能执行单元的使用情况被统一调度、执行。

推测执行是在前端被实现的，主要包含分支预测（branch predictor，BP）、分支目标缓冲（branch target buffer，BTB）和返回栈缓冲（return stack buffer，RSB）。其中，BP 用来预测条件分支是否发生；BTB 用来储存最近访问过分支目标的地址；RSB 专门用来预测返回指令的目标地址。如果上述的预测错误，则重排序缓冲，允许对已经执行的指令回滚，并初始化调度器。

乱序执行在执行阶段被实现，CPU 将根据各执行单元的空闲状态和各指令能否提前执行的具体情况进行分析，将能提前执行的指令立即发送给相应的执行单元。乱序执行的指令必须按照程序原始的顺序执行序列提交，一旦乱序执行的指令中包含了非法操作，就会产生异常。需要注意的是，乱序执行中的状态是无法回滚的。

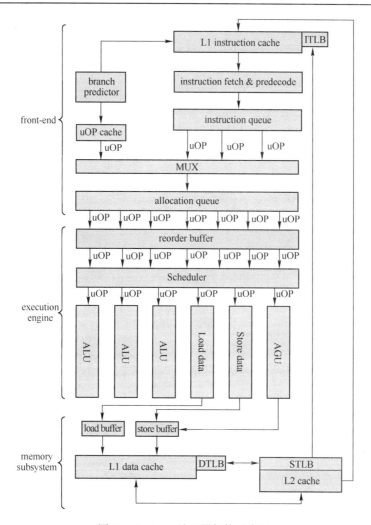

图 12.10 Intel 处理器架构示意图

12.2.1 处理器微架构中的信息泄露通道

在介绍具体的利用处理器微架构漏洞进行攻击的实例前，笔者先介绍可能泄露信息的通道，又称隐式通道。几乎在所有泄露敏感信息攻击中都要用到这种通道，通常以数据缓存作为基本的泄露通道，使用的两种主要方法是 Flush+Reload 和 Prime+Probe。其共同特性都是利用缓存上数据访问的时间差异来反向分析目标程序的相关内容。

Flush+Reload 旁路通道原理示意图如图 12.11 所示。攻击者通过访问特定内容的时间差异来判断指定位置的内容是否已经提前加载到缓存上。如果目标程序访问了指定的内容，则当攻击者再次访问该内容时，访问时间将会变长。这一时间上的差异通常是很明显的。再进一步，攻击者可将要泄露的信息与缓存行的位置相关联（比如要泄露的数值与内存页面相关联，指定的内存页面被缓存了指定的数值），因此缓存可以作为数据信息泄露通道。在针对推测执行部件和乱序执行部件的攻击中,通过推测执行的指令和乱序执行的指令非法访问目标程序中的敏感数据,进而导致缓存的状态发生了变化,这样攻击者就可以通过缓存来获取敏感信息。

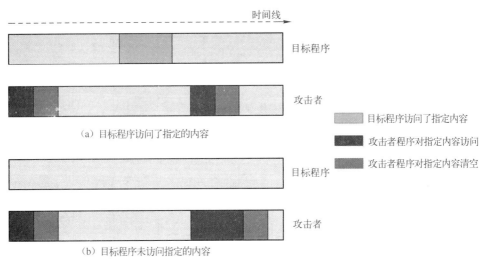

图 12.11　Flush+Reload 旁路通道原理示意图

Prime+Probe 旁路通道原理示意图如图 12.12 所示。攻击者将相关的内容提前加载到缓存中指定的位置,通常是指定的缓存行(set)和缓存路(way),在执行目标程序后,可能会将攻击者的数据从缓存中踢出。数据一旦被从缓存中踢出,则再次访问该数据的时间就会变长,因此攻击者通过访问时间的长短即可判断目标程序的访问位置。利用该思想可以在 BTB、RSB 等类似于缓存的结构中,建立条目碰撞攻击和条目替换攻击。

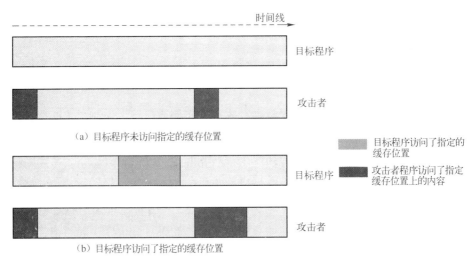

图 12.12　Prime+Probe 旁路通道原理示意图

12.2.2 针对乱序执行部件的攻击

乱序执行是当代处理器具备的一个重要功能，可以有效地解决由于等待执行单元所造成的执行停顿问题，比如一个内存预取单元在等待来自内存的数据时会花费几十个时钟周期。乱序执行本身是一种处理器的性能优化技术，用于最大程度地利用处理器中的所有执行单元，通过提前对执行单元空闲情况的分析，从而对后续执行指令进行调度，确保后续要执行的指令首先使用空闲的执行单元，从而减少停顿发生的可能性。乱序执行的指令序列不会严格遵守程序的原始指令序列，如果当前操作占据了执行单元，则后续的指令就会提前使用未被使用的执行单元，进而使指令以最大的并行度执行。同时，为了保证程序的行为是正确的，处理器应保证所有的指令在提交时必须按照原始程序中的指令序列顺序提交。

乱序执行没有按照程序的原始指令序列执行，而是通过调度来尽可能地避免停顿。从安全角度来看，乱序执行所引入的副作用使得攻击者可以建立不同类型的攻击，比如乱序的访存指令可能会间接地影响数据缓存（data cache）的状态。在这种情况下，乱序执行允许一个非特权进程访问特权地址空间中的数据，攻击者可以利用访问数据缓存的时间差异作为隐式通道泄露敏感信息，造成整个内核地址空间的数据可以通过乱序执行造成的信息泄露被读出。

1. Meltdown 攻击

利用乱序执行的副作用建立攻击的基本原理如下面 3 行程序所示。正常的程序执行流程应该是在执行了对异常的处理后才会执行对数组的访问，但是由于乱序执行的原因，对数组的访问可能先于对异常的处理而被执行。同时，由于数组可能横跨多个页面范围，所以多个页面的数据可能已经提前加载到缓存中，此时就可以利用缓存作为一个通道来判断相关的数据是否已经被加载到缓存中。

```
1: raise_execption()
2: //the line below is never reached
3: access(probe_array[data * 4096])
```

一个著名的针对乱序执行的攻击是 Meltdown 攻击[4]，其攻击场景是攻击者可以利用非特权程序来操作内核中的数据。因为内核地址空间通常会被映射到用户地址空间，因此可以建立如下 7 行程序的攻击：

```
1: ;rcx = kernel address,rbx = probe array
2: xor rax,rax
3: retry:
4: mov al,byte [rcx]
```

```
5: shl rax,0xc
6: jz retry
7: mov rbx,qword [rbx + rax]
```

寄存器 rcx 中存放了要访问内核数据的内存地址，寄存器 rbx 中存放了用作探测数组的起始地址。程序的第 4 行会触发异常，将内核数据保存到寄存器 rax 的低 16 位，受到乱序执行的影响，异常还未被处理完，后面的指令就可能已经执行了。程序第 5 行对 rax 寄存器左移 12 位，相当于乘了 4K，正好是一个页面的范围。程序第 7 行以 rbx+rax 作为访存地址，对探测数组进行访问。该地址对应探测数组中的元素所对应的缓存行会被加载到缓存。攻击者只需要遍历访问探测数组中的所有元素，根据访问时间上的差异就可以判断出来哪个元素被缓存了，该元素的序号就是寄存器 rax 的数值，即内核数据的数值。

一个需要攻击者注意的问题是如何处理由于非法访问而产生的异常，比如段错误（segmentation fault）。这些异常可能会导致程序运行的终止，进而影响攻击效果。一个简单的处理方法是攻击者在子进程中进行非法访问，父进程可以直接通过微架构状态中的变化来恢复敏感数据，如数据缓存。同时植入设计好的信号处理函数（signal handler），一旦发生异常，则由该信号处理函数捕捉异常信号并进行处理，就可以有效地避免程序崩溃。除此之外，还可以使用事务内存（transactional memory）来抑制异常的产生。在事务内存中，通常会将多个内存访问打包成一个原子操作，一旦发生错误，就可以直接回滚到前面的状态，同时微架构状态会被重置，程序的执行不会被打断，可以有效阻止程序崩溃。

除了上述专门针对异常的解决方法，攻击者还可以利用推测执行部件来避免程序的崩溃。推测执行的指令可能会由于预测错误而对执行过的指令回滚，由于这些指令会依赖于条件分支，因此可以将非法内存访问放置在推测执行指令序列中。

2. Foreshadow 攻击

在文献 [5] 中，研究人员提出了一种新的利用乱序执行部件漏洞而建立的攻击，被称为 Foreshadow 攻击。其主要攻击目标是 Intel 处理器中的 SGX 机制。利用 Foreshadow，攻击者可以读取 enclave 中受保护的敏感数据。该攻击的具体建立过程分为三步：

（1）通过执行 SGX enclave 提前将敏感数据载入数据缓存。SGX 中的内存加密引擎（memory encryption engine，MEE）会在数据从内存加载到缓存时进行解密操作，而当数据从缓存到内存时，会再次对数据进行加密操作。也就是说，缓存中的数据都是以明文形式出现的，攻击只有建立在缓存上才能直接获得 enclave 中的敏感数据。

（2）与 Meltdown[4] 不同的是，这里执行非法访问的指令并不会产生异常，因为 SGX 中规定对未授权的 enclave 内存访问时并不会产生异常。SGX 采用的是页面终止语境（abort page semantic），即要读的数据被替换成 -1，乱序执行的指令后续读出的值都是 -1，所以无法通过乱序执行直接将敏感数据读出。SGX 在原有的基于页式的虚拟内存管理上添加了一层基于硬件的隔离保护，只有在通过页表权限检查后，页面终止语境才会产生。因此，攻击者可以通过 mprotect 系统调用来清空页表项的有效位（present bits），此时任何对该页面的访问都会触发缺页异常。只要清空了 enclave 页面的有效位，页面终止语境就不会产生，从而会产生缺页异常。这里产生的缺页异常为在此之后获取敏感信息建立了基础。

（3）因为 enclave 与其所属的应用处于相同的地址空间，所以对于用户级的应用，在执行 enclave 时产生的异常和中断也是用户级的。攻击者按照自己的中断处理函数或异常处理函数来处理用户级的异常，比如处理缺页异常。此时攻击者利用缓存上的时间差异，通过 Flush+Reload 和 Prime+Probe 等方式就可以分析出 enclave 中的敏感数据。

12.2.3 针对推测执行部件的攻击

针对推测执行部件的攻击总体上可以分为两类：基于条目碰撞的攻击和基于条目替换的攻击。基于条目碰撞的攻击是指攻击者通过构造特定的指令序列，使攻击者代码中的分支与目标程序中的分支指令映射到相同的条目中，进而在同一条目上产生碰撞。一旦发生碰撞，攻击者的指令序列在执行时就会发生错误预测，造成微架构状态上的变化（比如程序执行时间上的变化），攻击者据此可以判断目标程序中对应的控制流是否发生过。

基于条目替换的攻击是指攻击者通过对推测执行部件进行有针对性的训练，使推测执行部件中的特定条目的内容替换为攻击者预先设计的内容。接着执行目标程序，此时目标程序按照攻击者设计好的条目进行推测执行。目标程序在推测执行过程中，可能会非法访问敏感数据，也可能会执行非法的特权操作，进而通过隐式通道泄露目标程序的敏感信息。

用于攻击的推测执行部件如图 12.13 所示。推测执行部件包含分支预测器（branch predictor，BP）、分支目标缓冲（branch target buffer，BTB）、返回栈缓冲（return stack buffer，RSB）。下面对基于不同部件的攻击进行分类和总结。

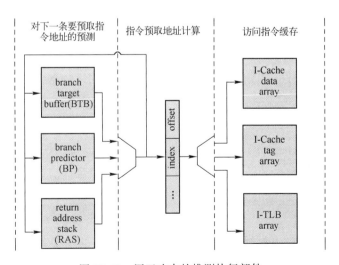

图 12.13　用于攻击的推测执行部件

1. 方向性分支预测器

在文献[6]中，研究人员提出了如何利用推测执行读取敏感数据，并将敏感数据通过数据缓存泄露出来，具体过程如下面这条代码所述：

```
if(x < array1_size)
    y = array2[array1[x] * 4096]
```

这条代码中，if 语句的目的是确保变量 x 在有效范围内。首先，在训练阶段，攻击者通过不断输入有效信息，从而训练分支预测器认定条件分支一定会发生。在攻击阶段，攻击者将提前设计好的数值输入变量 x，比如这时在 x 中存放的可能是敏感数据的地址，而此时处理器仍会认为该条件分支必定会发生，队列 array1 已经被缓存，推测执行会计算 array2 [array1[x] * 4096]，间接影响数据缓存的状态。接着攻击者通过分析数据缓存的内容，就可以推测出敏感数据的数值。

在文献[7]中，研究人员在 Spectre 攻击的基础上建立了远程的 Spectre 攻击。与传统 Spectre 攻击不同的是，远程 Spectre 攻击不需要跨进程对推测执行部件进行训练，而是通过向目标程序输入有效值和无效值进行直接训练，如通过网络接口输入有效的或无效的数据包。其基本攻击例程可以用下面的代码来描述：

```
if(x <bitstream_length)
    if(bitstream[x])
        flag = true
```

这里的 x 是来自网络的输入数据。攻击者先发送大量有效的网络数据包（其中 x 是有效的）来训练分支预测器，然后发送一个错误的数据包。假设 bitstream 中存放了敏感数据，则该错误的执行将影响变量 flag 数据缓存的状态，对于后续依赖于变量 flag 的指令序列，可以根据 flag 的响应时间来判断 bitstream[x]的值。当然，这里攻击者需要通过大量的测试才能判断具体的值。

由于这一攻击的准确性受限于网络的延迟，因此通过网络数据包的响应时间来判断微架构状态会受到由网络延迟所带来噪声的影响。要减小噪声的影响，一个方法是通过对大量网络数据包进行测试，取平均值。而大量的测试又会反过来破坏变量数据缓存的状态，因此攻击者需要一个方法能将目标变量从缓存上踢出。考虑到远程攻击者并没有直接的接口来完成这个任务，研究人员提出，可以简单地将整个缓存上的内容全部清空。要做这一点，则可以通过下载一个比较大的文件来清空缓存，即攻击者请求目标程序发送一个超大的文件来完成这个任务。

在文献[8]中，研究人员提出了一种针对分支预测器的新型旁路攻击。该攻击先通过制造攻击者程序与目标程序间分支的碰撞来建立攻击，然后利用分支间的碰撞来推测目标程序中分支执行的相关情况。在介绍具体的攻击过程之前，笔者首先要介绍现有的混合分支预测器（hybrid branch predictor）的结构。这一结构通常包含两个部件，即模式历史表（pattern history table，PHT）和全局历史寄存器（global history register，GHR）。混合分支预测器结构及 PHT 表项状态机如图 12.14 所示。其中 PHT 使用了一个 2-bit 的饱和寄存器（saturating register）来记录分支状态，具体的状态转移过程如图 12.14（b）所示。GHR 中记录了最近执行分支的结果。一旦分支预测的结果正确，就将使用分支目标缓冲（branch target buffer，BTB）中的结果作为分支目标的地址。

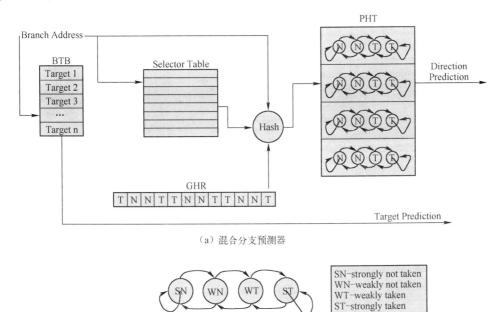

图 12.14　混合分支预测器结构及 PHT 表项状态机

该攻击采用的是 Prime+Probe 策略，具体攻击过程如下：

（1）修改 PHT 表中表项的状态，具体是通过执行一个设计好的分支指令来更新分支的状态。该步骤向 PHT 表项中填充了攻击者的已知状态。

（2）运行目标程序，目标程序的执行过程会改变 PHT 表项的状态。

（3）对 PHT 表项进行探测分析。攻击者针对目标 PHT 表项执行多条分支指令来观察预测结果，通过分析预测结果，可以分析 PHT 表项中状态的转化，从而判断出目标程序中分支指令的执行情况。

2. 分支目标缓冲

BTB 存储了最近执行过分支指令的目标地址。这些地址可以直接从 BTB 中取出用来预取下个周期要执行的指令。因为 BTB 被运行在同一个处理器核上的多个应用程序共享，所以也存在被攻击的风险。在文献［9］中，研究人员提出了一种针对 BTB 的攻击。该攻击针对的是地址空间布局随机化（address space layout randomization，ASLR）。攻击者可以通过建立跨地址空间的 BTB 碰撞攻击来分析内核地址空间中的敏感信息。

要实现内核级的地址空间布局随机化技术，首先需要了解 BTB 表项的索引映射机制，只有了解了具体的映射细节，才能确定分支指令储存在 BTB 中的具体位置。现代处理器往往只使用了虚拟地址中的部分地址位来索引映射。如果是用虚拟地址的所有地址位进行映射，则因为内核地址空间与用户地址空间是相互隔离的，所以虚拟地址是不同的，自然就无法建立跨地址空间的攻击了。因此，在建立攻击之前需要能够分析出 BTB 的索引映射机制具体使用了哪些地址位来进行索引映射。为了达到这个目的，文献［9］中使用了探测 BTB 的映射机制，如图 12.15 所示。

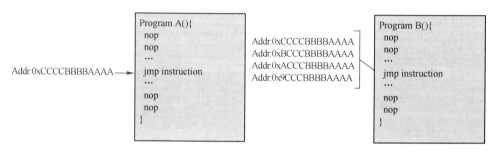

图 12.15　探测 BTB 的映射机制

（1）构造两个程序 A 和 B，B 中包含若干条直接跳转指令，通过添加空指令来改变跳转指令的地址。

（2）首先保证程序 A 中的跳转指令地址与程序 B 中的跳转指令地址是相同的，此时两程序会在 BTB 中产生碰撞。在此基础上，改变程序 B 中高位地址，判断是否与程序 A 产生了碰撞，如果碰撞消失，说明剩余未被修改的地址参与了索引映射。

当内核层面的地址空间布局随机化技术被开启后，一系列参与运算的随机位在系统启动阶段生成。这些随机位用于计算随机化的地址偏移量，用来确定内核镜像具体存放在物理内存中的位置。考虑到虚拟到物理地址的转换过程，内核镜像在物理地址中的随机偏移与虚拟地址中的随机偏移是相同的。也就是说，无论在物理地址空间还是虚拟地址空间发现了内核镜像的位置，整个地址空间就完全可知了。

因为攻击者程序中分支指令的虚拟地址是已知的，如果内核程序中的分支指令与攻击者程序中的分支指令发生了碰撞，那么就知道了内核程序随机化后的虚拟地址。内核程序随机化前的虚拟地址，可以在关闭 ASLR 时获得。

3. 返回栈缓冲

复杂的分支预测器主要用来预测条件分支和间接分支，无法对返回指令进行预测，因为返回地址依赖于调用它的函数。举个简单的例子，printf 这个函数可能会被多个函数调用，使用以往的调用历史来预测返回地址可能会导致较低的预测性能。在每次执行函数调用指令时就会将返回地址压入返回栈缓冲（return stack buffer，RSB）。一旦当函数要返回时，RSB

中的返回地址就会弹出用作推测性的返回地址，同时后续执行的指令也是推测性的，真正的返回地址存放在程序的软件栈中，只有将软件栈中的返回地址取出时才能判断预测结果是否正确，但将返回地址从内存中取出通常需要数百个周期。只有预测结果正确，推测执行的指令才会被提交；否则，推测执行的指令都会被撤销。

RSB 的大小通常与调用栈支持的嵌套深度相关。一旦嵌套的层数大于 RSB 的大小，就会覆盖掉 RSB 中的原有条目。一旦嵌套的函数返回，且发现自己的返回地址已经被覆盖，RSB 中又没有合适的值用作推测，那么不同的处理器就会按照各自的处理方法进行。比如 Intel 的处理器在这种情况下会使用分支预测器预测。针对 RSB 的攻击可以通过多个方式进行。下面简要列出其中的三种方式。

（1）污染 RSB 中的条目

函数调用指令会隐式地将返回地址同时保存在 RSB 和软件栈中，当攻击者可以修改返回地址，甚至可以直接删除软件栈中的栈帧时，RSB 将无法与软件栈中的返回地址匹配。基于此，攻击者可以直接影响推测执行。

（2）推测性地污染 RSB 中的条目

一旦预测错误，则推测的返回地址将一直存放在 RSB 中，而这也为攻击者提供了一个机会，可以访问内核空间的数据，而不会引起异常。

（3）执行环境切换中的 RSB 条目重用攻击

RSB 作为一个共享硬件资源，在环境切换时，RSB 中的条目可能会被重用，一旦切换到新的线程，则旧的 RSB 条目可以被重用，同时也可能造成预测错误。这种方式对操作系统的执行环境切换和 SGX 的执行环境切换都有效。在文献［10］中，研究人员提到了针对该场景的攻击：首先通过执行环境切换进入攻击者的程序中，攻击者将所有 RSB 条目替换为已经设计好的指令序列的地址；然后攻击者将处理器执行权交给目标程序，目标程序在执行的时候会使用被恶意注入的地址作为预测的返回地址进行推测执行。

执行环境切换中的 RSB 条目重用攻击首先要触发 RSB 的错误预测，不同的攻击实现形式需要使用不同的触发方法。常用的有 5 种方法可以造成错误预测。触发 Non-cyclic RSB 和 Cyclic RSB 错误预测的方法如图 12.16 所示。

（1）基于异常处理的方法：如图 12.16（a）所示，在对异常进行处理时，往往采用的是 try-catch 块，当 RSB 预测返回函数 Z，同时函数 Z 抛出异常时，实际上是返回到 C。因为 RSB 中的返回地址与软件栈中的不同，所以就会导致错误预测。

（2）基于长跳转（setjmp/longjmp）的方法：在调用 setjmp 跳转时保存当前的执行环境后，调用 longjmp 就会恢复保存的执行环境。这个方法与异常处理类似，不同的是将 try-catch 块替换为 setjmp/longjmp。

（3）基于执行环境切换的方法：如图 12.16（b）所示，当执行环境从 P1 切换到 P2 时，需要操作系统的介入，此时 RSB 中会包含与操作系统相关的条目，一旦执行环境切换完成，P2 就可能会使用 P1 留下来的 RSB 条目进行预测，从而造成错误预测。

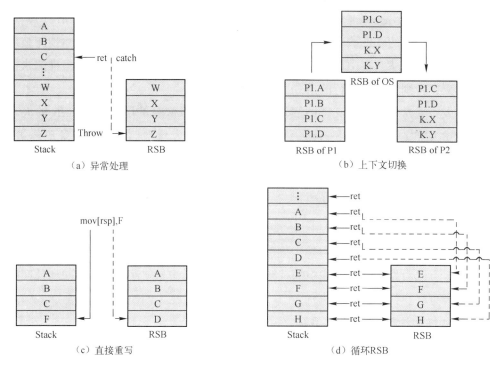

图 12.16　触发 Non-cyclic RSB 和 Cyclic RSB 错误预测的方法

（4）基于直接重写的方法：如图 12.17（c）所示，进程的返回地址直接被重写。

（5）通过上溢来触发循环 RSB 错误预测的方法：如图 12.17（d）所示，这一方法可以用两种方式实现，分别是嵌套调用和递归调用。假设 RSB 中条目的数量为 N，如果嵌套调用的层数大于 N，则只能保证最后 N 个返回是对的。如果递归调用的层数大于 N，就会导致错误预测，每次返回，预测的返回地址都是错误的。

利用上述方法，一旦成功地触发 RSB 的错误预测，那么下一步就是将推测执行的控制流引导到受攻击者控制的代码序列，再通过推测执行修改处理器的状态，与外界程序建立隐式通道，泄露敏感信息。

在文献［11］中，研究人员通过对 RSB 的攻击来泄露敏感信息，同时针对 RSB 的不同实现形式进行了分析。RSB 的具体实现根据条目存放形式大致可以分为两种：非循环 RSB（non-cyclic RSB）和循环 RSB（cyclic RSB）。对非循环 RSB，一旦发生多级嵌套调用，就会发生下溢（underflow）；对于循环 RSB，则会发生上溢（overflow）。

4. 推测性的写—读转发

在当前的处理器设计中，为了有效解决 RAW（read after write）数据依赖问题，往往都采用了写—读转发技术（如果发现内存读指令跟随在内存写指令之后，同时两条指令的内存地址是相同的，那么内存读指令可以提前观察到写指令中要写的值）。推测性的写—读转发是一种优化技术，允许内存读指令可以提前推测执行还未进行的内存写操作（只要写操作的地址和要写的数据都已经准备好了即可)。文献 [12] 提到在 Intel 处理器中增加了一个内存写缓冲 (store buffer) 用来跟踪从指令发射阶段到写回数据缓存这个过程中的内存写指令,同时 x86 指令会被分解为微操作,因此写操作的地址和数据可以提前知道。这里以下面的代码为例来介绍推测性写—读转发所引入的安全问题:

C 代码:

```
1   void f(u64 x,u64 y,u64 z){
2     if(y <lenc)
3       c[y] = z
4   }
```

对应的汇编代码:

```
1     cmp %rsi,lenc          ;缓存未命中
2     jbe 1f                 ;
3     mov c,%rax             ;缓存命中
4     mov %rdx,(%rax,%rsi,8)
5     ;重写(%rsp)
6   1:retq                   ;触发推测性的写-读转发
7     ... ROP gadget
```

上述 C 代码中的第 2 行对应的是汇编代码中的第 1 行和第 2 行,如果汇编代码中的第 1 行依赖于一个未被缓存的数值,那么第 2 行代码将需要等待较长的时间才能被执行,此时便会为攻击者预留一个较长的攻击时间窗口。攻击者可以通过对栈指针 (%rsp) 的重写实现返回导向编程 (ROP) 攻击,同时触发推测性写—读操作。这是因为对栈指针的重写是写操作,而对返回指令则是读操作。这里还有一个问题,就是返回栈缓存 (RSB) 对返回地址的预测是否会起作用。在 Intel 处理器中,一旦使用了推测性写—读操作的值,处理器就会认为 RSB 中的值是错误的。

12.3 针对处理器微架构漏洞的一些解决方案

很多现有的解决方案针对的是如何隐藏特定的泄露敏感信息的隐式通道,或者针对特定类型的攻击设计特定的防御方案,如 Intel 公司在 Spectre 和 Meltdown 问题出现之后提供的一系列方案。但是这些都无法从根本上解决由于乱序执行和推测执行而引入的问题。从研究角度来讲,需要提出一个针对现有攻击的综合的、完整的安全架构,而不只是针对特定攻击的防御。

12.3.1 针对乱序执行攻击的解决方案

针对 Meltdown 类的攻击,Intel 建议在低特权的地址空间不要对高特权程序进行映射。

这种方法类似于内核地址空间布局随机化（kernel address space layout randomization，KASLR）。KASLR 可阻止在用户模式中对内核页面的映射，有效地阻止了 Meltdown 类攻击。但是，对内核页表的隔离无法有效地阻止来自相同权限模式的攻击。

12.3.2 针对推测执行攻击的解决方案

推测执行攻击利用现代处理器上的三个特性：①对于分支条件的验证和权限检查时触发的执行错误只会在指令提交后才产生，使推测执行的指令可以访问受限权限范围外的数据；②推测执行的指令可改变微架构的状态，通过这些状态攻击者可以进一步推测系统中的敏感信息；③推测执行部件可以被错误训练或直接修改，这些推测执行部件可以被同一物理处理器核上的程序共享。

在文献［13］中，研究人员提出了被称为 SafeSpec 的防御机制，从内存体系的角度出发，设计了一系列影子部件来暂时存储受到推测执行影响的状态，不影响处理器基本结构的运行，运行过程和基本架构如图 12.17 所示。具体而言，SafeSpec 通过特殊的硬件结构临时存储受到推测执行影响的数据缓存行和 TLB 上的条目。比如针对推测的内存读指令，在传统结构中会将数据所在的缓存行加载到数据缓存中；而在 SafeSpec 中则将该缓存行保存到影

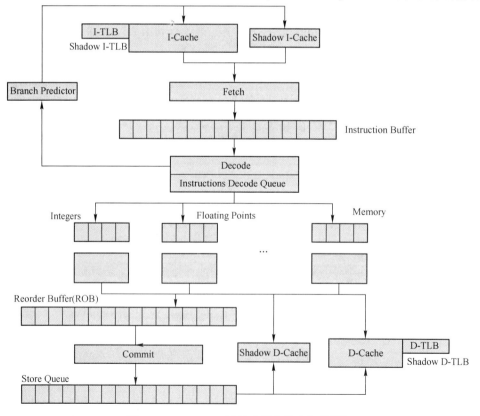

图 12.17 SafeSpec 运行过程和基本架构[13]

子结构中,而不是直接送到缓存中,同时在影子 TLB 中暂时保留与地址有关的状态。如果该指令在后续执行过程中被丢弃,则受到其影响的缓存行将被直接删除,从而不会在缓存中留下任何可以被攻击者利用的状态。如果该指令被正常提交,那么缓存行将从影子结构转移到缓存中,同时从影子结构中删除相关状态。

SafeSpec 提供了对缓存和 TLB 的保护,阻止这些结构被用作隐式通道,但是需要引入影子结构。如果引入的影子结构是共享的,而且大小受限,那么该影子结构也可能被用作隐式通道。一旦影子结构中条目存满了,而相关的推测性操作继续产生,就有可能产生两种情况:①丢弃影子结构的条目以满足新的请求,就会导致原来要被提交的条目缺失;②阻塞该请求,就会造成检测到 TLB 缺失的服务时间变长。无论执行上述哪种操作,都会导致程序执行时间上的差异,攻击者就有可能构建基于时间的新的隐式通道。

1. 针对 BP 攻击的解决方案

为应对基于分支预测器的攻击,Intel 针对条件分支指令和间接分支指令分别提出了不同的解决方案。Intel 建议在条件分支指令之后插入 LFENCE 指令来阻止后续的指令推测执行,但这会严重地降低程序性能。针对基于间接分支的 Spectre 攻击,Intel 通过对微代码的更新引入了三个新的处理器接口:

(1) IBRS (indirect branch restricted speculation):运行在高特权模式的程序被禁止使用来自运行在低特权模式的程序的预测结果,可阻止通过使用低特权程序训练推测执行部件来攻击高特权程序。

(2) STIBP (single thread indirect branch predictors):在 Intel 的处理器架构中,每个物理核都拥有自己的推测执行部件,物理核上的多个逻辑核共享一套推测执行部件。这里的防御方法是禁止运行在一个逻辑核上的软件使用来自另一个逻辑核软件的间接分支预测。这一新的接口有效地保证了逻辑核之间的隔离。

(3) IBPB (indirect branch predictor barrier):这一方法是在指令间增加一个屏障,保证屏障之前的指令不会影响屏障之后指令的间接分支预测。该机制可以有效地阻止在执行环境切换前后程序间的互相影响。

2. 针对 BTB 攻击的解决方案

在文献 [9] 中,研究人员提出了针对内核程序的 BTB 注入攻击的防御方法,具体而言,包括两种方法:使用虚拟地址中的所有地址位参与 BTB 条目的映射,从而有效地阻止用户程序与内核程序间 BTB 条目的碰撞;用户程序和内核程序使用不同的 BTB 索引映射函数以解决 BTB 条目之间的冲突问题。但是这些方法很难有效阻止用户程序与用户程序间 BTB 条目之间的碰撞。要解决这个问题,可以在上述两种方法的基础上为每个进程分配全系统唯一的硬件标识,作为硬件地址空间的唯一标识,将该标识与 BTB 中的条目相对应。BTB 条目隔离方案如图 12.18 所示。这个方案相当于对 BTB 中的条目进行一个细粒度的隔离,通过对每个 BTB 条目的所属权进行标识，确保 BTB 条目之间无法相互影响。除此之外，在每次的执行环境切换过程中，都要清空 BTB 中的条目，确保后面要继续执行的程序之间不会使用错误的 BTB 条目进行推测执行。

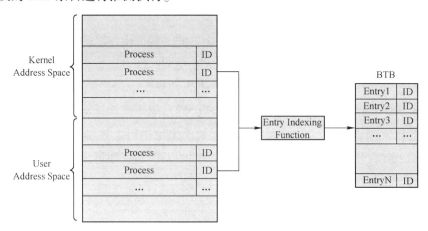

图 12.18　BTB 条目隔离方案

3. 针对 RSB 攻击的解决方案

Intel 公司还提出了 RSB 重填技术来抵御针对 RSB 的攻击。在 RSB 为空时，如果执行返回指令，那么处理器要通过分支预测器来推测返回地址。因为 RSB 一旦为空，再执行返回指令就会造成预测错误。同时，要求每次进入内核空间或内核模式时，需要向 RSB 中填充安全指令序列地址。这些指令序列只会造成执行延迟，不会造成功能影响。

12.4　结论

本章从攻击和防御两个角度讨论了计算机体系架构对系统安全的影响，介绍了计算机硬件体系架构如何直接参与系统安全防护，提供了软件层面无法提供（或者会带来很高开销）的方案。同时，复杂的现代体系架构本身又为攻击者创造了新的安全漏洞和攻击向量。有趣的是，这一特点也使安全领域的研究和应用具有吸引性，即攻击和防御往往相辅相成，同时存在。

由于计算机体系架构的安全与系统安全紧密相连，因此在软件安全方面的文献中也常常提及本章讨论的主题。确切地说，本章讨论的内容涉及软、硬件协同安全的典型范例。希望通过本章的论述，能使研究者和设计者对体系架构安全有一个初步的认识，为设计新型的安全体系架构打下基础。

参考文献

[1] ELWELL J, RILEY R, ABU-GHAZALEH N, et al. A non-inclusive memory permissions architecture for

protection against cross-layer attacks [C]//Proceedings of the IEEE 20th International Symposium on High Performance Computer Architecture (HPCA). [S.l.]: IEEE, 2014: 201-212.

[2] EVTYUSHKIN D, ELWELL J, OZSOY M, et al. Iso-x: A flexible architecture for hardware-managed isolatedexecution [C]//Proceedings of the 47th Annual IEEE/ACM International Symposium on Microarchitecture. [S.l.]: IEEE, 2014: 190-202.

[3] WEISER S, WERNER M, BRASSER F, et al. Timber-v: Tag-isolated memory bringing fine-grained enclaves to risc-v [C]//Proceedings of Network and Distributed System Security Symposium. [S.l.]: Internet Society, 2019: 1-15.

[4] LIPP M, SCHWARZ M, GRUSS D, et al. Meltdown: Reading kernel memory from user space [C]//Proceedings of the USENIX Security Symposium. [S.l.]: USENIX Association, 2018.

[5] BULCK J V, MINKIN M, WEISSE O, et al. Foreshadow: Extracting the keys to the intel SGX kingdomwith transient out-of-order execution [C]//Proceedings of the 27th USENIX Security Symposium (USENIX Security). Baltimore, MD: USENIX Association, 2018: 991-1008.

[6] KOCHER P, GENKIN D, GRUSS D, et al. Spectre attacks: Exploiting speculative execution [J]. 2019: 1-19.

[7] SCHWARZ M, SCHWARZL M, LIPP M, et al. Netspectre: Read arbitrary memory over network [C]//Proceedings of the European Symposium on Research in Computer Security (ESORICS). [S.l.]: Springer International Publishing, 2019: 279-299.

[8] EVTYUSHKIN D, RILEY R, CSE N, et al. Branchscope: A new side-channel attack on directional branch predictor [C]//Proceedings of the Twenty-Third International Conference on Architectural Support for Programming Languages and Operating Systems (ASPLOS). [S.l.]: Association for Computing Machinery, 2018: 693-707.

[9] EVTYUSHKIN D, PONOMAREV D, ABU-GHAZALEH N. Jump over aslr: Attacking branch predictors to bypass aslr [C]//Proceedings of the 49th Annual IEEE/ACM International Symposium on Microarchitecture (MICRO). [S.l.]: IEEE, 2016: 1-13.

[10] KORUYEH E M, KHASAWNEH K N, SONG C, et al. Spectre returns! speculation attacks using the return stack buffer [C]//Proceedings of the 12th USENIX Workshop on Offensive Technologies (WOOT). Baltimore, MD: USENIX Association, 2018.

[11] MAISURADZE G, ROSSOW C. Ret2spec: Speculative execution using return stack buffers [C]// Proceedings of the ACM SIGSAC Conference on Computer and Communications Security (CCS). [S.l.]: Association for Computing Machinery, 2018: 2109-2122.

[12] KIRIANSKY V, WALDSPURGER C. Speculative buffer overflows: Attacks and defenses: arXiv: 1807.03757 [EB]. arXiv preprint, 2018.

[13] KHASAWNEH K N, KORUYEH E M, SONG C, et al. Safespec: Banishing the spectre of a meltdown with leakage-free speculation [C]//Proceedings of the 56th ACM/IEEE Design Automation Conference (DAC). [S.l.]: IEEE, 2019: 1-6.

反侵权盗版声明

电子工业出版社依法对本作品享有专有出版权。任何未经权利人书面许可，复制、销售或通过信息网络传播本作品的行为；歪曲、篡改、剽窃本作品的行为，均违反《中华人民共和国著作权法》，其行为人应承担相应的民事责任和行政责任，构成犯罪的，将被依法追究刑事责任。

为了维护市场秩序，保护权利人的合法权益，本社将依法查处和打击侵权盗版的单位和个人。欢迎社会各界人士积极举报侵权盗版行为，本社将奖励举报有功人员，并保证举报人的信息不被泄露。

举报电话：（010）88254396；（010）88258888
传　　真：（010）88254397
E-mail：dbqq@phei.com.cn
通信地址：北京市海淀区万寿路173信箱
　　　　　电子工业出版社总编办公室
邮　　编：100036